高职高专机械系列教材

机械设计基础（第三版）

◎主　编　王世辉

重庆大学出版社

内容简介

本书是根据高职机械类专业教学改革实践,对传统的力学和机械设计基础教材进行整合,结合多年教学经验编写而成。全书共分15章,主要内容包括:构件与机构的静力分析、杆件的变形及强度计算、平面机构的结构分析、平面连杆机构、凸轮机构、带传动与链传动、齿轮传动、轴及其零部件、联接、轴承、机械设计综述、计算机辅助设计等,每章后面都附有思考与练习题。附录中的课程设计任务书可供教师在带课程设计时选用或参考,以方便教学需要。本书力求理论联系实际,内容必需、实用,深入浅出,重点突出。

本书可作为高等职业院校和高等专科学校机械类、近机类机械设计基础课程教材,也可供相关工程技术人员参考。

图书在版编目(CIP)数据

机械设计基础/王世辉主编. —2版.—重庆:重庆大学出版社,2013.1(2023.1重印)
高职高专机械系列教材
ISBN 978-7-5624-3329-3

Ⅰ.①机… Ⅱ.①王… Ⅲ.①机械设计—高等职业教育—教材 Ⅳ.①TH122

中国版本图书馆CIP数据核字(2011)第052730号

机械设计基础
(第三版)
主 编 王世辉
策划编辑 周 立
责任编辑:曾显跃 版式设计:曾显跃
责任校对:廖应碧 责任印制:张 策
*
重庆大学出版社出版发行
出版人:饶帮华
社址:重庆市沙坪坝区大学城西路21号
邮编:401331
电话:(023) 88617190 88617185(中小学)
传真:(023) 88617186 88617166
网址:http://www.cqup.com.cn
邮箱:fxk@cqup.com.cn(营销中心)
全国新华书店经销
POD:重庆新生代彩印技术有限公司
*
开本:787mm×1092mm 1/16 印张:19.5 字数:487千
2018年8月第3版 2023年1月第9次印刷
ISBN 978-7-5624-3329-3 定价:49.80元

前言

由于职业教育的特点，决定了理论课教学时数的压缩成为必然，但如何在有限的学时内使学生掌握机械设计必备的基本理论知识和基本技能，为后续学习奠定良好基础是许多同类学校都在积极探讨的问题。

为适应高等职业教育蓬勃发展及教学改革不断深入的需要，针对机械类及相近专业培养目标的要求，作者围绕技术应用型人才培养，对机械基础类课程及相关教学环节进行了积极的改革探索，取得了许多成功的经验。本书在高职机械类专业教学改革实践的基础上，对传统的力学和机械设计基础课程教材进行整合，结合多年教学经验编写而成。本书适用于高等专科学校及高等职业院校机械类、近机类机械设计基础课程教材。

本书的特点如下：

①将工程力学、机械原理、机械零件的内容有机地结合在一起，科学地解决学时减少而内容扩张的矛盾。

②以培养技术应用型人才为目标，贯彻基本理论以“必需、够用”为度的原则，减少了繁琐的理论推导，突出实用性强的教学内容。

③适当介绍了计算机辅助设计（CAD）的基本理论和方法。

④采用已正式颁布的最新国家标准。

⑤全书语言简洁，推导严谨，阐述事理深入浅出，利于学生阅读。

教学建议：

①课内教学参考时数为 100 ~ 110 学时。

②如进行课程设计任务，可另以课外形式适当增加 20 ~ 24 学时。

本书由柳州职业技术学院王世辉主编，在编写过程中，得到了柳州职业技术学院机电工程系机械设计基础课程组同仁的支持和参与、柳州职业技术学院相关领导和重庆大学出版社的诸多支持和热情帮助，在此一并表示感谢。

由于高等职业教育教学改革还将不断地进行深化，加之编者的水平所限，疏漏之处在所难免，教材的完善尚需一个较长的过程，恳请广大读者批评指正。

编　者

2012年10月

目录

第0章 绪论

机械工程学科是一门应用型技术科学，是人类在长期的生产实践中不断地创造、总结和研究过程中发展起来的。人类从使用简单工具到今天能够设计、利用复杂的现代机械改造自然，造福社会，经历了漫长的过程。当今，机械的设计水平和机械现代化的程度已成为衡量一个国家工业发展水平的重要标志之一。另外，在现代社会，机械在人们生活和生产的各个领域承担着大量人力所不及的或不便进行的工作，大大改善了劳动条件，提高了劳动生产率。因此，对于机械类和近机类专业的学生而言，努力学习和掌握有关机械和机械设计的基础知识和基本技能是必不可少的，也是十分重要的。

0.1 机械的组成

机械是工程中对机器与机构的统称。

0.1.1 机器与机构

在人们的生产和生活中广泛使用着各种机器，如人们熟悉的汽车、火车、轮船、飞机、发电机、洗衣机和各种机床等。图0.1.1所示为单缸内燃机，它由气缸体1、活塞2、连杆3、曲轴4、齿轮5和6、凸轮7、顶杆8等组成。内燃机以燃料燃烧的化学能为动力，通过燃气在气缸内的进气、压缩、爆燃、排气过程，将燃料的化学能转换为曲轴转动的机械能。

尽管机器种类繁多，形式多样，用途各异，但都具有如下共同的特征：

①都是一种人为的实物组合；

②各部分形成运动单元，各单元之间具有确定的相对运动；

③能实现能量的转换或完成有用的机械功。

凡具备上述三个特征的实物组合称为机器。

所谓机构，它具有机器的前两个特征，即机构是具有确定相对运动的实物组合，能实现各种预期的机械运动。从组成上看，机器是由机构组成的，一台机器可以含有一个机构，也可以包含多个机构。图0.1.1所示的内燃机中，就含有连杆机构、齿轮机构和凸轮机构等多个机构。从功能上讲，机器能完成有用的机械功或完成能量形式的转换，而机构主要用于传递和转换运动。若单从运动观点来看,机器和机构并无区别。

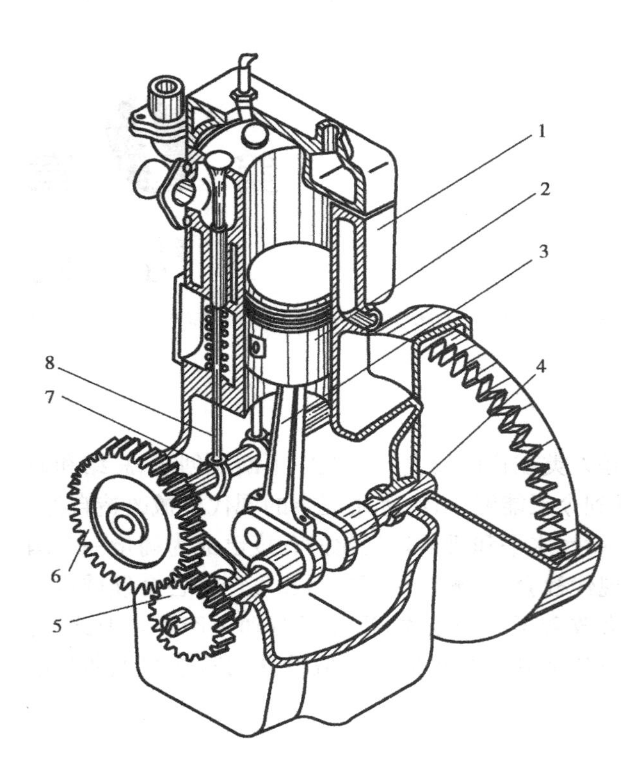

图 0. 1. 1　单缸内燃机

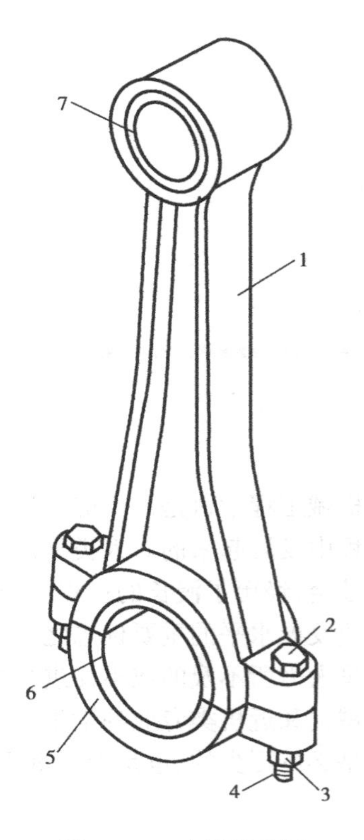

图 0. 1. 2　内燃机连杆

从运动和动力传递的路线来对机械各个功能部分进行分析,机械由以下几部分组成:原动机部分、传动部分和工作机部分。原动机是机械的动力来源,常用的原动机有电动机、内燃机、液压机等。传动部分处于原动机和工作机之间,其作用是将原动机的运动和动力传递给工作机。工作机是完成工作任务的部分,处于整个传动路线的终端。随着微电子技术的发展,现代机械又增加了检测部分和控制部分,使机械的结构、功能达到了更高和更新的水平。

0. 1. 2　零件与构件

机器是由若干零件组装而成的,零件是构成机器的基本要素,是机器的最小制造单元。构件是机器的运动单元,一般由若干个零件刚性联接而成,也可以是一个单一零件。如图 0. 1. 2 所示的内燃机连杆构件,由连杆体 1、螺栓 2、螺母 3、开口销 4、连杆盖 5、轴瓦 6 和轴套 7 刚性联接在一起组成,组成构件的各元件之间没有相对运动,而是形成一个整体,与其他构件之间有相对运动。组成构件的这些元件即为零件。

机器中的零件分为两类:一类是通用零件——在各类机器中普遍使用的零件,如螺钉、螺栓、螺母、轴、齿轮、轴承、弹簧等;另一类是专用零件——只在特定的机器中使用的零件,如内燃机的曲轴、连杆、活塞、汽轮机中的叶片、起重机的吊钩等。

0. 1. 3　部件

在机器中,对于一套协同工作来完成共同任务的零件组合,称为部件。部件也可分为通用部件和专用部件，例如，减速器、轴承、联轴器等属于通用部件，而汽车转向器等则属于专用部件。

0.2　本课程的性质、内容和任务

0.2.1　课程的性质和内容

本课程是一门理论性和实践性都很强的专业技术基础课，是后续专业课程学习的重要基础，是机械类和近机类专业的主干基础课程。本课程研究的对象为机械中的常用机构及一般工作条件下和常用参数范围内的通用零部件。主要研究其工作原理、结构特点、基本设计理论、设计计算方法和选用及维护方法；通过对本课程的学习，解决常用机构及通用零部件的分析和设计问题。

0.2.2　课程任务

通过对本课程的学习，使学生达到以下基本要求：

①能够建立一般构件的力学模型并进行力学分析，能较熟练地运用平面一般力系的平衡方程对单个物体及简单物系进行受力分析及计算。

②能分析杆件在各种基本变形时的内力，熟练绘出内力图；掌握拉(压)、剪、弯、扭四种基本变形的构件或零件的强度计算方法，正确确定杆件危险截面，并能熟练应用变形的强度条件求解实际工程问题；了解刚度的计算知识。

③掌握机械中常用机构和通用零件的结构特点、工作原理及应用；掌握机械设计的基本方法，初步具备运用机械设计手册、图册、标准、规范等有关技术资料设计机械传动装置和简单机械的基本能力。

④掌握典型机械零件的实验方法。

⑤了解机械设计的最新发展状况及现代设计方法在机械设计中的应用。

以上要求就是学习本课程的基本学习任务要求。

0.3　本课程的特点和学习方法

0.3.1　本课程的特点

①本课程实践性较强，在学习过程中需要综合应用先修课程的知识，如《机械制图》、《金属工艺学》、《公差配合与技术测量》等，先修课程的掌握程度直接影响到本课程的学习。

②经验公式多，参数多，系数多。由于实践中发生的问题很复杂，许多情况下很难用纯理论的方法来解决，因此，往往会应用很多的经验公式、参数、系数等来简化计算，这点与以往所学的课程不同，这也是实践性较强的工程设计的特点之一。

③计算步骤和计算结果不具有惟一性。由于许多参数、系数都是范围值，由设计者选取，

因此,即使用相同的方法来进行设计计算,不同的人计算的结果常常是不一样的。

0.3.2 本课程的学习方法

①注意在学习过程中要尽可能有意识地去多看、多接触实际的机器和机构,以增加感性认识。要学会运用所学的理论知识去认识在生活、学习环境中所能接触到的机械设备,努力使枯燥抽象的理论学习变得生动而具体,通过对真实、具体的研究对象的分析和思考来培养创造性思维。

②在学习过程中要注意各章节之间的共性,要学会对所学内容进行相互联系,相互比较,以达到融会贯通和提高学习效率的目的。

③要注意避免因偏重于理论计算而忽视结构设计,若是没有正确的结构设计,再好的理论计算也无法解决具体的工程实践问题。因此,在学习中注重培养自身的结构设计能力,这是学习好本课程的关键。

④在学习中要特别注重理论与实践的结合,重在应用。要重视生产实习、课程设计等多种学习形式,在实践过程中不断巩固和加深已学过的理论知识,提高分析和解决工程实际问题的综合运用能力。

第 1 章 构件与机构的静力分析

机器是在力的作用下运行的,构件的受力情况直接影响机器的工作能力,因此,在设计和使用机器时,都需要对构件进行受力分析。机器平稳工作时,许多构件处于相对地面静止或匀速直线运动状态(即平衡状态)。例如,厂房、静止的物体和做匀速直线运动的汽车等均处于平衡状态。静力学研究物体在力系作用下处于平衡状态时所受各力之间的关系。其主要任务是:对单个物体和物系进行受力分析;将作用在物体上的复杂力系进行简化;讨论和建立各种力系处于平衡状态时的平衡条件。

在静力学中,要用到“刚体”的概念。刚体是指无论在多大的外力作用下形状和尺寸都不发生改变的物体。它是一种抽象的力学模型,在实际中并不存在,但如果物体的尺寸和运动范围都远大于其变形量,则可不考虑变形的影响,将它视为刚体。

1.1 静力学基本概念和公理

1.1.1 力的概念

力的概念是人们在长期的生活和生产实践中逐渐形成的。例如,当人踢球时,踢球的脚感到受压;球在脚的作用下,其运动状态将发生改变。可见,在脚与球之间存在一种相互的机械作用,抽象地称为力。由此得出:力是物体之间相互的机械作用,这种作用的结果是使物体的机械运动状态发生改变(外效应),或使物体产生变形(内效应)。静力学将不考虑力的内效应,而只研究力的外效应。

由实践可知,力对物体的作用效应取决于力的大小、方向和作用点,通常称为力的三要素。力是矢量,通常以一个带有方向的直线段表示力,如图 1.1.1 所示。有向线段的起点(或终点)表示力的作用点;有向线段的方位和箭头指向表示力的方向;线段的长度(按一定的比例尺)表示力的大小。在静力学中,用黑体字母 $\boldsymbol{F}$ 表示力矢量,而普通字母 F 表示力的大小。

在国际单位制中,力的单位为牛顿(N)或千牛顿(kN)。

力系指作用于物体上的一群力,若一个力系作用于物体而不改变物体原有的运动状态,则称此力系为平衡力系。如两个力系对物体的作用效应完全相同,则称这两个力系互为等效力系。当一个力系与一个力的作用效应完全相同时，将这一个力称为该力系的合力，而该力系中的每一个力称为合力的分力。刚体平衡时，作用在刚体上的力应满足的条件称为平衡条件。

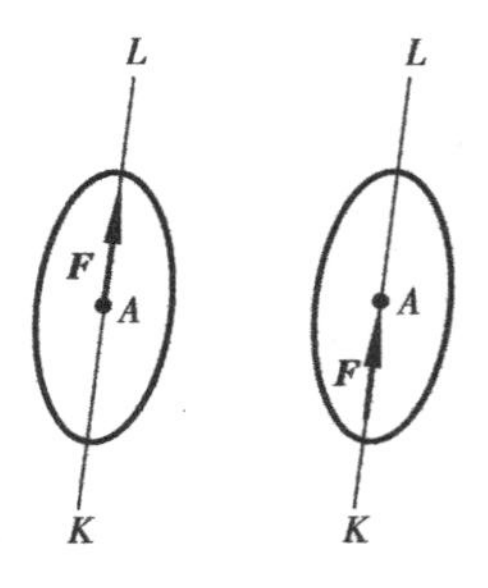

图 1.1.1　力矢

1.1.2　静力学基本公理

公理就是人们在生产和生活中长期积累的经验总结，又经过实践的反复检验，证明符合客观实际的普遍规律，为人们所公认。而静力学公理是对力的基本性质的概括和总结，静力学的全部理论，都是建立在下面的四个静力学公理基础之上。

(1)二力平衡公理

作用在同一刚体上的两个力，使刚体保持平衡的必要和充分的条件是：这两个力的大小相等，方向相反，且作用在同一条直线上。

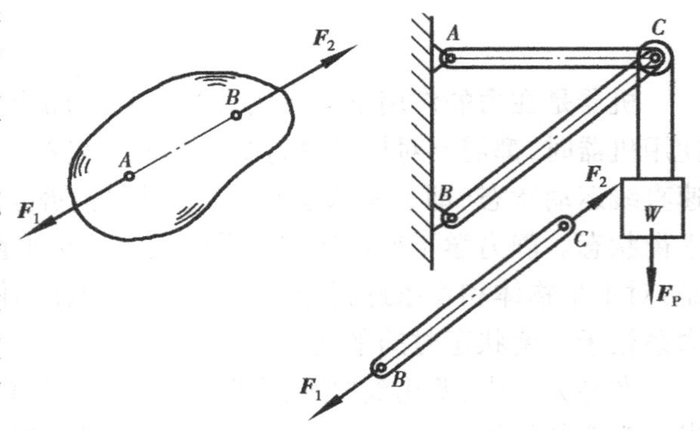

图 1.1.2　二力平衡及二力构件

二力平衡公理对刚体来说既必要又充分；对于变形体，却是不充分的。比如绳索受两个等值反向的拉力作用可以平衡，而受到两个等值反向的压力作用就不平衡。在后面对物体进行受力分析时，常遇到只受两个力作用而平衡的构件，工程上称为二力构件或二力杆，如图 1.1.2 所示。二力构件受力特点是该两力必沿作用点的连线，且等值、反向。掌握二力构件的概念对今后准确、迅速地画出物体受力图是很重要的。

(2)力的平行四边形公理

作用在物体同一点上的两个力，可以合成为一个合力。合力作用点仍在该点，合力的大小和方向，由这两个力为邻边构成的平行四边形的对角线确定。

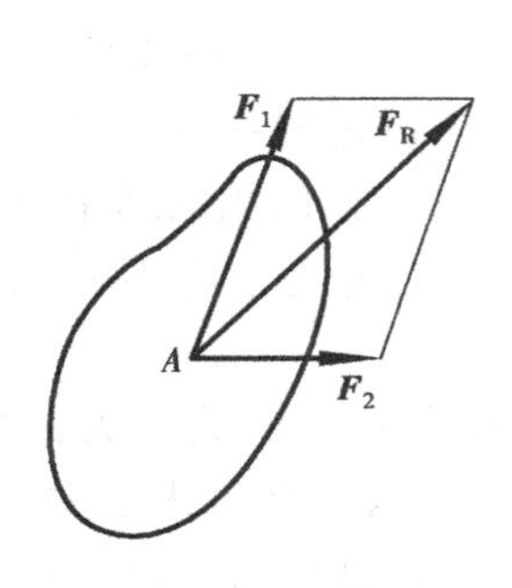

图 1.1.3　力的平行四边形法则

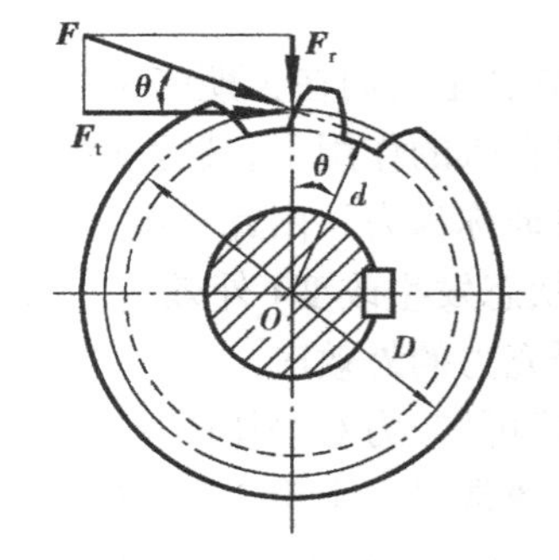

图 1.1.4　力的分解

力的平行四边形公理是求两个共点力合力的基本运算法则(图 1.1.3)，其数学表达式为 $\boldsymbol{F}_R = \boldsymbol{F}_1 + \boldsymbol{F}_2$。

已知合力求分力的过程，称为力的分解。应用平行四边形公理，也可将一个力按已知方向分解为交于一点的两个分力。在工程上常将一个力分解为相互垂直的两个分力。如图 1.1.4 中啮合齿轮所受的力为 $\boldsymbol{F}$,为了方便计算,将力 $\boldsymbol{F}$ 分解为两个相互垂直的分力 $\boldsymbol{F}_t$ 和 $\boldsymbol{F}_r$,其大小分别为 $F_t = F\cos\theta, F_r = F\sin\theta$。

(3)加减平衡力系公理

在已知力系上加上或减去任意的平衡力系,并不改变原力系对刚体的作用效应。

这一公理对研究力系的简化有重要的意义。依据该公理,还可以导出以下推理:

推理一　力的可传性

作用于刚体上的力可以沿其作用线移至刚体内任一点,而不改变原力对刚体的作用效应。

证明:设有力 $\boldsymbol{F}$ 作用于刚体上 A 点,如图 1.1.5(a)所示,在该力作用线上任取一点 B,根据加减平衡力系公理,可在 B 点加上一对平衡力 $\boldsymbol{F}_1$ 和 $\boldsymbol{F}_2$,且使 $F_1 = F_2 = F$,其作用效果与原力系等效,如图 1.1.5(b)所示。由于 $\boldsymbol{F}_1$ 和 $\boldsymbol{F}$ 也是一平衡力系,再根据该公理,可将它们从力系中除去,不改变刚体的运动状态,如图 1.1.5(c)所示,于是刚体只剩一个力 $\boldsymbol{F}_2$,它的大小和方向与 $\boldsymbol{F}$ 相同,只是作用点移至了 B 点。

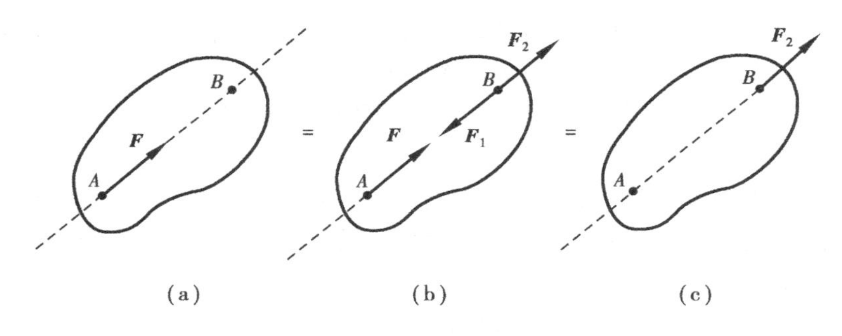

图 1.1.5　力的可传性

必须注意,该推理不适用于变形体,当作用在变形体的力沿作用线移动时,力对物体的变形效应将不同。

推理二　三力平衡汇交定理

刚体受到三个共面但不平行的力作用而处于平衡状态时,此三个力的作用线必然汇交于一点。

如图 1.1.6 所示,读者可利用以上叙述的公理和推理自行做出证明。

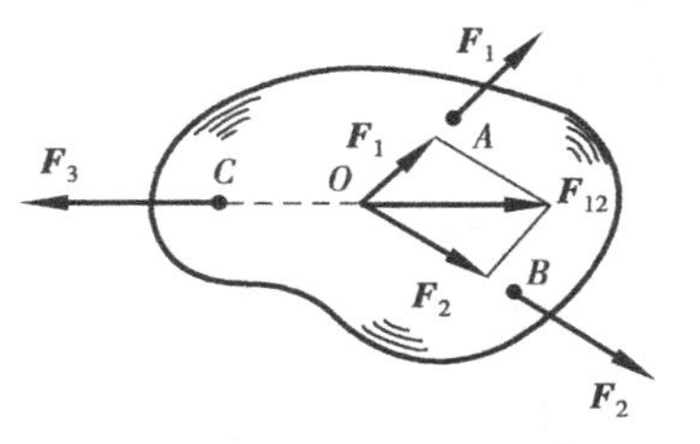

图 1.1.6　三力平衡汇交定理

(4)作用力与反作用力公理

任意两个相互作用物体之间的作用力和反作用力同时存在,这两个力大小相等,作用线相同且指向相反,分别作用在这两个物体上。

该公理表明力总是成对出现的,它们同时产生,同时消失。应当注意,作用力和反作用力公理中的一对力,与二力平衡条件中的一对力是有区别的。作用力和反作用力分别作用在不同的物体上,而二力平衡条件中的两个力则作用在同一刚体上。

1.2　构件的受力分析

在工程实际问题中,构件上的载荷和支承是两种性质的作用力,要根据平衡条件来确定两者的关系。正确分析物体受力情况,将物体合理地抽象成可以应用平衡条件求解的力学模型,这是解决工程问题的关键。

1.2.1　约束和约束反力

在机械中,许多构件的运动都受到周围其他构件的限制,如机床刀架受到床身导轨的限制,使刀架只能沿床身导轨做平移运动;传动轴受轴承的限制,使传动轴只能绕轴心线转动等。凡因受到周围其他物体限制而不能做任意运动的物体,称为非自由体,如前述刀架和传动轴。而周围物体的这种限制称为约束,周围物体称为约束体,如机床导轨和传动轴的轴承。

在分析物体的受力情况时,应分清物体受力的类型。具体地讲,物体受力分为两类:一类是使物体产生某种形式的运动或运动趋势的作用力,称为主动力;另一类为约束对物体的作用力,称为约束反力。因此,判断作用力是主动力还是约束反力,应从使物体产生运动还是限制物体运动这两个角度来分析。

约束反力阻止物体运动的作用是通过约束体与物体间相互接触来实现的,所以,它的作用点应在相互接触处,它的方向总是与约束体所能阻止的运动方向相反。约束反力的大小,在静力学中利用平衡条件求出。

下面介绍几种工程上常见的约束,并说明约束反力的方向和约束简图的画法。

(1)柔索约束

工程上常见的绳索、胶带、链条等都属于柔索约束。这类物体的特点是只能承受拉伸,不能承受压缩和弯曲,如图 1.2.1 所示。柔索约束的约束特点是限制物体沿柔索伸长方向的运动,相应的约束反力则是沿柔索背离物体,作用在连接点或假想截割处,常用符号 $\boldsymbol{F}_{\mathrm{T}}$ 或 $\boldsymbol{T}$ 表示。

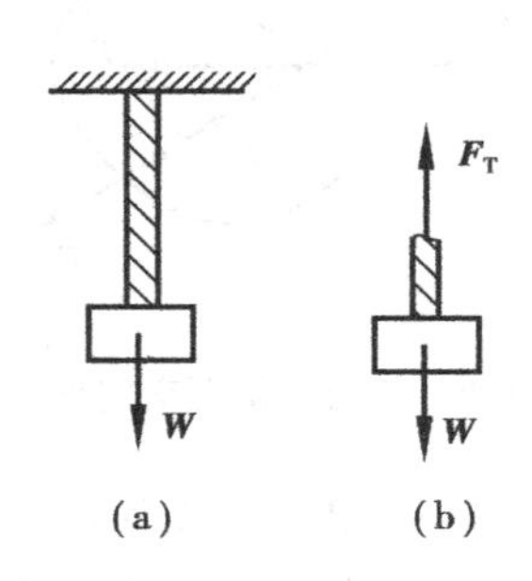

图 1.2.1　柔索约束

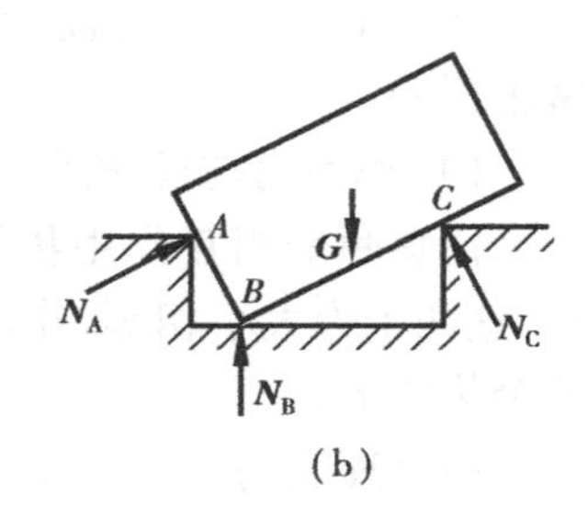

图 1.2.2　光滑接触面约束

(2)光滑接触面约束

光滑接触面是指物体与约束体之间的接触面是理想光滑的,如图 1.2.2 所示。这类约束的特点是物体不能沿接触点公法线压入约束体,但可以离开约束体。所以,光滑接触面的约束反力必定在接触点沿着接触面的公法线指向物体，作用在接触点处，一般用字母N表示。

(3)光滑圆柱铰链约束

在机械中，构件与构件或构件与基础之间，常用圆柱销钉插入两被联接构件的圆孔中进行联接，假定接触面绝对光滑，即构成光滑圆柱铰链约束。

1)中间铰链约束

如图1.2.3(a)所示，由销钉联接的两构件A、B均可绕销钉轴线相对转动，将销钉与其中任一构件(如构件B)作为约束，则被约束的另一构件(构件A)只能绕销钉轴线相对转动，不能沿圆孔径向方向移动，这样的约束称为中间铰链约束，其简图如图1.2.3(b)所示。由于销钉与物体的圆孔表面都是光滑的，两者之间存在间隙，被约束的物体受主动力后与销钉在某点K接触，根据光滑接触面约束反力的性质，销钉对物体的反力应当沿接触面的公法线方向，即通过物体圆孔中心，如图1.2.3(c)所示。但因为主动力的方向不能预先确定，所以约束反力的方向也不能预先确定。为了便于计算，通常以两个正交分力F_x和F_y表示(图1.2.3(d))。

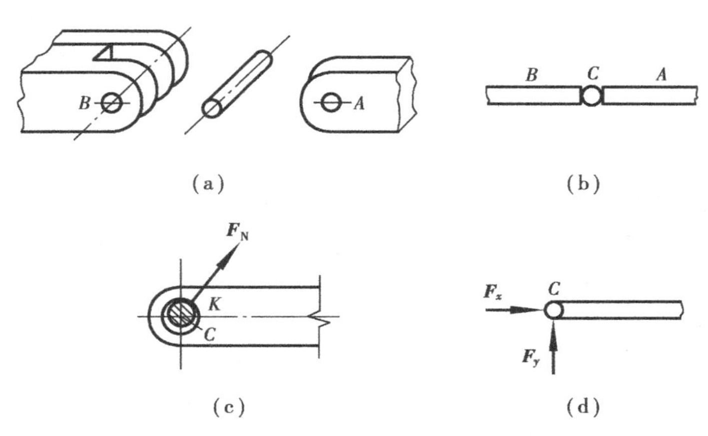

图1.2.3　中间铰链约束

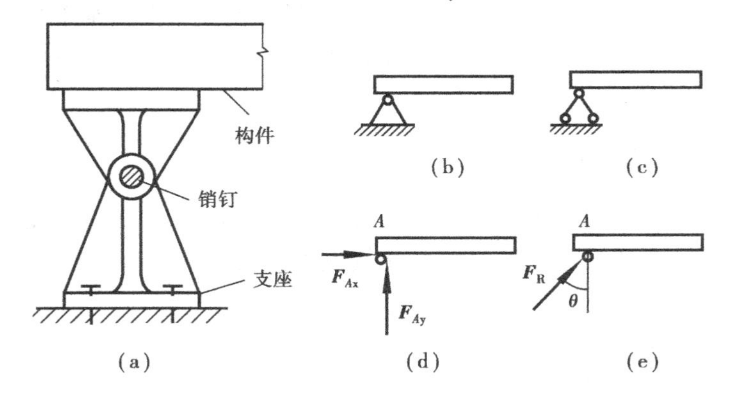

图1.2.4　固定铰链约束

2)固定铰链支座

用圆柱形销钉联接两构件时，若其中一构件固定于基础(或机架)上，则构成固定铰支座，如图1.2.4(a)所示。此时，将支座看为约束，其约束性质与中间铰链相同，其结构简图如图1.2.4(b)、(c)所示，约束反力也表示为两个正交分解的力，如图1.2.4(d)所示。

3)活动铰链支座

在固定铰链支座下面，装上一排滚子或类似滚子的物体，就构成了活动铰链支座，如图1.2.5(a)所示，其结构简图如图1.2.5(b)所示。活动铰链支座约束性质和光滑面约束性质相同，约束反力通过铰链中心且垂直于固定支承面，如图1.2.5(c)所示。在桥梁和屋架等结构

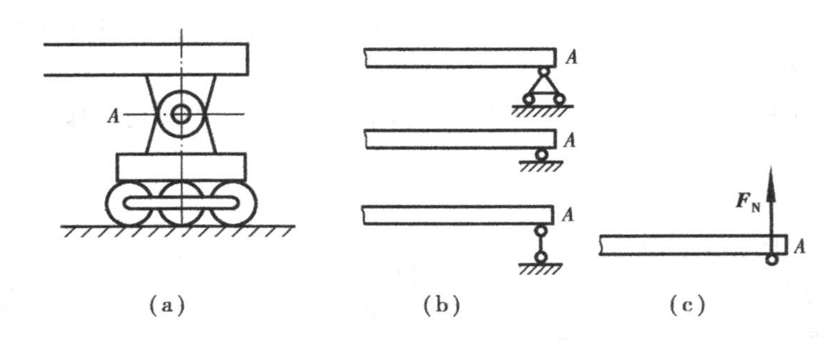

图 1.2.5 活动铰链支座

中，其中一端常采用活动铰链支座，以适应结构的热胀冷缩现象。

工程上常用的向心(径向)轴承对轴的约束可以看成是固定铰链或活动铰链。主要根据轴承的特点来定，一般把固定的一端简化为固定铰支座，把可以轴向移动的一端简化为活动铰支座。

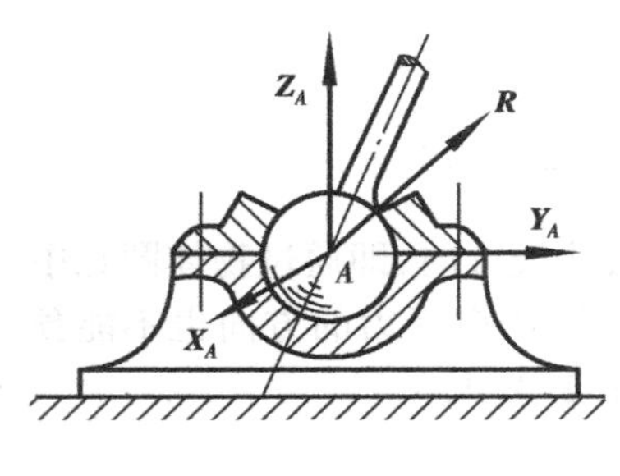

图 1.2.6 球铰链约束

(4)球铰链约束

固连于物体的圆球嵌入另一物体的球壳内构成的约束，称为球铰链约束，如图 1.2.6 所示。球壳限制圆球沿球壳法线方向的位移，但不能限制带圆球的构件绕球心的转动。略去摩擦，其约束性质与铰链相似，但约束反力通过球心可指向空间任意方位，为了方便计算，一般以三个正交分力 $\boldsymbol{X}_A$，$\boldsymbol{Y}_A$，$\boldsymbol{Z}_A$ 表示。

上面介绍的是一些工程中常见的基本约束类型。正确地分析约束，确定相应的约束反力，是对物体进行受力分析的重要环节。

1.2.2 受力分析和受力图

受力分析就是分析物体上作用有哪些外力，以及它们的位置和方向。受力分析从两个方面入手：一是明确物体所受的主动力；二是找出周围物体对它的约束，并确定其约束类型。将研究对象单独地从周围约束中分离出来，称为分离体。在分离体图形上，画上该物体所受的所有主动力，再画上约束反力代替相应的约束，这就是受力图。

(1)画受力图的一般步骤

①根据题意，确定研究对象。

②取分离体，将研究对象从周围的约束中分离出来。分离体可以是单个物体，也可以是几个物体的组合，或是整个物体系统。

③在分离体上画出所有的主动力。

④分析分离体上的所有外部约束，依据约束基本类型，在分离体上画出相应的约束反力。

例 1.1 简支梁 AB 两端用固定铰链支座和活动铰链支座支撑，如图 1.2.7(a)所示，在梁的 C 处受集中力 $\boldsymbol{P}$，梁的自重不计，画出梁 AB 的受力图。

解 取 AB 为研究对象，作用在梁上的主动力有集中力 $\boldsymbol{P}$，A 端约束为固定铰链支座，用正交反力 $\boldsymbol{N}_{Ax}$、$\boldsymbol{N}_{Ay}$ 表示。B 端约束是活动铰链支座，约束反力为垂直于支承面的一个力 $\boldsymbol{N}_B$，受力图如图 1.2.8(b)所示。

另外,因为梁 AB 只受三个外力作用而能处于平衡状态,可以根据三力平衡汇交定理来确定固定铰链支座 A 的约束反力。如图 1.2.7(c)所示,$\boldsymbol{N}_B$ 和 $\boldsymbol{P}$ 的方向线可以确定,A 处约束反力的作用线必定通过 $\boldsymbol{N}_B$ 和 $\boldsymbol{P}$ 作用线的交点。力 $\boldsymbol{N}_A$ 的指向暂定如图,以后由平衡条件确定。

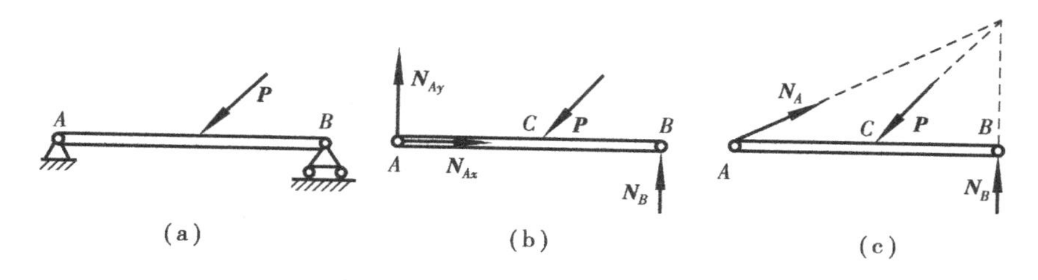

图 1.2.7　例 1.1 图

例 1.2　如图 1.2.8(a)所示的三铰拱桥,由左右两拱铰接而成。设各拱自重不计,在拱 AC 上作用有载荷 $\boldsymbol{F}_P$。试分别画出拱 AC 和拱 CB 的受力图。

解　先分析拱 BC 的受力。由于拱 BC 自重不计,且只在 B、C 两处受到铰链约束,因此,拱 BC 为二力构件。在铰链中心 B、C 处分别受 $\boldsymbol{F}_B$、$\boldsymbol{F}_C$ 两力的作用,且 $\boldsymbol{F}_B=-\boldsymbol{F}_C$,$BC$ 拱的受力如图 1.2.8(b)所示。

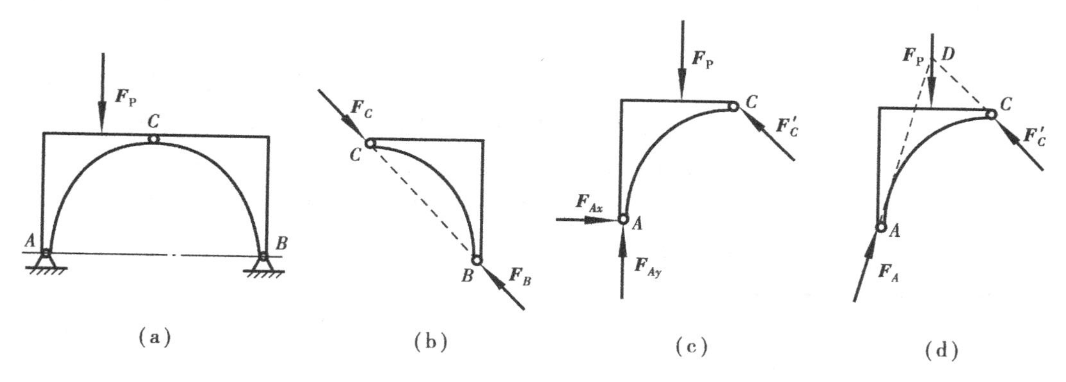

图 1.2.8　例 1.2 图

再取拱 AC 为研究对象。由于自重不计,因而,主动力只有载荷 $\boldsymbol{F}_P$。拱在铰链 C 受到拱 BC 给它的约束反力 $\boldsymbol{F}'_C$ 的作用,根据作用力与反作用力定律,$\boldsymbol{F}_C=-\boldsymbol{F}'_C$。拱在 A 处受有固定铰链支座给它的约束反力 $\boldsymbol{F}_A$ 的作用,由于方向未定,可用两个大小未知的正交分力 $\boldsymbol{F}_{Ax}$、$\boldsymbol{F}_{Ay}$ 表示,如图 1.2.8(c)所示。

再进一步分析可知,由于拱 AC 在 $\boldsymbol{F}_P$、$\boldsymbol{F}'_C$ 和 $\boldsymbol{F}_A$ 三个力作用下平衡,故可根据三力平衡汇交定理,确定铰链 A 处约束反力 $\boldsymbol{F}_A$ 的方位。点 D 为力 $\boldsymbol{F}_P$ 和 $\boldsymbol{F}'_C$ 作用线的交点,当拱 AC 平衡时,约束反力 $\boldsymbol{F}_A$ 的作用线必通过点 D,如图 1.2.8(d)所示;至于 $\boldsymbol{F}_A$ 的指向,暂假定如图,以后由平衡条件确定。

例 1.3　铰链四杆机构 $ABCD$ 的 A、D 端固定,各角度如图 1.2.9(a)所示,在铰链 C 上作用有水平力 $\boldsymbol{F}_1$,铰链 B 上作用向上的力 $\boldsymbol{F}_2$,机构处于平衡状态,杆的自重不计,试作出各杆、铰链 B、铰链 C 及整个机构的受力图。

解　先画杆 AB、BC、CD 的受力图。如图 1.2.9(b)所示,杆 AB、BC、CD 只在两点受两个

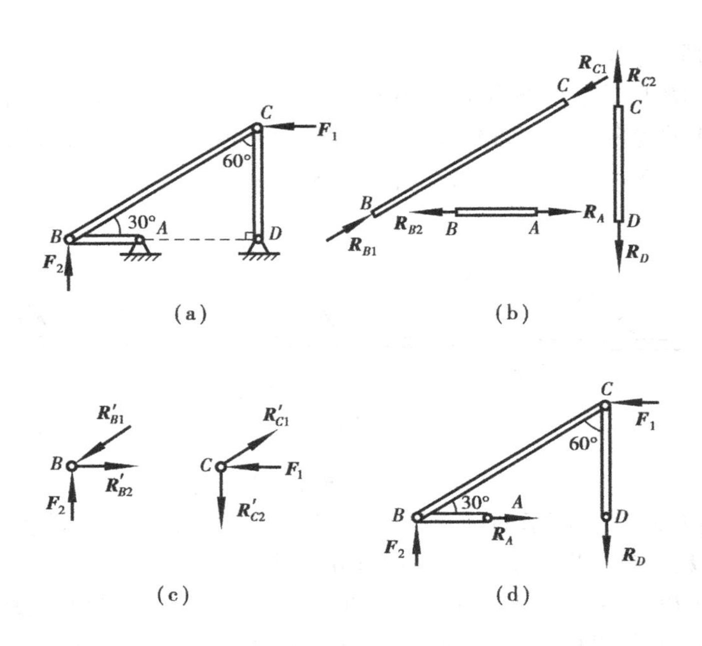

图 1.2.9　例 1.3 图

力作用而保持平衡，均为二力构件，画其分离体，并先假设杆 *AB*、*CD* 受拉，杆 *BC* 受压（其真正指向要等计算后确定）。

再以铰链 *B*、*C* 为研究对象，对铰链 *B*，先画出主动力 $\boldsymbol{F}_2$，根据作用力与反作用力定律，画出杆 *AB*、*BC* 对铰链 *B* 的约束反力 $\boldsymbol{R'}_{B1}$、$\boldsymbol{R'}_{B2}$；对铰链 *C*，先画出主动力 $\boldsymbol{F}_1$，同样根据作用力与反作用力定律，画出杆 *BC*、*CD* 对铰链 *C* 的约束反力 $\boldsymbol{R'}_{C1}$、$\boldsymbol{R'}_{C2}$，如图 1.2.9(c)所示。

最后以整个机构为研究对象，画主动力 $\boldsymbol{F}_1$、$\boldsymbol{F}_2$，对整体而言，与外界的约束只有 *A*、*D* 处的铰链，其约束反力为 $\boldsymbol{R}_A$、$\boldsymbol{R}_D$，结果如图 1.2.9(d)所示。

(2)画受力图时的注意事项

①根据已知条件和题意明确研究对象，单独画出分离体图，以免混乱。一般情况下，不要在一系统的简图上画某一物体或子系统的受力图。

②画一个力应有依据，不能多画，也不能少画。画物体系统的受力图时，系统内部物体之间的相互作用力是系统内力，系统内力不必画出。

③注意作用力、反作用力的画法（作用力的方向一经假定，其反作用力一定与之反向）。

④若机构中有二力构件，应先分析二力构件的受力，然后再分析其他作用力。

1.3　平面机构力的计算

1.3.1　力的投影　合力投影定理

(1)力在平面直角坐标轴上的投影

设力 $\boldsymbol{F}$ 作用于刚体上的 *A* 点，如图 1.3.1 所示。在力 $\boldsymbol{F}$ 平面内取 xOy 坐标，过力的起点 *A* 和终点 *B* 向 x 轴作垂线，其垂足分别为 a 和 b。线段的长度 ab 冠以正负号，称为力 $\boldsymbol{F}$ 在 x 轴

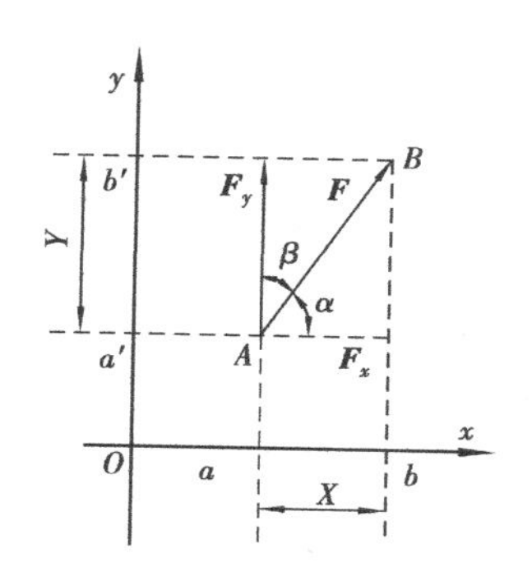

图1.3.1　力在直角坐标轴上的投影

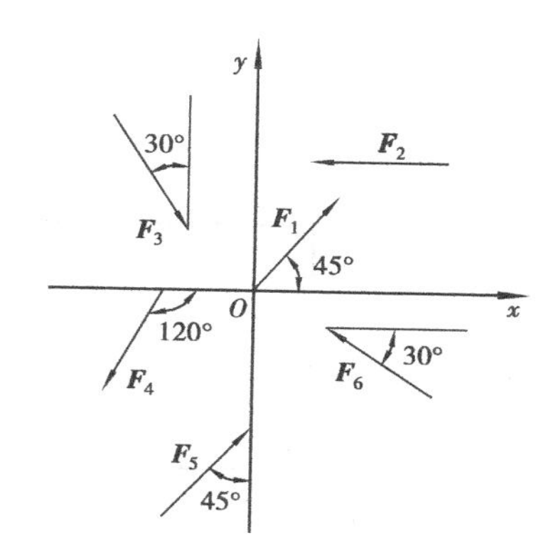

图1.3.2　例1.4图

上的投影,用 X 表示。同理,过力的起点 A 和终点 B 向 y 轴作垂线,其垂足分别为 a' 和 b'。可以得出力 $\boldsymbol{F}$ 在 y 轴的投影 Y。投影的符号规定如下:若从 $a(a')$ 到 $b(b')$ 的指向与 $x(y)$ 轴的正向一致,则投影为正值,反之,为负值。

设力 $\boldsymbol{F}$ 与 x 轴所夹的锐角为 α,与 y 轴所夹的锐角为 β,则有

$$\left.\begin{aligned} X &= \pm F\cos\alpha = \pm F\sin\beta \\ Y &= \pm F\sin\alpha = \pm F\cos\beta \end{aligned}\right\} \tag{1.3.1}$$

若已知力的投影 X 和 Y,则力 $\boldsymbol{F}$ 的大小和方向可由下式求出

$$\left.\begin{aligned} F &= \sqrt{X^2 + Y^2} \\ \tan\alpha &= \left|\frac{Y}{X}\right| \end{aligned}\right\} \tag{1.3.2}$$

应当指出,仅就角 α 的大小并不能完全确定力 $\boldsymbol{F}$ 的方向,还必须结合投影 X 和 Y 的正负号,判断力从原点 O 画出位于第几象限,力 $\boldsymbol{F}$ 的方向才能完全确定。

例1.4　已知如图1.3.2所示各力均为50 N,求各力在 x、y 轴上的投影。

解　由式(1.3.1)知

$X_1 = F_1\cos45° = 35.4\ \text{N}$　　$Y_1 = F_1\sin45° = 35.4\ \text{N}$

$X_2 = -F_2\cos0° = -50\ \text{N}$　　$Y_2 = F_2\sin0° = 0$

$X_3 = F_3\sin30° = 25\ \text{N}$　　$Y_3 = -F_3\cos30° = -43.3\ \text{N}$

$X_4 = -F_4\cos60° = -25\ \text{N}$　　$Y_4 = -F_4\sin60° = -43.3\ \text{N}$

$X_5 = F_5\cos45° = 35.4\ \text{N}$　　$Y_5 = F_5\sin45° = 35.4\ \text{N}$

$X_6 = -F_6\cos30° = -43.3\ \text{N}$　　$Y_6 = F_6\sin30° = 25\ N$

(2)力在空间直角坐标轴上的投影

1)直接投影法

如已知力 $\boldsymbol{F}$ 与 x、y、z 轴的正向间夹角分别为 α、β、γ(如图1.3.3(a)所示),则力 $\boldsymbol{F}$ 可直接投影,即

$$\left.\begin{aligned} X &= F\cos\alpha \\ Y &= F\cos\beta \\ Z &= F\cos\gamma \end{aligned}\right\} \tag{1.3.3}$$

2)二次投影法

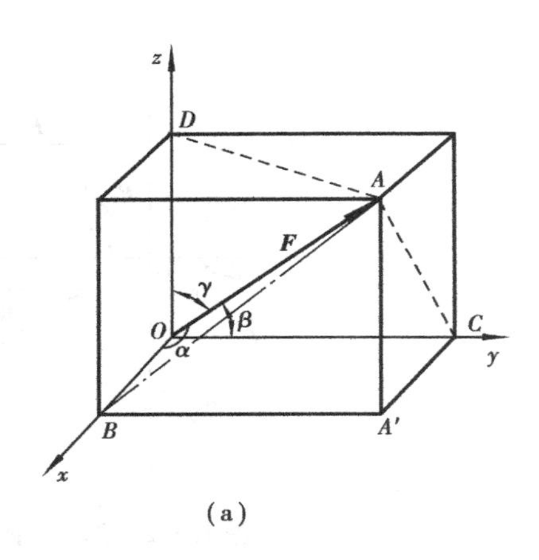

(a)

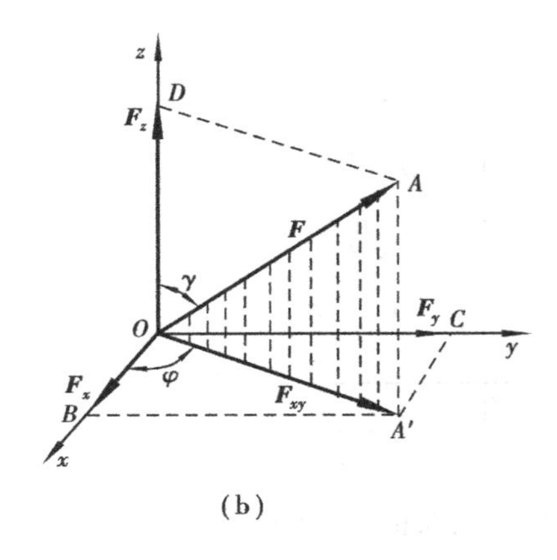

(b)

图 1.3.3　力在空间坐标轴上的投影

若力 $\boldsymbol{F}$ 与 z 轴的夹角 γ 为已知,同时,$\boldsymbol{F}$ 和 z 轴所在平面与坐标平面 Oxz 的夹角 φ 已知,则可将 $\boldsymbol{F}$ 直接投影到 z 轴和 Oxy 平面上,得到 F_z 及 F_{xy},且有 $F_{xy}=F\sin\gamma$。再将 F_{xy} 投影到 x、y 轴上得 F_x、F_y,如图 1.3.3(b)所示,即得

$$\left.\begin{aligned} X &= F_x = F_{xy}\cos\varphi = F\sin\gamma\cos\varphi \\ Y &= F_y = F_{xy}\sin\varphi = F\sin\gamma\sin\varphi \\ Z &= F_z = F\cos\gamma \end{aligned}\right\} \tag{1.3.4}$$

(3)合力投影定理

如图 1.3.4(a)所示,刚体上受两个力作用 $\boldsymbol{F}_1$、$\boldsymbol{F}_2$,其合力为 $\boldsymbol{R}$,组成的矢量三角形如图 1.3.4(b)所示,将三个力分别向 x 轴投影,则有 $X_1=ab$,$X_2=bc$,$X_R=ac$。

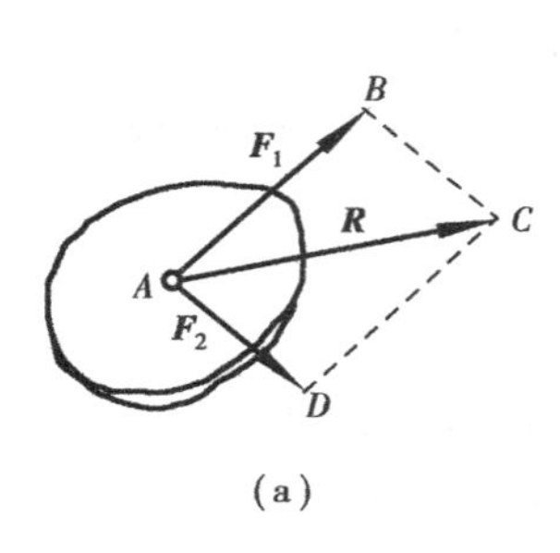

(a)

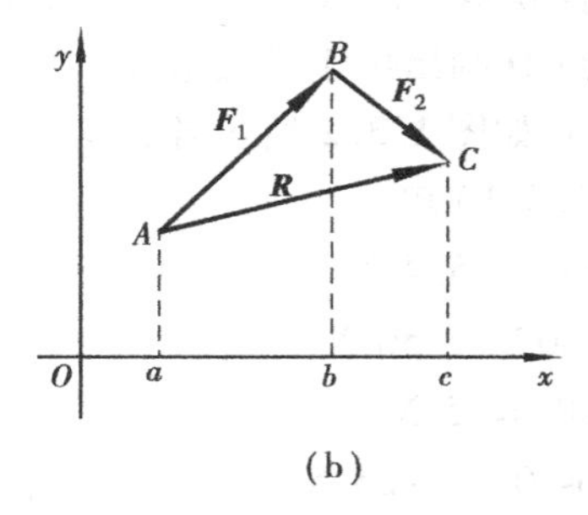

(b)

图 1.3.4　合力投影定理

由图可知:$ac=ab+bc$,即 $X_R=X_1+X_2$。同理可得:$Y_R=Y_1+Y_2$。

由此类推,若一平面汇交力系 $\boldsymbol{F}_1,\boldsymbol{F}_2,\cdots,\boldsymbol{F}_n$ 有合力 $\boldsymbol{R}$ 存在,则有

$$\left.\begin{aligned} X_R &= X_1 + X_2 + \cdots + X_n = \sum X_i \\ Y_R &= Y_1 + Y_2 + \cdots + Y_n = \sum Y_i \end{aligned}\right\} \tag{1.3.5}$$

上式表明,合力在某一轴上的投影等于其各分力在同一轴上投影的代数和,这就是合力投影定理。若各分力的投影已知,则合力的大小和方向可由下式确定:

$$\left.\begin{aligned}R &= \sqrt{(\sum X_i)^2 + (\sum Y_i)^2}\\ \cos\alpha &= \frac{\sum X_i}{R}\\ \cos\beta &= \frac{\sum Y_i}{R}\end{aligned}\right\} \tag{1.3.6}$$

式中 α、β 分别表示合力 $\boldsymbol{R}$ 与 x、y 两轴正向的夹角。

若分布在空间的许多力，其作用线汇交于一点，则称为空间汇交力系。上述合力投影定理对空间汇交力系同样适用。

设力 $\boldsymbol{F}_1,\boldsymbol{F}_2,\cdots,\boldsymbol{F}_n$ 组成空间汇交力系，其合力为 $\boldsymbol{R}$，由合力投影定理得

$$\left.\begin{aligned}X_{\mathrm{R}} &= X_1 + X_2 + \cdots + X_n = \sum X_i\\ Y_{\mathrm{R}} &= Y_1 + Y_2 + \cdots + Y_n = \sum Y_i\\ Z_{\mathrm{R}} &= Z_1 + Z_2 + \cdots + Z_n = \sum Z_i\end{aligned}\right\} \tag{1.3.7}$$

若各分力的投影已知，则合力的大小和方向可由下式确定：

$$\left.\begin{aligned}R &= \sqrt{(\sum X_i)^2 + (\sum Y_i)^2 + (\sum Z_i)^2}\\ \cos\alpha &= \frac{\sum X_i}{R}\\ \cos\beta &= \frac{\sum Y_i}{R}\\ \cos\gamma &= \frac{\sum Z_i}{R}\end{aligned}\right\} \tag{1.3.8}$$

式中，α、β、γ 表示合力 $\boldsymbol{R}$ 与 x、y、z 三轴正向的夹角。

1.3.2　力矩　合力矩定理

(1) 平面力对点之矩

通常，力对物体作用的外效应体现在使物体移动和转动，力的移动效应取决于力的大小和方向，力的转动效应则是用力矩来度量的。以扳手拧转螺母（图1.3.5）为例，力 $\boldsymbol{F}$ 使扳手带动螺母绕 O 点（即绕通过 O 点垂直于图面的轴）转动。经验告诉人们，力 $\boldsymbol{F}$ 的值越大，螺母拧得越紧（或越容易拧松）；另一方面，力 $\boldsymbol{F}$ 的作用线到 O 点（转动中心）的垂直距离越大，就越省力。由此，可得出这样的结论：平面内力 $\boldsymbol{F}$ 使物体绕 O 点转动的效应，与力的大小 F 和力作用线到 O 点的垂直距离 s 有关。用乘积 Fs 冠以正负号来度量力 $\boldsymbol{F}$ 使物体绕 O 点转动的效应，称为力对点之矩，用符号 $M_O(\boldsymbol{F})$ 表示，即

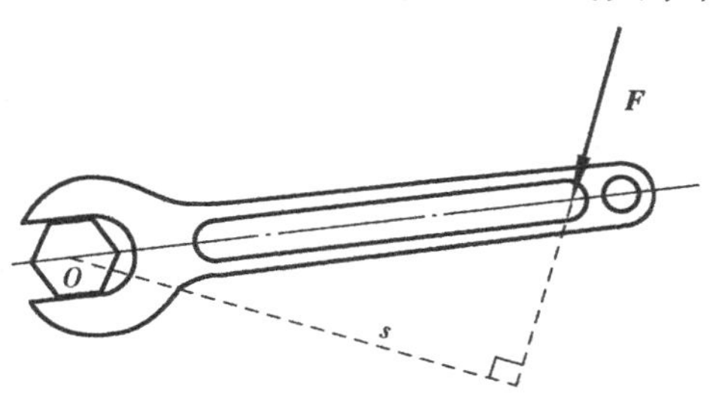

图1.3.5　力对点之矩

$$M_O(\boldsymbol{F}) = \pm Fs \tag{1.3.9}$$

式中，点 O 称为力矩中心，简称为矩心，s 称为力 $\boldsymbol{F}$ 的力臂，正负号表示力使物体转动的转向。通常规定转向为逆时针时取正值，顺时针取负值。因此，在平面问题中，力矩可看做代数量，力矩的单位是牛顿·米(N·m)或千牛顿·米(kN·m)。

显然，当力等于零或力作用线通过矩心，即力臂为零时，力矩等于零。

(2)合力矩定理

合力对过作用线平面内任一点的力矩等于该面内各分力对同一点力矩的代数和，即

$$M_O(\boldsymbol{R}) = M_O(\boldsymbol{F}_1) + M_O(\boldsymbol{F}_2) + \cdots + M_O(\boldsymbol{F}_n) = \sum M_O(\boldsymbol{F}_i) \qquad (1.3.10)$$

这就是合力矩定理。需要说明的是，该定理对任意力系都是成立的。

求力对点之矩可以用力矩定义式进行计算，也可以用合力矩定理，下面举例说明。

例 1.5 作用于齿轮的啮合力 $P_n = 1\,000$ N，节圆直径 $D = 160$ mm，压力角 $\alpha = 20°$，如图 1.3.6 所示。求啮合力 $\boldsymbol{P}_n$ 对于轮心 O 的力矩。

解

①应用力矩计算公式计算

由图中几何关系可知，$\boldsymbol{P}_n$ 对 O 点的力臂为 $h = D\cos\alpha/2$，则有

$$M_O(\boldsymbol{P}_n) = -P_n h = -1\,000 \times \frac{0.16}{2}\cos 20° \text{ N}\cdot\text{m}$$
$$= -75.2 \text{ N}\cdot\text{m}$$

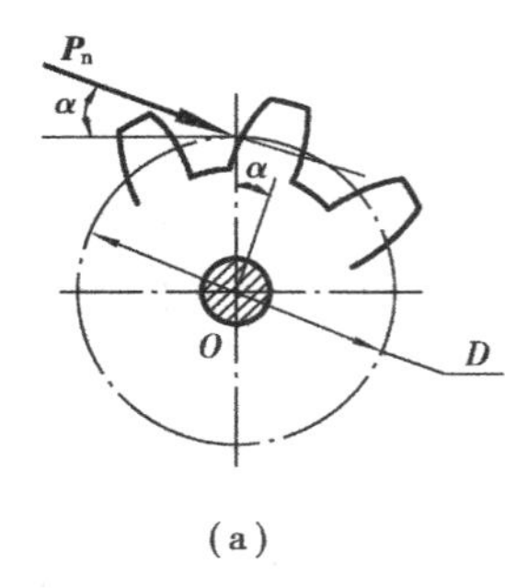

(a)

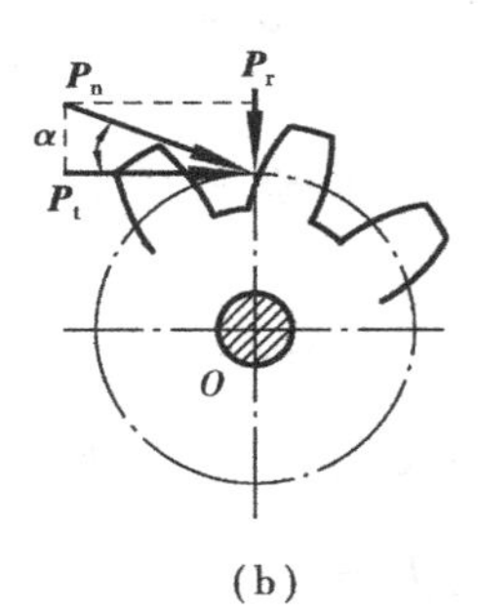

(b)

图 1.3.6 例 1.5 图

②应用合力矩定理计算

将啮合力沿齿轮节圆切向和径向分解得圆周力 $\boldsymbol{P}_t$ 和径向力 $\boldsymbol{P}_r$，如图 1.3.6(b)所示，则有

$$M_O(\boldsymbol{P}_n) = M_O(\boldsymbol{P}_t) + M_O(\boldsymbol{P}_r)$$
$$= -P_t \times D/2 + P_r \times 0$$
$$= \left[-1\,000\cos 20° \times \frac{0.16}{2} + 0\right] \text{ N}\cdot\text{m}$$
$$= -75.2 \text{ N}\cdot\text{m}$$

(3)空间力对轴之矩

在工程中常遇到刚体绕定轴转动的情形，为度量力对转动刚体的作用效应，引入力对轴之矩的概念。

现以推门为例。如图 1.3.7(a)所示的门边上 A 点作用一力 $\boldsymbol{F}$，为度量此力使门绕 z 轴的转动效应，现将力分解为相互垂直的两个分力：一个与轴平行的分力 $\boldsymbol{F}_z$，另一个是在与轴垂直

平面上的分力 F_{xy}。由经验可知，F_z 不能使门绕 z 轴转动，只有分力 F_{xy} 对门绕 z 轴有转动效应。若以 d 表示 z 轴与 Oxy 平面的交点 O 到 F_{xy} 作用线间距离，则 F_{xy} 对门绕 z 轴转动效应可用 F_{xy} 对 O 点之矩来表示，记作

$$M_z(\boldsymbol{F}) = M_O(\boldsymbol{F}_{xy}) = \pm F_{xy}d \tag{1.3.11}$$

上式表明：力对于某轴之矩，等于此力在垂直于该轴平面上的分力对这个平面与轴的交点 O 之矩。式中的正负号表示力矩的转向，规定：从 z 轴正端看向负端（如图 1.3.7(b)），若力 $\boldsymbol{F}$ 使刚体绕 z 轴逆时针转动为正，反之为负。

由空间力对轴之矩的定义知：当力的作用线与轴平行或相交时，力对该轴之矩等于零，如图 1.3.7(c)、(d)、(e)所示。

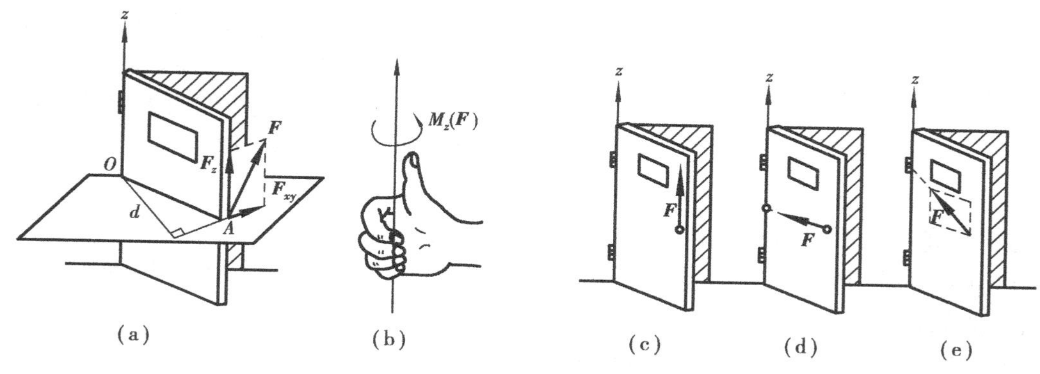

图 1.3.7　空间力对轴之矩

另外，由力对点的合力矩定理可推广到力对轴的合力矩定理为：合力对某轴之矩等于各分力对该轴之矩的代数和。

例 1.6　在图 1.3.8 所示的空间曲杆的 A 端作用一力 $\boldsymbol{F}$，其与水平面的夹角为 α，力 $\boldsymbol{F}$ 在水平面上的投影为 F_{xy}，与 x' 轴（x' 轴与 x 轴平行）的夹角为 β，杆各段长度如图示。求力 $\boldsymbol{F}$ 对轴 Ox、Oy 和 Oz 的矩。

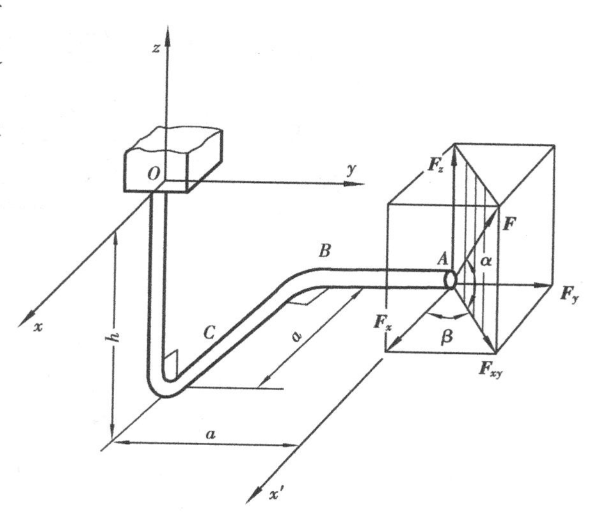

图 1.3.8　例 1.6 图

解　首先求力 $\boldsymbol{F}$ 沿轴 Ox、Oy 和 Oz 方向的分力

$$F_x = F_{xy}\cos\beta = F\cos\alpha\cos\beta$$

$$F_y = F_{xy}\sin\beta = F\cos\alpha\sin\beta$$

$$F_z = F\sin\alpha$$

再根据力对轴之矩的定义，计算力 $\boldsymbol{F}$ 对三轴之矩，即

$$M_x(\boldsymbol{F}) = F_y h + F_z a = F(h\cos\alpha\sin\beta + a\sin\alpha)$$

$$M_y(\boldsymbol{F}) = F_z a - F_x h = F(a\sin\alpha - h\cos\alpha\sin\beta)$$

$$M_z(\boldsymbol{F}) = -F_x a - F_y a = -Fa\cos\alpha(\cos\beta + \sin\beta)$$

1.3.3 力偶及其性质

(1)力偶及其力偶矩

力学上将一对大小相等、方向相反、作用线相互平行且不共线的两个力称为力偶,用符号($\boldsymbol{F},\boldsymbol{F}'$)来表示。在力偶中,两力作用线所决定的平面称为力偶面,作用线之间的垂直距离 d 称为力偶臂。力偶在生产和生活中常常遇到,例如,司机操纵方向盘(图1.3.9(a)),钳工用丝锥攻螺纹(图1.3.9(b))等。

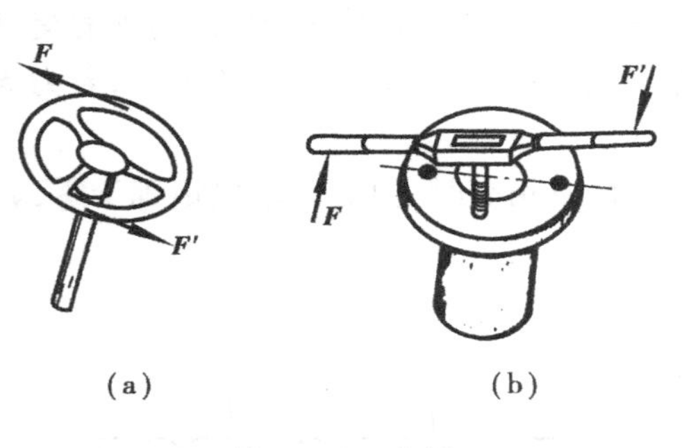

图1.3.9 力偶

力偶是力学中的一个基本物理量,它对物体只产生转动效应,其转动效应用力偶矩度量。在平面问题中,力偶中任一力的大小与力偶臂的乘积,并加上正负号,则称为力偶矩,即

$$M(\boldsymbol{F},\boldsymbol{F}') = M = \pm Fd \tag{1.3.12}$$

习惯上规定:使物体逆时针转动的力偶矩为正,反之为负。

在国际单位制中,力偶矩常采用的单位为牛顿·米(N·m)或千牛·米(kN·m)。

(2)力偶的性质

根据力偶的定义,可以证明力偶具有如下性质:

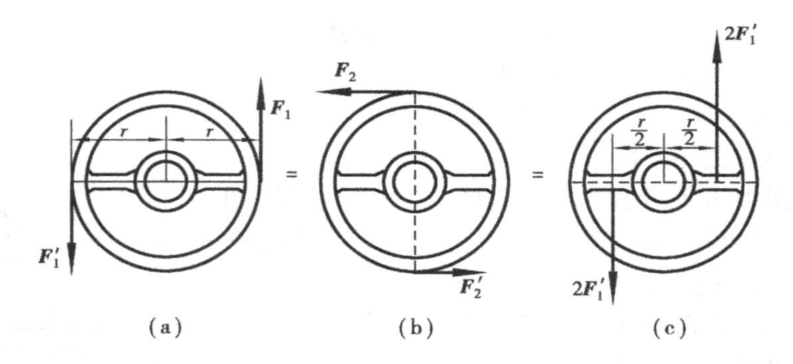

图1.3.10 力偶的性质

①力偶在任意轴上的投影恒等于零,故力偶无合力,不能与一个力等效,也不能与一个力平衡。力偶和力是组成力系的两个基本物理量。

②力偶矩的大小与矩心位置无关,即力偶中的两个力,对力偶作用面内任意一点的力矩的代数和不变,均等于该力偶矩的大小。

③力偶可在其作用面内任意移转,而不影响它对刚体的效应(图1.3.10(a)、(b))。

④在保持力偶矩大小和力偶转向不变的条件下,可以同时改变力偶中力的大小和力偶臂的长短,力偶的效应不变。

例如,图1.3.10(c)所示的方向盘,所施加的力偶由($\boldsymbol{F}_1,\boldsymbol{F}'_1$)变为($2\boldsymbol{F}_1,2\boldsymbol{F}'_1$)时,只要将力偶臂同时减半,使方向盘转动的效果就不会改变。

由于力偶对物体的转动效应完全取决于力偶矩的大小和转向,因此,在表示力偶时,不必指明力偶的具体位置及组成力偶的力的大小、方向和力臂的值,只用一个带箭头的弧线来表示(箭头表示力偶的转向),并标出力偶矩的值即可,如图1.3.11所示。

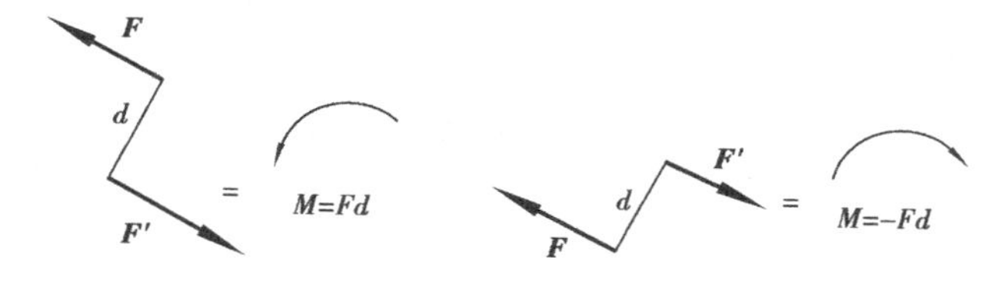

图1.3.11　力偶的表示方法

1.4　平面力系

静力学中的力系按力系中各力作用线的位置可分为平面力系和空间力系两类。平面力系是指作用于物体各力的作用线均在同一平面内。若各力作用线不在同一平面内的力系称为空间力系。由于平面力系在工程中极为常见,并且在研究平衡问题时,很多情况都要用到平面力系的理论,所以在静力学中占有重要的地位。本节主要研究平面力系的简化和平衡条件,包括考虑摩擦力的平衡问题。

1.4.1　平面任意力系向一点简化　主矢和主矩

平面任意力系的简化,通常是利用力的平移定理,将力系向一点简化。

(1)力的平移定理

欲将作用于刚体上A点的力$\boldsymbol{F}$平移至任一指定点O(图1.4.1(a)),而不改变原来的力对刚体的作用效果,可在O点加上一对平衡力$\boldsymbol{F}'$、$\boldsymbol{F}''$(图1.4.1(b)),并使其大小$F'=F''=F$,且

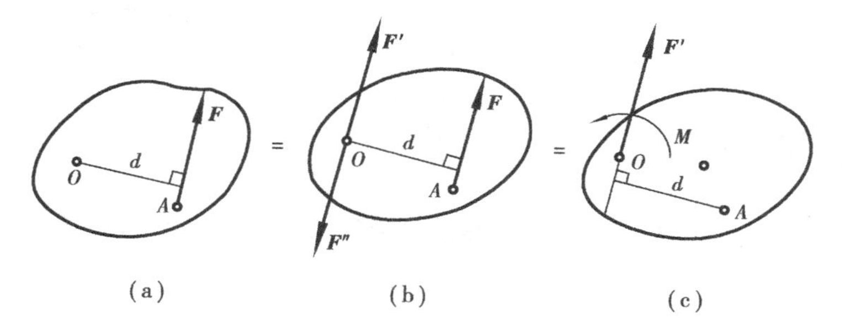

图1.4.1　力的平移定理

作用线与力$\boldsymbol{F}$平行。显然,力$\boldsymbol{F}$与$\boldsymbol{F}''$组成一力偶,称为附加力偶,其力偶臂为d。于是,作用在A点的力$\boldsymbol{F}$可以用做用于O点的力$\boldsymbol{F}'$和附加力偶$(\boldsymbol{F},\boldsymbol{F}'')$来代替(图1.4.1(c)),附加力偶的力偶矩为$M=Fd=m_O(\boldsymbol{F})$。显然,力$\boldsymbol{F}'$和力偶$(\boldsymbol{F},\boldsymbol{F}'')$与原力的作用效果相同。

由此,得到如下定理:作用在刚体上的力可以平移到刚体内任一指定点,但必须同时附加上一个力偶,此附加力偶的力偶矩等于原力对指定点的矩。该定理称为力的平移定理。

力的平移定理是力系简化的依据,也是分析力的作用效应的一个重要方法,能解释很多工程和生活中的现象。例如,用丝锥攻螺纹(图1.4.2(a))时,若作用于扳手上的力$\boldsymbol{F}$和$\boldsymbol{F}'$大小

相等、方向相反，即可保证丝锥扳手和丝锥只受力偶($\boldsymbol{F},\boldsymbol{F}'$)的作用而转动。如仅在扳手的一端加上力 $\boldsymbol{F}$(图 1.4.2(b))，根据力的平移定理，作用在扳手上的力 F 可以由力 $\boldsymbol{F}'(\boldsymbol{F}'=\boldsymbol{F})$ 和力偶($\boldsymbol{F},\boldsymbol{F}''$)等效替换。力偶($\boldsymbol{F},\boldsymbol{F}''$)使丝锥转动，力 $\boldsymbol{F}'$ 只能使丝锥弯折，对攻丝不利，且易引起丝锥的破坏。此外，打乒乓球时，搓球能使乒乓球旋转也可以用力的平移定理来解释。

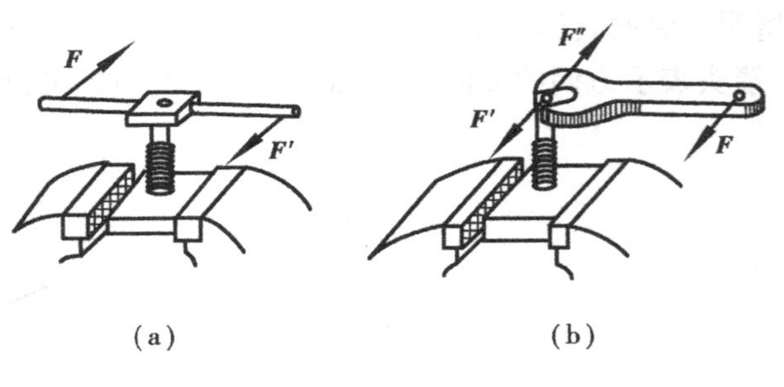

图 1.4.2 丝锥攻螺纹

(2)平面任意力系向一点简化 主矢和主矩

设作用于刚体的平面任意力系 $\boldsymbol{F}_1$、$\boldsymbol{F}_2$、…、$\boldsymbol{F}_n$，且作用点分别为 A_1、A_2、…、A_n(图 1.4.3(a))。今在力系所在的平面内任选一点 O，该点称为简化中心，根据力的平移定理，将力系中的各力分别移至 O 点，则得到作用于刚体的平面汇交力系 $\boldsymbol{F}'_1$、$\boldsymbol{F}'_2$、…、$\boldsymbol{F}'_n$ 及附加力偶系 M_{O1}、M_{O2}、…、M_{On}(图 1.4.3(b))。

应用力的合成法则可将平面汇交力系合成作用于简化中心 O 点的一个力 $\boldsymbol{F}'_R$，即

$$\boldsymbol{F}'_R = \boldsymbol{F}'_1 + \boldsymbol{F}'_2 + \cdots + \boldsymbol{F}'_n = \sum \boldsymbol{F}'_i \qquad (1.4.1)$$

$\boldsymbol{F}'_R$ 称为原力系的主矢，它等于原力系中各分力的矢量和。显然，主矢的大小和方向与简化中心的位置无关。

附加力偶系可以合成同一平面内的合力偶，其矩为 M_O，称为原力系对简化中心 O 点的主矩(图 1.4.3(c))，其大小等于各附加力偶矩的代数和，亦即原力系中各力对简化中心 O 点力矩的代数和，即

$$M_O = M_{O1} + M_{O2} + \cdots + M_{On} = \sum M_O(\boldsymbol{F}_i) \qquad (1.4.2)$$

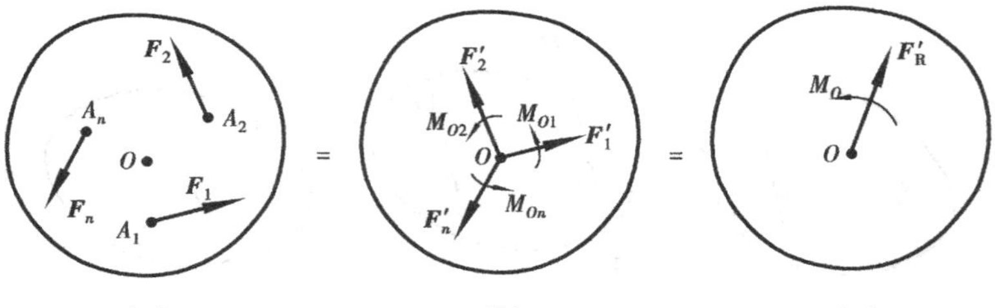

(a) (b) (c)

图 1.4.3 平面任意力系的简化

综上分析可得到结论如下：平面任意力系向平面内任意一点简化，一般来说可得到一个力和一个力偶。这个力通过简化中心，其力矢等于原力系各力的矢量和，称为原力系的主矢；这个力偶的矩等于原力系中各力对简化中心力矩的代数和，称为原力系对简化中心的主矩。力系主矢 $\boldsymbol{F}'_R$ 的大小和方向与简化中心的位置无关；而力系的主矩 M_O 则与简化中心的位置有关。因此，在计算力系的主矩时，必须指出简化中心的位置。

作为力系简化理论的应用，下面分析工程实际中常见的又一种约束：固定端约束。例如，插入地面的电线杆、车床刀架上的车刀、房屋阳台的雨棚等，如图 1.4.4 所示。这些物体所受

约束具有同样的特点:物体插入并固嵌于另一物体内,既不能向任何方向移动,也不能转动。

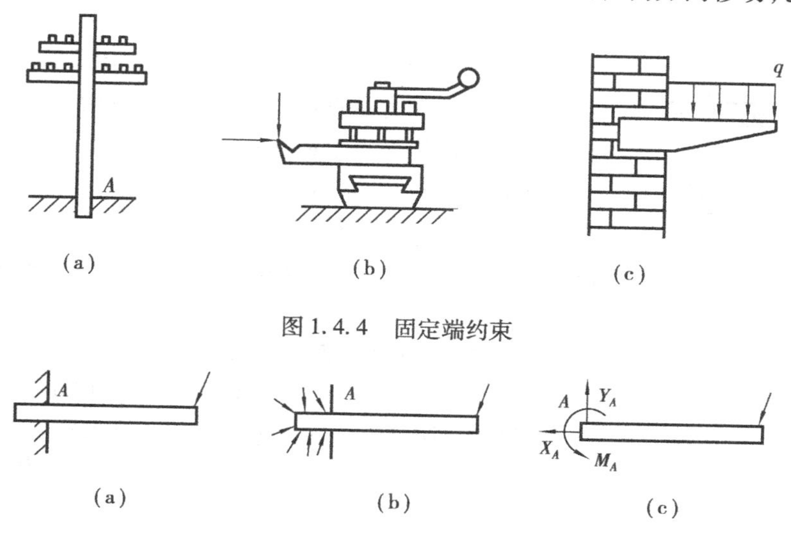

图 1.4.4　固定端约束

图 1.4.5　固定端约束反力

图 1.4.5(a)是固定端约束的简图。物体与约束之间在接触处的力的分布是很复杂的,如图 1.4.5(b)所示,当主动力为平面任意力系时,这些约束反力亦为平面力系,按照力系简化理论,将它们向固定端点 A 简化,可得到一个约束反力和约束反力偶,约束反力的方向未知,可用一对正交分力来代替。因此,固定端的约束反力应是一对正交反力 $\boldsymbol{X}_A$、$\boldsymbol{Y}_A$ 和一个约束反力偶 M_A,如图 1.4.5(c)所示。

1.4.2　平面任意力系的平衡条件和平衡方程

由前面讨论可知,若平面任意力系向一点简化所得的力或力偶中只要有一个不为零,则该力系就不会为零。因此,平面任意力系平衡的充分和必要条件为:该力系向任一点简化所得的主矢和主矩必须等于零,即

$$\left.\begin{aligned} F'_{\mathrm{R}} &= 0 \\ M_O &= 0 \end{aligned}\right\}$$

该平衡条件可用解析式表示,即

$$\left.\begin{aligned} \sum X &= 0 \\ \sum Y &= 0 \\ \sum M_O(\boldsymbol{F}_i) &= 0 \end{aligned}\right\} \tag{1.4.3}$$

上式说明平面任意力系平衡的解析条件为:力系中各力在作用面内任意两直角坐标轴上投影的代数和均等于零,各力对任一点之矩的代数和也等于零。这是三个独立的方程,可以求解三个未知量。

用解析法求解平衡问题的主要步骤如下:

①根据题意的要求,选取适当的物体为研究对象。研究物系平衡时,往往要讨论几个不同的研究对象。

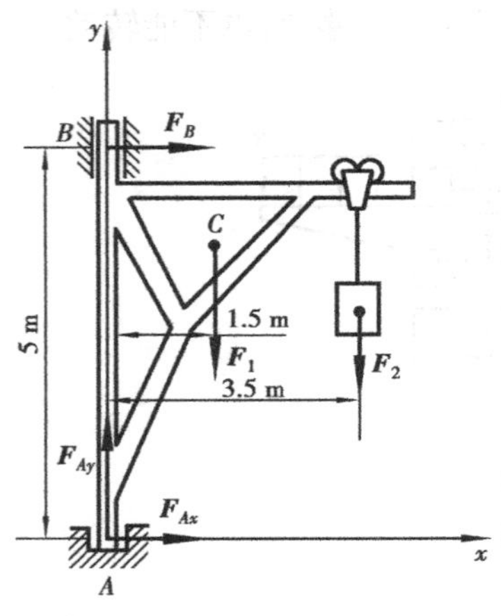

图 1.4.6　例 1.7 图

②逐一分析研究对象所受各力,在简图上画出所受的全部主动力和约束反力。

③建立坐标轴及选取矩心。为了简化计算,建立的坐标轴应与较多的未知力垂直或与多数力平行;而所选的矩心应尽量在两未知力的汇交点上或在一未知力的作用线上。

④列平衡方程,求解未知量。

例 1.7　起重机重 $F_1 = 10$ kN,可绕铅直轴 AB 转动;起重机的挂钩上挂一重为 $F_2 = 40$ kN 的重物,如图 1.4.6 所示。起重机的重心 C 到转动轴的距离为 1.5 m,其他尺寸如图所示。求在止推轴承 A 和径向轴承 B 处的约束反力。

解　取起重机为研究对象,它们受的主动力有 $\boldsymbol{F}_1$ 和 $\boldsymbol{F}_2$。由于起重机的对称性,认为约束反力和主动力都位于同一平面内。止推轴承 A 处有两个约束反力 $\boldsymbol{F}_{Ax}$ 和 $\boldsymbol{F}_{Ay}$,轴承 B 处只受一个与转轴垂直的约束反力 $\boldsymbol{F}_B$,其受力图如图所示。

建立坐标系如图所示,列平面任意力系的平衡方程有

$$\sum X = 0 \qquad F_{Ax} + F_B = 0$$

$$\sum Y = 0 \qquad F_{Ay} - F_1 - F_2 = 0$$

$$\sum M_A(\boldsymbol{F}) = 0 \qquad -5F_B - 1.5F_1 - 3.5F_2 = 0$$

解得　　$F_B = -31$ kN,　　$F_{Ax} = 31$ kN,　　$F_{Ay} = 50$ kN

例 1.8　如图 1.4.7 所示的刚架 $ACDB$ 上作用有集中力 $F = 1\ 400$ N,力偶矩 $M = 800$ N·m,均布载荷 $q = 600$ N/m。试求铰链支座 A 与 B 的约束反力。

解　取刚架 $ACDB$ 为研究对象,画出受力图。外载荷有:已知的集中力 $\boldsymbol{F}$,均布载荷 $\boldsymbol{q}$ 和力偶矩 $\boldsymbol{M}$;铰链 A、B 两点的未知约束反力 $\boldsymbol{X}_A$、$\boldsymbol{Y}_A$ 和 $\boldsymbol{Y}_B$。

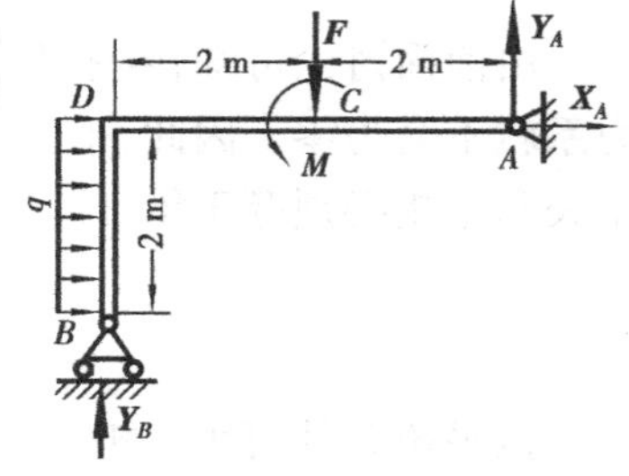

图 1.4.7　例 1.8 图

由受力图可见,这是一个平面任意力系,其平衡方程为

$$\sum X = 0 \qquad X_A + 2q = 0$$

$$\sum Y = 0 \qquad Y_A - F + Y_B = 0$$

$$\sum M_A(F) = 0 \qquad 2F + M + 2q \times 1 - 4Y_B = 0$$

将已知数据 $F = 1\ 400$ N,$M = 800$ N·m,$q = 600$ N/m 分别代入上式,解得

$$X_A = -1\ 200 \text{ N}, Y_A = 200 \text{ N}, Y_B = 1\ 200 \text{ N}$$

X_A 为负值,说明 X_A 的实际方向与图示相反。

1.4.3　平面力系的几种特殊情况

(1)平面汇交力系的平衡方程

如果平面力系中各力作用线汇交于一点,该力系称为平面汇交力系。这是平面任意力系的一个特殊情形。

现假设平面力系平衡,由平面任意力系平衡的充要条件可知,力系对平面内任意一点的力

矩的代数和等于零，因此，平面汇交力系对汇交点的力矩的代数和恒等于零，故平面汇交力系对平面内其他点的力矩的代数和也一定等于零。这样，平面汇交力系的平衡方程即为如下两个投影方程：

$$\left.\begin{aligned}\sum X = 0\\ \sum Y = 0\end{aligned}\right\} \tag{1.4.4}$$

(2)平面平行力系的平衡方程

如果平面力系中各力作用线相互平行，则该力系称为平面平行力系，这也是平面任意力系的一个特例。

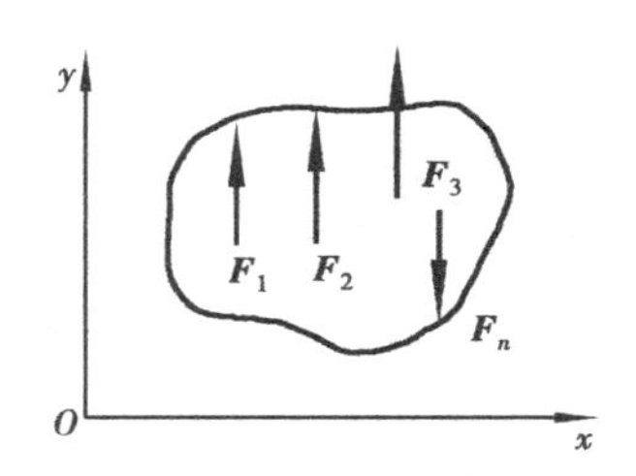

图1.4.8　平面平行力系

图1.4.8所示为物体受平面平行力系($\boldsymbol{F}_1,\boldsymbol{F}_2,\cdots,\boldsymbol{F}_n$)的作用，若取$x$轴与各力垂直，则$y$轴与各力平行。无论平面平行力系本身是否平衡，各力在x轴上投影的代数和一定等于零，则平面任意力系平衡方程中的$\sum X = 0$恒成立。因此，平面平行力系的平衡方程为

$$\left.\begin{aligned}\sum Y = 0\\ \sum M_O(\boldsymbol{F}_i) = 0\end{aligned}\right\} \tag{1.4.5}$$

平面平行力系的平衡方程也可以表示成二力矩形式，即

$$\left.\begin{aligned}\sum M_A(\boldsymbol{F}_i) = 0\\ \sum M_B(\boldsymbol{F}_i) = 0\end{aligned}\right\} \tag{1.4.6}$$

其中A,B两点的连线不能与力系中各力的作用线平行。

(3)平面力偶系的平衡方程

如果平面力系仅由力偶组成，则称该力系为平面力偶系，它是平面任意力系的又一特例。由力偶的性质可知，平面力偶系没合力，合成结果仍然是一个力偶，也就是说力偶系没有主矢，主矩就是平面力偶系的合力偶矩。由于合力偶在任一坐标上投影恒为零，因此，任意平面力系的平衡方程中的两个投影方程$\sum X = 0$，$\sum Y = 0$为恒等式。故平面力偶系的平衡方程为

$$\sum M = 0 \tag{1.4.7}$$

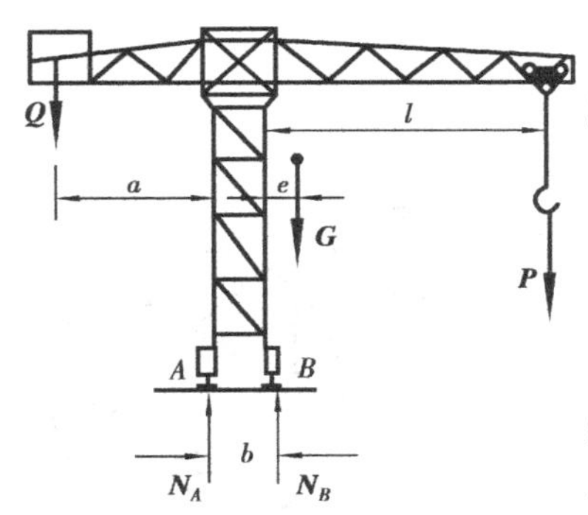

图1.4.9　例1.0图

由此可见，平面力偶系平衡的充要条件是：平面力偶系中各分力偶矩的代数和等于零。

例1.9　图1.4.9所示为塔式起重机，已知机身重$G=500$ N，其作用线至右轨的距离$e=1.5$ m，起重机最大起重载荷$P=250$ kN，其作用线至右轨的距离$l=10$ m，平衡重Q的作用线至左轨的距离$a=6$ m，轨道距离$b=3$ m。①欲使起重机满载时不向右倾倒，空载时不向左倾倒，试确定平衡重Q之值；②当$Q=370$ kN，而起重机满载时，求轨道对起重机的约束反力$\boldsymbol{N}_A$和$\boldsymbol{N}_B$。

解　取起重机为研究对象，考虑起重机的整体平衡问题。起重机在起吊重物时，作用在它上面的力有机身自重$\boldsymbol{G}$、载荷$\boldsymbol{P}$、平衡重$\boldsymbol{Q}$以及轨道的约束反力$\boldsymbol{N}_A$和$\boldsymbol{N}_B$，整个力系为平面平

行力系。

①求起重机不至于翻倒时的平衡重 Q。先考虑满载时($P=250$ kN)的情况。要保证机身满载时平衡而不向右倾倒,则必须满足平衡方程和限制条件:

$$\sum M_B(\boldsymbol{F})=0 \qquad Q(a+b)-N_Ab-Ge-Pl=0$$

$$N_A\geqslant 0$$

由此解得

$$Q\geqslant\frac{Pl+Ge}{a+b}=361\ \text{kN}$$

再考虑空载时($P=0$)的情况。要保证机身空载时平衡而不向左倾倒,则必须满足平衡方程和限制条件:

$$\sum M_A(\boldsymbol{F})=0 \qquad Qa+N_Bb-G(b+e)=0$$

$$N_B\geqslant 0$$

由此可解得

$$Q\leqslant\frac{G}{a}(b+e)=375\ \text{kN}$$

因此,要保证起重机不至于翻倒,重 Q 必须满足下面的条件:

$$361\ \text{kN}\leqslant Q\leqslant 375\ \text{kN}$$

②当 $Q=370$ kN,并且起重机满载($P=250$ kN)时求轨道约束反力 $\boldsymbol{N}_A$、$\boldsymbol{N}_B$ 的平衡方程如下:

$$\sum M_B(\boldsymbol{F})=0 \qquad Q(a+b)-N_Ab-Ge-Pl=0$$

$$\sum Y=0 \qquad N_A+N_B-P-G-Q=0$$

由此求得

$$\begin{aligned}N_A&=\frac{1}{b}[Q(a+b)-Ge-Pl]\\&=\frac{1}{3}[370\times(6+3)-500\times1.5-250\times10]\ \text{kN}\\&=26.67\ \text{kN}\\N_B&=P+G+Q-N_A\\&=(250+500+370-26.67)\ \text{kN}\\&=1\ 093.33\ \text{kN}\end{aligned}$$

例 1.10 电动机轴通过联轴器与工作轴相连接,联轴器上四个螺栓 A、B、C、D 的孔心均匀地分布在同一圆周上,如图 1.4.10 所示,此圆的直径 $AC=BD=150$ mm,电机轴传给联轴器的力偶矩 $m_O=2.5$ kN·m,试求每个螺栓所受的力。

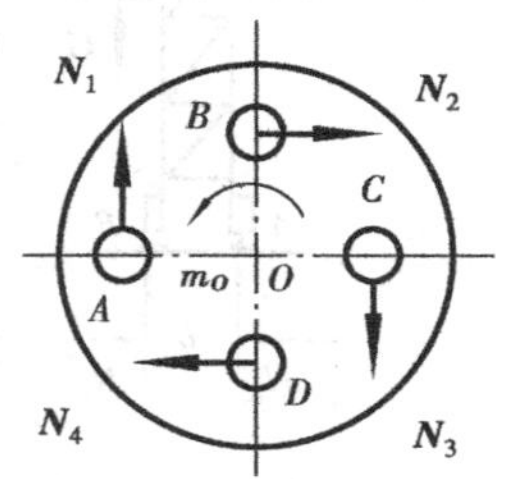

图 1.4.10 例 1.10 图

解 取联轴器为研究对象。联轴器受力偶 m_O 和四个螺栓的反力作用,螺栓反力的方向如图 1.4.10 所示。假设四个螺栓的反力大小相等,即 $N_1=N_2=N_3=N_4=N$,则相对的两个螺栓反力可构成一约束力偶,即有约束力偶($\boldsymbol{N}_1$,$\boldsymbol{N}_3$)和($\boldsymbol{N}_2$,$\boldsymbol{N}_4$),由此可建立平衡方程

$$\sum M=0 \qquad m_O-M(\boldsymbol{N}_1,\boldsymbol{N}_3)-M(\boldsymbol{N}_2,\boldsymbol{N}_4)=0$$

$$m_O-N\times AC-N\times BD=0$$

解得
$$N = \frac{m_O}{2AC} = \frac{2.5}{2 \times 0.15}\ \text{kN} = 8.33\ \text{kN}$$

1.4.4　物体系统的平衡问题

由若干个物体通过一定的约束所构成的系统,称为物体系统(简称物系)。研究物系的平衡问题,要分析物体系统以外物体对物系的约束,还要分析物体内部各物体之间的相互作用力,称为系统内力。从平衡意义来说,如果物体系统处于平衡状态,则物体系统内的各物体也一定处于平衡。

解物系平衡问题的方法和注意事项:

①灵活地选取研究对象是解决问题的关键。一般应首先从已知力作用的物体开始研究,然后再研究与其相接触的物体,直到解出全部未知力;或者先选整体为研究对象,求出部分未知力后再取物系中某一个物体为研究对象,逐步求出全部未知力。

②对确定的研究对象进行受力分析,强调只画作用在研究对象上的外力(包括主动力和约束反力),不画内力。

③列方程时最好先用代表各量的字符运算,然后代入已知数据,注意使用法定计量单位。解出全部结果后,可列出一平衡方程进行验算。

例 1.11　图 1.4.11 所示的压榨机中,杆 AB 和 BC 的长度相等,自重忽略不计。A、B、C 处为铰链联接。已知活塞 D 上受到液压缸内的总压力为 $F=3\ 000\ \text{N}$,$h=200\ \text{mm}$,$l=1\ 500\ \text{mm}$。求压块 C 加于工件的压力。

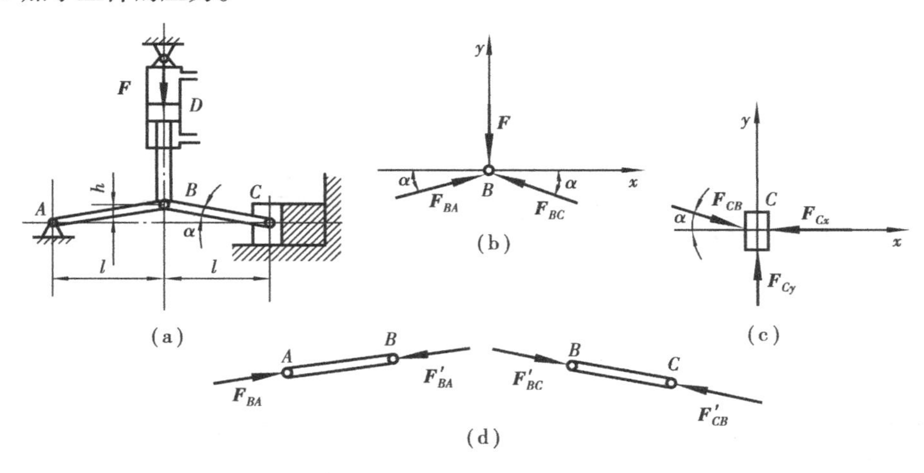

图 1.4.11　例 1.11 图

解　为求压块 C 加于工件的力,试取压块为研究对象,其受力图如图 1.4.11(c)所示。平面汇交力系有两个平衡方程,现有三个未知数,所以不能求解。考虑到 AB、BC 杆均为二力杆,力 $\boldsymbol{F}$ 可沿活塞杆传递到 B 点,三个力在 B 点形成一个汇交力系,且力 $\boldsymbol{F}$ 已知,所以先取销钉 B 为研究对象,其受力图如图 1.4.11(b),由

$$\sum X = 0 \qquad F_{BA}\cos\alpha - F_{BC}\cos\alpha = 0$$

$$\sum Y = 0 \qquad F_{BA}\sin\alpha + F_{BC}\sin\alpha - F = 0$$

解得
$$F_{BC}=F_{BA}=\frac{F}{2\sin\alpha}$$

由于解得 F_{BC}、F_{BA} 均为正值，所以 BC、AB 两杆均承受压力，如图 1.4.11(d)所示。

此时再取压块 C 为研究对象，列平衡方程有

$$\sum X=0 \qquad F_{CB}\cos\alpha-F_{Cx}=0 \quad 且 \quad F_{BC}=F_{CB}$$

解得
$$F_{Cx}=\frac{F}{2}\cot\alpha=\frac{Fl}{2h}$$

代入已知数值，求得 $F_{Cx}=11.25$ kN。压块对工件的压力就是力 F_{Cx} 的反作用力，其大小也等于 11.25 kN，方向与 F_{Cx} 相反。

由上式可知，工件所受压力的大小与主动力 F、几何尺寸 l 及 h 有关，通过改变这些参数的值，可以改变压力的大小。

若要求 F_{Cy}，由 $\sum Y=0$，可得 F_{Cy}。

例 1.12 多跨静定梁如图 1.4.12 所示，AB 梁和 BC 梁用中间铰链 B 连接，A 端为固定端，C 端为斜面上的活动铰链支座。已知 $P=20$ kN，$q=5$ kN/m，$\alpha=45°$。求支座 A、C 的约束反力。

解 物体系统由 AB 和 BC 梁组成，AB 梁是基本部分，而 BC 梁是附属部分。这种问题通常先研究附属部分，再计算基本部分。

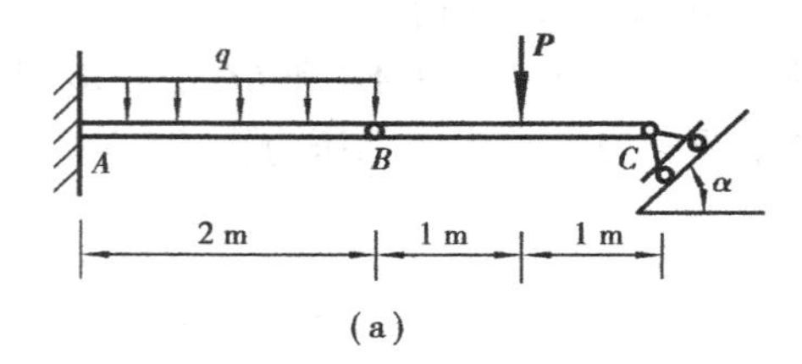

(a)

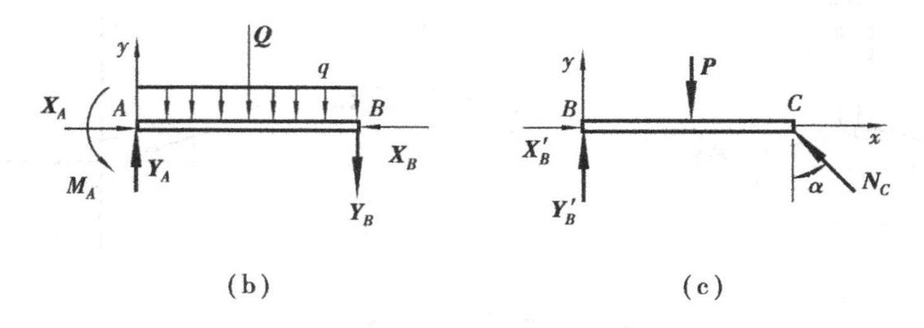

(b) (c)

图 1.4.12 例 1.12 图

首先取 BC 梁为研究对象，受力图如 1.4.12(c)所示，列平衡方程

$$\sum X=0 \qquad X'_B-N_C\sin45°=0$$

$$\sum Y=0 \qquad Y'_B+N_C\cos45°-P=0$$

$$\sum M_B(\boldsymbol{F})=0 \qquad N_C\cos45°\times2-P\times1=0$$

解得

$$N_C=\frac{P}{2\cos45°}=\frac{20}{2\times\frac{\sqrt{2}}{2}}\text{kN}=14.14\text{ kN}$$

$$X'_B = N_C \sin 45° = 14.14 \times \frac{\sqrt{2}}{2} \text{ kN} = 10 \text{ kN}$$

$$Y'_B = P - N_C \cos 45° = \left(20 - 14.14 \times \frac{\sqrt{2}}{2}\right) \text{ kN} = 10 \text{ kN}$$

再取 AB 梁为研究对象，受力图如 1.4.12(b) 所示，列平衡方程

$$\sum X = 0 \qquad X_A - X_B = 0$$

$$\sum Y = 0 \qquad Y_A - q \times 2 - Y_B = 0$$

$$\sum M_A(\boldsymbol{F}) = 0 \qquad M_A - (q \times 2) \times 1 - Y_B \times 2 = 0$$

解得

$$M_A = 2q + 2Y_B = (2 \times 5 + 2 \times 10) \text{ kN} \cdot \text{m} = 30 \text{ kN} \cdot \text{m}$$

$$X_A = X_B = 10 \text{ kN}$$

$$Y_A = 2q + Y_B = (2 \times 5 + 10) \text{ kN} = 20 \text{ kN}$$

本题还可选 BC 梁和 ABC 整体为研究对象，先由 BC 建立对 B 点的力矩方程，求出 $\boldsymbol{N}_C$，再由 ABC 整体建立三个平衡方程，解出 A 端三个反力，这样只需建立 4 个方程便求出所有系统反力。若需要求中间铰链 B 的约束反力，可由 BC 梁的另两个平衡方程求出，读者可自行完成。

1.4.5　考虑摩擦力时平衡问题的解法

摩擦是一种普遍存在的现象，在前面研究物体平衡时，均将物体接触面的摩擦忽略不计而视为绝对光滑的理想状态来研究。但在大多数工程技术问题中，摩擦是不容忽视的重要因素。例如，闸瓦制动、摩擦轮传动、千斤顶的自锁等都要依靠摩擦来工作，而轴承工作中形成的摩擦则会损耗功率，降低机械的精度等。所以，有必要讨论工程中的摩擦问题，以达到在实际应用中尽量利用其有利的一面而限制不利方面的目的。

(1) 滑动摩擦定律

两个相互接触的物体发生相对滑动或存在相对滑动趋势时，彼此间就有阻碍滑动的力存在，此力称为滑动摩擦力。滑动摩擦力作用于接触处公切面上，其方向始终与物体间滑动方向或滑动趋势方向相反。

只有滑动趋势而无滑动事实的摩擦称为静滑动摩擦，简称静摩擦。若滑动已发生，则称为动滑动摩擦，简称动摩擦。

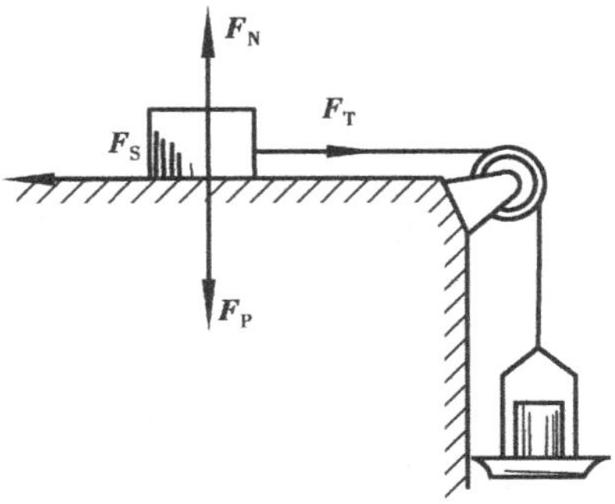

图 1.4.13　摩擦力实验

1) 静滑动摩擦力

从图 1.4.13 可知，当力 $\boldsymbol{F}_T$ 较小时物体保持平衡，由平衡条件得摩擦力 $F_S = F_T$，当力 $\boldsymbol{F}_T$ 增加时，摩擦力 $\boldsymbol{F}_S$ 随之增加，当 $\boldsymbol{F}_T$ 增加到某一值后物体即将开始滑动，此时，摩擦力达到最大值，记为 $\boldsymbol{F}_{Smax}$。所以，摩擦力 $\boldsymbol{F}_S$ 的变化范围是：

$$0 \leqslant F_S \leqslant F_{Smax}$$

当物体处于即将滑动的临界状态时的最大静摩擦力称为临界静摩擦力。大量实验证明，临界静摩擦力的大小与物体间的正压力成正比，即

$$F_{Smax} = f_s N \tag{1.4.8}$$

上式称为静滑动摩擦定律。式中，比例常数 f_s 称为静滑动摩擦系数，简称静摩擦系数。其大小与两接触物体的材料以及表面情况（粗糙度、干湿度、温度等）有关，与接触面积无关。静摩擦

系数f的数值由实验测定，可从有关手册中查到。需说明的是，由于摩擦理论尚不完善，影响摩擦系数的因素也很复杂，鉴于实际情况的差别，摩擦系数的值可能会有较大的出入，要想得到精确的摩擦系数值，应在特定条件下通过实验测定。另外，该式还说明增大或减少最大静摩擦力的途径。例如，汽车或自行车的后轮为主动轮，因为后轮的正压力比前轮大，可以产生较大的最大静摩擦力，推动车体前进。而在轴承处，为了减少摩擦力，加入润滑油，可以减少摩擦系数，以达到减少摩擦力的目的。

2）动滑动摩擦力

当$F_T \geqslant F_{Smax}$，物体开始滑动，此时物体所受摩擦力为动摩擦力$\boldsymbol{F}'$，动摩擦力为一常量，其大小为

$$F' = f'N \tag{1.4.9}$$

上式表明，动摩擦力的大小与物体间正压力成正比，这就是动摩擦定律。其中，f'为动摩擦系数，一般情况下，动摩擦系数略小于静滑动摩擦系数，即$f' \leqslant f_s$。

综上所述，滑动摩擦力具有如下性质：

①物体所受的滑动摩擦力的方向与其相对滑动或相对滑动趋势相反。

②静摩擦力的大小由平衡条件确定，其数值在零到最大静摩擦力之间变化（$0 \leqslant F_S \leqslant F_{Smax}$）；当物体处于要滑动而未滑动的临界状态时，静摩擦力达到最大值，且有$F_{Smax} = f_s N$。

③当物体一旦滑动，其滑动摩擦力为一常量，且有$F' = f'N$。

（2）考虑滑动摩擦时的平衡问题

对于需要考虑滑动摩擦的平衡问题，因为是平衡问题，并不需要重新建立力系的平衡条件和平衡方程，其求解步骤与前所述基本相同，但有如下几个新的特点：

①进行物体受力分析和画受力图时，必须考虑接触处沿切线方向的摩擦力$\boldsymbol{F}_S$，这通常增加了未知力的数目。

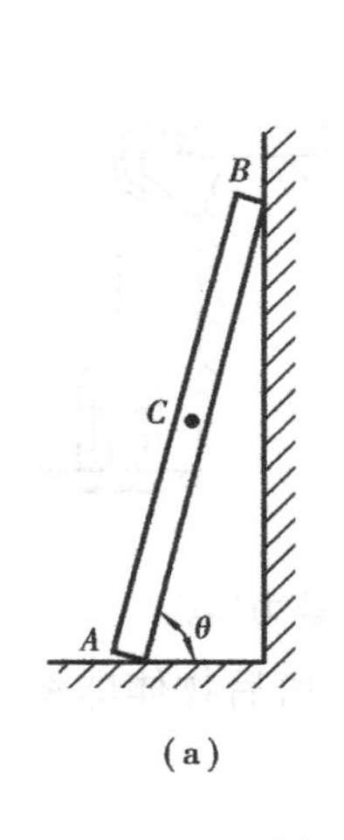

（a）

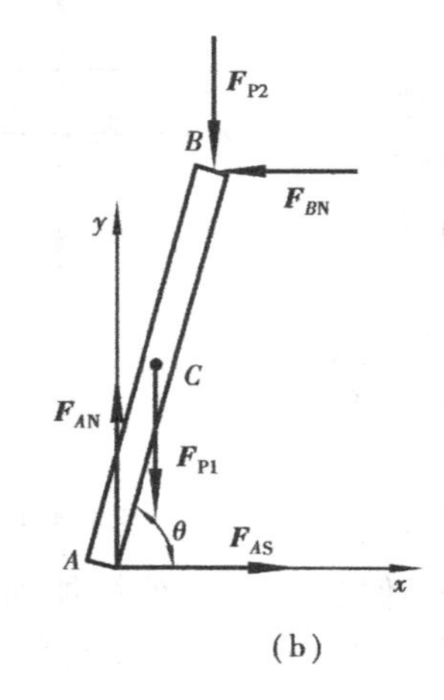

（b）

图1.4.14　例1.13图

②要严格区分物体是处于非临界还是临界平衡状态。在非临界平衡状态，摩擦力$\boldsymbol{F}_S$由平衡条件来确定，其应满足方程$F_S \leqslant f_s N$。在临界平衡状态，摩擦力为最大值，此时可使用方程$F_S = F_{Smax} = f_s N$。

③由于静摩擦力的值可随主动力而变化（$0 \leqslant F_S \leqslant F_{Smax}$），因此，在考虑摩擦的平衡问题中，物体所受主动力的大小或平衡位置允许在一定的范围内变化，这类问题的解答往往是一个范围值，而非某一定值。

例1.13　均质梯子长为l，重$F_{P1} = 100$ N，靠在光滑墙壁上并与水平地面成夹角$\theta = 75°$，如图1.4.14所示，梯子与地面间的静滑动摩擦系数$f_s = 0.4$，人重$F_{P2} = 700$ N。求地面对梯子的摩擦力，并问人能否爬到梯子的顶端；又若$f_s = 0.2$，问人能否爬到梯子的顶端？

解　取梯子为研究对象，梯子滑动的趋势是确定的，所以摩擦力$\boldsymbol{F}_{AS}$的方向必定水平向右，且设人已爬到梯子顶端，梯子仍处于平衡状态，则受力图如1.4.14（b）所示，由平衡方程

$$\sum X = 0 \qquad F_{AS} - F_{BN} = 0$$

$$\sum Y = 0 \qquad F_{AN} - F_{P1} - F_{P2} = 0$$

$$\sum M_A(\boldsymbol{F}) = 0 \qquad F_{BN} l\sin\theta - F_{P2} l\cos\theta - \frac{1}{2} F_{P1}\cos\theta = 0$$

由平衡方程可求得 $F_{BN} = 201\ \text{N}$，$F_{AN} = 800\ \text{N}$，$F_{AS} = 201\ \text{N}$。即地面对梯子的摩擦力为 201 N，而并非 $F_{Smax} = f_s F_{AN} = 320\ \text{N}$，由于 $F_{AS} < F_{Smax}$。所以，人能爬到梯子的顶端。

若 $f_s = 0.2$，则 $F_{Smax} = f_s F_{AN} = 160\ \text{N}$，$F_{AS} > F_{Smax}$，人不能爬到梯子的顶端。

例 1.14　某变速机构中滑移齿轮及尺寸如图 1.4.15(a)所示。问拨叉（图中未画出）作用在齿轮上的力 $\boldsymbol{P}$ 到轴线的距离 a 为多大，齿轮才不致被卡住？设齿轮的重量不计，齿轮与轴之间的静摩擦系数为 f_s。

解　齿轮孔与轴间总有一定的间隙，齿轮在拨叉的推动下要发生倾斜，此时齿轮与轴就在 A、B 两点处接触。

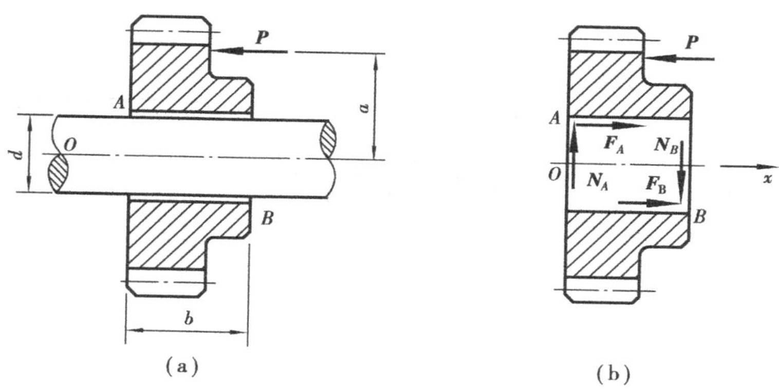

图 1.4.15　例 1.14 图

取齿轮为研究对象，受力图如 1.4.15(b)所示，列平衡方程

$$\sum X = 0 \qquad F_A + F_B - P = 0$$

$$\sum Y = 0 \qquad N_A - N_B = 0$$

$$\sum M_O(\boldsymbol{F}) = 0 \qquad Pa - N_B b - F_A \times \frac{d}{2} + F_B \times \frac{d}{2} = 0$$

考虑平衡的临界状态列出：

$$F_A = f_s N_A \qquad F_B = f_s N_B$$

联立以上五式解得

$$a = \frac{b}{2f_s}$$

这是临界平衡所要求的条件。要使齿轮不发生自锁的现象，条件是

$$P > F_A + F_B = f_s(N_A + N_B) = 2f_s N_B$$

将力矩方程 $P \times a = N_B \times b$ 代入上式得

$$P = \frac{b}{a} N_B > 2 f_s N_B$$

故须

$$a < \frac{b}{2f_s}$$

思考题与练习题

1.1　画出题图 1.1 中指定物体的受力图。未画重力的物体重量不计,所有接触处均为光滑接触。

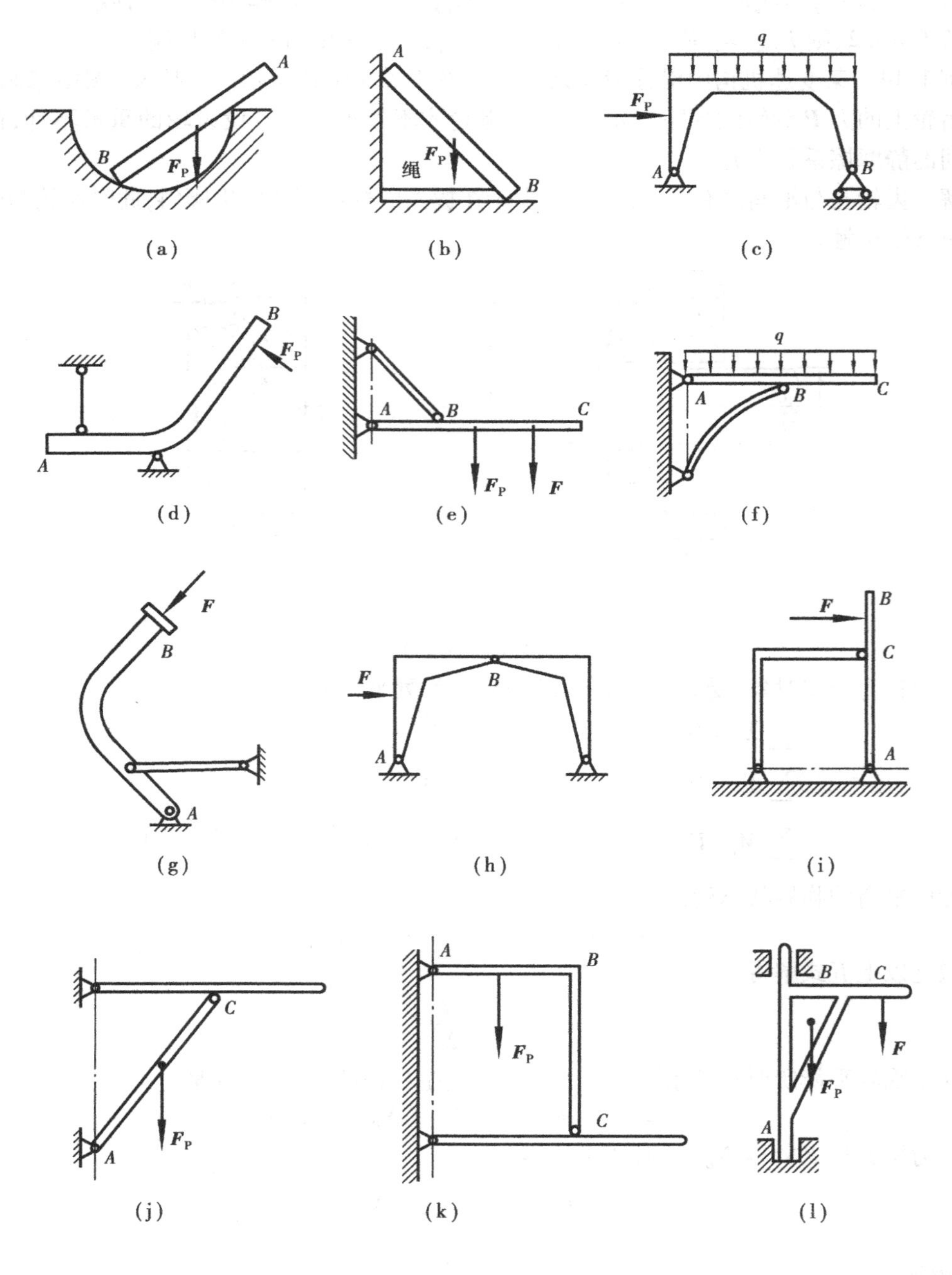

题图 1.1

1.2　什么是平衡？试举例说明。

1.3　举例说明二力平衡公理、作用力与反作用力公理二者之间的区别。

1.4　画出题图1.4中指定物体或物系的受力图。未画重力的物体的重量均不计，所有接触处均为光滑接触。

(a)球C，杆AB；(b)平板BC；(c)杆AC，杆CB，杆ACB；(d)杆AC，杆BC，整体；(e)杆AB，轮C；(f)杆AB，杆DH，杆AC；(g)杆AK，杆CD，球D，整体；(h)轮A，杆BC，滑块C。

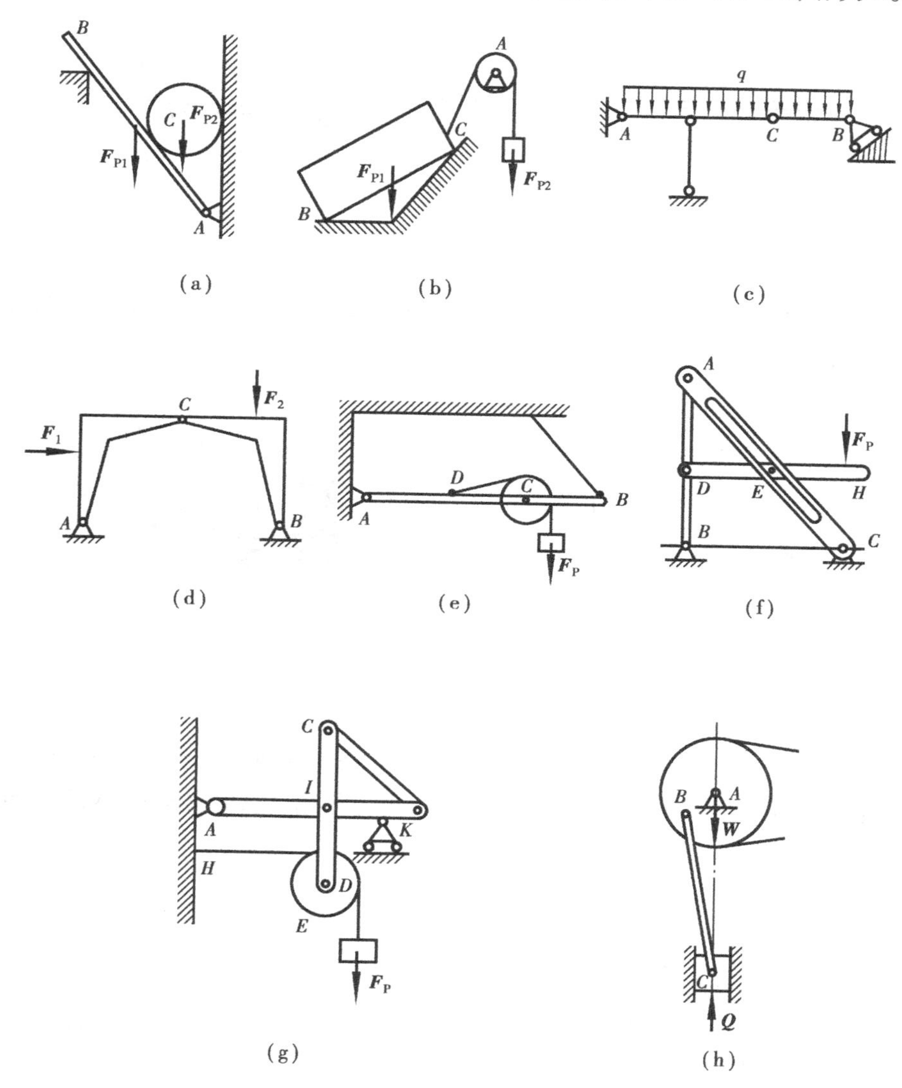

题图1.4

1.5　矩心到力作用点的距离等于力臂吗？力的作用点沿作用线移动时，其力矩是否改变？

1.6　比较力矩与力偶矩的异同。

1.7　平面任意力系向力系所在平面内A、B两点简化结果相同，且主矢和主矩均不为零，问是否可能？为什么？

1.8　计算题图1.8各图中力 $\boldsymbol{F}$ 对点 O 的矩。

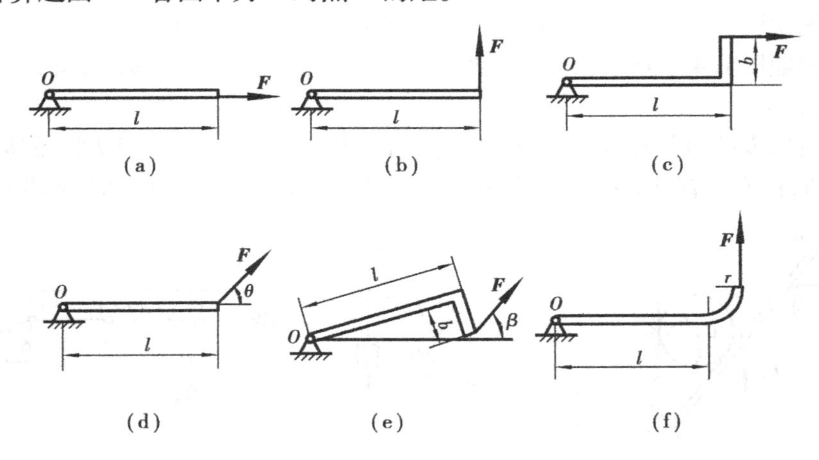

题图1.8

1.9　长方体的顶角 A 和 B 处分别有 $\boldsymbol{F}_1$ 和 $\boldsymbol{F}_2$ 作用，$F_1=500$ N，$F_2=700$ N，如题图1.9所示。试分别计算两力在 x、y、z 轴的投影和对 x,y,z 轴之矩。

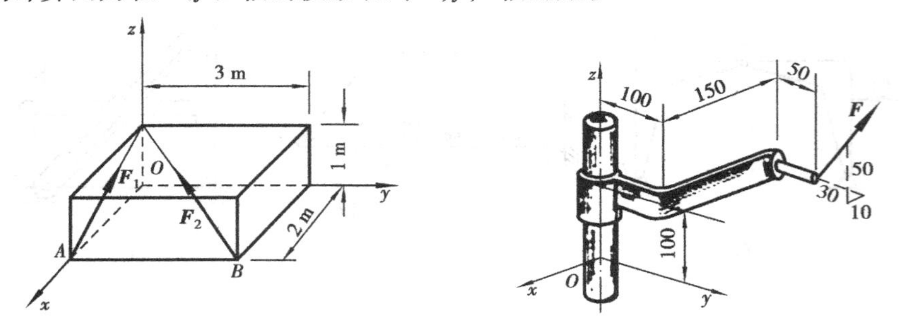

题图1.9　　　　题图1.10

1.10　在题图1.10曲拐上作用一力 $F=1$ kN。求该力对轴 Ox、Oy、Oz 的力矩。

1.11　题图1.11所示铆接钢板在 ABC 处受三个力作用，已知 $F_1=100$ N，$F_2=50$ N，$F_3=50$ N，求此力系的合力。

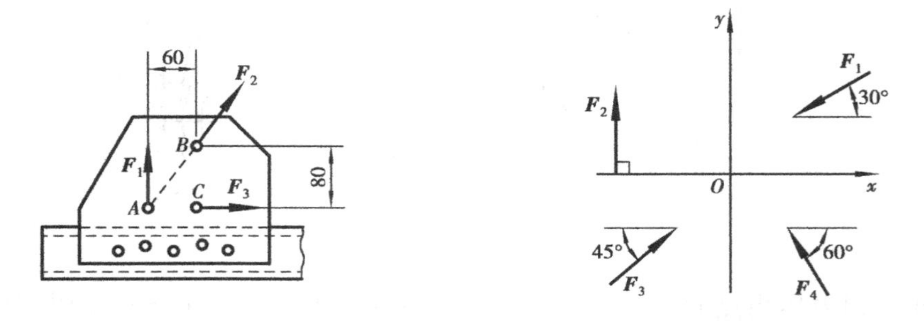

题图1.11　　　　题图1.12

1.12　已知：$F_1=300$ N，$F_2=150$ N，$F_3=200$ N，$F_4=400$ N，各力的方向如题图1.12所示，试分别求各力在 x 轴和 y 轴上的投影。

1.13　已知 q、a 且 $F=qa$，$M=qa^2$，求题图1.13所示各梁 A、B 支座的约束反力。

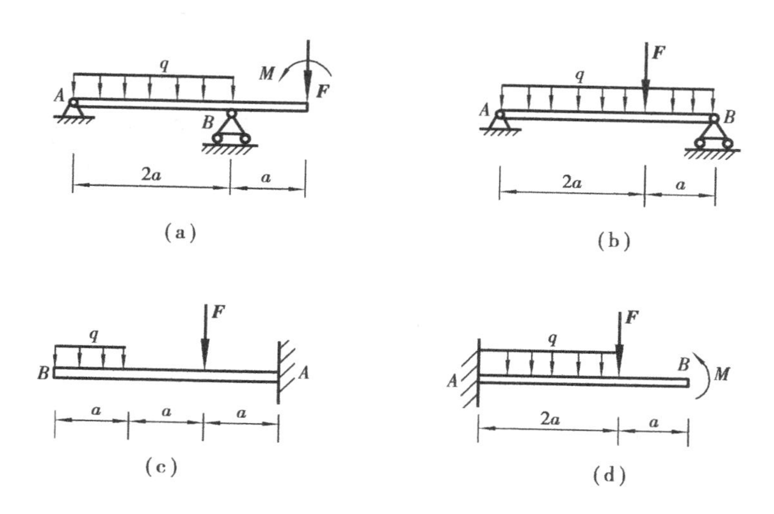

题图 1. 13

1. 14　如题图 1. 14 所示物体重 $F_p=20$ kN，用绳子挂在支架的滑轮 B 上，绳子的另一端接在绞车 D 上。转动绞车，物体便能升起。设滑轮的大小及其中的摩擦不计，A、B、C 三处均为铰链联接。当物体处于平衡状态时，求拉杆 AB 和支杆 CB 所受的力(杆件自重不计)。

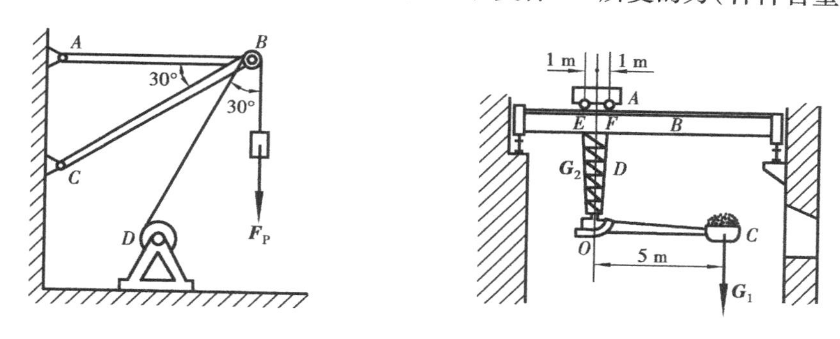

题图 1. 14　　　　题图 1. 15

1. 15　炼钢车间的送料机由小车 A 和大车 B 组合而成，小车可沿大车上的轨道行走。两轮的间距为 2 m，斗柄 OC 长为 5 m，料斗 C 装载的料重 $G_1=10$ kN，如题图 1. 15 所示。设小车 A、桁架 D 及附件总重为 G_2，作用于小车中心线上。问 G_2 至少为多大，料斗满载时小车不致翻倒？

1. 16　物块 A、B 重叠地放在水平固定面上，A 由绳子系住，如题图 1. 16 所示。已知物块 A 重 $G_A=200$ N，物块 B 重 $G_B=500$ N。若 A、B 间的摩擦系数为 $f_{s1}=0.25$，B 与水平固定面间的摩擦系数为 $f_{s2}=0.20$。试求抽动物块 B 所需的最小拉力 $\boldsymbol{F}$。

1. 17　制动器的结构如题图 1. 17 所示，已知制动轮的半径 $R=600$ mm，鼓轮半径 $r=400$ mm，制动块与制动轮之间的摩擦系数 $f_s=0.48$，手柄长 $a=3.2$ m，$b=400$ mm，$c=100$ mm，提升重量 $G=8$ kN，不计手柄和制动轮的重量，求能够制动所需力 $\boldsymbol{F}$ 的最小值。

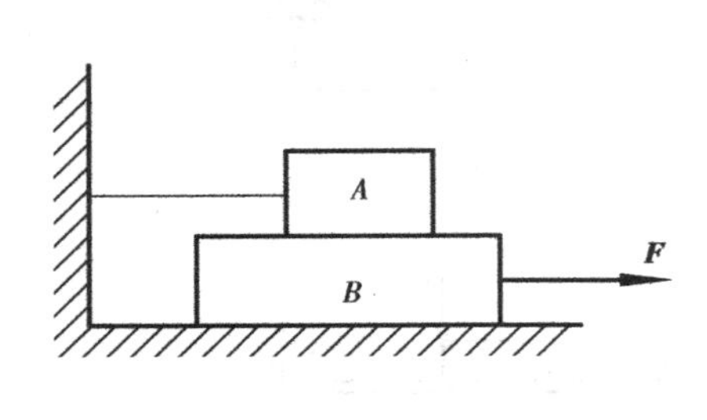

题图 1.16

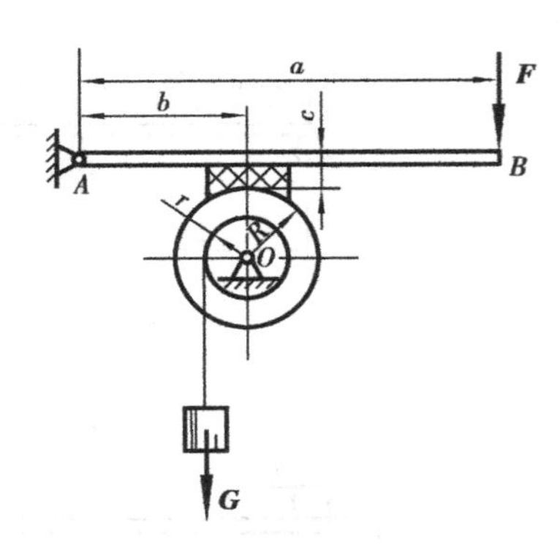

题图 1.17

第2章
杆件的变形及强度计算

在第1章研究物体的静力平衡条件时,将物体抽象为刚体。本章要研究构件受力与变形的规律,以及材料的力学性能等,就不能将物体视为刚体,而是要考虑物体的变形,一般称之为变形体。

构件变形过大时,会降低工作精度,缩短使用寿命,甚至发生破坏。为了保证零件安全可靠地工作,就要求构件在工作载荷下具有足够的抵抗破坏的能力,即具有足够的强度;同时,在外力作用下,构件所产生的变形必须限制在正常工作允许的范围内,所以构件应具备足够的抵抗变形的能力,即刚度;另外,对于细长压杆类的构件,还要求其具有保持原有几何平衡形式的能力,即足够的稳定性。强度、刚度和稳定性决定了构件的工作能力,它们是材料力学研究的主要内容。

在工程中,常常遇到轴向尺寸远大于横向尺寸的构件,如梁、柱、轴、螺栓、钢索等,通常将这类构件简化为杆。

2.1 变形体静力学分析基础

2.1.1 变形体基本假设

由于制造零件所用的材料种类很多,其具体组成和微观结构又非常复杂,为了便于研究,需要根据工程材料的主要性质,对所研究的变形固体做出如下假设:

(1)连续性假设

认为制造构件的物质毫无空隙地充满构件所占有的整个空间,是理想的连续介质。据此假设,即可认为构件内部的各物理量是连续的,因而可用坐标的连续函数表述它们的变化规律。实际上,从物质结构来说,组成固体的粒子之间并不连续。但它们之间的空隙与构件尺寸相比是极其微小的,可以忽略不计。

(2)均匀性假设

认为在构件内部各处材料的力学性质完全一样,即在同一构件内各部分材料的力学性质不随位置的变化而改变。据此假设,可以任意选取微小部分(微元体)来研究材料的力学性质,并可将其结果应用于整个构件。实际上,材料的基本组成部分的性质并不完全相同,如常用的金属材料,多是由两种或两种以上元素的晶粒组成,不同元素晶粒的机械性质并不完全相同,但固体构件的尺寸远远大于晶粒尺寸,它所包含的晶粒为数极多,而且是无规则地排列,其机械性质是所有晶粒机械性质的统计平均值。

(3)各向同性假设

认为在构件内部材料的力学性质在各个方向都相同,即假设材料的力学性质和材料的方向无关(如玻璃)。当然,有些材料(如纤维织品、木材等)需按各向异性材料来考虑。

实验结果表明,根据这些假设得到的理论,都基本符合工程实际。而本课程只限于分析构件的小变形,所谓小变形,是指构件的变形量远小于其原始尺寸。因此,在确定构件的平衡和运动时,可不计其变形量,仍按原始尺寸进行计算,从而简化计算过程。

2.1.2 杆件的基本变形

由于载荷种类、作用方式以及约束类型不同,杆件受载后就会发生不同形式的变形。从这些变形中可归纳出四种基本变形:即轴向拉伸与压缩(图2.1.1)、剪切(图2.1.2)、扭转(图2.1.3)和弯曲(图2.1.4)。实际杆件的变形是多种多样的,可能只是某一种基本变形,也可能是这四种基本变形中两种或两种以上的组合,称为组合变形。

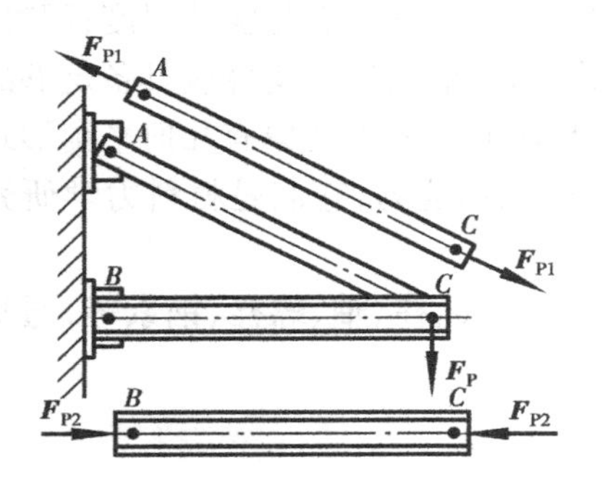

图2.1.1 杆件的拉伸

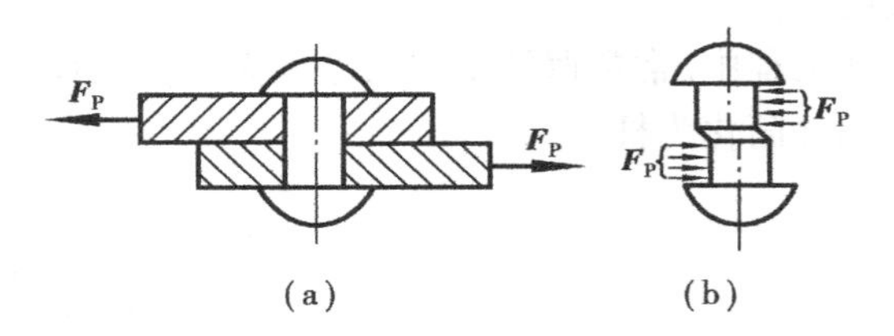

图2.1.2 杆件的剪切

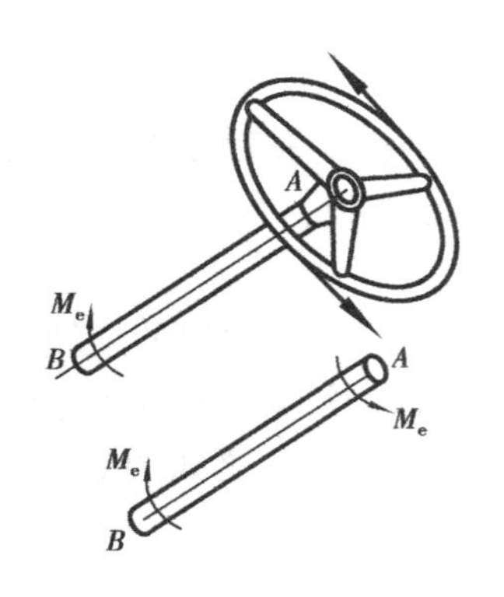

图2.1.3 杆件的扭转

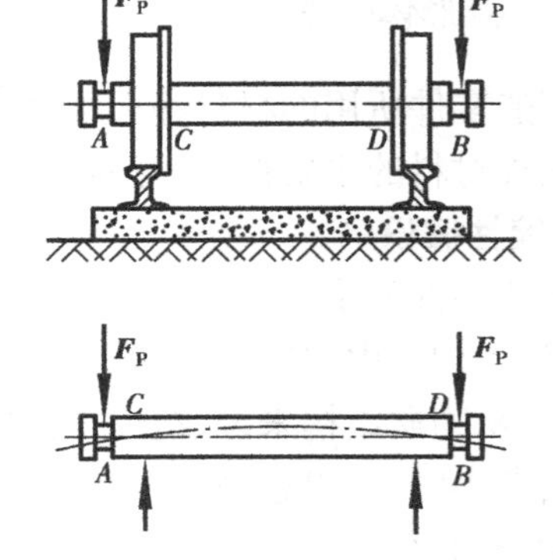

图2.1.4 杆件的弯曲

本章主要介绍杆件拉伸和压缩的强度条件，剪切、扭转和弯曲将在后面的章节中结合零件设计介绍。

2.2　杆件的内力分析

2.2.1　内力　截面法

(1) 内力的概念

杆件受外力作用而变形时，杆内各质点的相对位置和相互作用力都发生了改变。而内力是指构件内部两相邻部分之间的相互作用力。构件在受外力之前，内部各相邻质点之间已存在相互作用的内力。正是这种内力使各质点保持一定的相对位置，使构件具有一定的几何尺寸和形状。构件受外力作用后，在产生变形的同时，在其内部也因各部分之间相对位置的改变引起内力的变化。而此变化量是由外力引起的附加内力，这种附加内力将随外力的增大而增大。当其达到某一限度时，将会引起构件的破坏。可见，它与构件的强度、刚度和稳定性密切相关。在材料力学中所研究的内力，即为这种附加内力。

(2) 截面法

杆件横截面上的内力，表示杆件的一部分对另一部分的作用。如果整个杆件处于平衡状态，则杆件中的任一部分必处于平衡状态，因此，内力的大小可由平衡方程求得。

为了研究某截面上的内力，假想沿该截面将杆件截成两段，用内力来代替两段在该截面处的相互作用，然后应用平衡条件任取一段进行研究，这就是截面法。

现以两端受轴向拉力 $\boldsymbol{P}$ 作用的直杆为例说明求内力的方法。

欲求横截面 m-m 上的内力，必须首先将其内力显露出来。为此，假想将杆件沿横截面 m-m 分成两部分，如图 2.2.1(a)所示。任取一部分(如取杆件左部)为研究对象。根据连续性假设，右部作用于左部的内力，应沿横截面连续分布。为了维护保留部分的平衡，分布内力的合力应为沿杆轴线作用的力 $\boldsymbol{N}$，称内力 $\boldsymbol{N}$ 为轴力。根据作用力与反作用力定律知道，杆件左部对右部作用的内力，必然大小相等、方向相反，如图 2.2.1(b)、(c)所示，然后可任选一部分(如左部)的平衡条件求轴力 $\boldsymbol{N}$ 的大小，即 $N=P$。

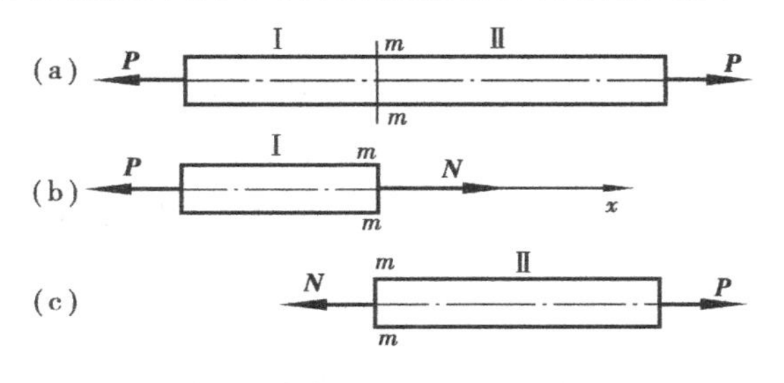

图 2.2.1　截面法

截面法求解内力的一般步骤：

①求某一截面上的内力时，就沿该截面假想将构件分为两部分，弃去任一部分，保留另一部分作为研究对象。

②用作用在截面上的内力代替弃去部分对保留部分的作用，一般假设内力为正。

③建立保留部分的平衡条件，确定未知内力。

2.2.2 应力

截面法所确定的内力是指截面上分布的内力的合力(如图2.2.2所示),它不能说明截面上任一点处内力的强弱程度。为了度量截面上任一点处内力的强弱程度,引入应力的概念。

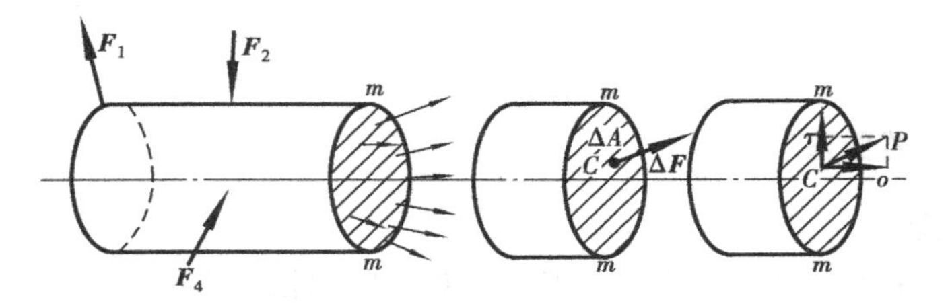

图2.2.2 应力

在截面上任一点 C 处附近取微小面积 ΔA ,ΔA 上的内力合力为 $\Delta \boldsymbol{F}$,定义 ΔA 上内力的平均集度为

$$P_m = \frac{\Delta F}{\Delta A}$$

称 P_m 为 ΔA 上的平均应力。一般来说,内力并不是均匀分布的,它将随着 ΔA 的缩小趋向均匀分布。当 ΔA 趋于零时,其极限值为

$$P = \lim_{\Delta A \to 0} \frac{\Delta F}{\Delta A} = \frac{\mathrm{d}F}{\mathrm{d}A} \tag{2.2.1}$$

称 $\boldsymbol{P}$ 为 C 点的应力。$\boldsymbol{P}$ 是个矢量,一般可将其分解成与截面垂直、相切的两个分量 σ 和 τ 。垂直截面的分量 σ 称为正应力,与截面相切的应力分量 τ 称为切应力。

在国际单位制中,应力的基本单位是牛/米^2($\mathrm{N/m^2}$),称为帕斯卡,简称帕(Pa)。工程中常用的单位为MPa(兆帕)、GPa(吉帕),它们的关系如下:

$1\ \mathrm{Pa} = 1\ \mathrm{N/m^2}$　　　$1\ \mathrm{kPa} = 10^3\ \mathrm{Pa}$

$1\ \mathrm{MPa} = 10^6\ \mathrm{Pa}$　　　$1\ \mathrm{GPa} = 10^9\ \mathrm{Pa}$

2.3 轴向拉伸与压缩变形

2.3.1 轴向拉伸与压缩的概念

在工程中,常见到一些承受轴向拉伸或压缩的构件。例如,紧固螺栓的螺栓杆受拉,如图2.3.1所示;简易起重机的杆 BC 受拉而杆 AB 受压,如图2.3.2所示。此外,起重用的钢索、油压千斤顶的活塞杆等都是承受轴向拉伸或压缩的构件。

尽管这些承受拉伸或压缩的构件的外形不同,加载方式也不同,但这类构件共同的特点是:作用在杆两端的外力的合力作用线与杆的轴线重合,杆件的变形是沿着轴线方向的伸长或缩短。

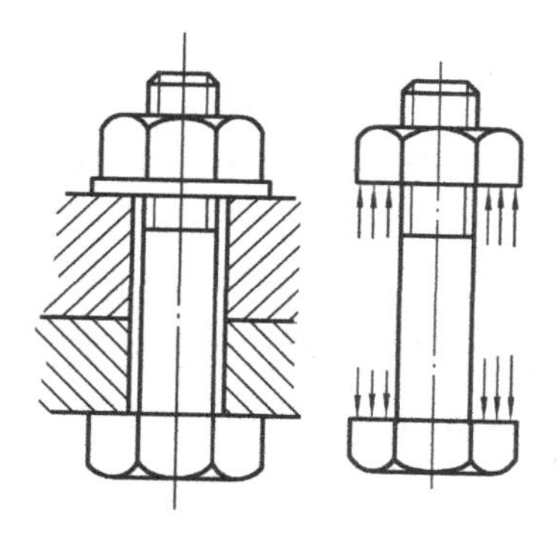

图2.3.1　紧固螺栓

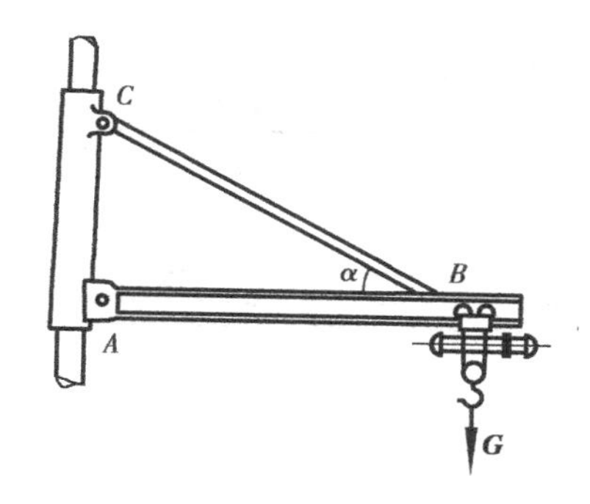

图2.3.2　简易起重架

2.3.2　拉(压)杆的内力和应力

(1)横截面上的内力

为了研究杆件拉伸、压缩时的强度问题,首先应该研究内力。横截面上的内力可采用上一节提到的截面法求得,常将拉(压)杆件横截面上内力的合力称为轴力。

如图2.3.3所示为一受拉伸的等截面直杆,用截面法可求得横截面上的轴力为 $N=F$。

因为杆件受拉伸与压缩时,其变形及破坏在性质上是有所不同的。为了区别起见,轴力的符号由杆的变形确定。规定杆受拉伸时轴力为正,压缩时为负。在取分离体研究内力时,均先按正向设轴力 N(力矢离开截面,指向沿截面外法线方向),再列平衡方程($\sum X=0$),如求出的 N 为负值,即说明该段受压缩,或说明轴力为压力。

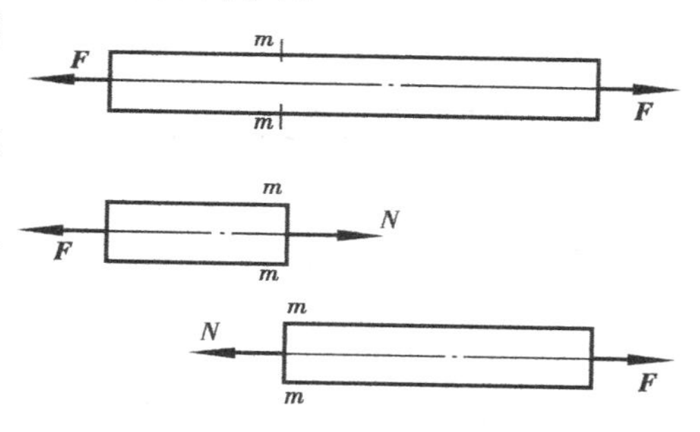

图2.3.3　轴　力

轴力的单位为牛顿(N)或千牛顿(kN)。

(2)轴力图

当杆件受多个轴向外力作用时,杆件各个横截面的轴力是不同的。为了形象地描述轴力 N 沿杆件轴线的变化规律,需要作出轴力图。

作轴力图的一般步骤为:

①建立坐标轴 x-N;

②根据截面法求出各截面的轴力,按一定的比例作图;

③在图上标出相应的数值和正负号。

例2.1　一等截面直杆及其受力情况如图2.3.4(a)所示。试作杆的轴力图。

解　为了运算方便,首先求出支反力 $\boldsymbol{R}$(图2.3.4(b))。由整个杆的平衡方程

$$\sum X=0\quad -R-P_1+P_2-P_3+P_4=0$$

$$R=10\ \text{kN}$$

在求 AB 段内任一横截面上的轴力时,应用截面法研究截开后左段杆的平衡。假定轴力 N_{I} 为拉力(图2.3.4(c)),由平衡方程求得 AB 段内任一横截面上的轴力为

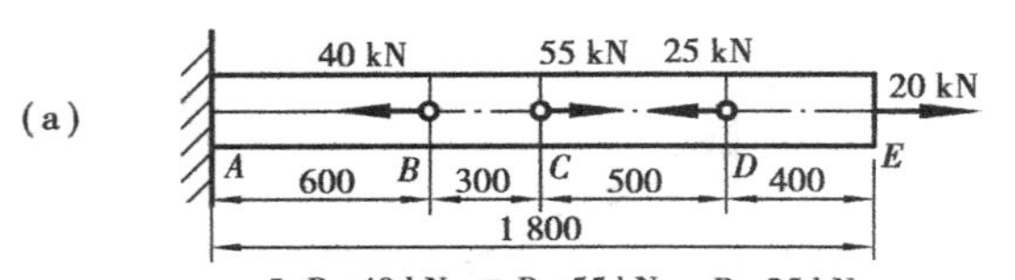

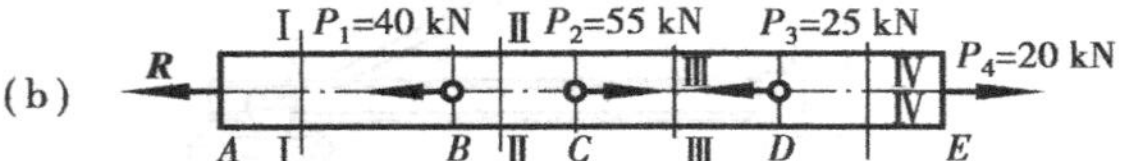

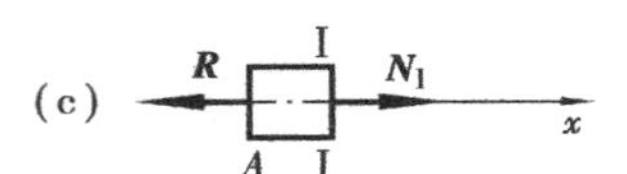

(d)

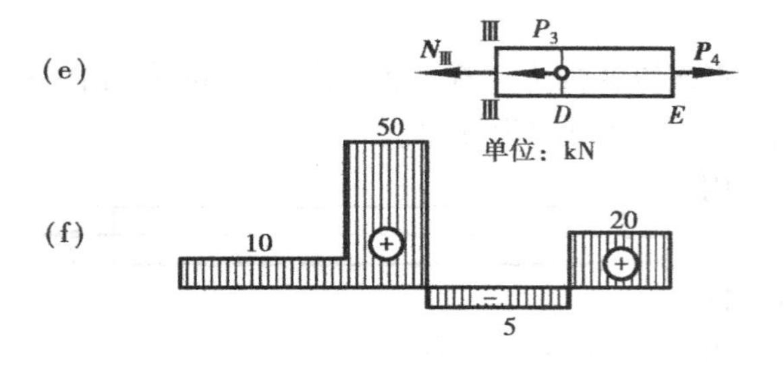

图 2.3.4　例 2.1 图

$$N_Ⅰ = R = 10\ \text{kN}$$

结果为正值,故与原先假定的拉力 $N_Ⅰ$ 相同。

同理,可求得 BC 段内任一横截面上的轴力(图 2.3.4(d))为

$$N_Ⅱ = R + P_1 = 50\ \text{kN}$$

在求 CD 段内的轴力时,可将杆截开后研究其右段的平衡,因为右段杆比左段杆上所受的外力较少,并假定轴力 $N_Ⅲ$ 为拉力(图 2.3.4(e))。由

$$\sum X = 0 \qquad -N_Ⅲ - P_3 + P_4 = 0$$

得

$$N_Ⅲ = -P_3 + P_4 = -5\ \text{kN}$$

结果为负值,说明原先假定的 $N_Ⅲ$ 指向不对,即应为压力。

同理,可得 DE 段内任一横截面上的轴力 $N_Ⅳ$ 为

$$N_Ⅳ = P_4 = 20\ \text{kN(拉力)}$$

按前述作轴力图的规则,作出杆的轴力图如图 2.3.4(f)所示。N_{max} 发生在 BC 段内的任一横截面上,其值为 50 kN。

(3)横截面上的正应力

为了求截面上的正应力,先来看以下的拉伸实验。在一等截面直杆的表面上刻画出横向线 ab、cd,当杆受一对轴向拉力 $\boldsymbol{P}$ 作用后,观察到 ab、cd 线平行向外移动到 $a'b'$、$c'd'$(图 2.3.5(b)),并保持与轴线垂直。由此可推断,杆件在变形过程中横截面始终保持为平面。若假设杆件由无数条纵向纤维组成,那么 ab、cd 面间纤维随着横截面向外移动,每条纤维沿轴向产生的伸长量相同,由于材料是均匀连续的,所以各纤维所受的拉力也相同。由此得到,轴力在横截面上是均匀分布的,且方向垂直于横截面。因此,可得到横截面上拉伸正应力的计算公式为

$$\sigma = \frac{N}{A}$$

式中,N 为横截面的轴力(N);A 为该截面的横截面面积(mm^2)。正应力 σ 的正负号与轴力相对应,即拉应力为正,压应力为负。当 N、A 沿杆件轴向有变化时,应分段计算各段正应力的大小。

例 2.2　阶梯形圆截面杆轴向外载荷如图 2.3.6 所示,直径 $d_1 = 20$ mm,$d_2 = 30$ mm。求各段的轴力与正应力。

解　①各段轴力及轴力图

在 B 点处将圆轴分成两段,在 AB 段内任取截面 1-1,保留左段(或右段),应用静力平衡条件可得到轴力

$$N_1 = 8\ \text{kN}$$

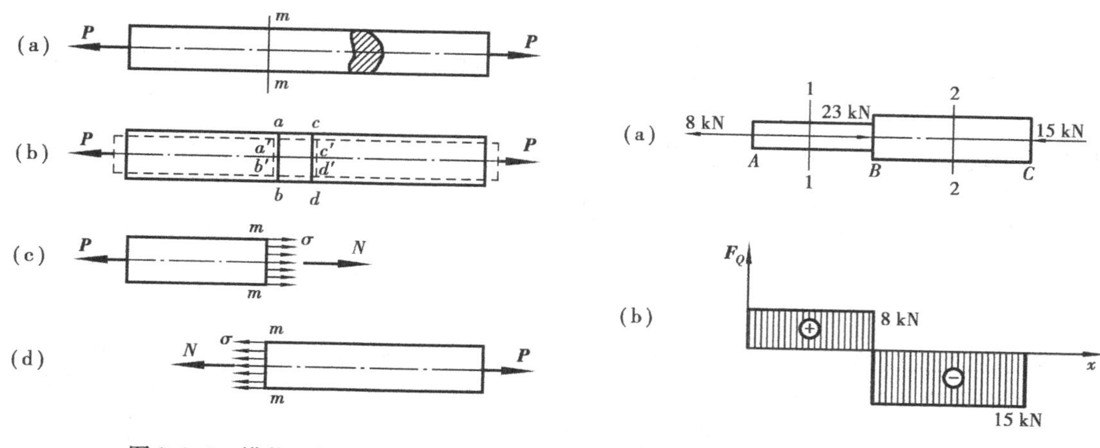

图2.3.5　横截面的正应力

图2.3.6　例2.2图

在 BC 段，任取截面2-2，可得轴力

$$N_2 = -15\ \text{kN}$$

根据轴力 N_1、N_2 作轴力图(图2.3.6(b))。

②计算各段横截面上的正应力

因为在 AB 和 BC 段上的轴力均为常量，故这两段上的正应力也为常量，即

$$\sigma_{1\text{-}1} = \frac{N_1}{A_1} = \frac{8\times 10^3}{\dfrac{\pi}{4}\times 20^2\times 10^{-6}}\ \text{Pa}$$

$$= 25.5\ \text{MPa}$$

$$\sigma_{2\text{-}2} = \frac{N_2}{A_2} = \frac{-15\times 10^3}{\dfrac{\pi}{4}\times 30^2\times 10^{-6}}\ \text{Pa}$$

$$= -21.2\ \text{MPa}$$

可见，正应力的最大值 $\sigma_{\max} = 25.5\ \text{MPa}$。

2.4　材料拉伸与压缩时的力学性能

材料的力学性能是指材料在外力作用下所表现出来的与变形和破坏有关的性能。材料的力学性能必须通过试验的方法测定。测定材料力学性能的试验，须按标准中规定的方法进行。在材料力学性能的试验中，拉伸试验是最基本的试验。本节将以低碳钢及铸铁两种材料为例，介绍静载(载荷变化速度很小)、常温(即室温)下进行拉伸试验的方法，以及通过拉伸试验测定的材料的主要力学性能。对某些材料来说，压缩试验是最基本的试验，因此，对压缩试验也做简要的介绍。

2.4.1　低碳钢的拉伸试验

含碳量在0.3%以下的碳素钢称为低碳钢，是工程中广泛使用的材料。在拉伸试验中低碳钢的力学性能表现得较为全面和典型。

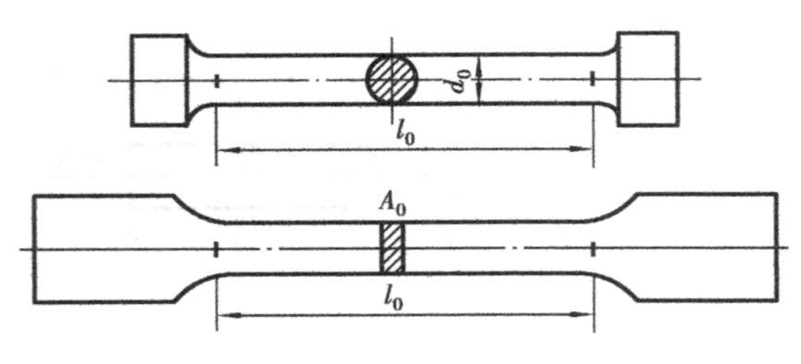

图 2. 4. 1　标准试件

在拉伸试验中,常将材料制成圆形或矩形截面的试件,如图 2. 4. 1 所示。试件两端较粗是为了便于装夹和避免装夹部分破坏;中间较细的等截面部分称为试验段,长度 l_0称为标距。对于圆形截面试件规定 $l_0 = 10d_0$或 $l_0 = 5d_0$。前者称为标准长试件,后者称为标准短试件。矩形截面长试件 $l_0 = 11.3A_0$,短试件 $l_0 = 5.65A_0$,A_0为横截面面积。

将准备好的试件装夹在万能材料试验机上,然后缓慢加载。记录下各拉力 F 的数值以及所对应的标距伸长量 Δl。根据测得的一系列数据,以纵坐标表示拉力 F、横坐标表示伸长量 Δl,绘出拉力 F 与变形量 Δl 的关系曲线图 2. 4. 2,称为拉伸图或 F-Δl 曲线。在万能材料试验机上备有自绘图装置,能自动绘出拉伸图。

F-Δl 曲线与试件尺寸(A、l)有关,为了消除试件尺寸的影响,将拉力 F 除以试件横截面的原始面积 A_0,得出试件横截面上的正应力 $\sigma = F/A_0$;再将伸长量 Δl 除以标距的原始长度 l_0,得出试件在工作段内的相对伸长量 $\varepsilon = \Delta l/l_0$,$\varepsilon$ 称为线应变。以 σ 为纵坐标,ε 为横坐标,绘出 σ-ε 的关系曲线(图 2. 4. 3),称为应力—应变图。

根据试验结果,得到低碳钢的力学性能大致如下:

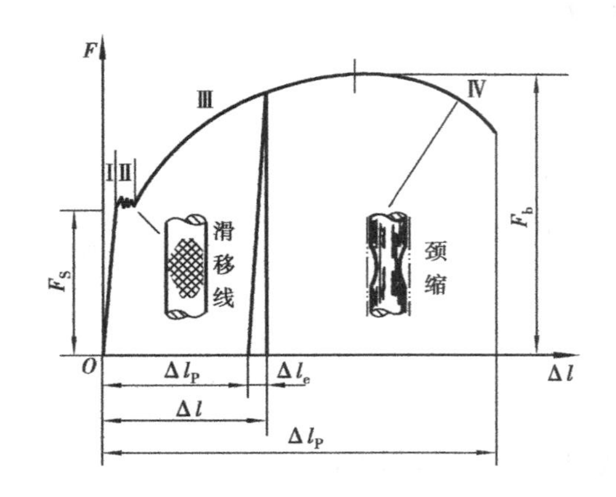

图 2. 4. 2　材料的拉伸图

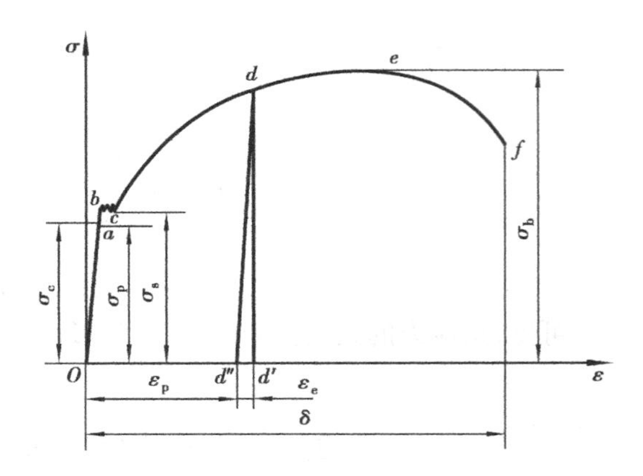

图 2. 4. 3　应力—应变图

(1)弹性阶段

试件受力后,长度增加,产生变形。这时,如将外力卸去,试件工作段的变形可以消失,恢复原状。外力除去以后可以消失的变形称为弹性变形。在此阶段,σ 与 ε 成正比,对应于 σ-ε 曲线上的直线段 Oa 部分,其应力—应变的关系为

$$\sigma = \varepsilon\tan\alpha$$

令 $\tan\alpha = E$,称 E 为弹性模量,它是与材料的种类有关的比例常数,单位与 σ 相同。由此可得

$$\sigma = E\varepsilon \tag{2.4.1}$$

上式表明:在直线段 Oa 范围内,应力与应变是成正比的,这就是著名的虎克定律。Oa 的最高点 a 所对应的应力以 σ_p表示,称为比例极限。

当应力超过 a 点时，σ 与 ε 之间的关系不再是直线，变成了微弯曲线 ab。若除去拉力，试件的变形仍能完全消除。b 点所对应的应力 σ_e 是试件只产生弹性变形时应力的极限值，称 σ_e 为弹性极限。

由试验可知：σ-ε 曲线上的 a 点与 b 点很接近，亦即 σ_p 与 σ_e 相差很小，试验时很难区分，因此工程应用中不加严格区分。

(2) 屈服阶段

当应力值超过弹性极限 σ_e 之后，除产生弹性变形外，还将产生部分塑性变形。塑性变形就是当外力消除后，变形不能完全消除而残留下来的变形。当应力值达到 c 点所对应的应力时，在 σ-ε 曲线上出现了近似水平的波动线段 bc 部分。此阶段内，应力几乎不增加，而应变却显著增大，材料暂时失去了抵抗变形的能力，此现象称为材料的屈服。屈服阶段中应力呈锯齿形上下波动，锯齿形最高点所对应的应力称为上屈服点，最低点为下屈服点。上屈服点不太稳定，下屈服点比较稳定，通常将下屈服点所对应的应力作为材料的屈服极限 σ_s。

试件表面若事先经过抛光加工，在屈服阶段，即可观察到许多与轴线成 45°的斜线。这是由于拉伸试件在与轴线成 45°的斜截面上有最大剪应力的缘故。组成材料的金属晶格沿此方向发生相对位移，这是导致塑性变形的根本原因。过大的塑性变形是工程上所不允许的，所以屈服极限 σ_s 是塑性材料重要的强度指标。

(3) 强化阶段

当应力超过屈服极限 σ_s 之后，材料又恢复了抵抗变形的能力，若使试件的变形增加，就必须增加拉力，这种现象称为强化。在 σ-ε 曲线 ce 段所对应的过程称为强化阶段。强化阶段最高点 e 所对应的应力是材料能够承受的最大应力，称为强度极限，以 σ_b 来表示。它是衡量材料强度的另一个重要指标。

(4) 局部变形阶段

当应力达到 σ-ε 曲线的 e 点时，试件在某一长度内横截面面积急剧减少，出现颈缩现象。由于试件产生颈缩，横截面积减少，使试件继续变形所需的拉力 $\boldsymbol{F}$ 也减少，所以应力 σ 也将随之减少。曲线 σ-ε 迅速下降，直至 f 点试件被拉断。

(5) 冷作硬化

图 2.4.4(a)表示低碳钢的拉伸图，前已述及。经过弹性阶段以后，如从某点(如 d 点)开始卸载，则力与变形间的关系将沿与弹性阶段直线大体平行的 dd'' 线回至 d'' 点。若卸载后从 d'' 点开始继续加载，曲线将首先大体沿 dd'' 线回至 d 点，然后仍沿未经卸载的曲线 def 变化，直至 f 点发生断裂为止。

设想用相同材料制成 A、B 两种拉伸试件，A 试件是未经塑性变形时制成的，B 试件是经预拉伸超过弹性阶段(如图 2.4.4 中的 d 点)产生塑性变形以后制成的，若两试件形状尺寸完全相同，则 A 试件的拉伸图将如图 2.4.4(a)所示，而 B 试件将得到如图 2.4.4(b)所示的拉伸图。由两图明显可见，预经加载卸载产生过塑性变形的 B 试件，重新进行拉伸时，其弹性范围所能承受的载荷增加，而塑性变形则减少了。这一现象称为冷作硬化。

工程中常利用冷作硬化来提高材料的弹性极限，以提高某些构件的承载能力，如起重用的钢索、建筑用的钢筋经过冷拔加工后，可以提高其强度。

(6) 塑性指标

1) 延伸率 δ

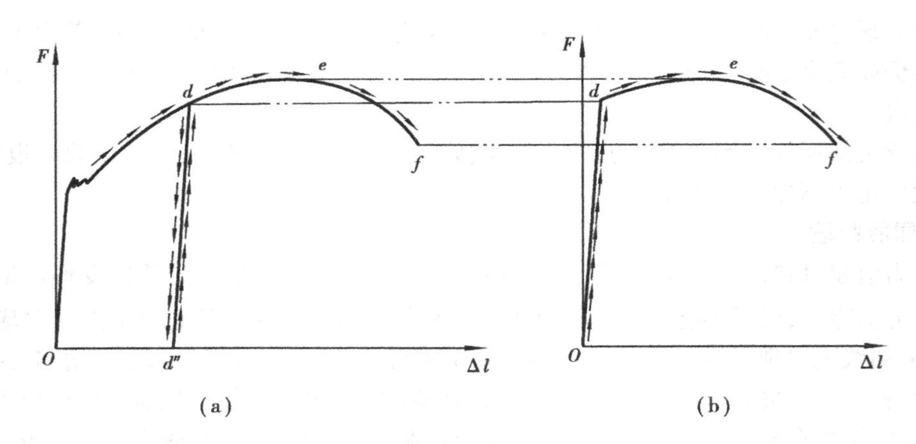

图 2.4.4 冷作硬化

试件拉断后,其塑性变形量(l_1-l_0)与原始标距 l_0之比的百分数称为延伸率,即

$$\delta=\frac{l_1-l_0}{l_0}\times 100\% \tag{2.4.2}$$

工程中通常根据延伸率 δ 的值分为两大类:对于 $\delta>5\%$ 的材料称为塑性材料,如低碳钢、黄铜、铝合金等;对于 $\delta\leqslant 5\%$ 的材料称为脆性材料,如铸铁、高碳钢、玻璃、石料等。

2)断面收缩率 Ψ

试件断口处横截面面积的相对变化率称为断面收缩率,即

$$\Psi=\frac{A_0-A_1}{A_0}\times 100\% \tag{2.4.3}$$

普通碳素钢 Q235 的断面收缩率为 $\Psi=55\%$。

延伸率和断面收缩率是材料塑性性能的重要指标。二者愈大,说明材料断裂后的塑性变形也愈大,塑性就愈好。

2.4.2 铸铁拉伸时的力学性能

图 2.4.5 所示是灰口铸铁拉伸时的应力—应变关系曲线,图上无明显的直线部分,无屈服阶段。在较小的应力和较小的变形下试件就被拉断;断口与轴线垂直,并无颈缩现象,延伸率不到 0.5%,它是典型的脆性材料。铸铁拉断时的最大应力,即强度极限,记作 σ_{bl}。由于应力—应变关系曲线没有直线部分,而在较低的应力范围内,应力—应变关系可视为近似服从虎克定律。因此,实用上以曲线的割线代替曲线的开始部分,其弹性模量 $E=\tan\alpha$ 可认为是一个常量。

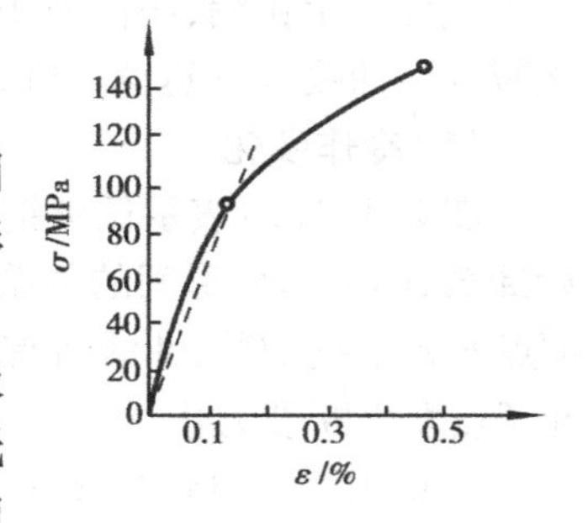

图 2.4.5 铸铁拉伸时的应力—应变图

2.4.3 低碳钢压缩时的力学性能

金属材料的压缩试件一般制成短圆柱形,以免试件被压弯。圆柱高度约为直径的 1.5 ~ 3 倍。

图 2.4.6 所示为低碳钢压缩时的应力—应变关系曲线,为了便于比较,图中以虚线表示出

低碳钢拉伸时的应力—应变关系曲线。可以看出，在屈服阶段以前，压缩与拉伸时 σ-ε 曲线基本上重合。说明压缩时弹性模量 E，比例极限 σ_p 和屈服极限 σ_s 都与拉伸时大致相同。屈服阶段以后，两曲线不再重合。由于受压试件越压越扁，横截面面积越来越大，试件抗压能力不断增加，以至产生很大的塑性变形也不破坏，不存在强度极限 σ_b。

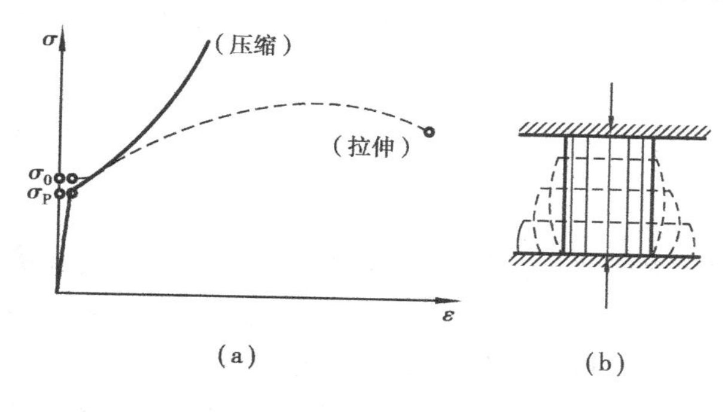

图2.4.6　低碳钢压缩时的应力—应变图

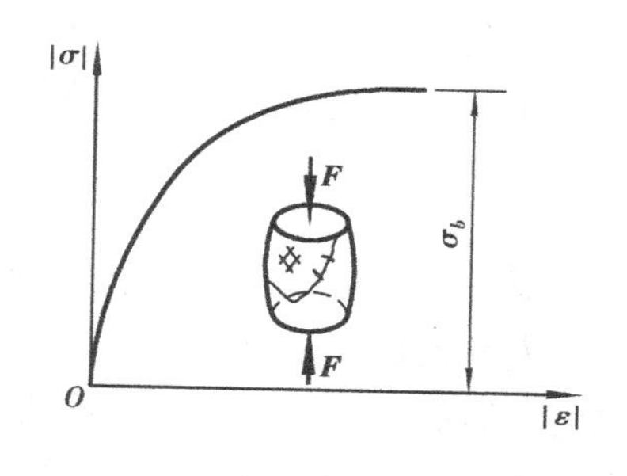

图2.4.7　铸铁压缩时的应力—应变图

2.4.4　铸铁压缩时的力学性能

图2.4.7为灰口铸铁压缩时的应力—应变曲线，该曲线没有直线部分，因此，压缩时材料只是近似地符合虎克定律。但抗压强度极限 σ_{by} 比抗拉强度极限 σ_{bl} 要高3～5倍。其他的脆性材料(如石料、混凝土等)抗压强度也都远高于抗拉强度。

综上所述，塑性材料和脆性材料的力学性能比较如下：

①脆性材料的抗压强度远比抗拉强度高，无屈服现象，因此，适合作为抗压构件的材料。

②塑性材料的抗拉与抗压的屈服极限相同，拉断前的变形大，消耗的功大，宜作为承受冲击的构件或受拉构件的材料。

③脆性材料力学性能的主要指标是强度极限和弹性模量；塑性材料力学性能的主要指标有：比例极限、屈服极限、强度极限、弹性模量、延伸率、断面收缩率等。

2.5　许用应力　强度条件

通过试验，了解了不同材料的力学性能。在此基础上即可确定材料的危险应力以及构件材料的许用应力和安全系数。

2.5.1　危险应力

材料破坏前所能承受的最大应力称为危险应力或极限应力，记作 σ^0。对于塑性材料制成的构件，当应力达到了材料的屈服极限 σ_s 时，将产生明显的塑性变形，影响其正常工作，一般认为这时构件已经丧失正常工作能力，故塑性材料的危险应力 $\sigma^0=\sigma_s$；对于脆性材料，直至断裂前无明显的塑性变形，所以强度极限 σ_b 是脆性材料破坏的惟一标志，因而脆性材料的危险应力 $\sigma^0=\sigma_b$。

2.5.2 许用应力和安全系数

为了保证构件有足够的强度，构件的最大工作应力不允许达到或接近危险应力，必须低于危险应力。因为实际工程中构件的工作条件不可能与试件理想条件相同，为了保证构件在工作中安全正常工作，构件必须有一定的强度储备。这就需要将极限应力 σ^0 除以一个大于1的系数 n，其结果为构件的材料许用应力，记为 $[\sigma]$，即

$$[\sigma] = \frac{\sigma^0}{n} \tag{2.5.1}$$

对于塑性材料 $\sigma^0 = \sigma_s$；对于脆性材料 $\sigma^0 = \sigma_b$。

安全系数 n 不仅反映了人们为构件规定的强度储备，同时也起着调节工程中安全与经济之间矛盾的作用。如果安全系数取值偏大，则许用应力较低，构件偏于安全，但用料过多而不够经济；反之，安全系数偏小，虽然用料较省，但安全性得不到保证。因此，安全系数的选择是否合理，是解决安全与经济之间矛盾的关键问题，也是很复杂的实际问题。对于由塑性材料制造的构件，一般取 $n = 1.2 \sim 2.5$；对于用脆性材料制造的构件，由于材质不均，容易突然破坏，取值应偏大些，一般 $n = 2 \sim 3.5$，甚至取为 $3 \sim 9$。

2.5.3 轴向拉伸(压缩)的强度条件

为了保证轴向拉伸(压缩)时杆件具有足够的强度，就要求杆件在工作中的最大工作应力不超过许用应力，即

$$\sigma = \frac{N}{A} \leqslant [\sigma] \tag{2.5.2}$$

式中，N 为杆件危险截面上的轴力(N)；A 为杆件危险截面上的面积(mm^2)；$[\sigma]$ 为材料的许用应力(MPa)。

根据上述强度条件，可以解决直杆轴向拉伸(压缩)时三类强度计算问题。

(1)强度校核

若已知杆件尺寸、载荷大小和材料的许用应力，即可用上式校核杆件是否满足强度要求。

(2)设计截面尺寸

若已知杆件所承担的载荷及材料的许用应力，则可以由下式确定杆件所需要的截面面积，即

$$A \geqslant \frac{N}{[\sigma]}$$

(3)确定许可载荷

若已知杆件的尺寸和材料的许用应力，由下式可求得杆件所能安全承受的最大轴力，即

$$N \leqslant [\sigma]A$$

根据杆件的最大轴力，就可以进一步确定外载荷。

例2.3 起重机的机构简图如2.5.1(a)所示。支承杆 BC 与水平固定面垂直，杆 CD 与 BC 用拉杆 BD 相连。已知钢索 AB 的横截面面积为500 mm^2，钢索材料的许用应力 $[\sigma]$ = 40 MPa，起重物重为 $G = 30$ kN，试校核钢索 AB 的强度。

解 首先应求得钢索 AB 的内力，再求其应力。为此，应解除钢索和支座 C，以构架 BCD

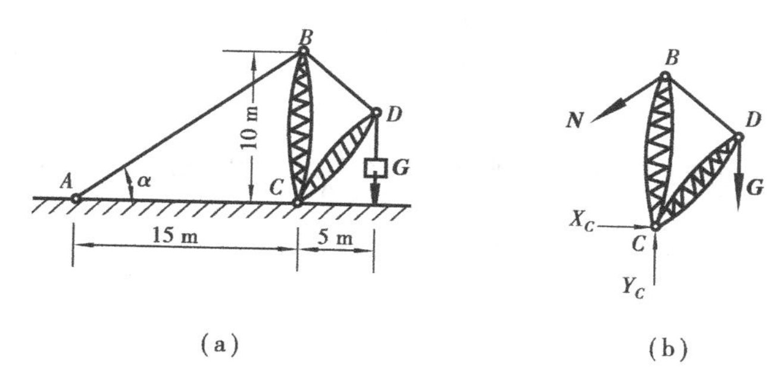

图2.5.1　例2.3图

为研究对象，并画出其受力图（图2.5.1(b)）钢索AB长为

$$AB = \sqrt{AC^2 + BC^2} = \sqrt{15^2 + 10^2}\ \text{m} = 18.02\ \text{m}$$

由平衡方程 $\sum M_C = 0$ 得

$$N\cos\alpha BC - 5G = 0$$

$$N = \frac{5G}{BC\cos\alpha} = \frac{5 \times 30}{\frac{15}{18.02} \times 10}\ \text{kN} = 18\ \text{kN}$$

而钢索的工作应力为

$$\sigma = \frac{N}{A} = \frac{18 \times 10^3}{500}\ \text{MPa} = 36\ \text{MPa}$$

由强度条件可知

$$\sigma_{\max} = \sigma = 36\ \text{MPa} < [\sigma] = 40\ \text{MPa}$$

故钢索AB的强度足够。

例2.4　如图2.5.2所示机构为一简易吊车的简图，斜杆AB为直径$d = 25$ mm的圆形钢杆，材料为Q235钢，许用应力$[\sigma] = 160$ MPa，试按照斜杆AB的强度条件确定许用外载荷$[F_p]$。

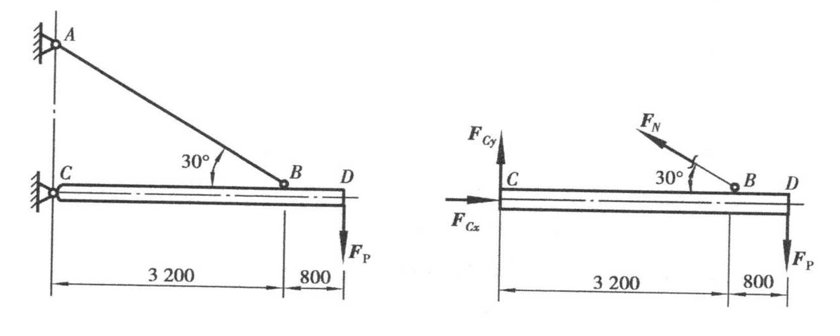

图2.5.2　例2.4图

解　由斜杆BC的平衡方程 $\sum M_C = 0$ 得

$$F_N \sin 30° \times 3\,200 - F_p \times 4\,000 = 0$$

$$F_N = \frac{F_p \times 4\,000}{\sin 30° \times 3\,200} = 2.5F_p$$

由拉伸强度条件得 $\dfrac{F_N}{A_{AB}} \leqslant [\sigma]$

联立以上两式解得

$$F_p \leqslant \frac{[\sigma] \times \pi \times d^2}{4 \times 2.5} = \frac{160 \times 10^6 \times 3.14 \times 0.025^2}{4 \times 2.5} \text{ N} = 31.4 \text{ kN}$$

即吊车的许可载荷为$[F_p] = 31.4$ kN。

思考题与练习题

2.1　轴向拉伸(压缩)的受力特点和变形特点是什么?

2.2　试举例说明下列各概念的区别:

变形和应变　内力和应力　正应力和切应力　极限应力和许用应力

2.3　不同材料的两根等截面直杆,承受相同的轴向拉力,它们的横截面面积和长度都相等。试问两杆横截面上的正应力是否相等?两杆的强度是否一样?两杆产生的纵向应变是否相等?

2.4　在轴向拉伸实验中,试件承受拉力后,用变形仪量出标距 l 两点间距离的增量为 $\Delta l = 0.05$ mm。若标距 l 的原长为 100 mm,试求试件的线应变 ε。

2.5　钢的弹性模量 $E = 200$ GPa,铝的弹性模量 $E = 71$ GPa。试比较在正应力相同的情况下,哪种材料的线应变大?在相同线应变的情况下,哪种材料的正应力大?

2.6　拉(压)杆受力如题图 2.6 所示,试求各杆指定截面的轴力,并作出轴力图。

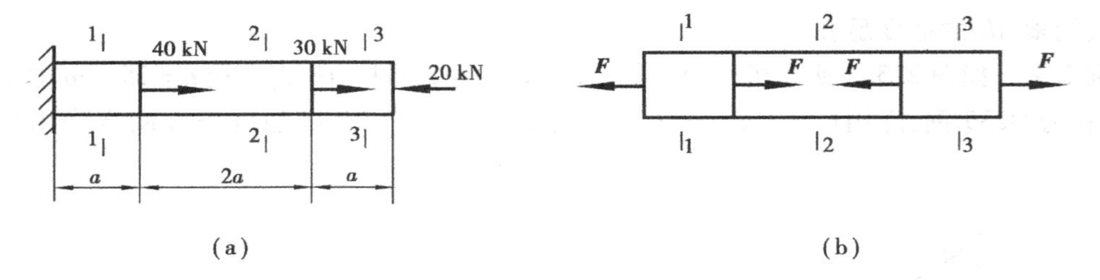

题图 2.6

2.7　低碳钢试件拉伸至屈服时,下面哪个结论是正确的?

①应力和变形很快增加,因而认为材料失效;

②应力和变形虽然很快增加,但不意味着材料失效;

③应力不增加,变形很快增加,因而认为材料失效;

④应力不增加,变形很快增加,但不意味着材料失效。

2.8　液压缸缸盖与缸体用螺栓 M18(其小径为 15.294 mm)联接,如题图 2.8 所示。已知缸的内径 $D = 400$ mm,缸内工作压强为 $p = 1.2$ MPa,活塞杆材料的许用应力为$[\sigma_1] = 50$ MPa,螺栓材料的许用应力为$[\sigma_2] = 40$ MPa,试求活塞杆的直径及螺栓的个数。

2.9　已知 $P = 10$ kN,$d = 20$ mm,$D = 40$ mm,试求题图 2.9 所示的圆钢杆不同直径横截面上的应力。

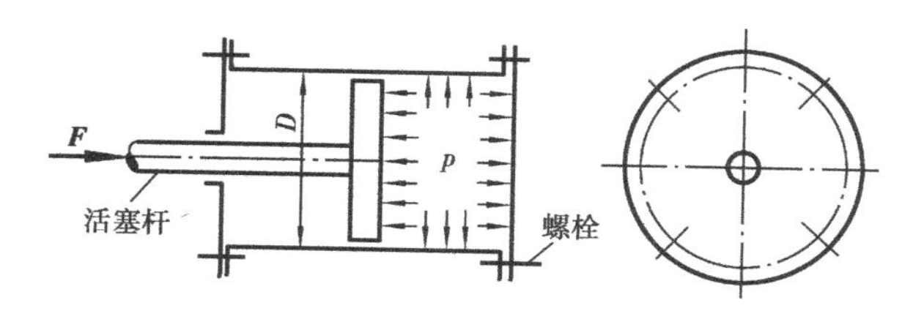

题图 2.8

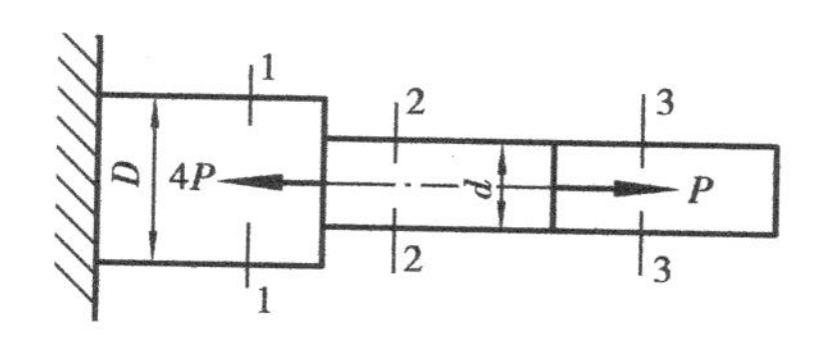

题图 2.9

2.10　题图 2.10 所示三角架的 *AB* 杆由两根 8 号等边角钢(80×80×7)构成,*AC* 杆由两根 10 号槽钢构成,其材料为 A3 钢,许用应力[σ] = 120 MPa。试求该三角架所能承受的许可载荷[*F*](每根 80×80×7 等边角钢的截面积为 10.86 cm^2,每根 10 号槽钢的截面积为12.74 cm^2)。

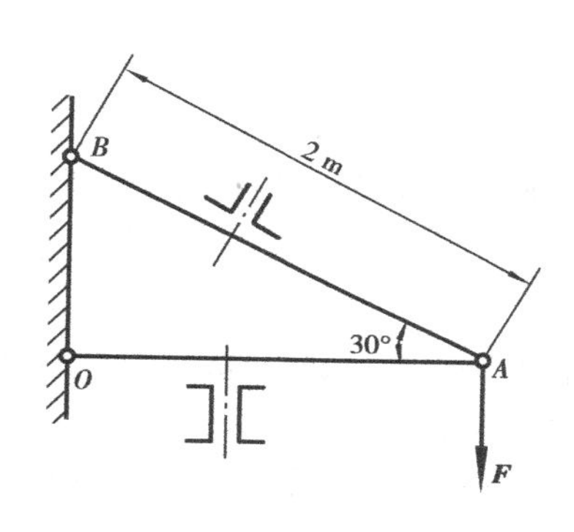

题图 2.10

题图 2.11

2.11　已知题图 2.11 所示起重吊钩上端螺纹为 M55,许用应力[σ] = 80 MPa,载荷 *P* = 170 kN。试校核螺杆的强度。

2.12　螺旋压板夹紧装置如题图 2.12 所示。已知螺栓为 M20(小径 d_1 = 17.294 mm),许用应力[σ] = 50 MPa。当工件所受的夹紧力为 5 kN 时,试校核螺栓的强度。

2.13　三角形构架如题图 2.13 所示。杆 *AB* 和 *AC* 均为 *d* = 25 mm 的圆截面直杆。材料为 A3 钢,许用应力[σ] = 120 MPa。求此结构的许可载荷 ***P***。

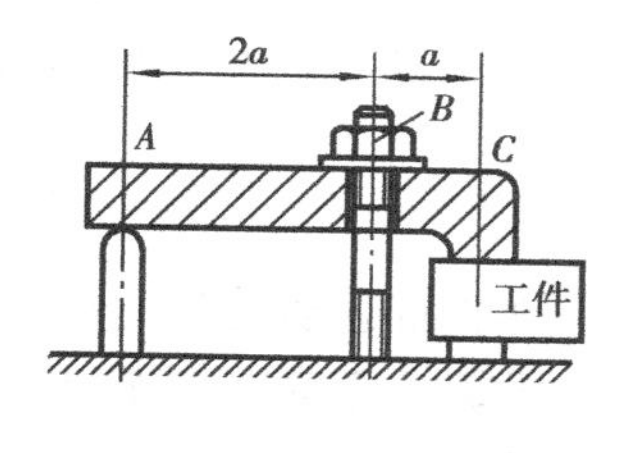

题图 2.12

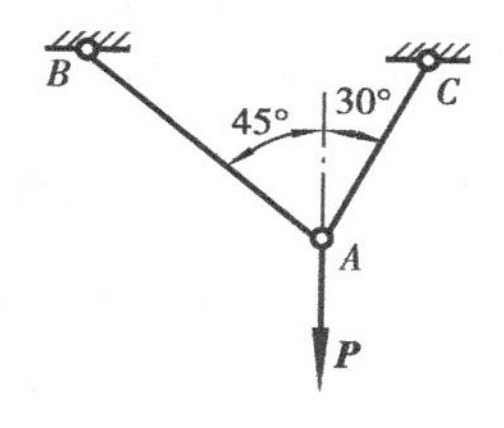

题 图 2.13

第3章 平面机构的结构分析

机构是指具有确定的相对运动构件的组合,而不是无条件的任意组合,所以构件组合后是否能成为机构,就要检验它是否能实现确定的相对运动。为此,就需要讨论机构的自由度和它具有确定的相对运动的条件。

实际机械的外形和结构往往比较复杂,为了便于分析和研究,常常需要用简单的线条和符号绘制出机构的运动简图,作为机械设计的一种工程语言。

平面机构是指组成机构的所有构件都在同一平面或相互平行的平面内运动。例如,汽车发动机上采用的曲柄连杆机构就是平面机构。本章只讨论平面机构。

3.1 运动副及其分类

构件组成机构是通过运动副来将各构件联接起来而实现的。机构中的每一构件都是以一定的方式与其他构件相互接触,并形成一种可动的联接,从而使这两个构件的运动受到约束。两构件的这种既直接接触又能做一定的相对运动的可动联接称为运动副。例如,发动机中的气缸与活塞,既相互接触又允许活塞相对于气缸做往复直线运动,这种联接就是运动副。

3.1.1 自由度和运动副约束

如图3.1.1所示,在坐标系 xOy 平面内,若构件1是做平面运动的自由构件,则它可随其上的任意一点 A 沿 x 轴和 y 轴方向移动及绕 A 点转动。其瞬时位置由三个独立的参数 x_A、y_A 和转角 φ 值来确定。构件相对于参考系具有的独立运动参数的数目称为构件的自由度。可见,一个做平面运动的自由构件具有三个自由度。

若构件1以某种方式与图中的构件2(这里的构件2与坐标系固联在一起)形成运动副,例如:它在 A 点用铰链联接起来,则构件1上点 A 的移动参数 x_A、y_A 就不再变化,相对移动受到限制,只剩下一个转角 φ 可自由变化,即构件1只剩下绕 A 点相对于构件2转动的自由度。运动副对成副的两构件间的相对运动所加的限制称为约束。由此可见,两个构件通过运动副联接以后,引入了约束,减少了自由度,相对运动受到了限制。运动副产生约束的数目和约束的

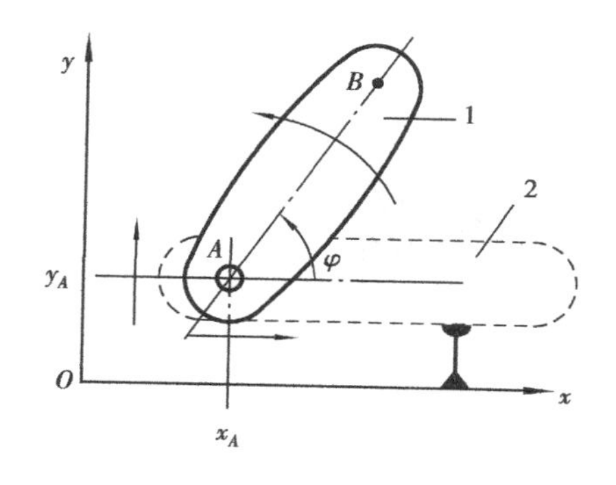

图3.1.1 平面运动构件的自由度

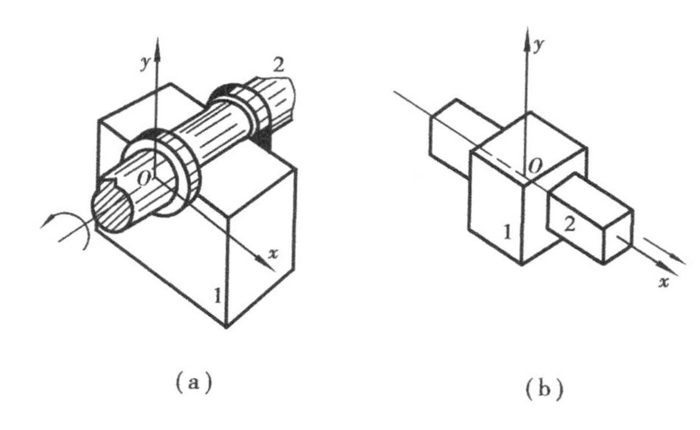

图3.1.2 低副

特点取决于运动副的类型。

3.1.2 运动副的分类

平面运动副按接触形式的不同可分为高副和低副两大类。

(1)低副

两个构件通过面接触形成的运动副称为低副,低副有转动副和移动副两种形式。

1)转动副

两构件只能产生相对转动的运动副称为转动副。如图3.1.2(a)所示,转动副限制了轴颈2沿 x 轴与 y 轴的移动,只允许轴颈绕轴承相对转动,即只保留了一个自由度。所以,一个转动副引入了两个约束,使构件失去了两个自由度。

2)移动副

两构件只能产生相对移动的运动副称为移动副。如图3.1.2(b)所示滑块与导向装置的联接,构件1与2以棱柱面相接触,由构件2观察,它限制构件1沿 y 方向相对移动,同时也限制了它相对于构件2的转动,从而形成两个约束,保留一个独立的沿 x 方向的相对移动。所以,一个移动副也引入了两个约束,使构件失去了两个自由度。滑动件与导轨、发动机的活塞与气缸的联接等都属于移动副。

(2)高副

两构件通过点或线接触形成的运动副称为高副。如图3.1.3(a)为点接触,图3.1.3(b)为线接触,在(b)图中,由构件2来观察,它限制构件1沿法线 n-n 方向的移动,形成一个约束,保留沿切线 t-t 方向独立的相对移动和绕接触点 A 独立的转动,所以,一个高副引入一个约束,使构件失去了一个自由度。两轮齿接触、凸轮与其从动件的接触、火车车轮与铁轨的接触等都属于高副机构。此外,还有空间运动副,例如,球面铰链(图3.1.4(a))、螺旋副(图3.1.4(b)),形成这类运动副的两构件的相对运动是空间运动。

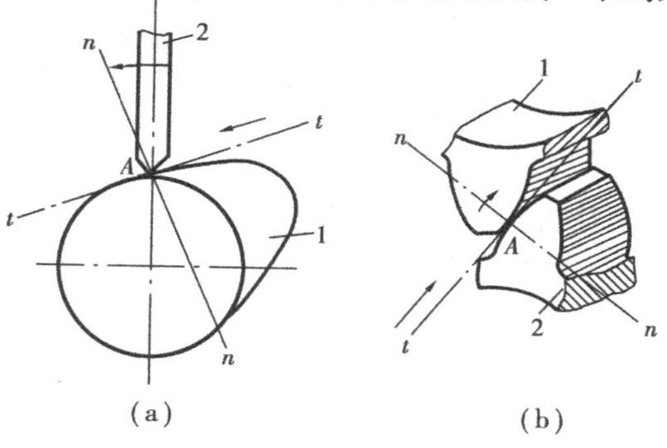

图3.1.3 平面高副

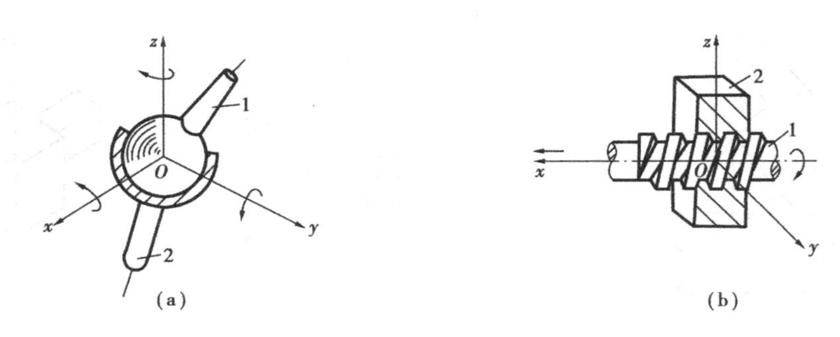

图 3.1.4　空间运动副

3.2　平面机构的运动简图

如前所述,机械由机构组成,而机构又是由许多构件通过运动副联接而成。虽然实际机械及其构件的外形和结构比较复杂,但其中有些尺寸(例如截面尺寸)和外形仅与强度、刚度、工艺和机械的布局等方面有关而与运动性质无关,因此,在拟定新机械的传动方案或对机械进行运动分析时,可以不考虑那些与运动无关的构件外形和运动副的具体结构,仅用简单的线条和符号来表示构件和运动副,并按比例定出各运动副的相对位置,将机构的组成和相对运动关系表示出来,必要时还需标出那些与机构运动有关的尺寸参数。这种表示机构组成和各构件间相对运动关系的简明图形就是机构运动简图。只要求定性地表示机构的组成及原理,而不严格按比例绘制的机构运动简图,称为机构示意图。

3.2.1　运动副和构件的表示方法

(1)构件

构件均用直线或小方块来表示,画有阴影线的表示机架。常用构件的表示方法可参考GB 4460—84。

(2)转动副

两构件组成转动副时,其表示方法如图 3.2.1 所示。图面与回转轴线相垂直时,则用图 3.2.1(a)表示,图面不垂直于回转轴线时,则用图 3.2.1(b)表示。表示转动副的圆圈其圆心必须与回转轴线重合,一个构件有多个转动副时,则应在两条线交接处涂黑或在其内画上斜线,如图 3.2.1(c)所示。

(3)移动副

两构件组成移动副的表示方法如图 3.2.2 所示,其导路必须与相对移动方向一致。

(4)平面高副

两构件组成平面高副时,其运动简图中应画出两构件接触处的曲线轮廓,如图 3.2.3 所示。对于凸轮、滚子习惯上画出其全部轮廓,对于齿轮常用点画线画出其节圆。

3.2.2　机构运动简图的绘制

绘制机械的机构运动简图时,通常可按下列步骤进行。

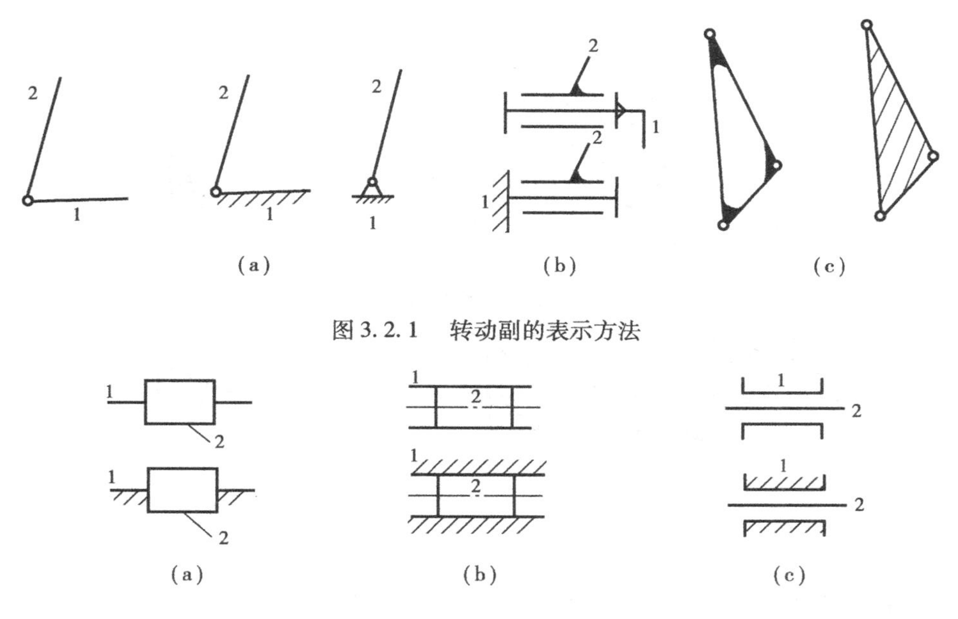

图3.2.1 转动副的表示方法

图3.2.2 移动副的表示方法

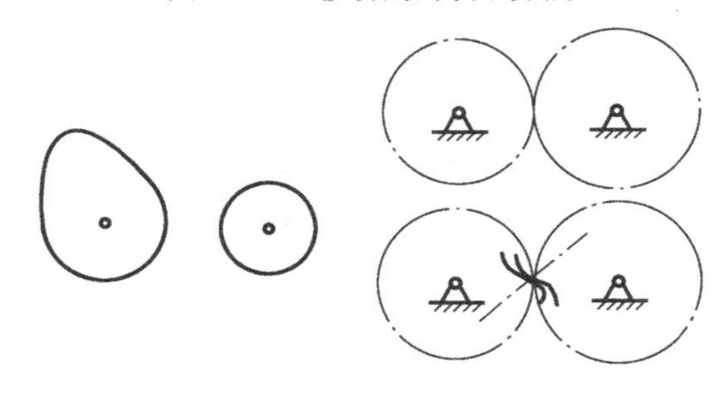

图3.2.3 平面高副的表示方法

①根据机械的功能来分析该机械的组成和运动情况。任何机械都具有固定件或相对固定件(即机架)、原动件(即输入构件)、从动件(输出构件),因此,需先确定原动件和输出件,然后从原动件到输出件(有时也可以从输出件到原动件),沿着运动传递路线,分析该机械的输出件的运动是怎样由原动件传过来的,从而搞清楚该机械是由哪些机构和构件组成的,各构件间形成了何种运动副,同时分清固定件和活动件,这是正确绘制运动简图的前提。

②选定视图平面。为了将机构运动简图表达清楚,必须选好投影面,为此,可以选择机械的多数构件的运动平面作为投影面。必要时也可就机械的不同部分选择两个或更多个投影面,然后扩展到同一图面上,或者将主运动简图上难以表达清楚的部分另绘一局部简图,总之,以正确地表达清楚为原则。

③按适当的比例定出各运动副之间的相对位置,用简单的符号和线条画出机构运动简图(有时为了只表示机械的组成和运动情况,而不需要用图解法具体确定出运动参数值时,也可以不严格按比例绘图)。

例3.1 图3.2.4所示为颚式破碎机,试绘制该机构的运动简图。

解 ①找出各构件和选定视图平面

如图3.2.4(a)所示,颚式破碎机由机架1、偏心轴2、动颚板3、肋板4等构件组成。偏心

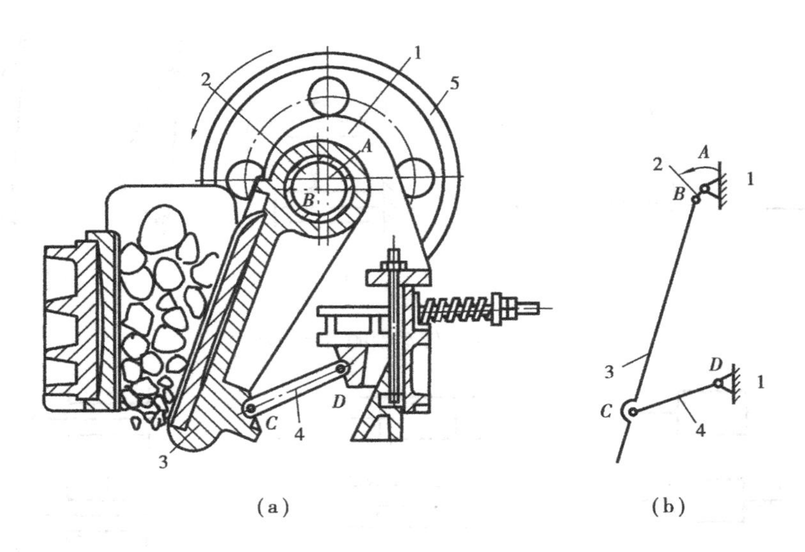

图 3.2.4　例 3.1 图

轴 2 是原动件,动颚板 3 和肋板 4 都是从动件。根据以上结构分析选取构件的运动平面作为绘制机构运动简图的平面。

②找出各构件之间的联系:运动副

当偏心轴绕轴线 A 转动时,驱使动颚板 3 做平面运动,从而将矿石轧碎。偏心轴 2 与机架 1 绕轴线 A 相对转动,故构件 1、2 组成以 A 为中心的转动副。动颚板 3 与偏心轴 2 绕轴线 B 相对转动,故构件 2、3 组成以 B 为中心的转动副。肋板 4 与动颚板 3 绕轴线 C 做相对转动,所以,构件 3、4 组成以 C 为中心的转动副。肋板与机架绕轴线 D 相对转动,所以构件 4、1 组成以 D 为中心的转动副。

③测量各运动副间的相对位置

逐一测量运动副中心 A 与 B、B 与 C、C 与 D、A 与 D 之间的长度 l_{AB}、l_{BC}、l_{CD}和 l_{AD}。

④作机构运动简图

选定长度比例尺 μ,在确定的视图上按比例画出运动副的符号和连线表示构件,注上运动副代号和构件号,对原动件要画上表示运动方向的箭头,最后便绘成机构运动简图,如图 3.2.4(b)所示。比例尺 μ 的计算如下:

$$\mu = \frac{\text{实际长度(m)}}{\text{图示长度(mm)}}$$

例 3.2　图 3.2.5(a)所示为翻台振实式靠边型机的翻台机构的局部结构图。当造型完工后,可将翻台 m-n 翻转 180°;转到起模工作台的上面(即从图中实线位置转到点划线所示位置)以备起模。试绘制该机构的运动简图。

解　输出件是翻台和构件 4(两者固联),原动件是活塞 1,当气压推动它向左运动时,通过构件 2 和 3 将构件 4 和翻台翻转 180°转到上部。整个机构除活塞 1 与气缸(机架)6 形成移动副 G 外,其余各构件之间均为回转副(A、B、C、D、E、F),其中 A、B 分别为杆 5 和 3 与机架 6 形成的固定回转副。杆件 3 与运动有关的尺寸是 BE 和 BC。按规定符号绘制机构运动简图如图 3.2.5(b)所示。

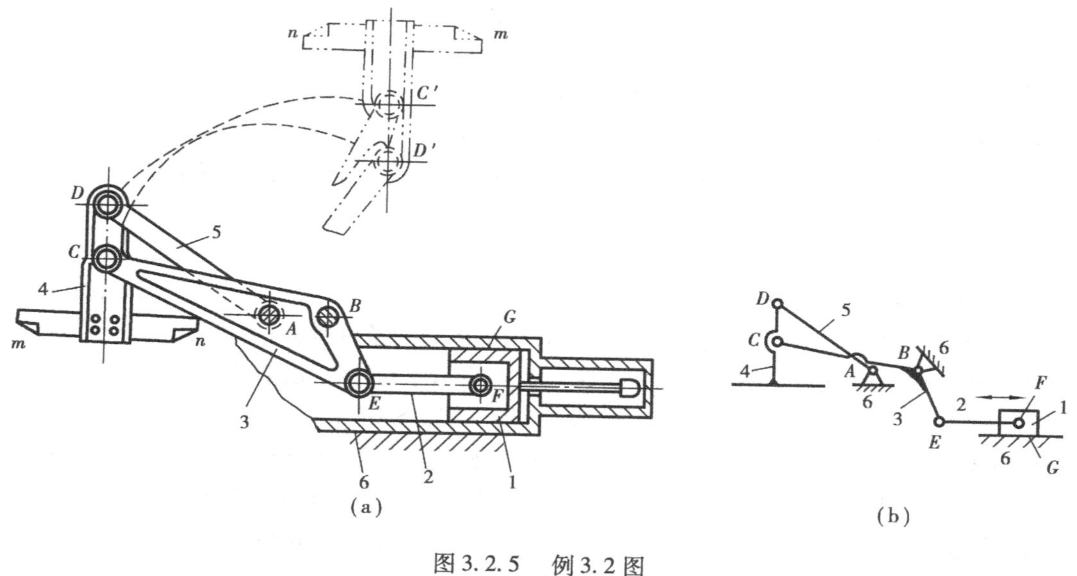

图 3.2.5 例 3.2 图

3.3 平面机构的自由度

任何一个机构工作时,在原动件的驱动下,各个从动件都按一定的规律运动。但是,并不是随意拼凑组合的构件都具有确定的运动而成为机构。下面先介绍机构的自由度,再讨论机构的自由度符合什么要求才能实现机构具有确定的相对运动,即机构具有确定的相对运动的条件。

3.3.1 机构的自由度

机构的自由度是指保证机构具有确定运动所需的独立运动参数的数目,称为机构的自由度。

如前所述,一个做平面运动的自由构件具有3个自由度,通过运动副可减少自由度的数目。如果一个机构中有 n 个可动的构件,则构件的自由度总数为 $3n$。当构件用运动副联接后,部分运动受到了限制,自由度减少。一个低副引入两个约束,一个高副引入一个约束,由此可得,平面机构的自由度应等于全部可动构件在自由状态下的全部自由度减去各运动副限制的自由度,用公式表示为

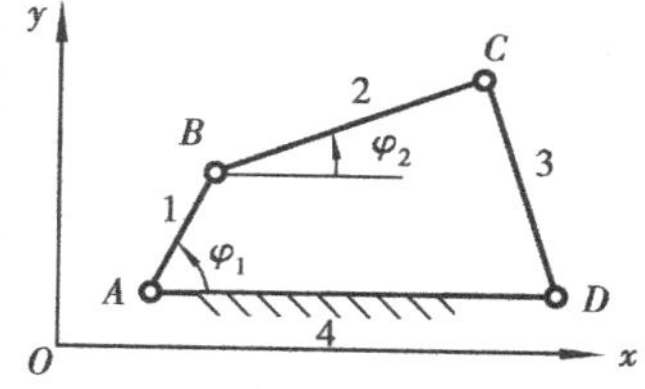

图 3.3.1 四杆机构的自由度

$$F = 3n - 2P_L - P_H \tag{3.3.1}$$

式中,F 表示机构的自由度,n 为机构中的活动构件数,P_L为低副数,P_H为高副数。

由上式可知,机构自由度的数目取决于活动构件的数目及运动副的类型和数目。

机构自由度的数目标志着需要的原动件的数目,即独立运动或输入运动的数目。图3.3.1所示四杆机构的自由度 $F=1$,即要求原动件的数目为1,直观上也可以看出,任取一个构件作

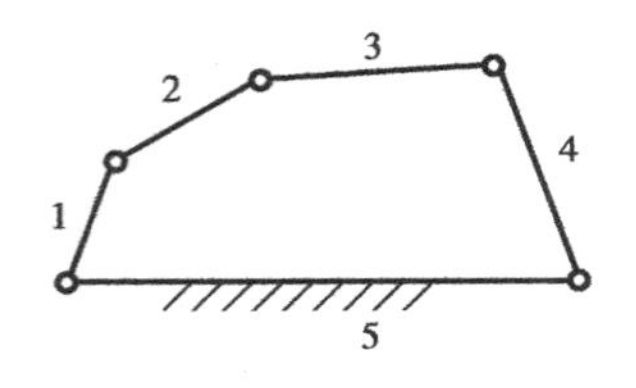

图 3.3.2　铰链五杆封闭杆系

为原动件,则机构中各构件的运动是确定的。

如图 3.3.2 所示的机构,活动构件数 $n=4$,低副数 $P_L=5$,高副数 $P_H=0$,则其自由度为:

$$F = 3\times4 - 2\times5 = 2$$

即要求有两个原动件,若只用一个原动件,则诸从动件的运动将不确定。

综上所述,机构自由度反映了机构运动的可能性和确定性。如果机构的自由度为零,则说明机构没有运动的可能性。只有当机构的自由度等于原动件的个数时,机构才不会随意运动。换句话说,机构具有确定运动的条件是:自由度数目 $F>0$,且原动件数目必须等于自由度数目,不能多也不能少。以 W 表示原动件数,该条件可表示为

$$W = F = 3n - 2P_L - P_H > 0 \tag{3.3.2}$$

利用式(3.3.1)可以计算或验算连杆机构、凸轮机构、齿轮机构和它们的组合机构的自由度,尤其是在设计新的机构或拟定复杂的运动方案时具有指导意义,但式(3.3.1)不适用于带传动、链传动等具有挠性件的机构。一般情况下,也没有必要计算这些机构的自由度。式(3.3.2)可以判断、检验或确定机构原动件的个数;同时说明活动构件、低副、高副个数如何分配,才能组成机构。机构自由度不能为零,否则,将没有接受外界输入运动的原动件,从而各构件之间也没有相对运动。

3.3.2　计算平面机构自由度应注意的事项

在计算机构的自由度时,往往会遇到按公式计算出的自由度数目与机构的实际自由度数目不相符的情况。但这并不是自由度的计算公式有什么错误,而是在应用公式计算机构的自由度时,还有某些应该注意的事项未能正确考虑的缘故。现将应该注意的主要事项简述如下。

(1)复合铰链

两个以上的构件同时在一处以转动副相联接,就构成了复合铰链。如图 3.3.3 所示。它是三个构件在一起以转动副相联接而构成的复合铰链。由图 3.3.3(b)可以看出,此三个构件共同构成的是两个转动副。同理,若有 m 个构件以复合铰链相联接时,其构成的转动副数应等于 $m-1$。因此,在计算机构的自由度时,应注意是否存在复合铰链,以免将运动副数目搞错而得出错误的结果。

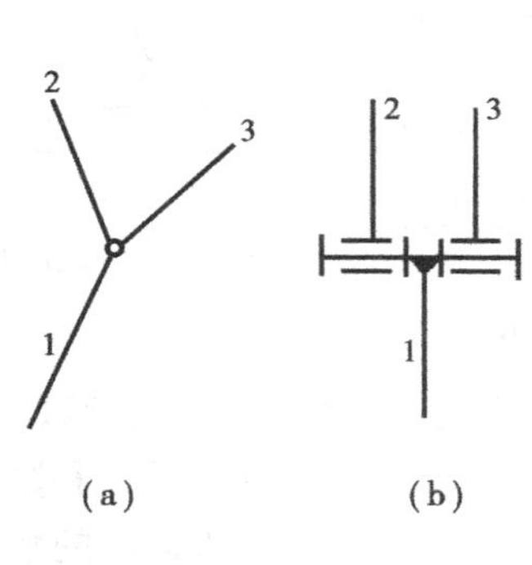

图 3.3.3　复合铰链

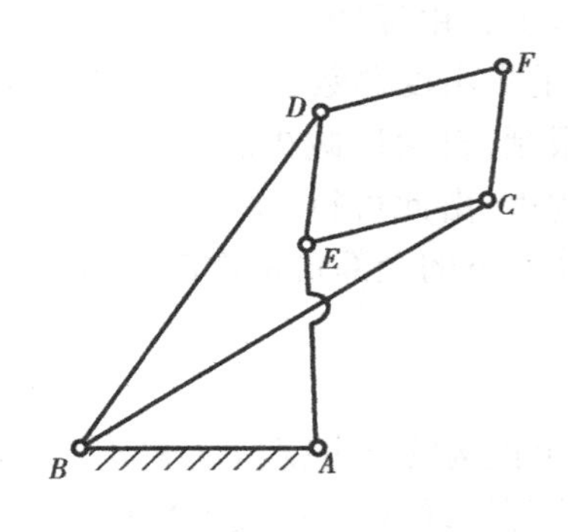

图 3.3.4　例 3.3 图

例 3.3 计算图3.3.4所示的直线机构的自由度。

解 图示机构中活动构件数为 $n=7$，$P_L=10$，其中 B、C、D、E 都是三个构件组成的复合铰链，各具有两个转动副，高副数 $P_H=0$，由式(3.3.1)得

$$F = 3n - 2P_L - P_H = 3 \times 7 - 2 \times 10 = 1$$

(2)局部自由度

在有些机构中，其某些构件产生的局部运动并不影响其他构件的运动。将这些构件所能产生的这种局部运动的自由度称为局部自由度。例如，在图3.3.5(a)所示的滚子从动件凸轮机构中，为了减少高副元素的磨损，在推杆和凸轮之间装了一个滚子。该机构的计算自由度数为 $F=3n-2P_L-P_H=3\times3-2\times3-1=2$，但实际上当该机构以凸轮一个构件为原动件时，便具有确定的运动。产生这种与平面机构具有确定相对运动条件不相吻合的原因是：滚子绕其自身轴线转动所形成的运动副不影响凸轮机构的运动规律，是一个多出来的局部自由度，它是否存在并不影响机构的运动规律。局部自由度多见于变滑动摩擦为滚动摩擦以减少磨损的场合。排除局部自由度的方法是假想地将滚子与从动件固结为一体，如图3.3.5(b)所示，这样，在计算机构自由度时就不会出现错误。按图3.3.5(b)计算出的凸轮机构的自由度数为 $F=3n-2P_L-P_H=3\times2-2\times2-1=1$，与实际情况吻合。

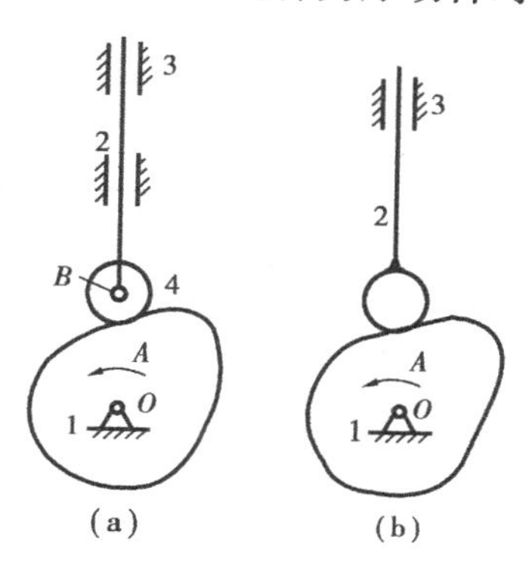

图3.3.5 局部自由度

由此可见，在计算机构的自由度时，应将机构中的局部自由度除去不计。

(3)虚约束

在机构中，有些运动副带入的约束，对机构的运动实际上起不到约束作用。将这类对机构运动实际上不起约束作用的约束称为虚约束。虚约束常出现在以下场合：

① 两构件之间形成多个导路平行的移动副(图3.3.6(a))或多个轴线重合的转动副(图3.3.6(b))时，只能算一个。

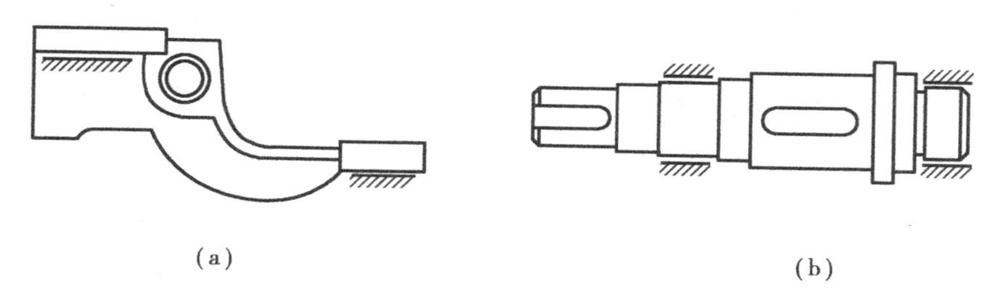

图3.3.6 虚约束之一

②机构中如果有两个构件相联接，而当将此两构件在该联接处拆开后，两构件上的联接点处轨迹是相互重合的，则该联接带入一个虚约束。

例如：在图3.3.7(a)所示的平行四边形机构中，连杆2做平移运动，BC 线上各点的轨迹为圆心在 AD 线上而半径等于 AB 的圆周。该机构的自由度

$$F = 3n - 2P_L - P_H = 3 \times 3 - 2 \times 4 - 1 \times 0 = 1$$

现如图3.3.7(b)所示，设在连杆2的 BC 线上的任一点 E 处再铰接一构件5，而该构件的

另一端则铰接于 E 点轨迹的圆心——AD 线上的 F 点处。即：使构件 5、构件 1、3 相互平行且长度相等，显然这对该机构的运动并不产生任何影响。但此时该机构的自由度却变为

$$F = 3n - 2P_L - P_H = 3 \times 4 - 2 \times 6 - 1 \times 0 = 0$$

自由度为零，说明机构不能运动，显然，这与实际情况不符。这是因为加入了一个构件 5，它虽然引入了 3 个自由度，但却因增加了两个转动副而引入了 4 个约束，即：多引入了一个约束的缘故。不过，如上所述，这一个约束对机构的运动是起不到约束作用的，因而它是一个虚约束，在计算机构的自由度时，应将虚约束除去不计。如果错误地将虚约束当做一般约束计算在内，则会得出错误的结果。在图 3.3.7(b) 所示的机构中，由于未考虑到其中存在的虚约束，所以得出了计算结果与机构实际自由度不相符的错误结果。而当将上述的一个虚约束除去后（可将引入此虚约束的构件 5 和两个转动副 E、F 全部除去不计），则该机构的自由度仍为“1”。

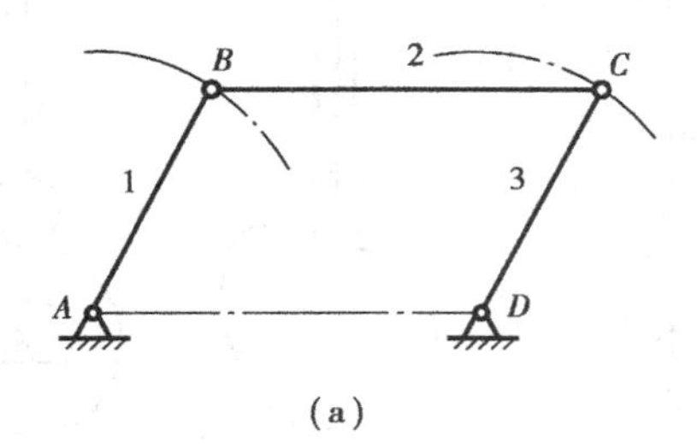

(a)

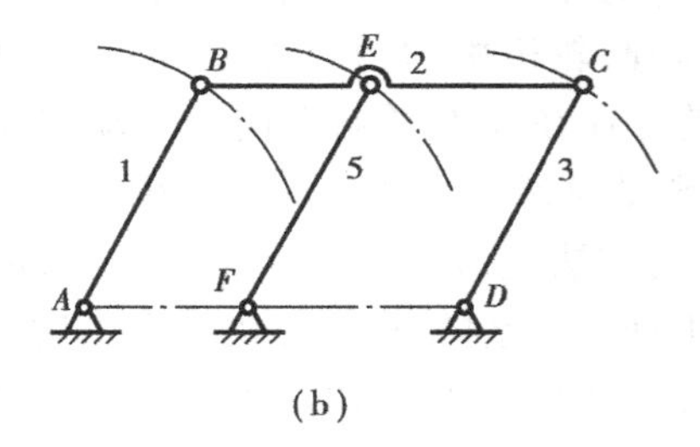

(b)

图 3.3.7　平行四边形机构

③机构中对传递运动不起独立作用的对称部分。如图 3.3.8 所示的轮系，中心轮 1 经过两个对称布置的小齿轮 2 驱动内齿轮 3，其中有一个小齿轮对传递运动不起独立作用引入了虚约束。将其中一个小齿轮 2 去掉，不会影响其他构件的运动，故计算自由度时，$n = 3$。

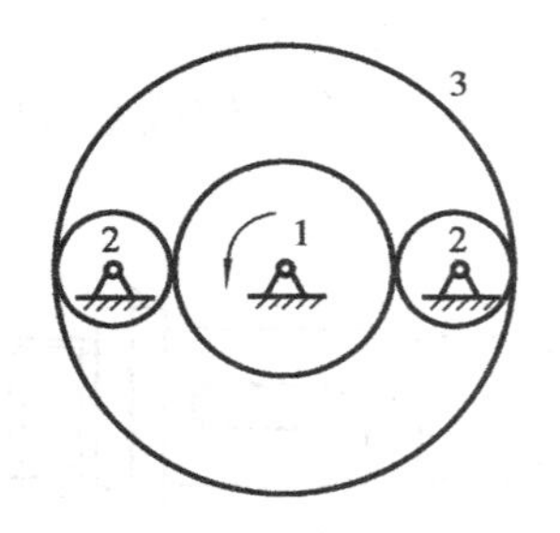

图 3.3.8　轮系

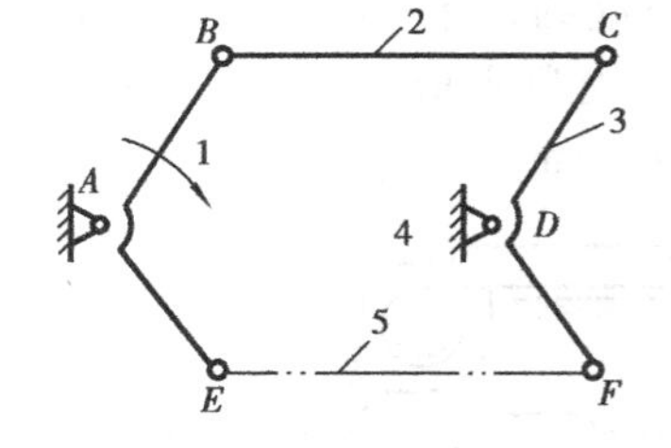

图 3.3.9　联动平行四边形机构

④如果在机构运动的过程中，某两构件上两点之间的距离始终保持不变，那么若将此两点以构件相联，则因此也将带入一个虚约束。如图 3.3.9 所示，在平行四边形机构 $ABCD$ 的运动过程中，构件 1 上的 E 点与构件 3 上的 F 点之间的距离始终保持不变，故当将 E、F 两点与构件 5 相联接时也必将带入一个虚约束。图 3.3.7(b) 所示的情况，也可以说是属于这种情况。

由上述可见，机构中的虚约束都是在一些特定的几何条件下出现的。如果这些几何条件不能满足，则原认为是虚约束的约束就将变成为实际有效的约束，而使机构的自由度减少。故从保证机构运动和便于加工装配等方面来说，应尽量减少机构中的虚约束。但在各种实际机械中，为了改善构件的受力情况，增加机构的刚度，或保证机械顺利运动等目的，虚约束往往是多处存在的。

例 3.4　图3.3.10所示为一周转轮系。它由中心齿轮1、行星齿轮2(共4个)、内齿轮4和带动行星齿轮周转的行星架3等组成。试计算该机构的自由度。

解　从运动的角度看,只要一个行星齿轮就够了,其他3个则属于对称布置,在计算自由度时应去除,故此机构的活动构件数为:$n=4$(构件1、2、3、4)。行星齿轮2和行星架3、齿轮1和机架5、齿轮4和机架5、行星架3和机架5之间构成转动副,故低副数$P_L=4$。齿轮2分别和齿轮1、齿轮4构成两个高副,故$P_H=2$,由式(3.3.1)知

$$F=3n-2P_L-P_H=3\times4-2\times4-2\times1=2$$

该机构的自由度为2,按机构具有确定的相对运动的条件,应有两个原动件。该机构的原动件是轮1和行星架3。

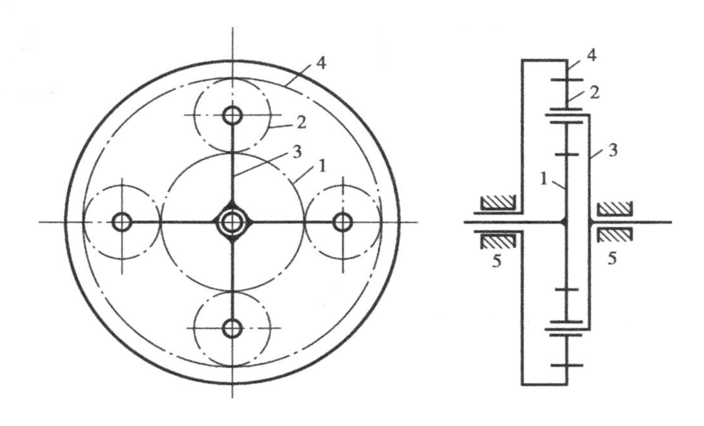

图3.3.10　例3.4图

思考题与练习题

3.1　什么是运动副?平面高副与平面低副各有什么特点?

3.2　试画出题图3.2所示机构的运动简图。

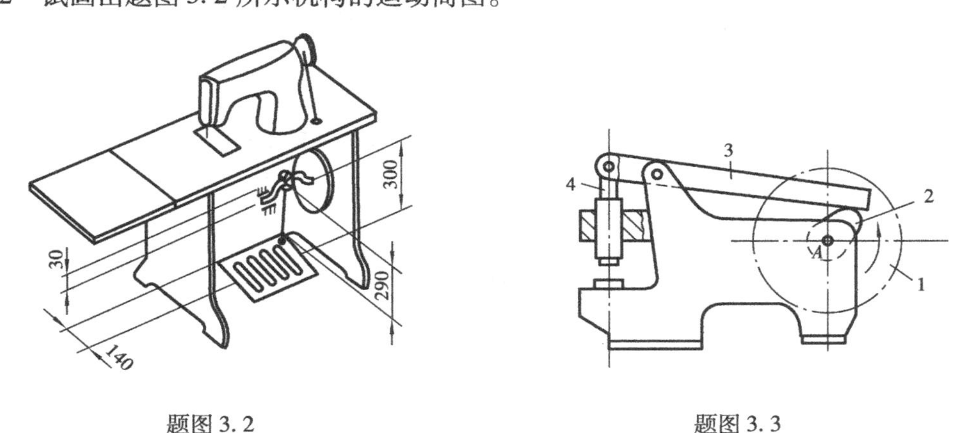

题图3.2　　题图3.3

3.3　题图3.3所示一简易冲床。设想动力由齿轮1输入,使轴A连续回转;固联在轴A上的凸轮与摆杆3组成的凸轮机构将使冲头4上下往复运动,达到冲压的目的。试分析该机

构能否运动，并提出修改措施，以获得确定的运动。

3.4 什么是虚约束？什么是局部自由度？有人说虚约束就是实际上不存在的约束，局部自由度就是不存在的自由度，这种说法对吗？为什么？

3.5 计算如题图3.5所示的各机构的自由度。其中图(a)为内燃机中的配气凸轮机构，图(b)为角度三等分机构，图(c)为挖土机。

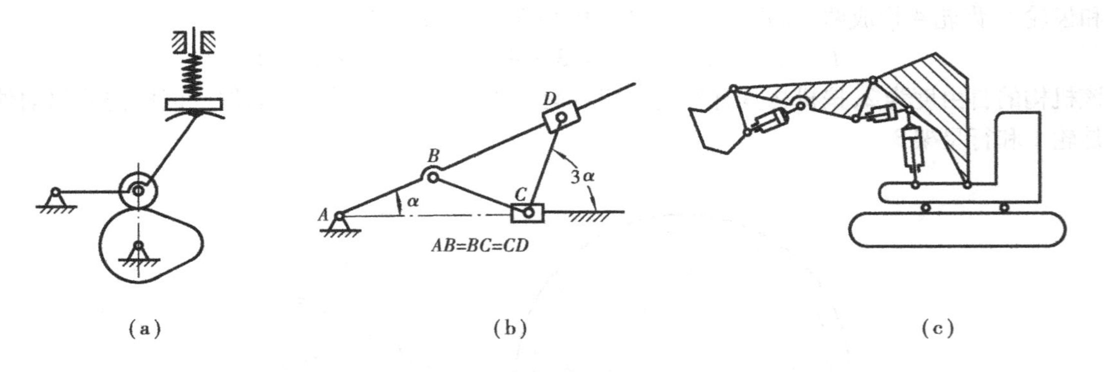

题图3.5

3.6 指出题图3.6所示的机构中的复合铰链、局部自由度、虚约束，并计算机构的自由度，判定它们是否有确定的相对运动(标有箭头的构件为原动件)。

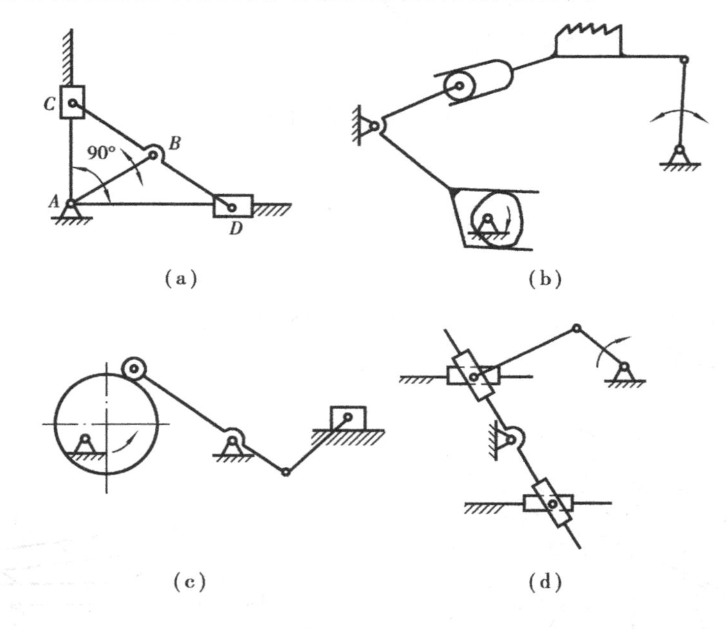

题图3.6

第4章 平面连杆机构

平面连杆机构是由若干构件用低副(转动副和移动副)联接组成的平面机构,所以又称为低副机构。

由前一章可知,低副是面接触,磨损量小,而且接触表面是圆柱面或平面,故制造简便,易获得较高的制造精度;又由于这类机构容易实现转动、移动等基本运动形式及其转换,所以,平面连杆机构在各种机械和仪器中获得广泛的应用。平面连杆机构的缺点是:低副中存在的间隙不易消除,且数目较多的低副会引起累积误差,而且它的设计较复杂,不易精确地实现复杂的运动规律。最简单的平面连杆机构是由四个构件组成的四杆机构,它的应用非常广泛,而且是组成多杆机构的基础。本章主要讨论平面四杆机构的基本类型、特性和常用的设计方法。

4.1 铰链四杆机构的基本形式及其演化

构件间的联接都是转动副的平面四杆机构称为铰链四杆机构,它是平面四杆机构的主要类型之一。

4.1.1 铰链四杆机构的基本形式

如图4.1.1所示的铰链四杆机构中,固定不动的构件4称为机架;与机架相连的两个构件1和3称为连架杆,它们分别绕A、D做定轴转动,其中能绕机架做连续整周转动的连架杆称为曲柄,只能在一定角度范围内摆动的连架杆称为摇杆;与机架相对的构件2称为连杆。连杆做复杂的平面运动。

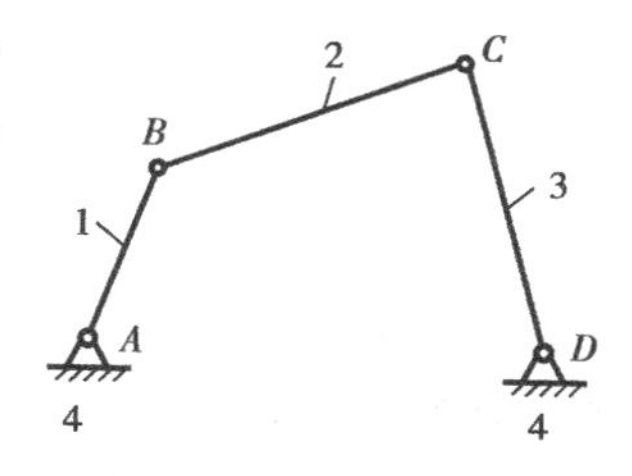

图4.1.1 铰链四杆机构

根据两连架杆的运动形式不同,铰链四杆机构可分为曲柄摇杆机构、双曲柄机构、双摇杆机构三种基本形式。

(1)曲柄摇杆机构

在铰链四杆机构中,若两连架杆一为曲柄,一为摇杆,则称为曲柄摇杆机构,如图4.1.1所示。通常曲柄1为原动件,做等速连续转动,通过连杆2带动从动件摇杆3做变角速度摆动。如图4.1.2所示的雷达天线采用的就是曲柄摇杆机构。当曲柄

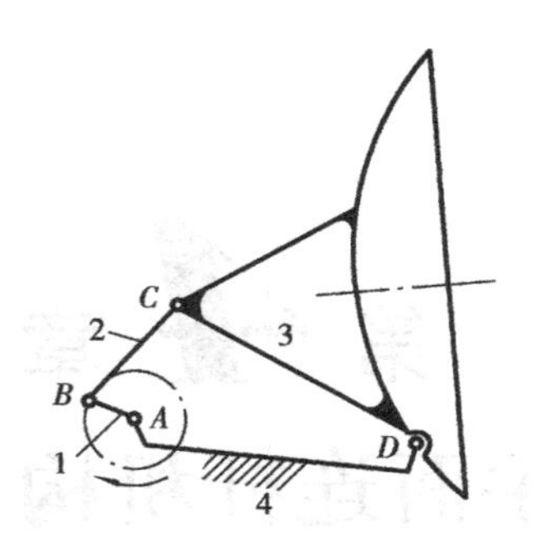

图 4.1.2　雷达天线调整机构

1 缓慢地转动时,通过连杆 2 使与摇杆 3固结的抛物面天线做一定角度的摆动,从而达到调整天线的俯仰角的目的。但也有相反的情况,即以摇杆为原动件,曲柄为从动件。例如:家用缝纫机踏板机构(图参见练习题 3.2),当脚踏踏板上下摆动时,通过连杆使曲柄(从动件)连续转动,达到输出动力的目的。

(2)双曲柄机构

两连架杆均为曲柄的铰链四杆机构,称为双曲柄机构。在双曲柄机构中,通常主动曲柄做匀速转动,从动曲柄做同向变速转动。如图 4.1.3 所示的惯性筛机构,当主动曲柄 *AB* 做匀速转动时,从动曲柄 *CD* 则做变速转动,通过构件 *CE* 使筛子 *EF* 产生变速直线运动,筛子内的物料因惯性而来回抖动,从而达到筛选的目的。

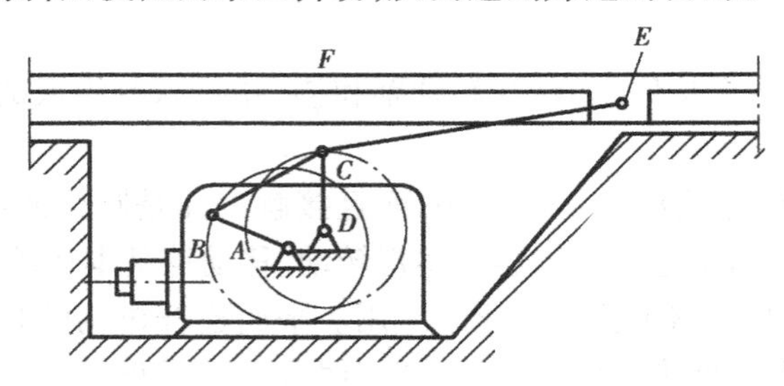

图 4.1.3　惯性筛机构

在双曲柄机构中,若相对的两杆长度分别相等,则称为平行双曲柄机构或平行四边形机构。它有如图 4.1.4(a)所示的正平行双曲柄机构和如图 4.1.6(a)所示的反平行双曲柄机构

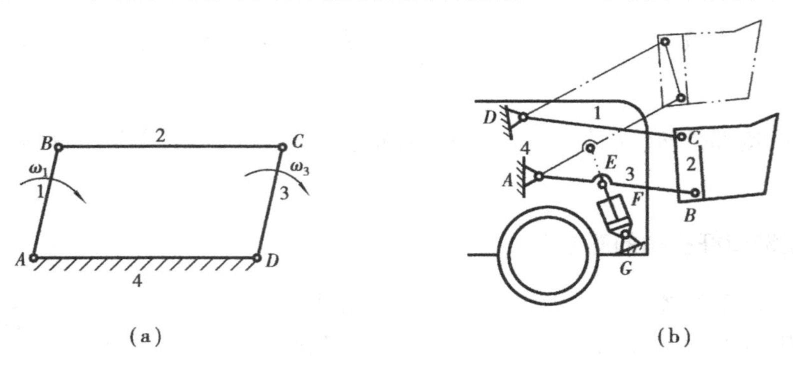

图 4.1.4　正平行双曲柄机构

两种形式。正平行双曲柄机构的运动特点是:两曲柄的转向相同且角速度相等,连杆做平动,因此应用较为广泛。如图 4.1.4(b)所示的铲斗机构,为了保证铲斗做平行移动,防止泥土泼出,所以采用正平行四边形机构 *ABCD*,并将连杆 *BC* 作铲斗。图 4.1.5(a)所示的机车驱动轮联动机构和图 4.1.5(b)所示的摄影车座斗机构,也都是正平行双曲柄机构的应用实例。反平行双曲柄机构的运动特点是两曲柄的转向相反且角速度不等。如图 4.1.6(b)所示的车门开闭机构,是反平行双曲柄机构的一个应用实例,当机构处 *ABCD* 位置时,两扇门是关闭的。当机构向*AB′ C′ D*位置运动时,两扇车门朝相反的方向转动,同时开启。

在正平行双曲柄机构中,当各构件共线时,可能出现从动曲柄与主动曲柄转向相反的现

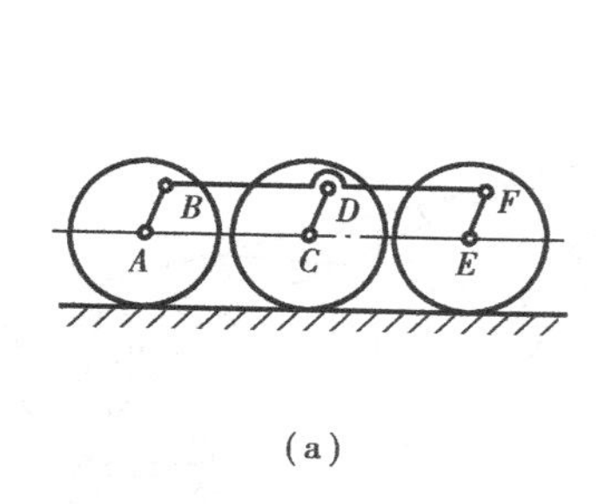

(a)

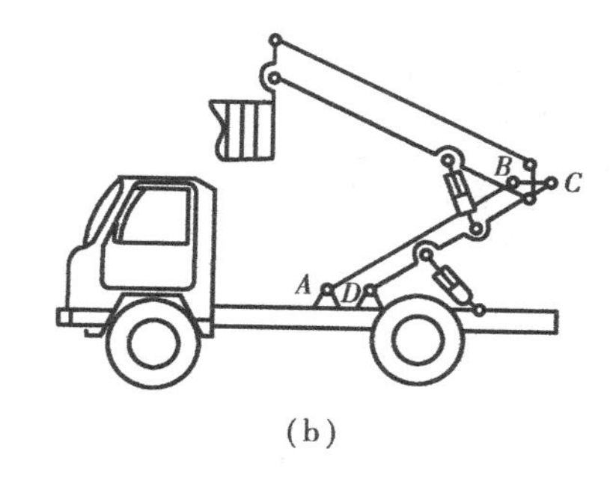

(b)

图 4. 1. 5　正平行双曲柄机构的应用

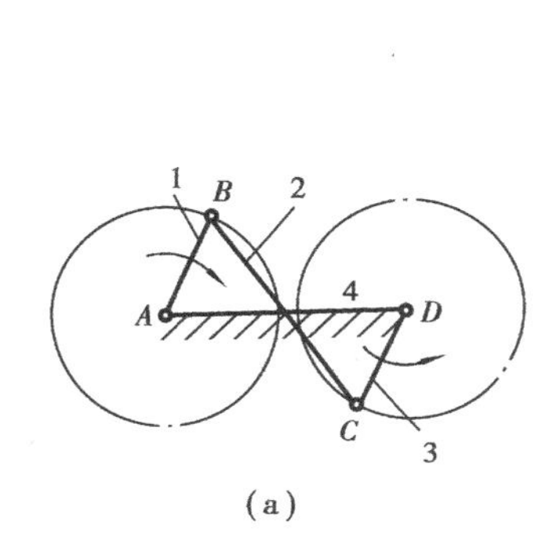

(a)

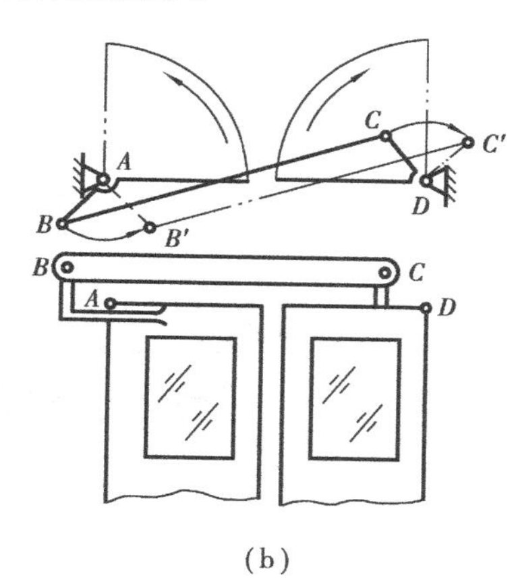

(b)

图 4. 1. 6　反平行双曲柄机构

象，成为反平行双曲柄机构。为了克服这种现象，可采用辅助曲柄或错列机构等解决措施，如机车联动机构(图 4. 1. 5(a))中采用三个曲柄的目的就是为了防止其反转。另外，对于双曲柄机构，无论以哪一个构件为机架，它都是双曲柄机构，但若取较短构件为机架，则两曲柄的转动方向始终相同。

(3) 双摇杆机构

两连架杆均为摇杆的铰链四杆机构称为双摇杆机构。一般情况下，两摇杆的摆角不等，常用于操纵机构、仪表机构等。如图 4. 1. 7(a)所示的电扇摇头机构和图 4. 1. 7(b)所示的起重机均为双摇杆机构。

在起重机中，当 *CD* 杆摆动时，连杆 *CB* 上的 *M* 点做近似水平直线的运动，使其在起吊重物时，可以避免由于不必要的升降而增加能量的损耗。

图 4. 1. 8 所示为汽车、拖拉机中的前轮转向机构，它是具有等长摇杆的双摇杆机构，又称等腰梯形机构。它能使与摇杆固联的两前轮轴转过的角度 β、α 不同，使车辆转弯时每一瞬时都绕一个转动中心 *P* 点转动，保证四个轮子与地面之间做纯滚动，从而避免了轮胎由于拖滑而引起的磨损，增加了车辆转向时的方向稳定性。

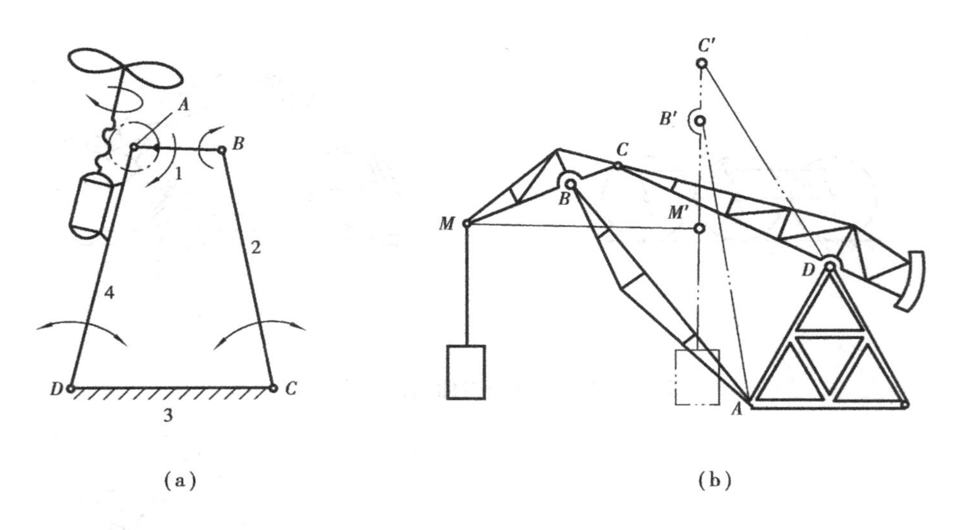

图 4.1.7　双摇杆机构

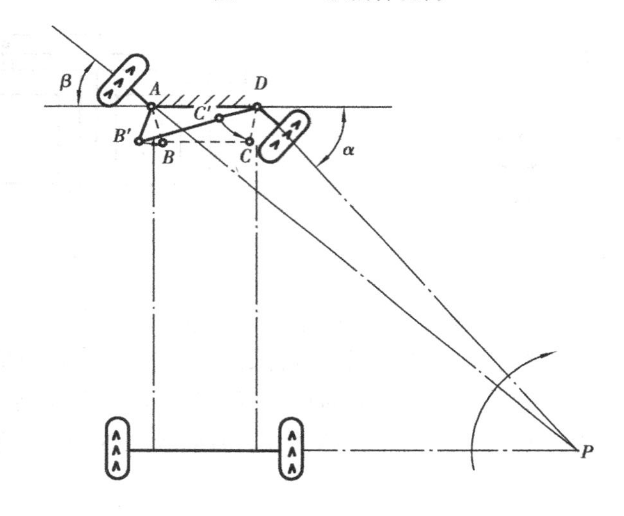

图 4.1.8　汽车拖拉机前轮转向机构

4.1.2　铰链四杆机构存在曲柄的条件

下面讨论如何获得前述铰链四杆机构的三种基本形式,这与各杆尺寸有关。

在机构中,能使被联接的两个构件相对转动 360°的转动副称为整转副。整转副的存在是曲柄存在的必要条件,而铰链四杆机构三种基本形式的区别在于机构中是否存在曲柄和有几个曲柄。为此,需要明确整转副和曲柄存在的条件。

(1)整转副存在的条件

铰链四杆机构中有四个转动副,能否做整转取决于四构件的相对长度。

若最短杆与最长杆长度之和小于或等于其余两杆长度之和,则铰链四杆机构中必存在整转副且最短杆两端的转动副为整转副,这就是整转副存在的长度条件。

设四构件中最长杆的长度为 L_{max},最短杆的长度为 L_{min},其余两杆的长度分别为 L'和 L'',则整转副存在的条件可表示为:$L_{max}+L_{min}\leqslant L'+L''$;反之,若 $L_{max}+L_{min}>L'+L''$,则机构中无整转副。

(2)曲柄存在的条件

曲柄是能绕机架做整周转动的连架杆，由整转副存在的条件不难得出铰链四杆机构曲柄存在的条件：

①最短杆与最长杆长度之和小于或等于其余两杆长度之和；

②连架杆与机架中必有一杆为最短杆。

(3)铰链四杆机构的基本类型的判别方法

由上述条件可以得出铰链四杆机构基本类型的判别方法如下：

①当最短杆与最长杆的长度和小于或等于其余两杆的长度和($L_{max}+L_{min}\leqslant L'+L''$)时：

A. 若最短杆的相邻杆为机架，则机构为曲柄摇杆机构(图4.1.9(a)、(b))；

B. 若最短杆为机架，则机构为双曲柄机构(图4.1.9(c))；

C. 若最短杆的对面杆为机架，则机构为双摇杆机构(图4.1.9(d))。

②当最短杆与最长杆长度之和大于其余两杆长度之和($L_{max}+L_{min}>L'+L''$)时，则无论取何杆为机架，机构均为双摇杆机构。

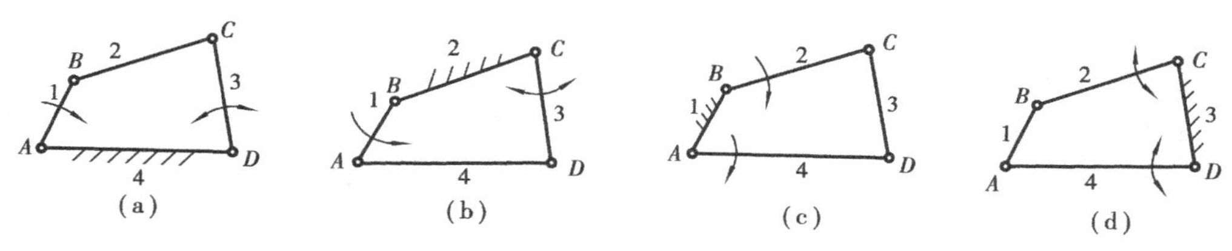

图4.1.9　四杆机构类型的判断

(a)曲柄摇杆机构　(b)曲柄摇杆机构　(c)双曲柄机构　(d)双摇杆机构

4.1.3　铰链四杆机构的演化

在实际应用中，除上述三种形式的铰链四杆机构外，在实际机器中还广泛地采用着其他多种形式的平面四杆机构。这些机构大都可以看成是由铰链四杆机构演化而成的。常用的有曲柄滑块机构、导杆机构、摇块机构和定块机构等。下面举例对各种演化机构加以介绍。

(1)曲柄滑块机构

对于图4.1.1所示的曲柄摇杆机构，当摇杆的回转中心位于无穷远处时，C点的轨迹将从圆弧演变为直线，摇杆CD转化为沿直线导路m-m移动的滑块，成为图4.1.10(a)所示的曲柄滑块机构。曲柄转动中心距导路中心的距离e称为偏心距。若$e=0$，称为对心曲柄滑块机构；若$e\neq0$，则称为偏置曲柄滑块机构(图4.1.10(b))。保证AB杆成为曲柄的条件是：$l_1+e\leqslant l_2$。

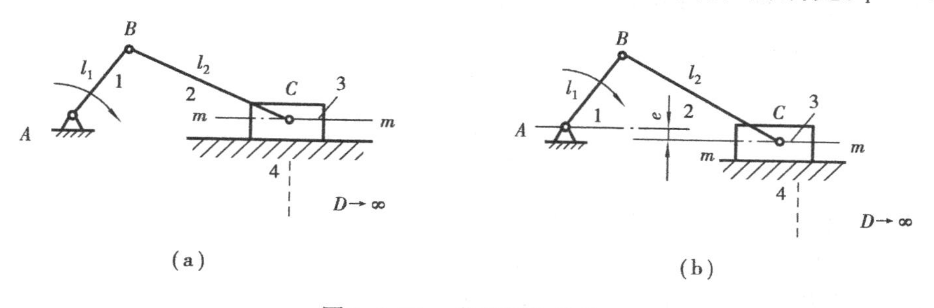

图4.1.10　曲柄滑块机构

曲柄滑块机构主要用于转动与往复移动之间的转换，广泛应用于内燃机、空气压缩机和自动送料机等机械设备中。图 4.1.11(a)、(b)所示分别为内燃机和自动送料机中曲柄滑块机构的应用。

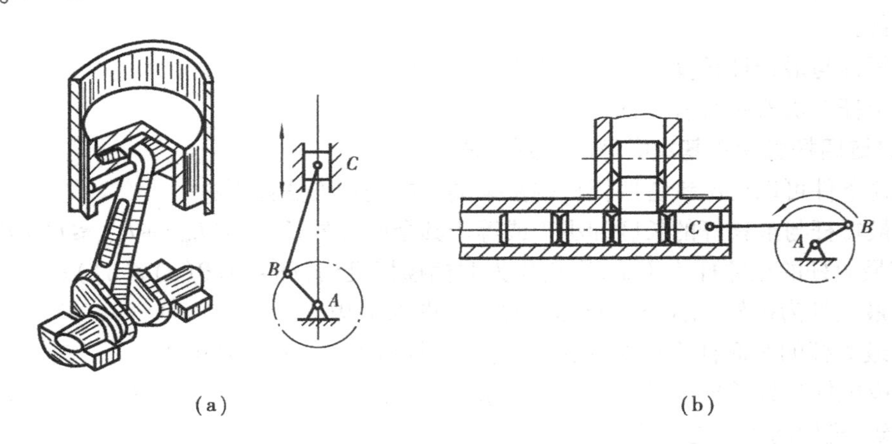

图 4.1.11 曲柄滑块机构的应用

对于图 4.1.12(a)所示的对心曲柄滑块机构，由于曲柄较短，曲柄结构较难实现，故常采用图 4.1.12(b)所示的偏心轮结构形式，称为偏心轮机构，其偏心圆盘的偏心距 e 等于原曲柄的长度，这种结构增大了转动副的尺寸，提高了偏心轴的强度和刚度，并使结构简化和便于安装，多用于承受较大冲击载荷的机械中(如破碎机、剪床及冲床等)。

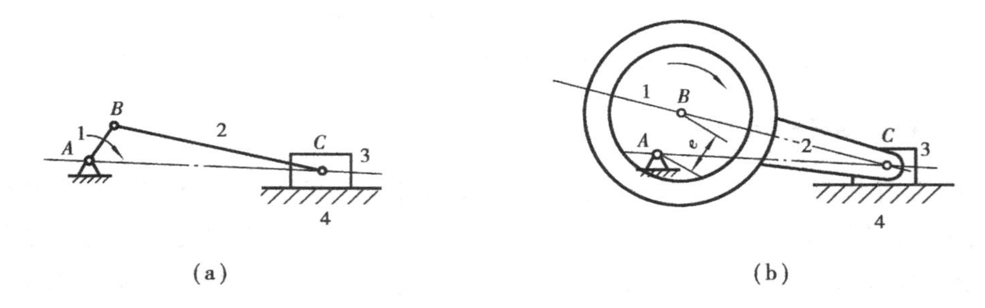

图 4.1.12 偏心轮机构

(2)导杆机构

若将图 4.1.10(a)所示的曲柄滑块机构的构件 1 作为机架，则曲柄滑块机构就演化成导杆机构。它包括两种类型：

①当 $l_1 < l_2$时，如图 4.1.13(a)所示。由于机架 1 是最短构件，它的相邻构件 2 和导杆 4 均能绕机架做连续相对转动，故该机构称为转动导杆机构。

图 4.1.13(b)所示为插床机构，其中构件 1、2、3、4 组成转动导杆机构。工作时，导杆 4 绕 A 轴回转，带动构件 5 及插刀 6，使插刀往复运动，进行切削。

②当 $l_1 > l_2$时，如图 4.1.14(a)所示。由于机架 1 不是最短构件，A 不是整转副，构件 4 只能绕机架摆动，故该机构称为摆动导杆机构。

图 4.1.14(b)所示的是刨床机构，其中构件 1、2、3、4 组成摆动导杆机构，工作时导杆 4 摆动，并带动构件 5 及刨刀 6，使刨刀往复运动，进行刨削。

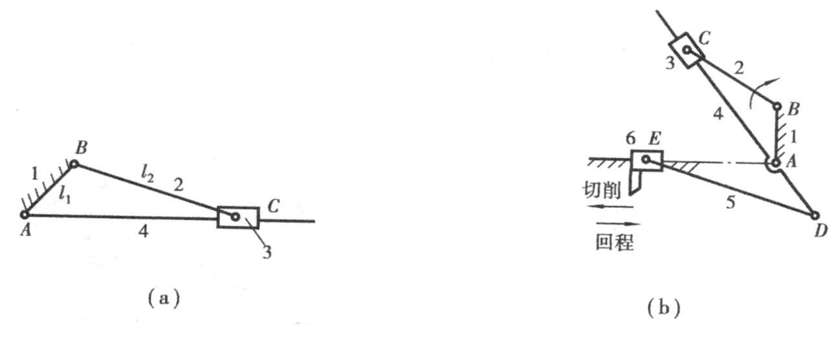

图4.1.13　转动导杆机构及其应用

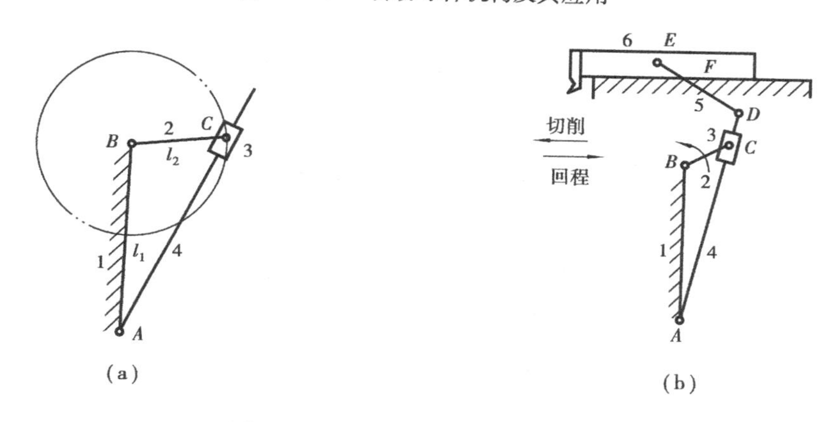

图4.1.14　摆动导杆机构及其应用

(3)定块机构

若将图4.1.10(a)所示的曲柄滑块机构的滑块3作为机架，该机构就称为固定滑块机构，简称定块机构。如图4.1.15(a)为定块机构的运动简图，图4.1.15(b)的手动泵是定块机构的应用实例，扳动手柄1，可以使导杆连同活塞上下移动，便可抽水或抽油。

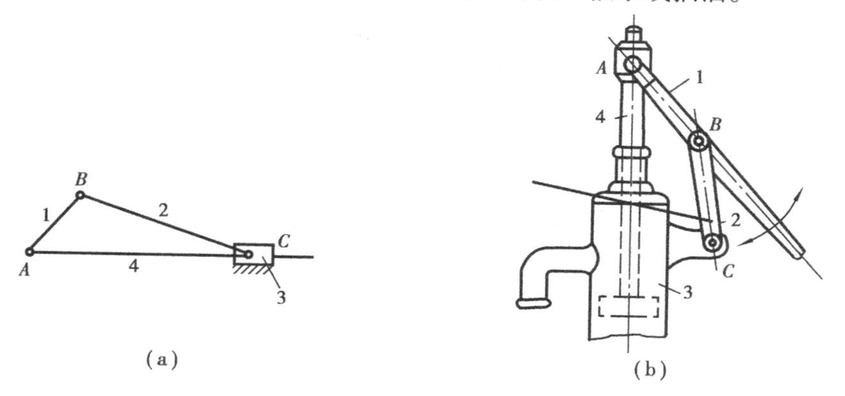

图4.1.15　定块机构及其应用

(4)摇块机构

若将图4.1.10(a)所示的曲柄滑块机构的构件2作为机架，如图4.1.16(a)所示，此时，因为滑块3只能相对于机架做摇摆，故该机构称为摇动滑块机构(简称摇块机构)。这种机构多应用于摆缸式内燃机或液压驱动装置。图4.1.16(b)所示的卡车车厢的自动翻转卸料机构就是摇块机构的应用。利用油缸(摇块)中油压推动活塞杆2运动时,迫使车厢1绕A点翻转,物料便自动卸下。

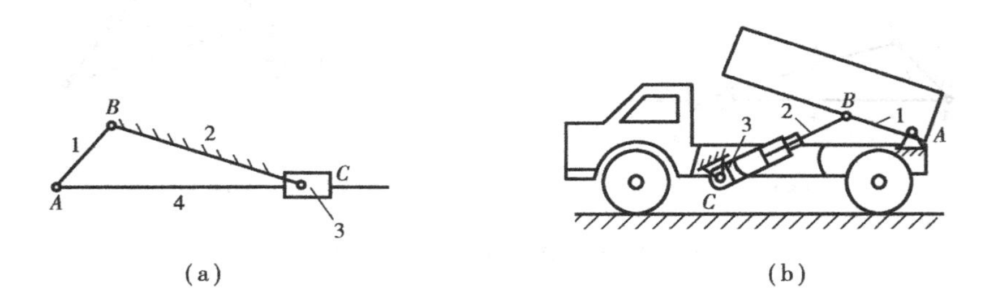

图4.1.16　摇块机构及其应用

4.2　平面四杆机构的基本特性

平面四杆机构在传递运动和动力时所显示的特性,是通过行程速比系数、压力角、传动角各个参数反映出来的,所以,研究四杆机构的基本特性,也就是研究这些参数的变化和允许值。

4.2.1　急回特性和行程速比系数

图4.2.1所示为一曲柄摇杆机构。设曲柄AB为原动件,则原动件AB在转动一周过程中,有两次与连杆BC共线,共线位置为AC_1和AC_2。铰链中心A与C之间的最短距离为AC_1,最长距离为AC_2,所以,C_1D和C_2D分别是从动摇杆CD向左和向右摆动的两个极限位置。对应于摇杆处于两极限位置时曲柄所在AB_1和AB_2两位置之间所夹的锐角θ称为极位夹角。

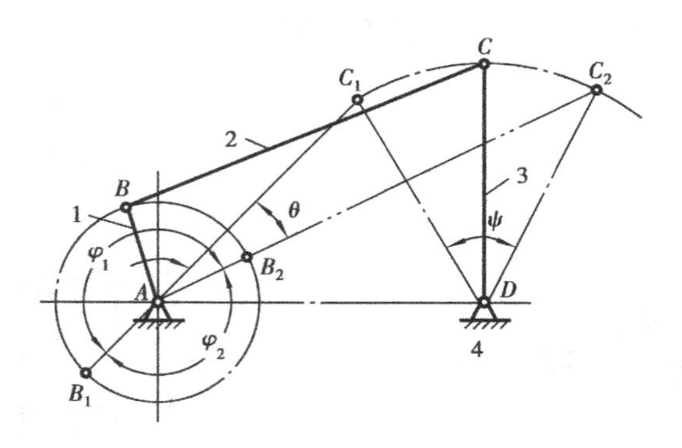

图4.2.1　平面四杆机构的急回特性

如图4.2.1所示,当曲柄以等角速度ω顺时针转过角φ_1时,摇杆由位置C_1D摆动到C_2D(工作行程),摆角为ψ,所需时间为t_1,摇杆CD摆动的平均角速度为ω_{m1}。当曲柄继续转过角φ_2时,摇杆由位置C_2D摆动到C_1D(空回行程)摆角仍为ψ,所需时间为t_2,摇杆的平均角速度为ω_{m2}。由图可知,曲柄所对应的两个转角φ_1和φ_2分别为:$\varphi_1=180°+\theta$,$\varphi_2=180°-\theta$。由于$\varphi_1>\varphi_2$,因此曲柄以等角速度ω转过这两个角度时,对应的时间$t_1>t_2$,且$\varphi_1/\varphi_2=t_1/t_2$。摇杆

CD 的平均角速度为 $\omega_{m1}=\psi/t_1$，$\omega_{m2}=\psi/t_2$，显然，$\omega_{m1}<\omega_{m2}$。由此可见，当曲柄等速转动时，做往复运动的摇杆在空回行程的平均速度大于工作行程的平均速度，这一性质称为四杆机构的急回特性。机构的急回特性用 ω_{m2} 和 ω_{m1} 的比值 K 来表示，它说明机构的急回程度，通常将 K 称为行程速比系数。

$$K=\frac{\omega_{m2}}{\omega_{m1}}=\frac{t_1}{t_2}=\frac{\varphi_1}{\varphi_2}=\frac{180°+\theta}{180°-\theta} \tag{4.2.1}$$

若已知 K，即可求得极位夹角 θ 为

$$\theta=180°\times\frac{K-1}{K+1} \tag{4.2.2}$$

式(4.2.1)表明，机构的急回程度取决于极位夹角 θ 的大小。只要 $\theta\neq0°$，总有 $K>1$，机构具有急回特性；θ 角越大，K 值也越大，机构的急回特性也越明显。当 $\theta=0°$时，$K=1$ 则机构无急回特性。

对于对心曲柄滑块机构，因 $\theta=0°$，故无急回特性，而对于偏置曲柄滑块机构和摆动导杆机构，由于不可能出现 $\theta=0°$的情况，所以恒具有急回特性。

4.2.2　压力角和传动角

在实际生产中，不仅要求机构能实现给定的运动规律，还要求其传动性能良好，为此需要讨论机构的压力角和传动角。

1)压力角和传动角的概念

在图4.2.2所示的铰链四杆机构中，若不计惯性力、重力、摩擦力，则连杆2是二力杆。设构件1是原动件，通过连杆2推动从动件3，由于连杆2是二力构件，所以原动件通过连杆作用于从动件上的力 F 沿 BC 方向。从动件上 C 点所受的力 F 与 C 点速度 v_C 方向之间所夹的锐角 α 称为压力角。力 F 沿速度 v_C 方向的分力为 $F_t=F\cos\alpha$，它是推动从动件做功的一个有效分力。力 F 沿从动件径向的分力 $F_n=F\sin\alpha$，它非但不能做功，而且增大摩擦阻力，是一个有害分力。可见，压力角 α 直接影响机构的传力性能，α 越小，传力性能越好，它是判别机构传力性能的主要参数。力 F 与 F_n 之间所夹的锐角 γ 称为传动角。传动角是压力角的余角，即 $\alpha+\gamma=90°$。显然，γ 角越大，传动性能越好，所以传动角也是判别机构传力性能的重要参数。

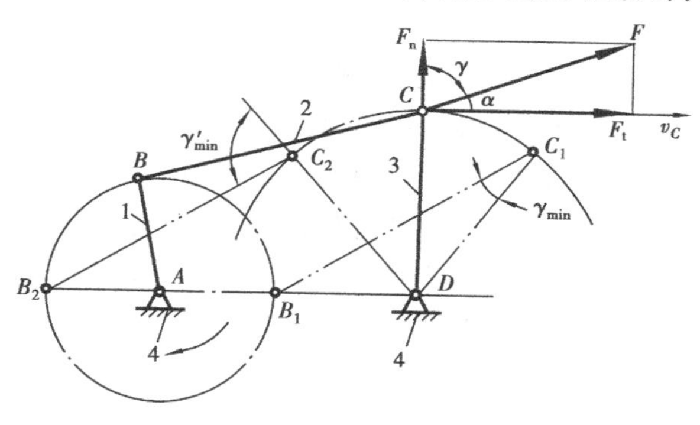

图4.2.2　铰链四杆机构的压力角和传动角

2)求最小传动角(最大压力角)

机构运行时，传动角 γ(或压力角 α)是变化的，为了保证机构的传力性能，传动角不能太

小，因此，必须找出工作行程中的最小传动角 γ_{min}，使其不小于许用传动角[γ]。对于一般机构，[γ]≥40°；对于传递功率大的机构，[γ]在50°左右。若用最大压力角度量，则应使 $\alpha_{max} \leq$ [α]。

铰链四杆机构的最小传动角 γ_{min}不易直接求得，常通过连杆与从动件之间的夹角 δ 来求。如图4.2.3所示，δ 与 γ 的关系有两种：

①当 δ 为锐角时，$\gamma=\delta$。由几何关系知，原动件 AB 与机架 AD 重合共线时，如图4.2.3(a)所示，这时 $\gamma_{min}=\delta_{min}$。

②当 δ 为钝角时，$\gamma=180°-\delta$。由几何关系知，原动件 AB 与机架 AD 拉直共线时，如图4.2.3(b)所示，这时 $\delta=\delta_{max}$，$\gamma_{min}=180°-\delta_{max}$。

由此可见，铰链四杆机构最小传动角出现在原动件与机架共线的位置(图4.2.2)，比较 γ_{min}和 γ'_{min}，取其中较小的，它必须大于或等于许用传动角[γ]。

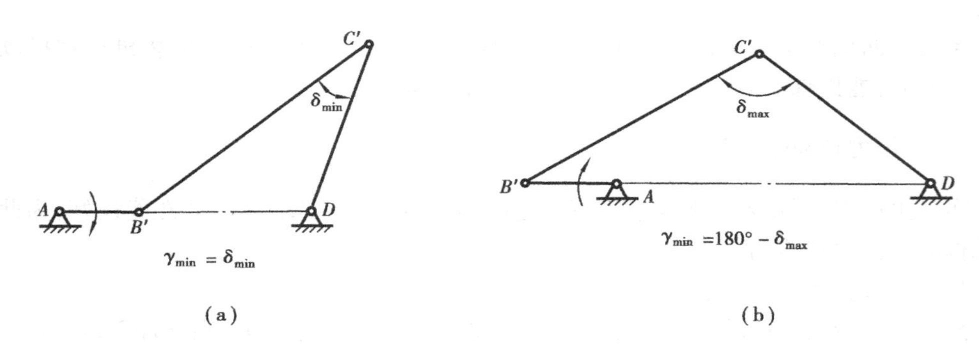

图4.2.3　最小传动角的求法

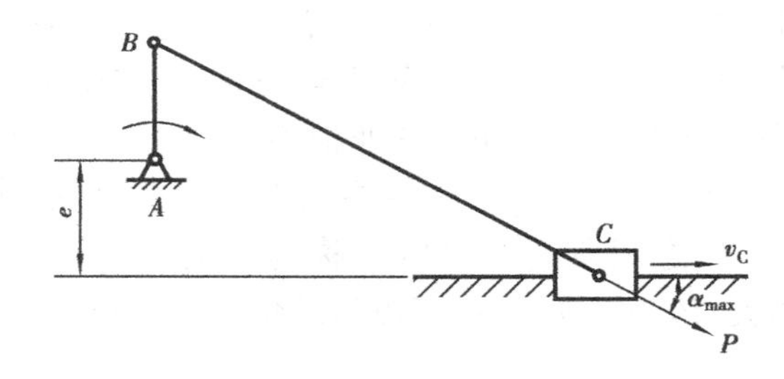

图4.2.4　曲柄滑块机构的最大压力角

对于曲柄滑块机构，由于压力角 α 容易观察，故从压力角入手。由图4.2.4可知，当原动件 AB 与导路中线垂直时，$\alpha=\alpha_{max}$，并检验 α_{max}是否小于许用值。总之，在确定最小传动角时，先要分清机构的原动件和从动件；对于铰链四杆机构，原动件与机架共线位置是 γ_{min}位置；对于单滑块四杆机构，原动件与导路中线垂直位置是 α_{max}(γ_{min})位置；当它们有两个极值时，根据机构的类型，正确选择其中一个极值进行检验。由于机械一般在工作行程输出动力，故通常检验工作行程时的极值。

4.2.3　死点位置

在图4.2.5所示的曲柄摇杆机构中，设摇杆 CD 为主动件，曲柄 AB 为从动件，则当主动摇杆处于两极限位置 C_1D 和 C_2D 时，连杆与曲柄在一条直线上，出现了传动角 $\gamma=0°$的情况。这

时主动件 CD 通过连杆作用于从动件 AB 上的力恰好通过其回转中心，将不能使构件 AB 转动而出现“顶死”现象。机构的这种位置称为死点位置。死点位置时，机构“顶死”或运动不确定（即工作件在该位置时可能向反方向转动）。对于具有极位的四杆机构，当以往复运动构件为主动件时，机构均有两个死点位置。

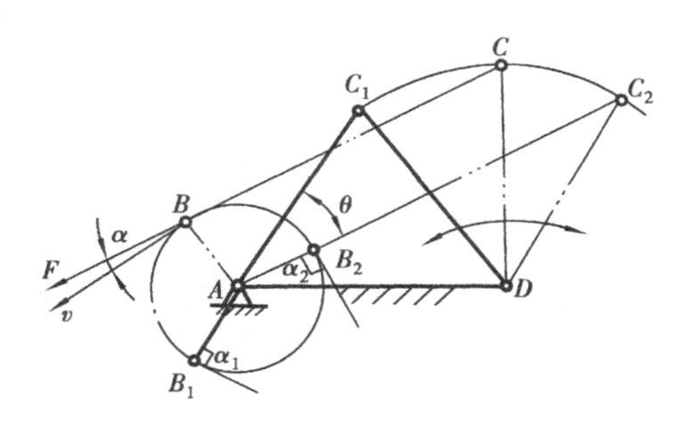

图4.2.5　曲柄摇杆机构的死点位置

对于传动机构来说，死点位置的存在是不利的，应该采取措施来使机构能顺利地通过死点位置，如图4.2.6(a)所示的多缸发动机，采用错位排列，将死点位置错开。此外，还可以在曲柄上装飞轮，利用其惯性使机构顺利通过死点位置，图4.2.6(b)所示的缝纫机的大带轮即起飞轮的作用。

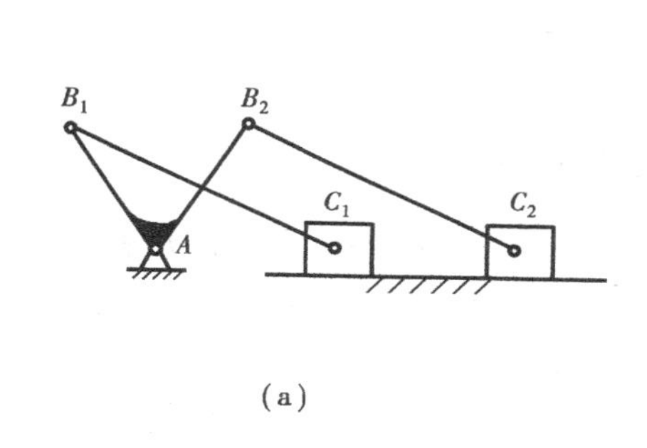

(a)

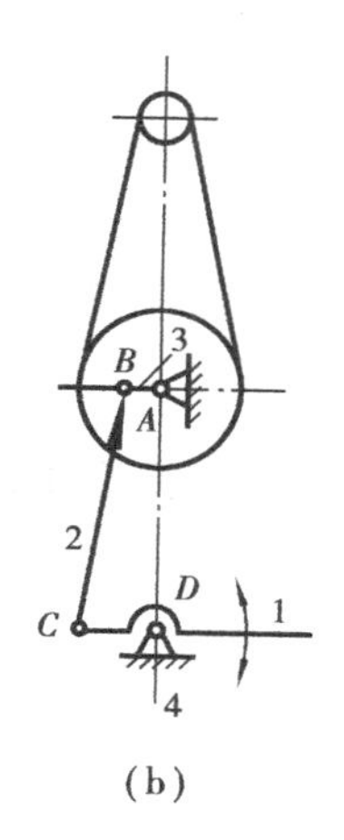

(b)

图4.2.6　克服死点位置的机构

另一方面，在工程上也经常利用死点位置来实现一定的工作要求。如图4.2.7(a)所示的一种连杆式夹具，当施加一个向下的力 F 按下手柄2时，工件5即被夹紧，然后撤去力 F，这时工件给构件1的反力欲使构件1顺时针转动，但因 BCD 在同一直线上，此时连杆机构的传动

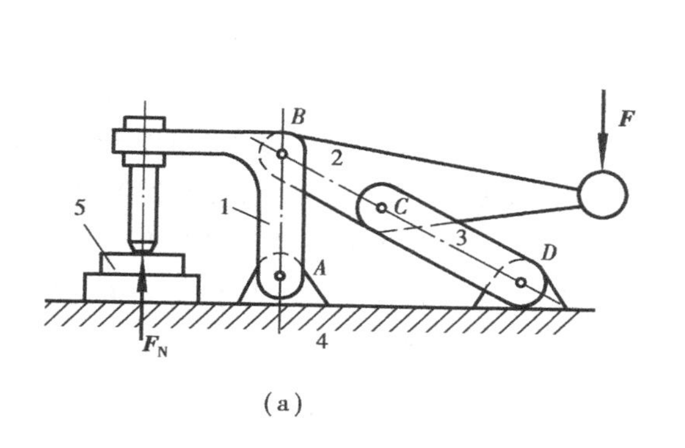

(a)

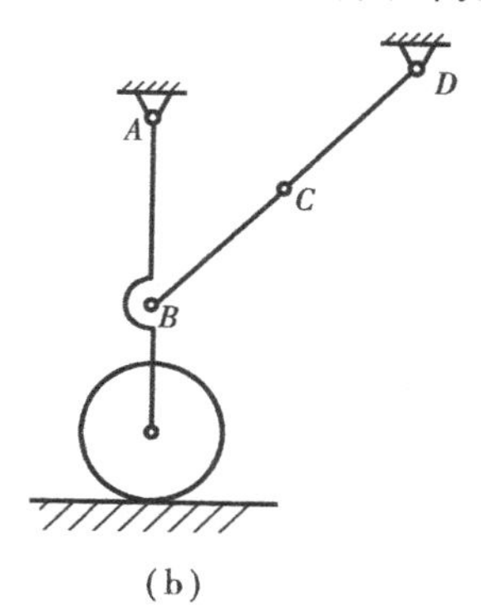

(b)

图4.2.7　利用死点位置工作的机构

角 $\gamma=0°$，而处于机构死点位置，工件仍可靠地被夹紧。若要卸下工件，只需在手柄上加一个

向上的力 F 即可使机构脱离死点位置。图4.2.7(b)所示的飞机起落架，也是死点位置的一个应用实例。

4.3 平面四杆机构的图解法设计

平面四杆机构设计的主要任务是：根据机构的工作要求和设计条件选定机构的形式，并确定机构中各构件的尺寸参数。生产实践中的要求是多种多样的，给定的条件也各不相同，但设计的基本问题可以归纳为以下两类：

①实现给定从动件的运动规律。例如：要求从动件按某种速度运动或具有一定的急回特性，要求满足某构件占据几个位置等。

②实现给定的运动轨迹。例如：要求起重机吊钩的轨迹是一条直线；搅拌机中搅拌杆端能按预定轨迹运动等。

平面四杆机构的设计方法有解析法、图解法、实验法等。图解法和实验法由于比较直观、简明，所以也最常用，解析法比前两种方法精确，但计算繁难，目前随着计算机技术的普及，采用计算机辅助设计，既精确又迅速，已成为设计方法发展的必然趋势。本节主要介绍图解法设计四杆机构。

4.3.1 按给定的行程速比系数 K 设计四杆机构

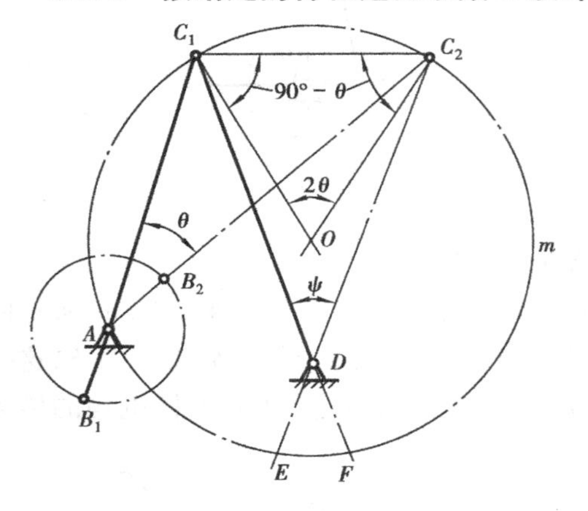

图4.3.1 曲柄摇杆机构设计

给定行程速比系数 K 就是给定四杆机构急回的运动条件。对于这类设计，应先按 K 求出极位夹角 θ，再按极限位置的几何关系，结合给定的辅助条件定出机构的尺寸参数。下面以典型的曲柄摇杆机构设计为例介绍其设计方法。

已知条件：摇杆长度 l_{CD} 及其摆角 ψ 和行程速比系数 K。试用图解法设计此曲柄摇杆机构。

设计分析：由曲柄摇杆机构处于极位的几何特点可知(图4.3.1)，在已知摇杆长度 l_{CD} 及其摆角 ψ 的情况下，只要能确定固定铰链中心 A 的位置，则可由 $l_{AC1} = l_{BC} - l_{AB}$，$l_{AC2} = l_{BC} + l_{AB}$，从而确定出曲柄的长度 l_{AB} 和连杆的长度 l_{BC}。即设计的关键是确定固定铰链中心的位置 A。已知 K 后可以由前述公式(4.2.2)可求得极位夹角的大小，这样就可以将 K 的要求转换成几何要求。铰链 A 的位置必须满足极位夹角 $\angle C_1AC_2 = \theta$ 的要求。若能过 C_1、C_2 两点作一个辅助圆，使弦 C_1C_2 所对的圆周角等于 θ，那么铰链 A 只要在这个圆上就一定能满足 K 的要求，显然这样的圆是容易作出的。

根据上述分析得出下述设计步骤：

①计算 θ，按式(4.2.2)计算得

$$\theta = 180° \times \frac{K-1}{K+1}$$

②选定转动副 D 的位置，作摇杆的两极限位置。任选一固定铰链中心 D 的位置，取比例尺 μ，按 l_{CD} 及摆角 ψ，作摇杆的两极限位置 C_1D 和 C_2D。($CD = l_{CD}/\mu$)

③由 C_1、C_2 作 $\angle C_1C_2O = \angle C_2C_1O = 90° - \theta$ 得交点 O。以 O 点为圆心 OC_1 为半径作辅助圆 m。则圆弧 C_1C_2 所对的圆周角为 θ，显然，在圆弧 C_1E 或 C_2F 上的任意一点均可作为曲柄 AB 的固定铰链中心 A 点，其解有无数多个。

④定出各构件长度。连接 C_1A、C_2A，则 C_1A、C_2A 分别为曲柄与连杆共线的两个位置，故：$AC_1 = B_1C_1 - AB_1 = l_{BC} - l_{AB}$，$AC_2 = B_2C_2 + AB_2 = l_{BC} + l_{AB}$，两式相减得各构件的尺寸如下：

$$l_{AD} = \mu(AD)$$

$$l_{AB} = \frac{l_{AC2} - l_{AC1}}{2} = \frac{\mu(AC_2) - \mu(AC_1)}{2}$$

$$l_{BC} = \frac{l_{AC2} + l_{AC1}}{2} = \frac{\mu(AC_2) + \mu(AC_1)}{2}$$

注意：由于 A 点任选，因此解答不是惟一的。如要有惟一解，需要给定辅助条件，如说明机架长度 l_{AD} 或最小传动角 $\gamma_{\min}$，才能确定 A 点的位置。

4.3.2　按给定的连杆位置设计四杆机构

在生产实践中，经常要求所设计的四杆机构在运动过程中连杆能达到某些特殊位置，这类机构的设计属于实现构件预定位置的设计问题。

(1)按给定连杆的两个预定位置设计四杆机构

已知条件：连杆 BC 的长度 l_{BC} 及连杆的两个位置 B_1C_1、B_2C_2。

设计机构前，按已知条件 l_{BC}、位置 B_1C_1、B_2C_2 试作机构简图(图4.3.2)。由图可知，如能确定固定铰链中心 A、D，便可定出各构件长度。由于连杆上 B、C 两点的轨迹分别在以 A、D 为圆心的圆周上，所以 A、D 两点必然分别位于 B_1B_2 和 C_1C_2 的中垂线 b_{12} 和 c_{12} 上。

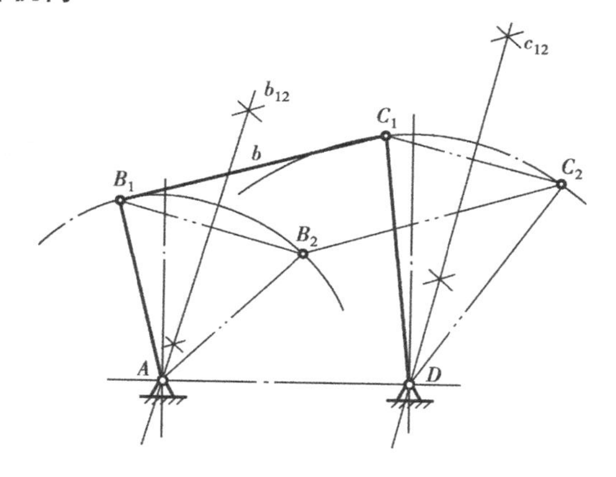

图4.3.2　按连杆两个预定位置设计四杆机构

根据上述分析，得下述设计步骤：

①选取比例尺 μ，按给定的连杆位置作 B_1C_1、B_2C_2，$BC = l_{BC}/\mu$。

②连接 B_1B_2 和 C_1C_2，作 B_1B_2 的中垂线 b_{12} 和 C_1C_2 的中垂线 c_{12}。

③在 b_{12} 上任取一点 A，在 c_{12} 上任取一点 D。连得 AB_1、C_1D、AD，则 AB_1C_1D 即为所求的四杆机构。其各构件长度分别为：$l_{AB} = \mu(AB_1)$，$l_{CD} = \mu(C_1D)$，$l_{AD} = \mu(AD)$。

同样，由于 A、D 两点可在 b_{12} 和 c_{12} 上任意选取，故有无穷多解，必须给定辅助条件(如最小传动角，构件尺寸范围等)，才能惟一确定 A、D 位置。

如图4.3.3所示的加热炉门的启闭机构，要求加热时炉门(连杆)处于关闭位置 B_1C_1、加热后炉门处于开启位置 B_2C_2。图4.3.4所示铸造车间造型机的翻台机构，要求翻台(连杆)在实线位置时填沙造型，翻台在双点划线位置时托台上升起模，也即要求翻台能实现 B_1C_1、B_2C_2

两个位置。显然,这些都是属于按连杆的两个预定位置设计四杆机构的问题。

(2)按给定连杆的三个预定位置设计四杆机构

如图 4.3.5 所示,已知连杆 BC 的长度 l_{BC} 及三个预定位置 B_1C_1、B_2C_2、B_3C_3 试设计此铰链四杆机构。

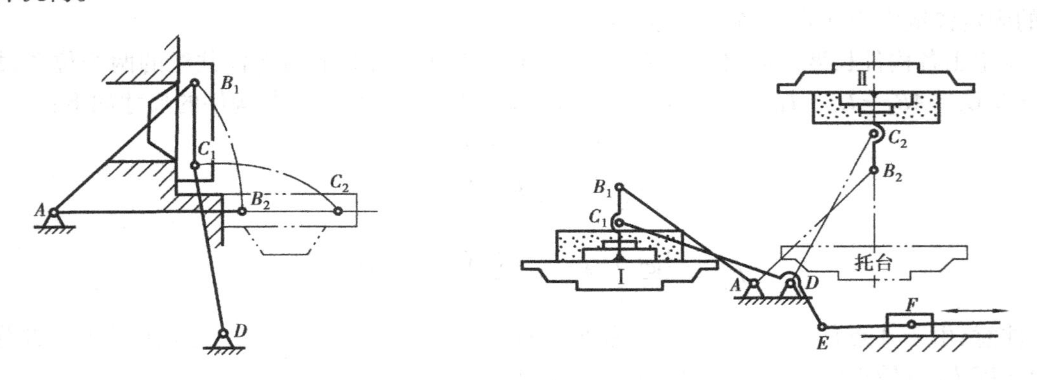

图 4.3.3 炉门启闭机构图　　　　图 4.3.4 翻台机构

设计分析:此设计的主要问题是根据已知条件确定固定铰链中心 A、D 的位置。由于连杆上 B、C 两点的运动轨迹分别是以 A、D 两点为圆心,以 l_{BA} 和 l_{CD} 为半径的圆弧,所以 A 即为过 B_1、B_2、B_3 三点所作圆弧的圆心,D 即为过 C_1、C_2、C_3 三点所作的圆弧的圆心。此设计的实质已转化为已知圆弧上三点确定圆心的问题。具体设计步骤如下:

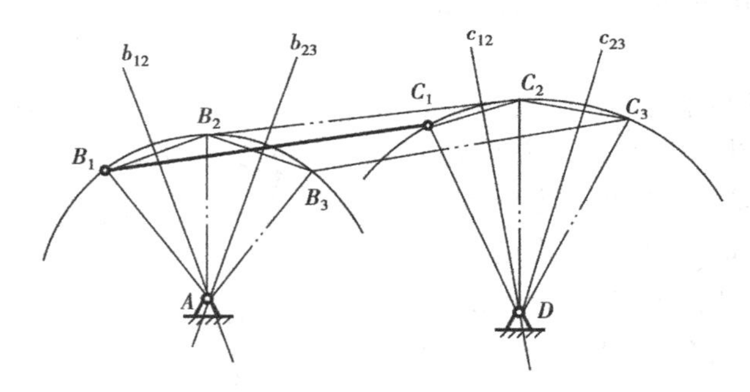

图 4.3.5 按连杆三个预定位置图解设计四杆机构

①取比例尺 μ,按预定位置画出 B_1C_1、B_2C_2、B_3C_3;

②连接 B_1B_2、B_2B_3、C_1C_2 和 C_2C_3,并分别作 B_1B_2 的中垂线 b_{12}、B_2B_3 的中垂线 b_{23}、C_1C_2 的中垂线 c_{12}、C_2C_3 的中垂线 c_{23},b_{12} 与 b_{23} 的交点即为圆心 A,c_{12} 与 c_{23} 的交点即为圆心 D;

③以点 A、D 作为两固定铰链中心,连接 AB_1C_1D,则 AB_1C_1D 即为所要设计的四杆机构,实际杆长按比例计算即可得出。

思考题与练习题

4.1　什么是平面连杆机构？它有哪些优点？

4.2　铰链四杆机构有哪几种类型？应该怎样判别？各有什么运动特点？

4.3　判别下列概念叙述是否准确，若不准确，如何修正？

①极位夹角就是从动件在两个极限位置的夹角。

②压力角就是作用于构件的压力与速度的夹角。

③传动角就是连杆与从动件的夹角。

4.4　根据题图4.4所示的各机构，求作：

①机构的极限位置；

②最大压力角（或最小传动角）位置；

③死点位置。

图中标注箭头的构件为原动件，尺寸由图中直接量取。

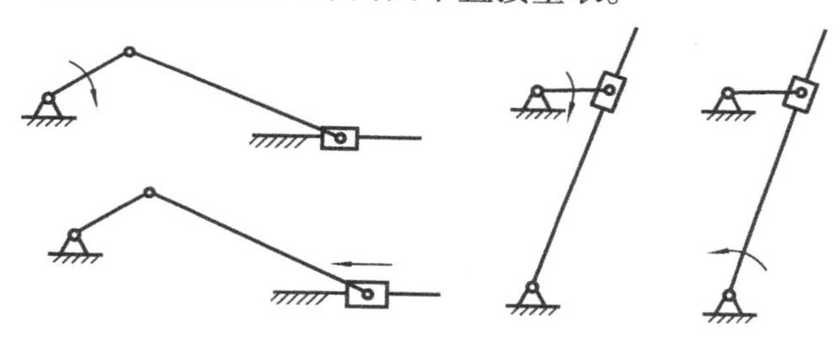

题图4.4

4.5　有一铰链四杆机构，$AB=15$ mm，$BC=50$ mm，$CD=30$ mm，机架$AD=40$ mm。AB为原动件，顺时针转动，CD为从动件，由左向右摆动为工作行程，如题图4.5所示。试求机构的极位夹角θ，从动件摆角ψ，工作行程内的最小传动角$\gamma_{\min}$。

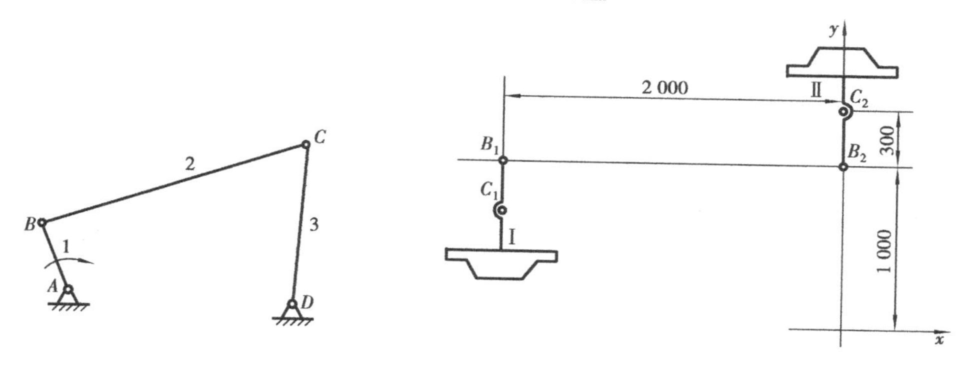

题图4.5

题图4.6

4.6　题图4.6所示为造型机翻台机构翻台的两个给定位置Ⅰ、Ⅱ，其中Ⅰ为砂箱振实位置，转动180°到Ⅱ为砂箱起模位置。翻台固定在铰链四杆机构的连杆BC上，图中尺寸单位为mm，比例尺为$\mu=0.025$ m/mm。要求机架上铰链中心A、D点在图中x轴上，试设计此机构。

4.7　曲柄摇杆机构的摇杆长度为600 mm，摆角为 $\psi=75°$，行程速比系数 $K=1.32$，若机架长 $l_{AD}=850$ mm，试设计其余各构件的长度，并验算最小传动角是否小于40°？

4.8　设计一曲柄滑块机构，如题图4.8所示，已知滑块的行程 $s=50$ mm，偏心距 $e=20$ mm，行程速比系数 $K=1.5$，试求曲柄和连杆的长度。

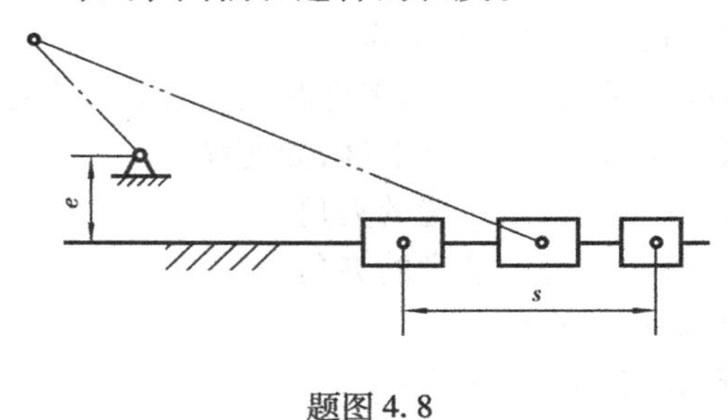

题图4.8

第5章 凸轮机构

5.1 概 述

5.1.1 凸轮机构的组成和应用

凸轮机构是机械中的一种常用机构，由凸轮、从动件和机架三个基本构件组成，通常用来将主动件（凸轮）的转动变为从动件的往复运动。

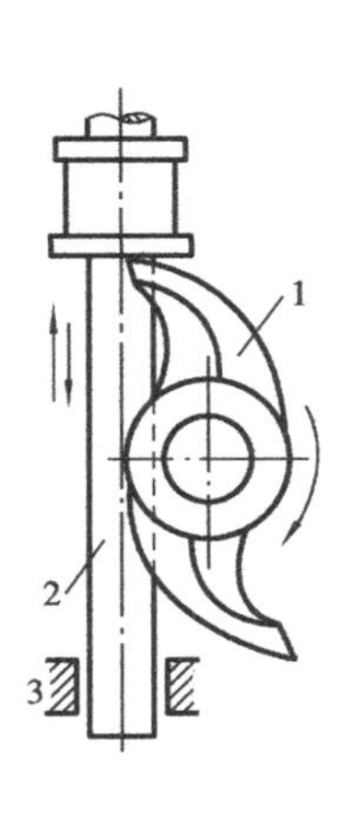

图5.1.1 捣碎机

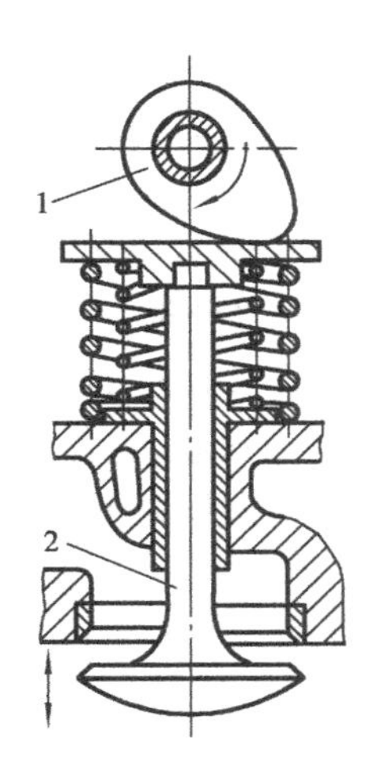

图5.1.2 内燃机配气机构

图5.1.1为捣碎机的凸轮机构。凸轮1推动从动件2上升到最高点，然后从动件自由下落，捣碎物料。

图5.1.2为内燃机的配气机构。当具有变化向径的凸轮1回转时，迫使推杆2在固定导路内做往复运动，控制气阀的开启与关闭，进而控制燃气的进入或废气的排出。

图5.1.3为自动送料机构。带凹槽的圆柱凸轮1做等速转动，槽中的滚子带动从动件做往复移动，将工件推到指定的位置，从而完成自动送料任务。

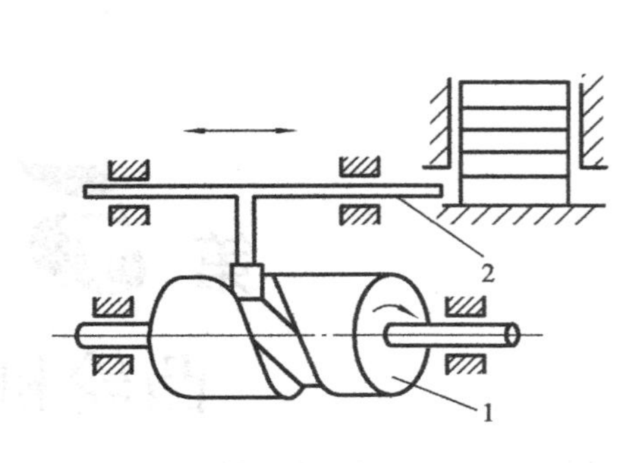

图 5.1.3　自动送料机构

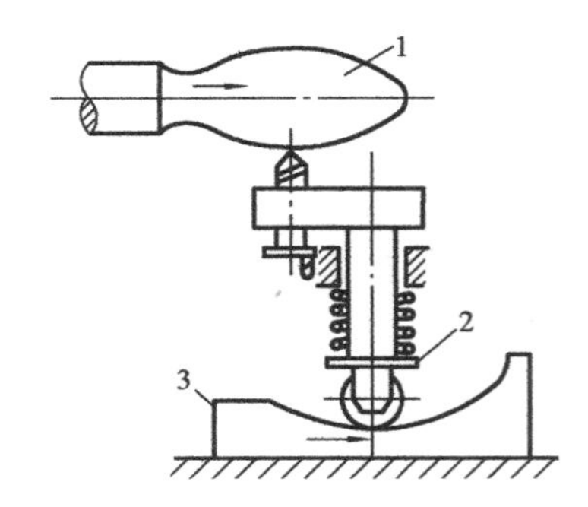

图 5.1.4　靠模车削机构

图 5.1.4 为靠模车削机构。工件 1 回转时,移动凸轮(靠模板)3 和工件 1 一起向右移动,刀架 2 在靠模板曲线轮廓的推动下做横向(相对于轴线)运动,从而切削出与靠模板曲线一致的工件。

5.1.2　凸轮机构的分类

凸轮机构类型多种多样,常用的分类方法有以下几种。

(1)按凸轮的形状分类

1)盘形凸轮

凸轮是具有变化向径并可以绕着固定轴线转动的盘。这是凸轮最基本的形式,如图5.1.2 所示。

2)移动凸轮

可视为半径无穷大的盘形凸轮,它相对机架做直线运动,如图 5.1.4 所示。

3)圆柱凸轮

凸轮的轮廓曲线位于圆柱面上,可视为是将移动凸轮卷在圆柱上而得,如图 5.1.3 所示。

(2)按从动件的形式分类

1)尖顶从动件(图 5.1.5(a))

从动件与凸轮是点接触,这种从动件结构简单,能与任意复杂的凸轮轮廓保持接触,实现复杂的运动规律,但磨损快,故只适于受力小、低速和传动精确的场合(如仪器仪表中的凸轮控制机构)。

2)滚子从动件(图 5.1.5(b))

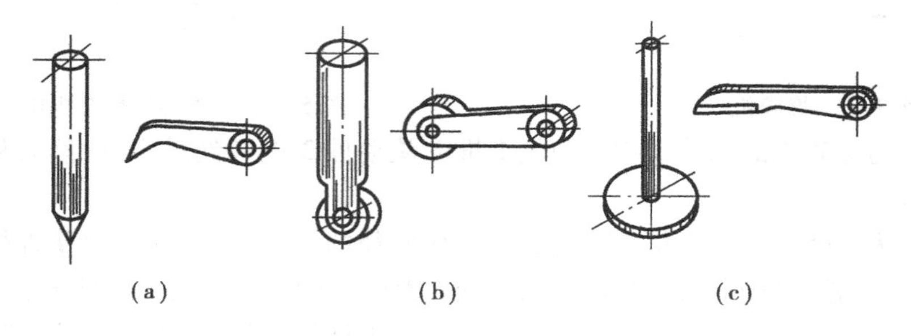

图 5.1.5　从动件的形式

从动件底部装有可自由转动的滚子，凸轮与从动件之间的摩擦为滚动摩擦，减小了摩擦磨损，应用较广泛。

3）平底从动件（图5.1.5(c)）

从动件与凸轮之间为线接触，凸轮对从动件的力始终垂直于底面（不计摩擦时），接触处容易形成油膜，润滑状况好，传动效率高，但凸轮轮廓不能内凹，常用于高速场合。

(3)按从动件的运动形式和相对位置分类

1）直动从动件

从动件做直线运动，如图5.1.1所示。

2）摆动从动件

从动件做往复摆动，如图5.1.4所示。

为了保证从动件与凸轮不脱离接触，可利用重力（图5.1.1）、弹簧力（图5.1.2、图5.1.4）或依靠凸轮上的凹槽（如图5.1.3）来实现。

5.2　常用的从动件运动规律

5.2.1　凸轮机构的基本参数

图5.2.1为一尖顶对心直动从动件盘形凸轮机构，图示位置从动件与凸轮 A 点接触。当凸轮逆时针转过 δ_0 角时，从动件从最低点 A 上升到达最高点 B'，这个过程称为推程，对应的凸轮转角 δ_0 称为推程角。凸轮继续转过 δ_s 时，从动件静止，δ_s 称为远休止角。凸轮再转过角 δ_0' 时，从动件又下降到最低位置，此过程称为回程，对应的凸轮转角 δ_0' 称为回程角。当凸轮再继续转过 δ_s' 时，从动件静止，δ_s' 称为近休止角，凸轮回转一周完成一个工作循环。凸轮的最小向径 r_b 称为基圆半径。

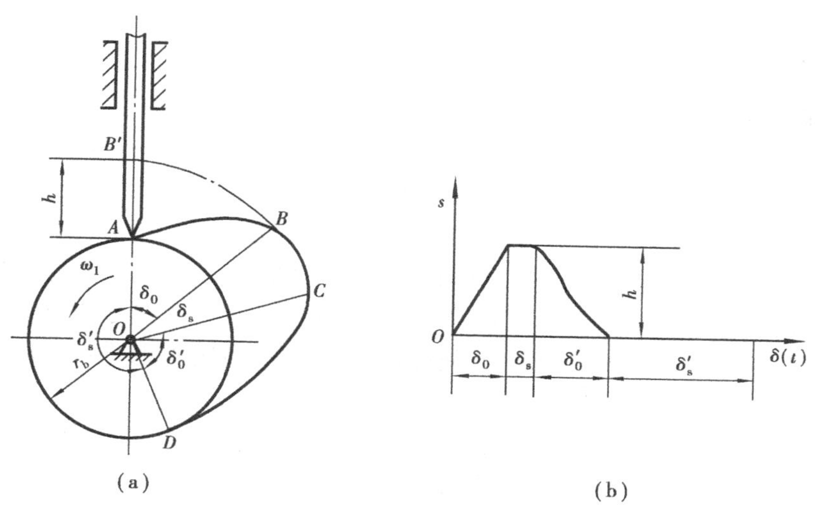

图5.2.1　从动件的工作过程和位移线图

以从动件的位移 s 为纵坐标，对应的凸轮转角 δ 或时间 t（凸轮匀速转动时，转角 δ 与时间

t 成正比)为横坐标,可以绘出一个工作循环内的位移线图,如图 5.2.1(b)所示。

5.2.2 从动件常用的运动规律

位移线图反映了从动件的位移 s 随凸轮转角 δ 或时间 t 的变化规律,称为从动件的运动规律。由上述分析可知,从动件的运动规律取决于凸轮的轮廓形状;反之,在设计凸轮轮廓时,必须首先确定从动件的运动规律,并按此运动规律——位移线图设计凸轮轮廓,以实现从动件预期的运动规律。

以下介绍几种从动件常用的运动规律。

(1)等速运动规律

从动件推程或回程的运动速度为定值,其位移线图为斜直线,如图 5.2.2 所示。在行程的起点和终点,从动件的速度有突变,此时的瞬时加速度和惯性力理论上无穷大,致使凸轮机构产生强烈冲击、噪声和磨损,因此,匀速运动规律只适用低速、轻载场合。

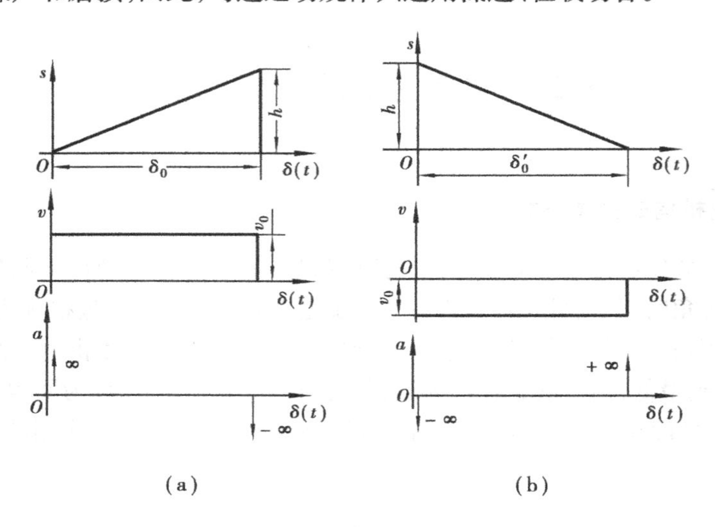

图 5.2.2 等速运动规律线图

(2)等加速等减速运动规律

从动件在一个行程 h 中,推程的前半段做等加速运动,后半段为等减速运动,其位移线图是由两条抛物线连接而成,如图 5.2.3 所示。其具体做法如下:

在横坐标上找出 $\delta_0/2$ 的一点,将 $\delta_0/2$ 分为若干等分(图中为四等分)得 1、2、3、4 各点,过这些点作横坐标轴的垂线;同时,在纵坐标轴上将从动件推程之半($h/2$)分为相同的等分 1、2、3、4,将原点与纵坐标上的等分点连接得 $O1$、$O2$、$O3$、$O4$,与相应垂线分别交于 1′、2′、3′、4′各点;最后,将 1′、2′、3′、4′点连成光滑曲线,便得到前半推程等加速位移曲线。后半推程的等减速运动的位移曲线,可以用同样的方法绘制。

由从动件的加速度线图可知,在行程中的起点、中点和终点,加速度均有突变,故仍有柔性冲击,故等加速等减速运动规律适用于中速、中载场合。

5.2.3 简谐运动规律

当一质点在圆周上做匀速运动时,它在这个圆的直径上的投影所形成的运动称为简谐运

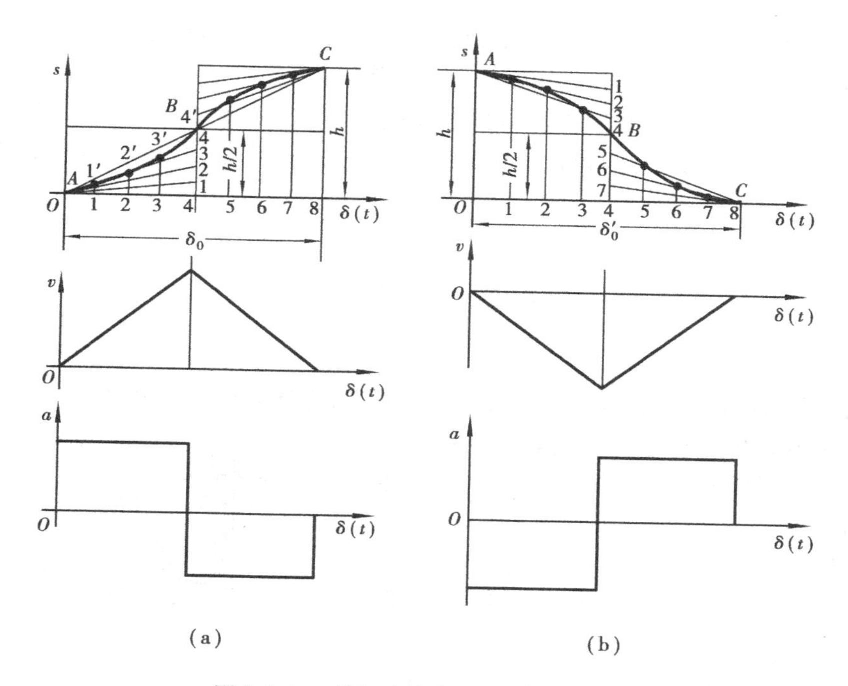

图 5.2.3　等加速等减速运动规律线图

动。从动件做简谐运动时其加速度是按余弦曲线变化，故又称为余弦加速度运动规律，如图 5.2.4 所示。其位移线图的画法如下：

在纵坐标轴上以从动件的行程 h 作为直径画半圆，将此半圆分成若干等分，得 1、2、3、…各点；再将代表凸轮转角 δ_0 的横坐标轴也分成相应等分，并作垂线 11′、22′、33′、…；然后将圆周上的等分点投影到相应的垂直线上得 1′、2′、3′、…。用光滑的曲线连接这些点，即得到从动件的位移线图。

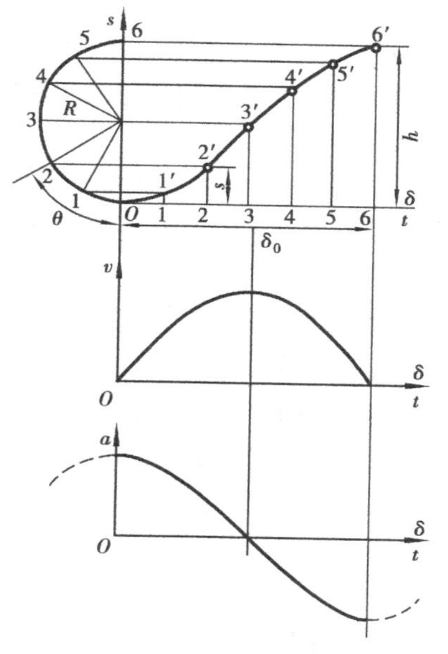

图 5.2.4　简谐运动规律线图

由简谐运动规律加速度曲线可见,这种运动规律在推程或回程的始点及终点,加速度仍有突变,仍存在柔性冲击,因此,它只适用于中低速工作场合。

随着生产技术的进步,工程中所采用的从动件规律越来越多,如摆线运动规律、复杂多项式运动规律及改进型运动规律。设计凸轮机构时,应根据机器的工作要求,恰当地选择合适的运动规律。

5.3 图解法设计凸轮轮廓

凸轮轮廓曲线的设计是凸轮机构设计的重要环节,当从动件运动规律和基圆半径确定后,可以用图解法或解析法得出凸轮的轮廓曲线。图解法简单易行,一般的凸轮设计常用这种方法,本书只介绍图解法。

凸轮机构工作时,凸轮转动而机架静止。为了便于绘制凸轮轮廓,常采用反转法。如图 5.3.1 所示,设凸轮以角速度 ω 逆时针转动,假定给整个凸轮机构一个与 ω 相反的角速度 $-\omega$,于是凸轮便静止不动,而机架(连同导路)相对凸轮以 $-\omega$ 的角速度绕凸轮中心旋转。从动件除随机架一起反转外,还在导路中移动。由于从动件的尖顶始终与凸轮轮廓线相接触,故其尖顶的运动轨迹就是凸轮的轮廓,这就是反转法原理。

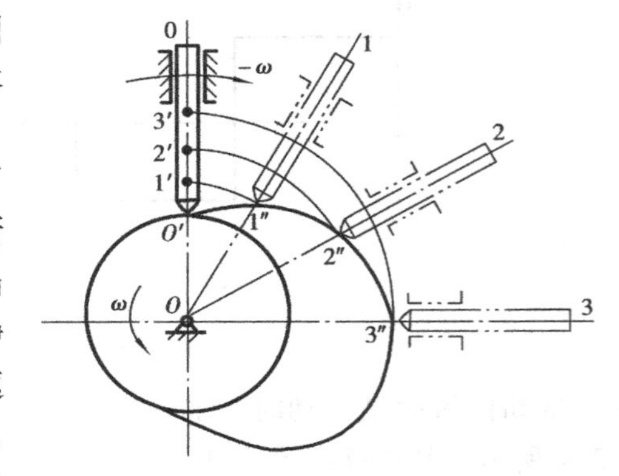

图 5.3.1 反转法原理

5.3.1 尖顶对心移动从动件盘形凸轮的设计

图 5.3.2(b)为一尖顶对心移动从动件盘形凸轮。若从动件的位移线图如图(a)所示,基圆半径为 r_b,凸轮以等角速度 ω 逆时针转动,试绘制凸轮的轮廓曲线。

根据反转法原理,该凸轮轮廓的作图步骤如下:

①将位移线图分为若干等分(图(a)中推程 180°分成 6 等分,回程 120°分成 4 等分,近休止区间 300°~360°不需等分),各分点用数字标明(分点数越多,结果越精确),并作横坐标的垂线 11′、22′、33′、…;

②取任一点 O 为圆心,r_b为半径画基圆,在圆上任取点 B 为起点,将基圆圆周按 $-\omega$(顺时针)方向作等分(等分数与图(a)相应),得等分点 B_1, B_2, B_3、…;

③连接 OB、OB_1、OB_2、…,它们就是反转后各导路的位置,在 OB_1 的延长线上取 $B_1B_1'=11'$,在 OB_2的延长线上取 $B_2B_2'=22'$,…,得尖顶各位置 B_1'、B_2'、…;

④用光滑曲线连接 B_1'、B_2'、…各点,即得所求的凸轮轮廓曲线。

5.3.2 滚子对心移动从动件盘形凸轮的设计

采用滚子从动件时,滚子的圆心相当于尖顶,圆心的运动轨迹就相当于尖顶从动件尖顶的运动轨迹,因此,滚子从动件的凸轮轮廓设计就可以在上述尖顶从动件凸轮轮廓设计的基础上

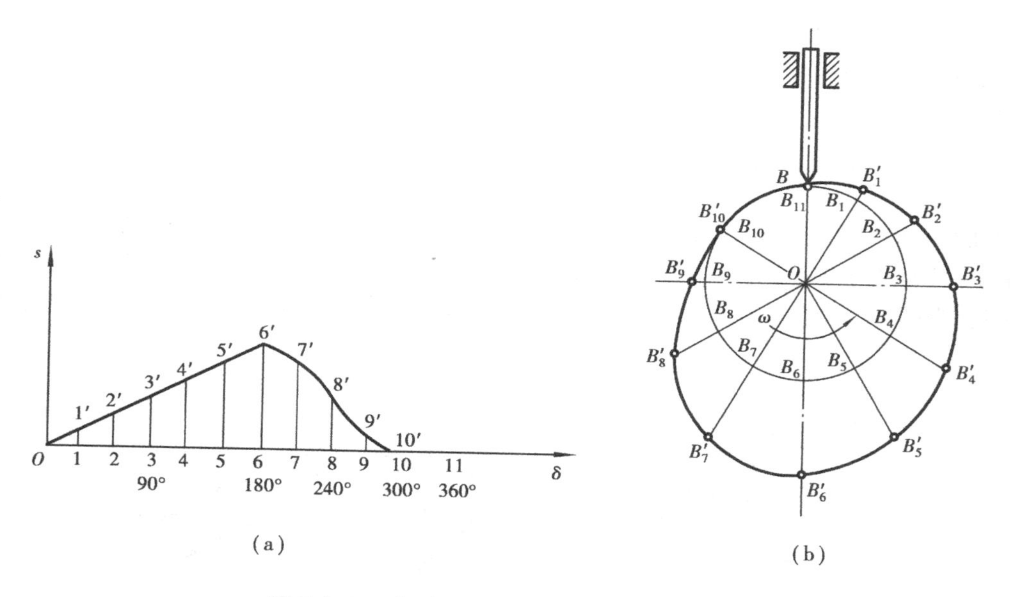

图 5.3.2　尖顶对心移动从动件盘形凸轮设计

进行，步骤如下：

①将滚子从动件的圆心看做尖顶从动件的尖顶，按上述步骤作出一条轮廓曲线，此轮廓称为滚子从动件凸轮的理论轮廓，如图 5.3.3 所示。

②以理论轮廓线上各点为圆心，滚子半径 r_T 为半径，画一系列的圆，其包络线就是所求滚子从动件盘形凸轮的实际轮廓。

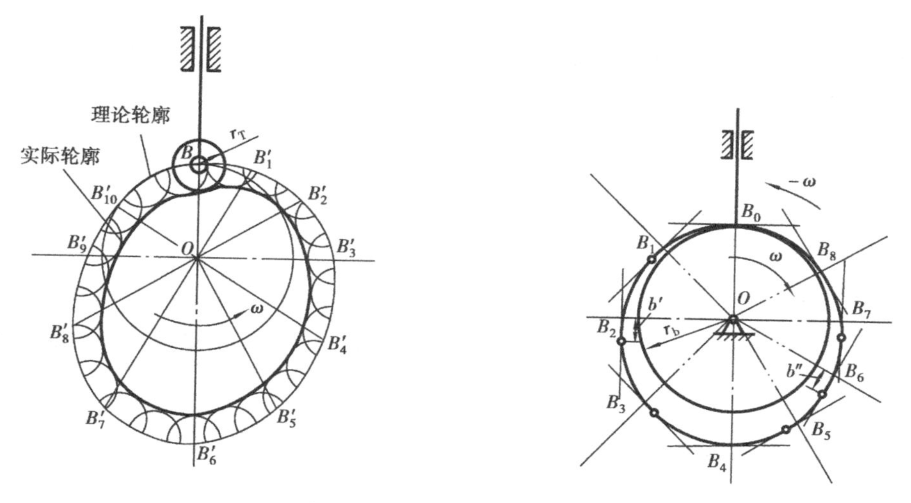

图 5.3.3　滚子对心移动从动件盘形凸轮设计

图 5.3.4　平底对心移动从动件盘形凸轮轮廓设计

5.3.3　平底从动件盘形凸轮的设计

平底从动件盘形凸轮的设计也是在尖顶从动件凸轮轮廓设计的基础上进行(图 5.3.4)，具体做法如下：

①首先在平底上选一固定点 B_0 视为尖顶，按照尖顶从动件凸轮轮廓的绘制方法，求出理

论轮廓上一系列的点 B_1、B_2、B_3…；

②过 B_1、B_2、B_3…各点分别画出一系列平底，然后作这些平底的包络线，便得到凸轮的实际轮廓。

5.3.4 圆柱凸轮的设计

圆柱凸轮的轮廓也可以用反转法绘出。如图 5.3.5 所示，将圆柱凸轮在其平均半径 R 上（凹槽的一半深度处）展开，在位移线图（图(c)）的横坐标轴上用这个圆的周长代表凸轮的360°转角，当图(b)和图(c)的比例尺相同时，位移线图就是理论轮廓曲线（图(b)中的点划线）。

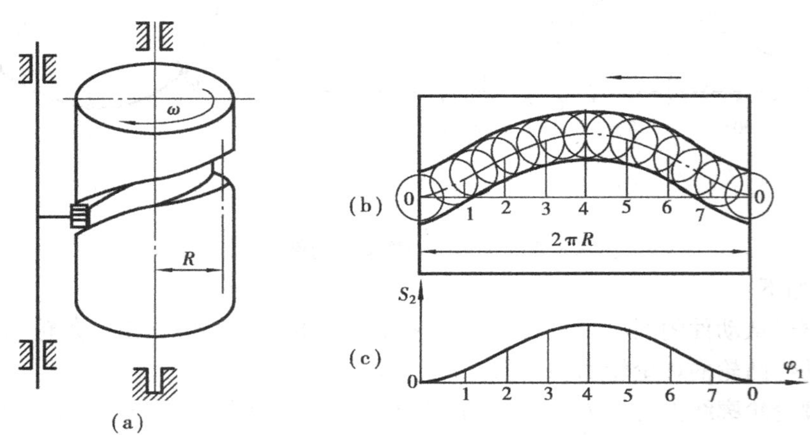

图 5.3.5 圆柱凸轮设计

以理论轮廓曲线上的点为圆心，滚子半径为半径画一系列的圆，其上下两条包络线就是该圆柱凸轮的实际轮廓。

5.4 凸轮机构基本尺寸的确定

凸轮机构的设计，不仅要保证从动件能实现预期的运动规律，而且还要合理地确定基圆半径和滚子半径，因为它们不仅关系到机构的尺寸、受力、强度、磨损和效率，而且关系到从动件的运动规律是否能完全实现，因此必须合理选取。

5.4.1 滚子半径的选择

当采用滚子从动件时，若滚子半径选择不合适，使从动件不能实现给定的运动规律，这种情况称为运动失真。

运动失真与理论轮廓的最小曲率半径和滚子半径有关。对于外凸的轮廓，如图 5.4.1 所示，其实际轮廓的曲率半径为

$$\rho' = \rho - r_T$$

式中，ρ 为理论轮廓对应点的曲率半径，最小值为 ρ_{min}，r_T为滚子半径。

当 $\rho_{min} > r_T$时，$\rho'_{min} > 0$，实际轮廓为一光滑曲线（图 5.4.1(a)）；

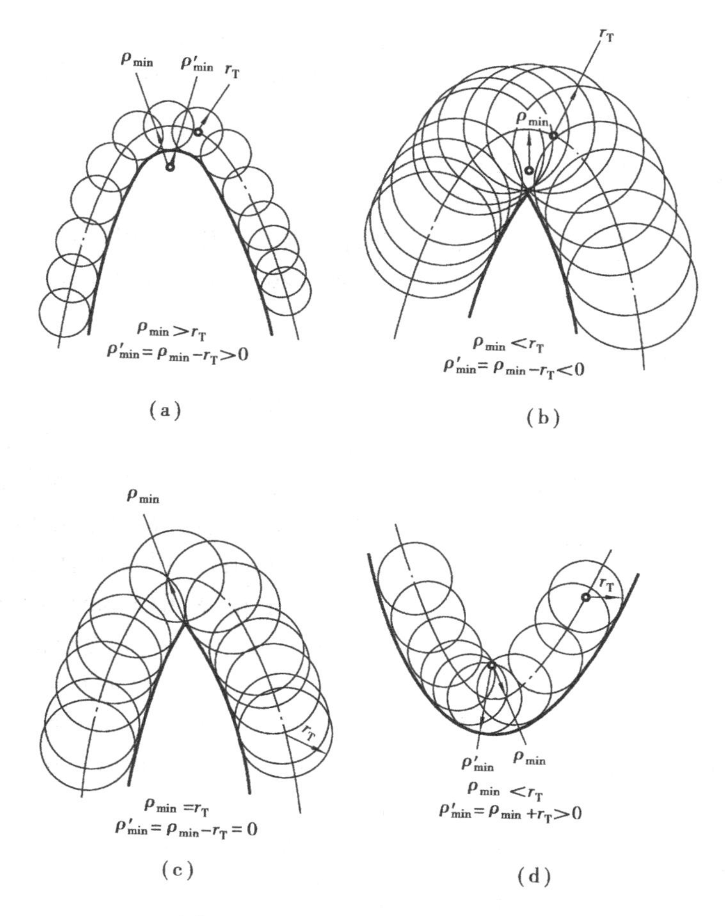

图 5.4.1 滚子半径与运动失真

若 $\rho_{min} = r_T$，则 $\rho'_{min} = 0$，实际轮廓出现尖点(图 5.4.1(c))，接触应力无限大；

若 $\rho_{min} < r_T$，则 $\rho'_{min} < 0$，实际轮廓曲线发生相交(图 5.4.1(b)中涂黑部分)，在轮廓曲线加工时，交叉部分被切去，使运动失真。

因此，对于外凸的凸轮轮廓，应使滚子半径 r_T 小于理论轮廓的最小曲率半径 ρ_{min}，通常取 $r_T \leqslant 0.8\rho_{min}$。若 ρ_{min} 太小，由此式得出的滚子半径就会太小，因而不能满足强度和安装要求，此时应适当加大基圆半径，以增大理论轮廓曲线的 ρ_{min}。

对于内凹的凸轮轮廓(图 5.4.1(d))，实际轮廓的曲率半径 ρ' 等于理论轮廓线曲率半径 ρ 与滚子半径 r_T 之和，即 $\rho' = \rho + r_T$，此时无论滚子半径多小，其实际轮廓总可以作出。

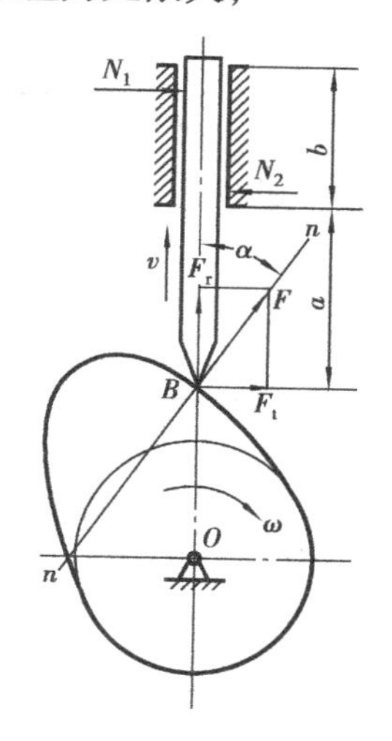

图 5.4.2 凸轮机构的压力角

5.4.2 压力角及其许用值

在凸轮机构中，从动件的速度 v 与所受正压力 F 之间所夹的锐角称为凸轮机构的压力角，如图 5.4.2 所示。由图可见，若

压力角 α 越大，则推动从动件的有效分力 F_r（$F_r = F\cos\alpha$）越小，甚至可能小于横向分力 F_t（$F_t = F\sin\alpha$）在导路中产生的摩擦力，此时，无论 F 多大，也不能使从动件运动，使机构发生了自锁。因此，通常规定压力角的最大值为

移动从动件在推程时　　$\alpha_{max} \leqslant 30°$

摆动从动件在推程时　　$\alpha_{max} \leqslant 45°$

回程时，从动件不是靠凸轮推动，而通常是靠自重或弹簧力作用返回，不会出现自锁现象，并且希望从动件有较快的回程速度，故压力角可取大些，一般推荐回程时，$\alpha_{max} \leqslant 80°$。

5.4.3　基圆半径的确定

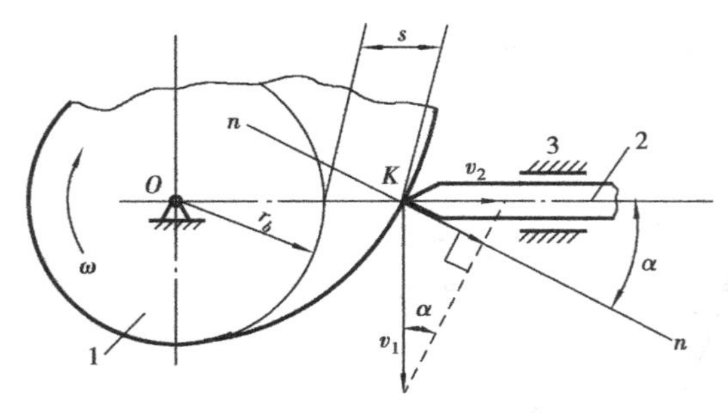

图 5.4.3　压力角与基圆半径的关系

压力角的大小与基圆半径有关，图 5.4.3 表示凸轮轮廓的一部分，从动件的尖顶在 K 点与轮廓接触。由于从动件不能沿接触点的法线 nn 压入或离开轮廓，故凸轮轮廓上接触点 K_1 的速度 v_1 和从动件尖顶 K_2 的速度 v_2 在法线方向的分速度必定相等，即 $v_1 \sin\alpha = v_2 \cos\alpha$。又因 $v_1 = OK \cdot \omega = (r_b + s)\omega$（$\omega$ 为凸轮的角速度），故

$$(r_b + s)\omega\sin\alpha = v_2\cos\alpha$$

$$\tan\alpha = v_2/(r_b + s)\omega$$

由上式可见，当从动件的运动规律确定后，如增大基圆半径 r_b 可以减小压力角 α，从而改善机构的传力特性，但会使机构尺寸增大。为了使机构既有较好的传力性能，又有较紧凑的结构尺寸，在设计时，通常要求在压力角最大值不超过允许值的前提下，尽可能选用较小的基圆半径。

对于从动件几种常用的运动规律，工程上已求出了最大压力角与基圆半径的对应关系，并绘制了诺模图（图 5.4.4），图中上半圆的标尺代表凸轮推移运动角 δ_0，下半圆代表最大压力角 α_{max}，直径标尺代表各种运动规律的 h/r_b。由图上 δ_0、α_{max} 两点连线与直径的交点，可读出相应

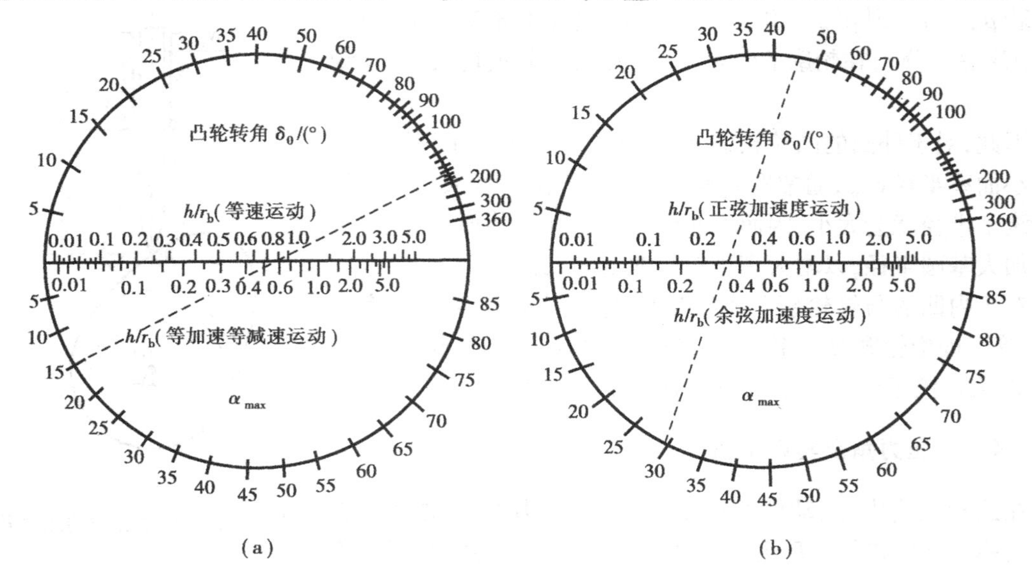

图 5.4.4　诺模图

运动规律的 h/r_b 的值，从而确定最小基圆半径 r_{bmin}。基圆半径可按 $r_b \geq r_{bmin}$ 选取。

思考题与练习题

5.1　什么是凸轮机构的压力角？它对凸轮机构的运动有何影响？

5.2　什么是基圆半径？基圆半径是否一定是凸轮实际轮廓的最小向径？基圆半径的大小对凸轮机构有哪些影响？应按什么原则确定它？

5.3　滚子半径选择的原则是什么？在什么情况下会出现从动件运动失真？

5.4　在等加速等减速运动规律中，是否可以只有等加速而无等减速？

5.5　如题图 5.5 所示为一偏心圆凸轮机构，O 为偏心圆的几何中心，偏心距 $e=15$ mm，$d=60$ mm。试在图中求出：

①该凸轮的基圆半径、从动件的最大位移 h 和推程角 δ_0 的值；

②凸轮从图示位置转过 90°时从动件的位移 s。

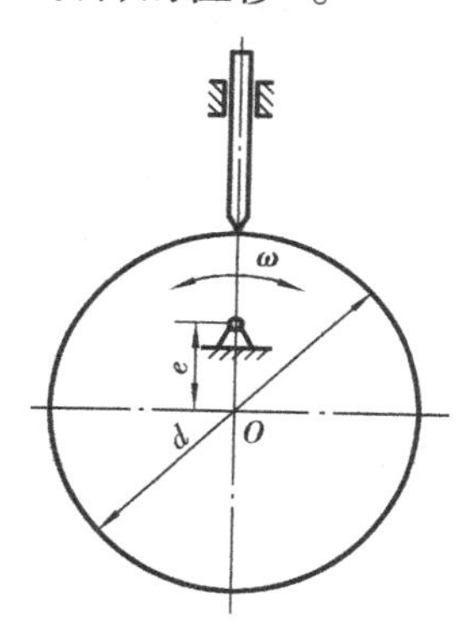

题图 5.5

5.6　设计一尖顶对心直动从动件盘形凸轮机构，已知凸轮以等角速度 ω 顺时针转动，凸轮基圆半径 $r_b=30$ mm，从动件升程 $h=30$ mm，推程角 $\delta_0=180°$，远休止角 $\delta_s=60°$，回程角 $\delta_0'=90°$，近休止角 $\delta_s'=30°$。从动件在推程做等加速等减速运动，在回程做简谐运动。试用图解法绘制凸轮轮廓曲线。

第6章 其他常用机构

6.1 棘轮机构

在机械中，特别是在各种自动和半自动的机械中，当主动件做连续运动时，常需要从动件具有周期性的时动时停的间歇运动，这种机构称为间歇运动机构（如棘轮机构、槽轮机构、不完全齿轮机构等）。

图6.1.1所示为一棘轮机构，当主动件1向左摆动时，棘爪4带动棘轮3转过一定的角度，棘爪5在棘轮3的齿背上滑过，1向右摆动时，利用棘爪5卡住棘轮3，棘爪4在棘轮3的齿背上滑过。

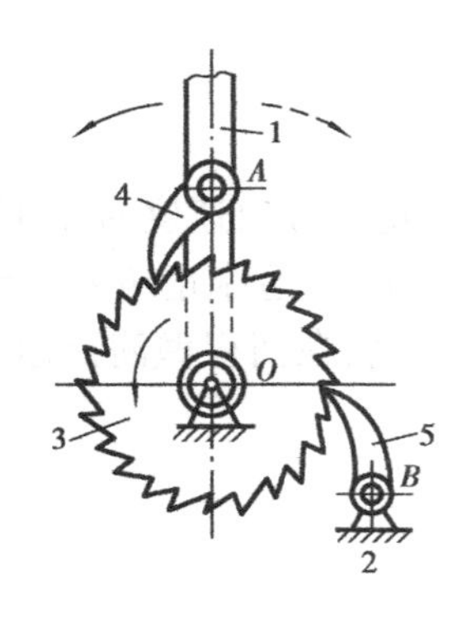

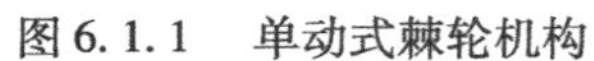

图6.1.1　单动式棘轮机构

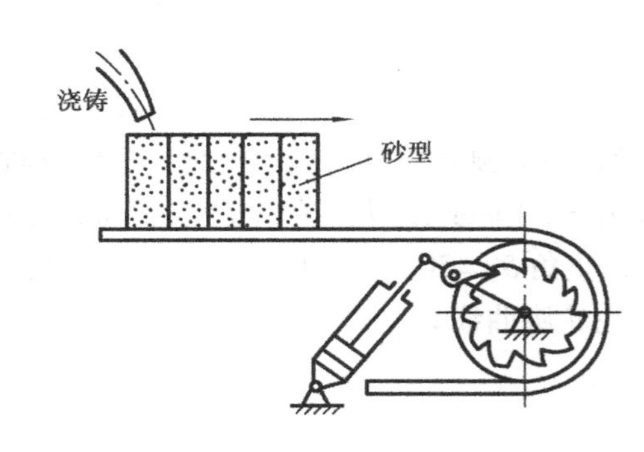

图6.1.2　浇注式流水线进给装置

棘轮机构中的主动件可由凸轮、连杆机构、液压缸或电磁铁等驱动。图6.1.2是浇铸式流水线进给装置，它是由气缸带动摇杆摆动，通过齿式棘轮机构使流水线的输送带做间歇输送运动，输送带不动时，进行自动浇铸。

棘轮机构的类型很多，应用很广。

图6.1.3为双动式棘轮机构，棘齿为锯齿形，摇杆1往复摆动时，两个棘爪交替驱使棘轮2沿单一方向转动。

图6.1.4为自行车后轮上飞轮的结构示意图，链轮3内圈具有棘齿，后轮轴的轮毂3上铰

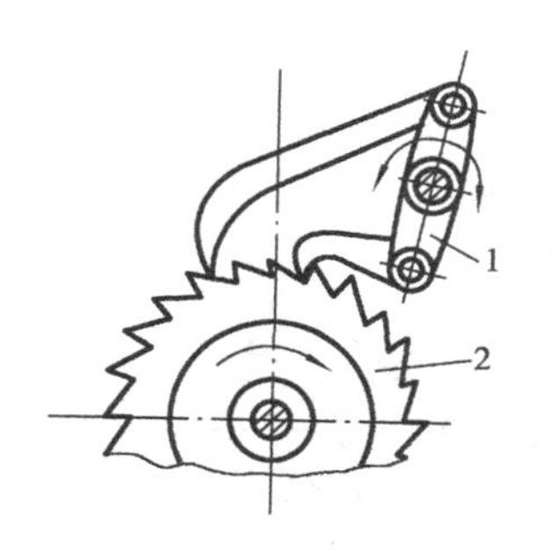

图 6.1.3　双动式棘轮机构

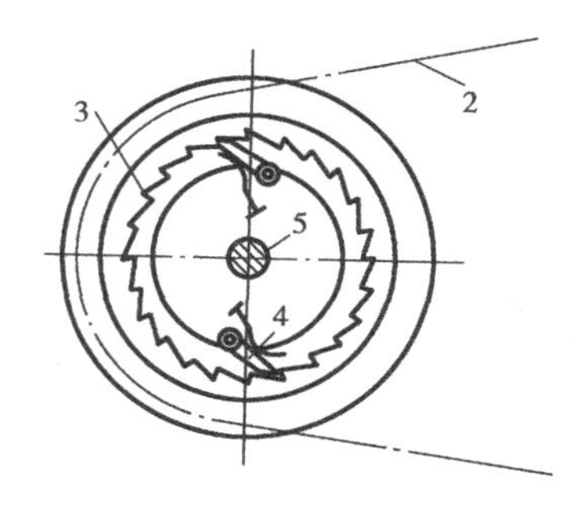

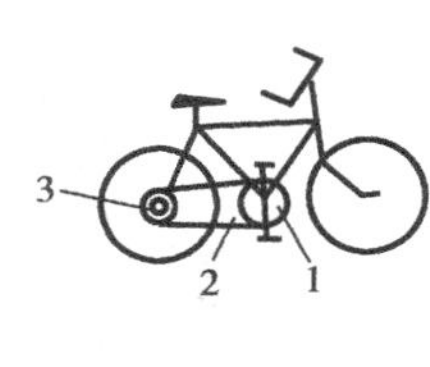

图 6.1.4　自行车棘轮机构

接着两个棘爪 4，棘爪用弹簧丝压在链轮的内棘齿上，当脚蹬踏板时，经链轮 1 和链条带动链轮 3 顺时针转动，再通过棘爪 4 带动后轮轴 5 顺时针转动，从而驱动自行车前进，当自行车下坡或脚不蹬踏板时，链轮不动，但后轮轴由于惯性仍按原转向飞快转动，此时棘爪便在棘背上滑过，从而实现不蹬踏板时自行车的继续前行，这种结构在机械中常称为超越离合器。

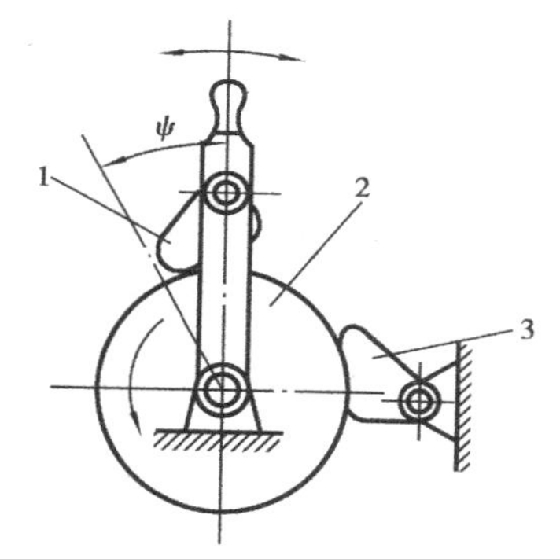

图 6.1.5　摩擦棘轮机构

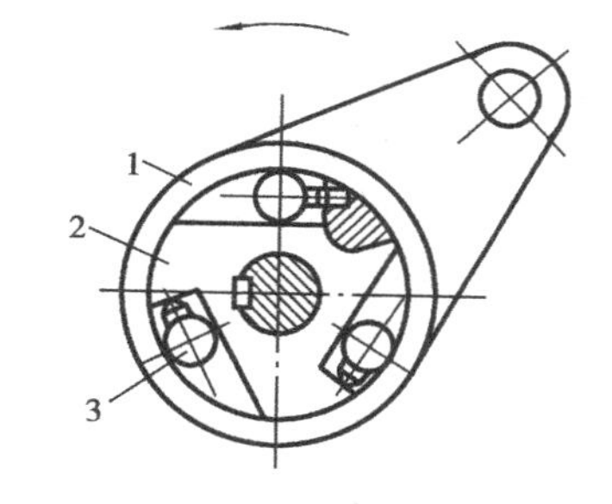

图 6.1.6　滚子式内摩擦棘轮机构

图 6.1.5 为摩擦棘轮机构，它能实现棘轮转角的无级调节（棘轮有齿时，其转角只能是每个齿所对圆心角的整数倍），这种棘轮又称为无声棘轮。超越离合器常做成如图 6.1.6 所示的滚子式内摩擦棘轮机构，其中滚子 3 起棘爪的作用，当外套筒 1 逆时针旋转时，摩擦力使滚子 3 楔紧在内外套筒之间，带动内套筒 2 一起转动，外套筒顺时针旋转时，滚子松开，内套筒静止。

6.2　槽轮机构

槽轮机构是另一种间歇运动机构，如图 6.2.1 所示，它由具有 z 个径向槽的槽轮 2，有 K 个圆销的销轮 1 和机架组成，图中 $z=4$，$K=1$。销轮转到图示位置时，$O_1C \perp O_2C$，销 C 开始无冲击地进入槽并带动槽轮转过 90°。此时，销轮上的凸弧与槽轮上的凹弧接触，销轮继续转动但槽轮不动，直到圆销 C 再次进入槽轮的槽内，槽轮才又继续转动。图 6.2.2 所示为内啮合槽轮机构。

在图 6.2.1 所示的槽轮机构中，在销轮回转一周的时间内，槽轮的运动时间 t_2 与销轮的运动时间 t_1 之比称为运动系数，用 τ 表示，即 $\tau = t_2/t_1$。销轮 1 通常为匀速运动，故这个时间之比

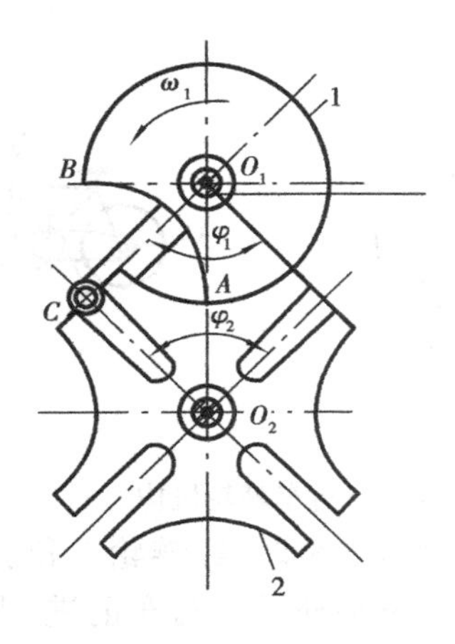

图 6.2.1 槽轮机构

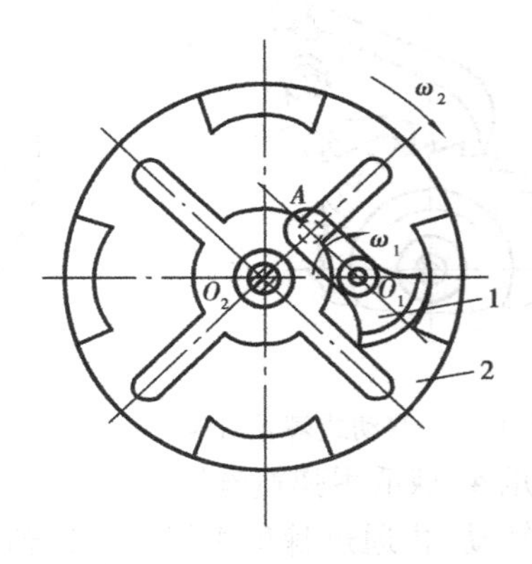

图 6.2.2 内啮合槽轮机构

等于对应转角之比。对于图 6.2.1 所示的单圆销槽轮机构,时间 t_2 与 t_1 所对应的转角分别为 φ_1 和 2π,即

$$\tau = \frac{t_2}{t_1} = \frac{\varphi_1}{2\pi}$$

为了避免槽轮 2 在起动和停歇时产生刚性冲击,圆销进入或退出径向槽时,O_1C 应与 O_2C 相垂直。因此,由图可知,槽轮每转过 $\varphi_2 = 2\pi/z$,对应销轮的转角为 $\varphi_1 = \pi - \varphi_2 = \pi - 2\pi/z$。

由此可得运动系数为

$$\tau = \frac{t_2}{t_1} = \frac{\varphi_1}{2\pi} = \frac{\pi - \frac{2\pi}{z}}{2\pi} = \frac{1}{2} - \frac{1}{z}$$

要保证槽轮运动,τ 应大于 0,即槽数 $z \geqslant 3$。当销轮上圆销数为 K 时,运动系数为

$$\tau = K\left(\frac{1}{2} - \frac{1}{z}\right) = K\left(\frac{z-2}{2z}\right)$$

因 τ 应小于 1($\tau = 1$ 时,槽轮做无间歇转动),则

$$K < \frac{2z}{z-2}$$

由上式可知,为了实现间歇传动,圆销数的选择与槽数有关。$z=3$ 时,$K<6$,K 可取 1 ~ 5;当 $z=4$ 或 $z=5$ 时,K 可取 1 ~ 3;当 $z \geqslant 6$ 时,K 可取 1 或 2。

槽轮机构能将销轮的连续转动变为槽轮的间歇转动,在自动传送装置、电影放映机卷片机构中均有应用,如图 6.2.2、图 6.2.3 所示。

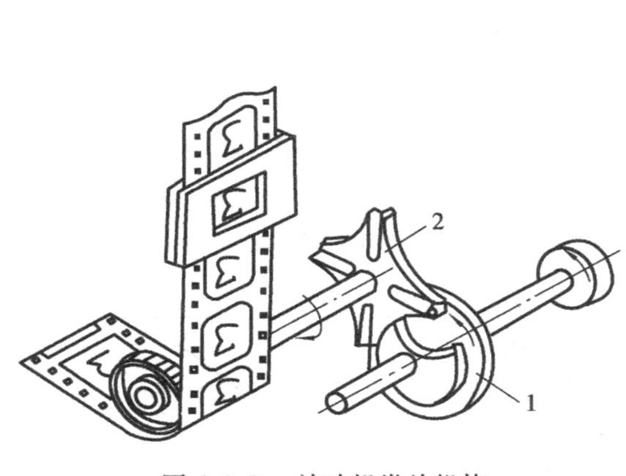

图6.2.3　放映机卷片机构

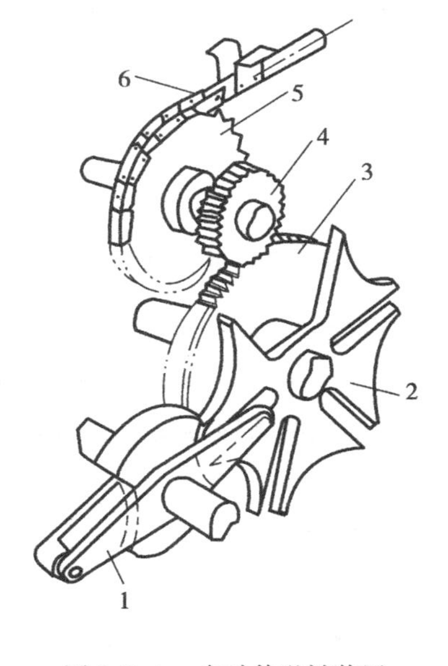

图6.2.4　自动传送链装置

6.3　不完全齿轮机构

不完全齿轮机构是由渐开线齿轮机构演变而成，与棘轮机构、槽轮机构一样，同属于间歇运动机构。

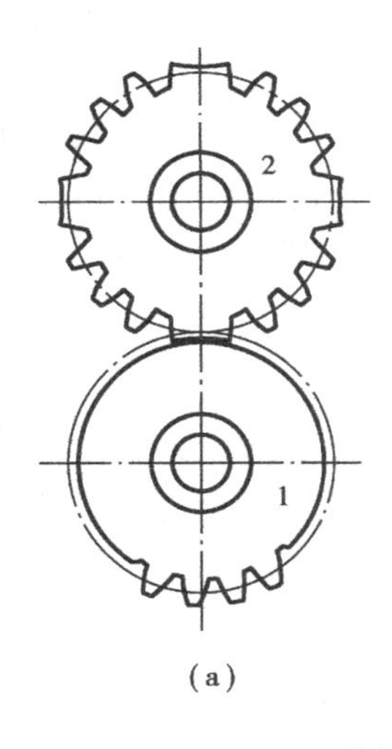

(a)

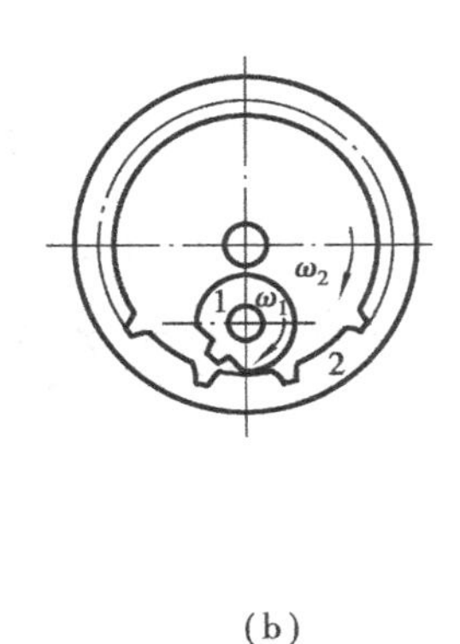

(b)

图6.3.1　不完全齿轮机构

不完全齿轮机构是在主动轮上只制出一个或几个齿，从动轮上制出与主动轮相啮合的几个齿和锁止弧，可实现主动轮的连续转动和从动轮的有停歇转动。图6.3.1(a)中主动齿轮1每转1周，从动齿轮转1/4周，从动轮转1周停歇4次；图(b)为内啮合不完全齿轮机构。

不完全齿轮机构的结构简单，制造简单，工作可靠，传递力大，缺点是工艺复杂，从动轮在转动开始及终止时速度有突变,冲击较大,一般仅用于低速、轻载的场合。

6.4 螺旋机构

6.4.1 螺纹的形成、类型和主要参数

将底边长为 πd_2的直角三角形缠绕到直径为 d_2的圆柱上,其斜边在圆柱上形成螺旋线,如图 6.4.1(a)所示。若将底边分成两半,如图 6.4.1(b)所示,从 $\pi d/2$ 处引一条斜边的平行线,则可以形成两条螺旋线。沿螺旋线所形成的、具有相同剖面的凸起和沟槽称为螺纹。

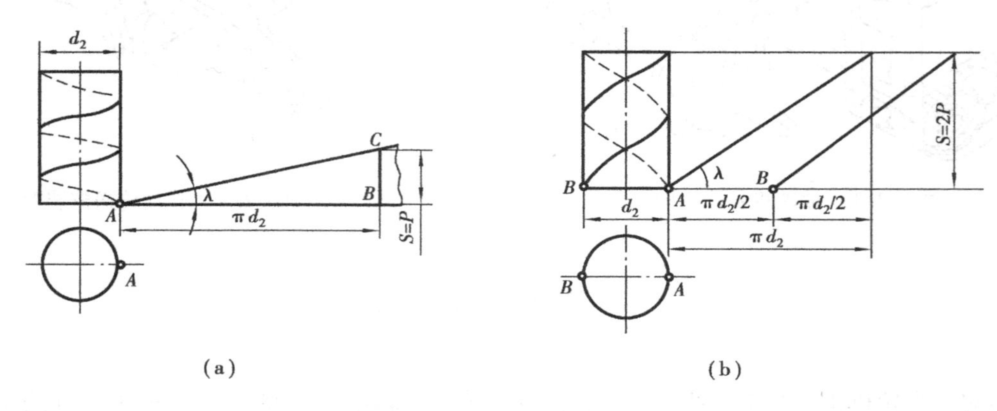

图 6.4.1 螺纹的形成

螺纹按螺旋线的数目,可分为单线螺纹和多线螺纹。联接螺纹一般用单线。为了制造方便,多线螺纹一般不超过四线。

螺纹轴向剖面的形状称为螺纹的牙型,常用的螺纹牙型有三角形(图 6.4.2(a))、圆形(图 6.4.2(b))、矩形(图 6.4.2(c))、梯形(图 6.4.2(d))和锯齿形(图 6.4.2(e))等,其中三角形螺纹主要用于联接,其余主要用于传动。除矩形螺纹外,其他螺纹都已标准化。

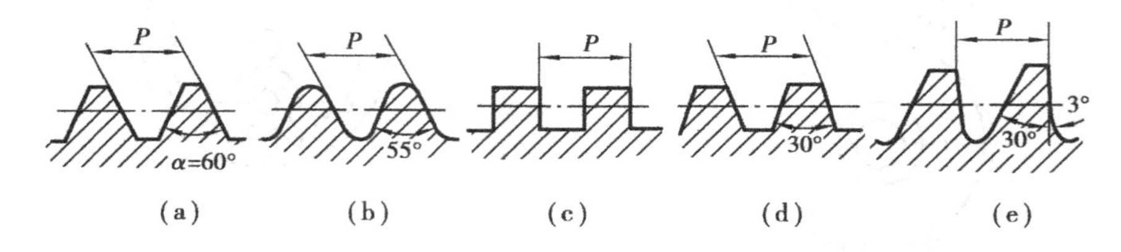

图 6.4.2 常用螺纹的牙型

螺纹有内螺纹和外螺纹之分,在圆柱体或圆锥体内部形成的螺纹称为内螺纹,在圆柱体或圆锥体外表面上形成的螺纹称为外螺纹。

按螺旋线的绕行方向,可分为右旋螺纹的左旋螺纹(图 6.4.3)。一般多用右旋螺纹,特殊需要时才用左旋螺纹。判别方法是:将螺纹轴线竖直放置,螺旋线向右上升为右旋,向左上升为左旋。

现以普通螺纹为例说明螺纹的主要参数,如图 6.4.4 所示。

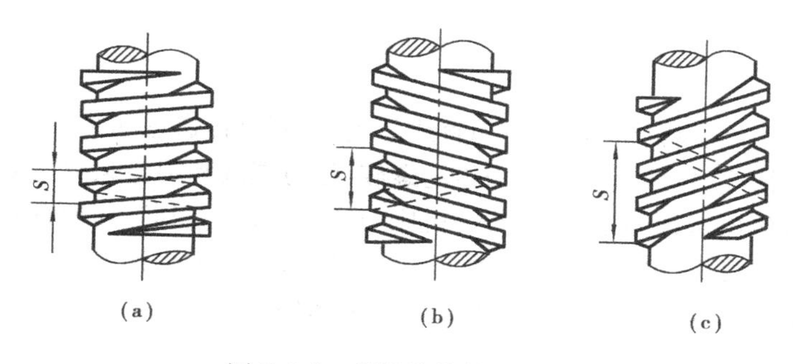

图6.4.3 螺纹的线数及旋向

(a)单线右旋 $S=P$ (b)双线左旋 $S=2P$ (c)三线右旋 $S=3P$

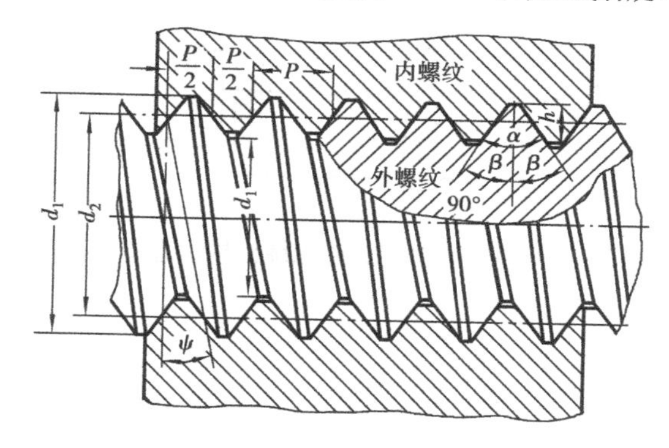

图6.4.4 螺纹的基本参数

①大径 d(或 D) 螺纹的最大直径,它是与外螺纹牙顶或内螺纹牙底相重合的假想圆柱直径,此直径为公称直径。

②小径 d_1(或 D_1) 螺纹的最小直径,它是与外螺纹牙底或内螺纹牙顶相重合的假想圆柱的直径,一般为外螺纹危险剖面的直径。

③中径 d_2(或 D_2) 在轴向剖面内,牙厚等于牙间距的假想圆柱的直径。

④螺距 P 相邻两螺纹牙上对应点间的轴向距离。

⑤线数 n 螺旋线的数目,一般 $n \leq 4$。

⑥导程 S 螺纹上任一点沿同一条螺旋线转一周所移动的轴向距离。单线螺纹 $S=P$;多线螺纹 $S=nP$。

⑦升角 λ 在中径圆柱面上,螺旋线的切线与垂直于螺纹轴线平面间的夹角。其计算式为

$$\tan\lambda = \frac{S}{\pi d_2} = \frac{nP}{\pi d_2}$$

显然,在直径和螺距相同的条件下,线数越多,导程将成倍增加,升角也相应增大,传动效率也将提高。

⑧牙型角 α 在轴向剖面内,相邻螺纹牙型两侧边间夹角。

⑨牙侧角 β 在轴向剖面内,螺纹牙型两侧边与轴线垂直平面间的夹角。对于对称牙型,$\beta=\alpha/2$。

6.4.2 螺旋机构

螺旋机构主要是用于将旋转运动变为直线运动,并同时传递运动和动力。

按用途和受力情况,螺旋机构常分为传动螺旋、传力螺旋和调整螺旋三类。

传动螺旋用以传递运动和较小动力,如机床中的进给机构,其工作原理示意图如图6.4.5所示,其螺杆转动,螺母带动进给机构做轴向移动。螺母移动方向用左(右)手螺旋法则判定,即左旋螺纹用左手,右旋螺纹用右手,四指握向代表螺杆转动方向,则拇指指向代表螺杆移动方向,而螺母移动方向与螺杆移动方向相反。

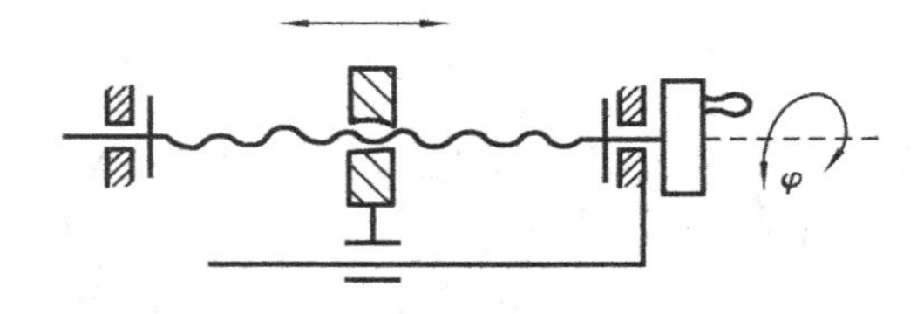

图6.4.5 机床进给螺旋机构示意图

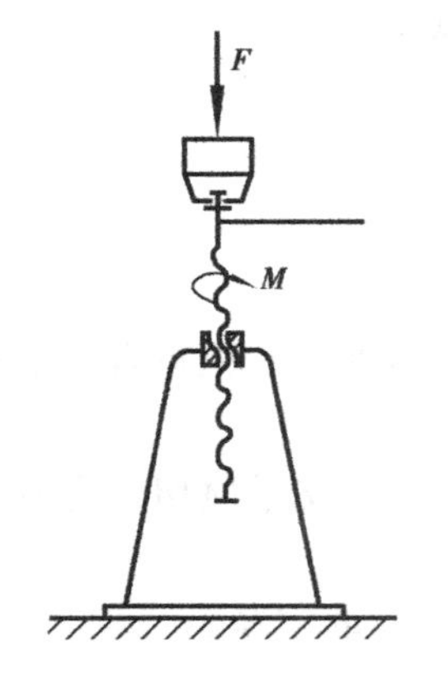

图6.4.6 矩形螺纹千斤顶

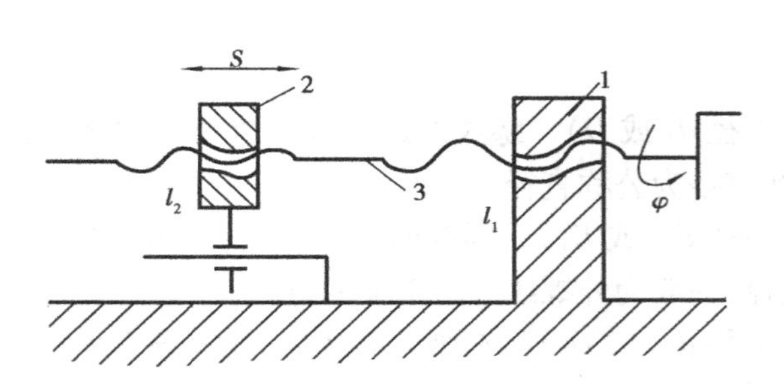

图6.4.7 双螺旋微调机构工作示意图

传力螺旋用于举重或克服其他大的载荷,这种螺旋一般在较低速度下工作,传递较大的力。如图6.4.6为螺纹千斤顶,螺母不动,外力矩 M 使螺杆转动并做直线移动,从而顶起重物。

调整螺旋用以调整及固定零件或工件的精确位置,如图6.4.7为一双螺旋微调机构工作示意图。螺杆3具有两段不同的螺纹,两个螺母旋向相同并且螺母1固定,螺母2只能移动,不能转动。若两处螺纹均为右旋,假设螺杆3上螺母1、2两处导程分别为 l_1、l_2,且 $l_1>l_2$,当螺杆按图示方向转动一周时,螺杆将边同螺母2一起右移 l_1,但与此同时,螺杆的转动使得螺母2相对螺杆左移 l_2,则螺母2的绝对位移为右移 l_1-l_2,当 l_1 与 l_2 相差很小时,这个绝对位移可以很小。这一特性称为差动特性,应用于各种微动装置中,如测微器、分度机构、精密加工刀具等。图6.4.8为应用此差动特性的微调镗刀。

螺旋机构的优点是传力大,工作平稳,传动准确,无噪声,容易实现自锁。缺点是螺纹牙间摩擦和磨损较大,传动效率低。

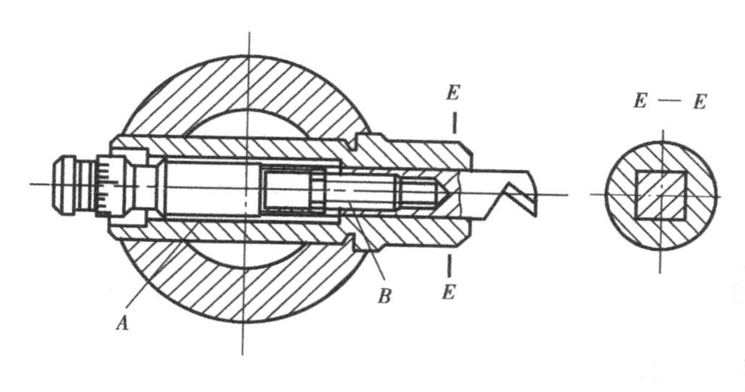

图6.4.8　微调镗刀

思考题与练习题

6.1　在六角车床上六角刀架转位用的外啮合槽轮机构中槽轮槽数 $z=6$,槽轮停歇时间 $t_1=\frac{5s}{6r}$,运动时间 $t_m=\frac{5s}{3r}$,求槽轮机构的运动系数及所需的圆销数目。

6.2　某外啮合槽轮机构中槽轮槽数 $z=6$,若槽轮静止时间 $t_1=2s/r$,试求主动销轮的转速 n。

6.3　各种牙型的螺纹主要应用于什么场合？为什么？

第 7 章

带传动与链传动

7.1 带传动的主要类型、特点和应用

带传动是一种常用的机械传动装置，通常是由主动轮 1、从动轮 2 和张紧在两轮上的挠性环形带 3 所组成，如图 7.1.1 所示。安装时，带被张紧在带轮上，当主动轮 1 转动时，依靠带与带轮接触面间的摩擦力或啮合驱动从动轮 2 一起回转，从而传递一定的运动和动力。

7.1.1 带传动的主要类型

根据传动原理的不同，带传动可分为两大类：摩擦带传动和啮合带传动。

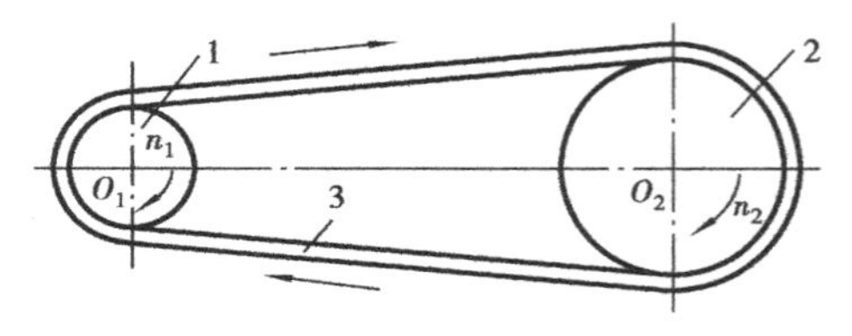

图 7.1.1 带传动

(1) 摩擦带传动

利用具有弹性的挠性带与带轮间的摩擦来传递运动和动力。根据带的形状，又可分为下列几种带传动：

1) 平带传动(图 7.1.2(a))

平带的横截面为扁平矩形，其工作面为与带轮面接触的内表面。常用的平带有橡胶帆布带、锦纶带、复合平带、编织带等。

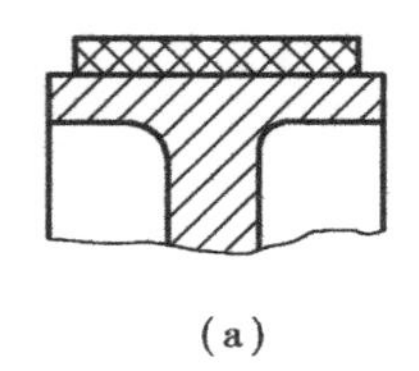

(a)

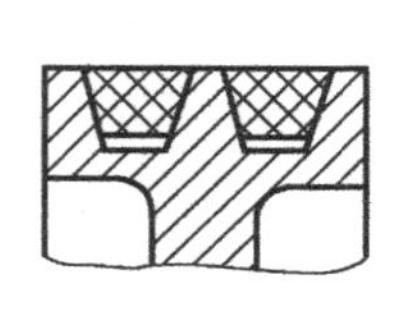

(b)

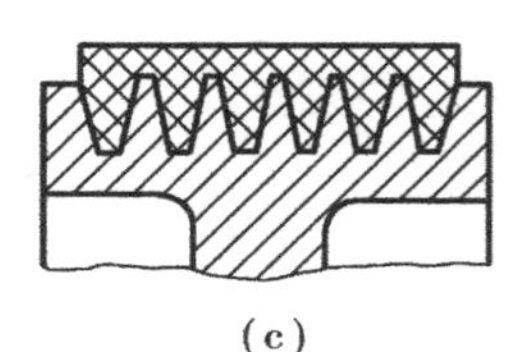

(c)

(d)

图 7.1.2 摩擦带的类型

2) V 带传动(图 7.1.2(b))

V 带的横截面为梯形，其工作面为与带轮接触的两侧面。V 带与平带相比，由于正压力作

用在楔形面上，当量摩擦系数大，能传递较大的功率，结构也紧凑，故应用最广。

3）多楔带传动（图 7.1.2(c)）

多楔带是若干根 V 带的组合，可避免多根 V 带长度不等，传力不均的缺点。适合用于传递动力较大而又要求结构紧凑的场合。

4）圆带传动（图 7.1.2(d)）

圆带横截面是圆形，通常用皮革或棉绳制成。圆带牵引能力小，适用于传递较小功率的场合（如缝纫机、录音机等）。

（2）啮合带传动

利用啮合传递运动和动力。

1）同步带传动（图 7.3.1(a)）

同步带工作时，利用带工作面上的齿与带轮上的齿槽相互啮合，以传递运动和动力。

2）齿孔带传动（图 7.1.3(b)）

工作时，带上的孔与轮上的齿相互啮合，以传递运动和动力。

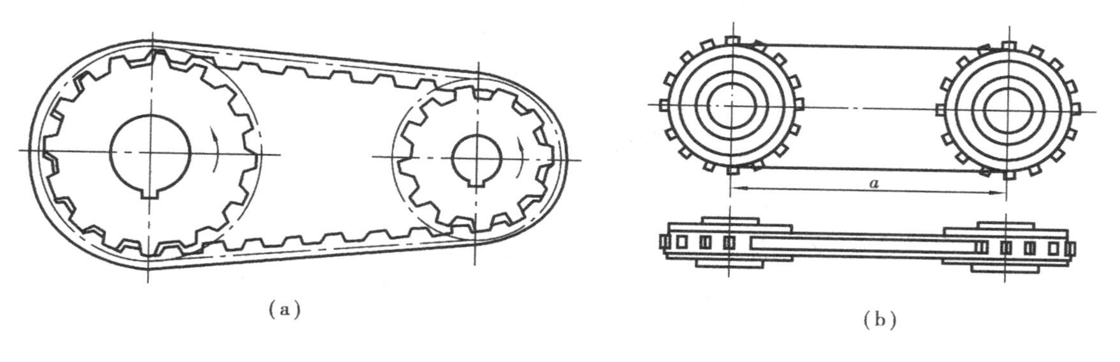

图 7.1.3　啮合带传动

7.1.2　带传动的特点和应用

摩擦带传动具有以下特点：

①带有弹性，能缓和冲击，吸收振动，故传动平稳，无噪声。

②过载时，带在轮上打滑，具有过载保护作用。

③结构简单，制造成本低，安装维护方便。

④带与带轮间存在弹性滑动，不能保证准确的传动比。

⑤两轴的中心距大，整机尺寸大。

⑥带需张紧在带轮上，故作用在轴上的压力大。

⑦传动效率低，带的寿命较短。

摩擦带传动适用于要求传动平稳、传动比要求不很严格、中小功率及传动中心距较大的场合，不适宜在高温、易燃、易爆及有腐蚀介质的场合下工作。

啮合带传动中的同步带传动能保证准确的传动比，其适应的速度范围广（$v \leqslant 500$ m/s），传动比大（$i \leqslant 12$），传动效率高（$\eta = 0.98 \sim 0.99$），传动结构紧凑，故广泛用于电子计算机、数控机床及纺织机械中。啮合带传动中的齿孔带传动，常用于放映机、打印机中，以保证同步运动。

7.2 带传动的工作情况分析

7.2.1 带传动的受力分析

为了保证带传动能正常工作，带传动未承载时，带必须以一定的张紧力套在带轮上，此时带轮两边的拉力 F_0 相等(图 7.2.1(a))，称为初拉力。

传动时，当主动带轮以转速 n_1 旋转时，其对带的摩擦力 F_f 与带的运动方向一致，从动轮对带的摩擦力与带传动方向相反，则使绕入主动轮一边的带被拉紧，拉力由 F_0 增加到 F_1，称为紧边，F_1 为紧边拉力；绕出主动轮一边的带被放松，拉力由 F_0 减为 F_2，称为松边，F_2 为松边拉力。此时，带两边的拉力不再相等(图 7.2.1(b))。设环形带的总长度不变，则紧边拉力的增加量(F_1-F_0)应等于松边拉力的减少量(F_0-F_2)，即

$$F_1 - F_0 = F_0 - F_2$$

$$F_1 + F_2 = 2F_0 \tag{7.2.1}$$

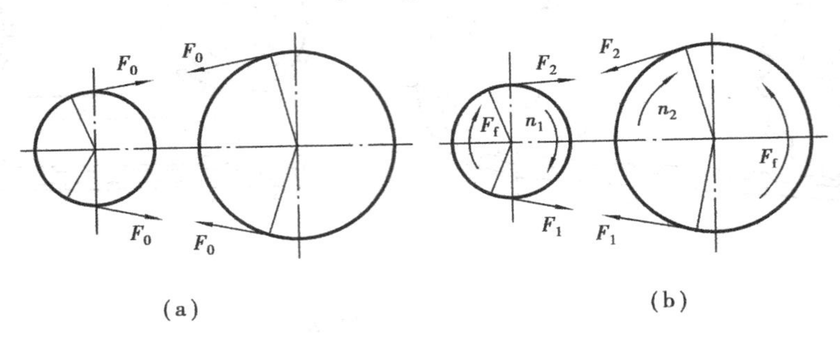

图 7.2.1 带传动的工作原理

带两边拉力之差 F 称为带传动的有效拉力，也称为有效圆周力，实际上也就是带与带轮之间的摩擦之间的摩擦力的总和 F_f，即

有效圆周力
$$F = F_1 - F_2 = F_f \tag{7.2.2}$$

带所能传递的功率为
$$P = \frac{Fv}{1\ 000} \tag{7.2.3}$$

式中 P——传递功率，(kW)；

F——有效圆周力，(N)；

v——带的速度，(m/s)。

在初拉力一定的情况下，带与带轮之间的摩擦力的总和是有限的。当所要传递的圆周力超过摩擦力的极限值时，带将在带轮上发生明显的相对滑动，这种现象称为打滑。经常出现打滑，将使带的磨损加剧、传动效率降低，以致使带传动失效，因此应避免出现带的打滑现象。

当传动带和带轮间有全面滑动趋势时，摩擦力达到最大，即有效圆周力达到最大，忽略离心力的影响，紧边拉力和松边拉力之间的关系可用欧拉公式表示，即

$$\frac{F_1}{F_2} = e^{f\alpha} \tag{7.2.4}$$

式中,F_1和F_2分别为紧边拉力和松边拉力(N);e为自然对数的底数;f为摩擦因数(在V带传动中,应代入当量摩擦因数f_v),α为小带轮的包角(rad),即带与带轮接触弧所对应的中心角。

由式(7.2.1)、式(7.2.2)和式(7.2.4)可得带在不打滑的条件下所能传递的最大有效圆周力为

$$F_{max} = 2F_0 \frac{e^{f\alpha} - 1}{e^{f\alpha} + 1} \tag{7.2.5}$$

由式(7.2.5)可知,带传动的最大有效圆周力与下列因素有关:

(1)初拉力 F_0

初拉力越大,有效圆周力亦越大。但初拉力过大,会使带的摩擦加剧,降低带的寿命;而初拉力过小,又会造成带的工作能力降低。

(2)摩擦因数 f

摩擦因数f越大,摩擦力也越大,带所能传递的有效圆周力越大。对于V带传动,其当量摩擦因数$f_v = f/\sin(\varphi/2) \approx 3f$,所以,传递能力高于平带。

(3)包角

包角增大,有效圆周力增大,因为增加了包角会使整个接触弧上的摩擦力的总和增加,从而提高传动能力。水平装置的带传动,通常将松边放置在上边,以增大包角。由于大带轮的包角大于小带轮的包角,打滑会首先在小带轮上发生,所以只需考虑小带轮的包角α_1,一般要求$\alpha_1 \geqslant 120°$。

7.2.2　带传动的应力分析

带传动时,带产生的应力有由拉力产生的拉应力、由离心力产生的离心应力和带绕过带轮时产生的弯曲应力。

(1)两边拉力产生的拉应力

紧边拉应力　　$\sigma_1 = F_1/A$

松边拉应力　　$\sigma_2 = F_2/A$　　(7.2.6)

式中,σ_1、σ_2分别为紧边拉应力和松边拉应力(MPa);F_1、F_2分别为紧边拉力和松边拉力(N);A为带的横截面积(mm^2)。

(2)离心力产生的拉应力

绕在带轮上的传动带随带轮轮缘做圆周运动时,将产生离心力,由于离心力作用于全部带长,它产生的离心应力σ_c为

$$\sigma_c = qv^2/A \tag{7.2.7}$$

式中,σ_c为离心力产生的拉应力(MPa);q为每米带长的质量(kg/m),见表7.3.1,v为带速(m/s)。

(3)弯曲应力

带绕过带轮时,将产生弯曲应力,其大小为

$$\sigma_b = Eh/d \tag{7.2.8}$$

式中,E为材料的弹性模量(MPa);h为V带截面高(mm),对于普通V带,可由表7.3.1确定;d为带轮的直径,对于V带轮,则为其基准直径,查表7.2.1确定。

由上式可知,带轮直径越小,带越厚,则带的弯曲应力也越大,因为小轮的直径小,故小轮

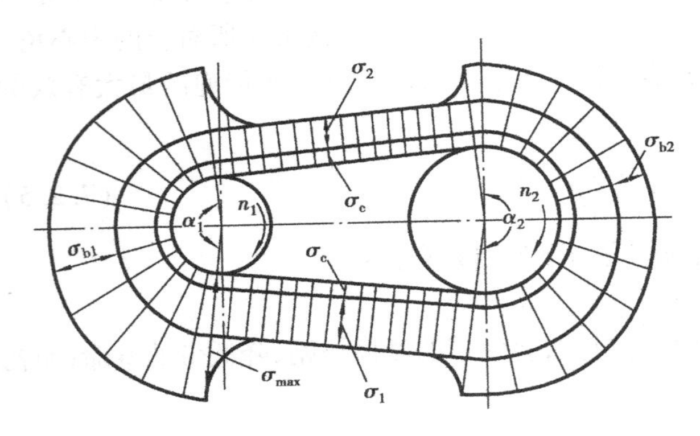

图 7.2.2 带传动的应力分布

的弯曲应力大于大轮的弯曲应力，为了防止弯曲应力过大而影响寿命，对每种型号的V带都规定了相应的最小带轮基准直径，见表7.2.1。

带在工作时，传动带中各截面的应力分布如图7.2.2所示。由图可知，带是在变应力状态下工作的，最大应力发生在紧边绕入主动轮处。其值为

$$\sigma_{max} = \sigma_1 + \sigma_c + \sigma_{b1} \qquad (7.2.9)$$

当带经历了一定的应力循环次数后，易产生疲劳破坏，发生裂纹、脱层、松散，直至断裂。

为了保证带具有足够的疲劳寿命，应满足

$$\sigma_{max} = \sigma_1 + \sigma_c + \sigma_{b1} \leqslant [\sigma] \qquad (7.2.10)$$

式中，$[\sigma]$为带的许用应力。它是在 $\alpha_1 = \alpha_2 = 180°$，规定带长和应力循环次数，以及载荷平稳等条件下通过试验确定的。

表 7.2.1 普通 V 带轮的最小基准直径(摘自 GB/T13575.1 — 1992)

型　号	Y	Z	A	B	C	D	E
d_{dmin}	20	50	75	125	200	355	500
d_d的范围	20 ~ 50	50 ~ 630	75 ~ 800	125 ~ 1 125	200 ~ 2 000	355 ~ 2 000	500 ~ 2 500
d_d的标准系列(部分)	20,22.4,25,28,31.5,35.5,40,45,50,56,63,67,71,75,80,85,90,95,100,106,112,118,125,132,140,150,160,170,180,200,212,224,236,250,265,280,300,315,355,375,400,425						

7.2.3 带的弹性滑动与传动比

传动带是弹性体，受到拉力后会产生弹性伸长，伸长量随拉力的大小变化而变化。工作时，由于紧边和松边的拉力不同，因而两边的弹性伸长量也不同。如图7.2.3所示，带由紧边 a_1 绕过主动轮进入松边 b_1 时，带的拉力逐渐降低，其弹性变形量也逐渐减小，带在绕过带轮的过程中，相对带轮回缩，向后产生了局部的相对滑动，导致带的速度逐渐小于主动轮的速度。同样，当带由松边绕过从动轮2进入紧边时，拉力增加，带逐渐被拉长，沿轮面产生向前的弹性滑动，使带的速度逐渐大于从动轮的圆周速度。这种由于带的弹性变形而产生的带与带轮间的微量相对滑动称为弹性滑动，由于传动中紧边与松边拉力不相等，因而产生弹性滑动是不可避免的。

弹性滑动导致从动轮的圆周速度 v_2 低于主动轮的圆周速度 v_1，速度的降低率称为滑动率，用 ε 表示，即

$$\varepsilon = (v_1 - v_2)/v_1 \qquad (7.2.11)$$

考虑滑动率时，带传动的传动比为

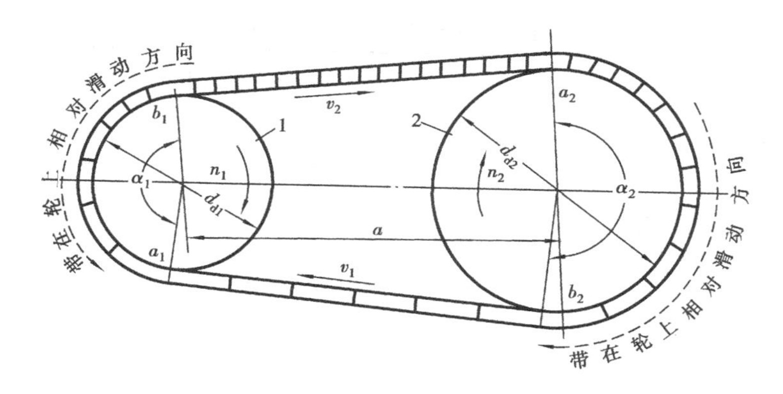

图7.2.3 带传动的相对滑动

$$i = n_1/n_2 = \frac{d_{d2}}{d_{d1}(1-\varepsilon)} \tag{7.2.12}$$

滑动率 ε 的值与弹性变形的大小有关,即与带的材料和受力大小有关,不是准确的恒定值,因此,摩擦传动即使在正常使用条件下,也不能获得准确的传动比。通常,带传动的滑动率为 $\varepsilon=0.01\sim0.02$,在一般传动计算中,可不予以考虑。

弹性滑动和打滑是两个截然不同的概念。打滑是指当带所传递的外载荷超过极限值时,引起带在带轮上的全面滑动,它是带传动的一种主要失效形式,这是可以避免的。弹性滑动是由于传动中紧边与松边拉力不相等而引起的,只要传递圆周力,就会发生弹性滑动,因而是不可避免的。

7.3 普通V带传动的设计计算

7.3.1 V带的规格

V带由顶胶1、抗拉体2、底胶3以及包布4组成,如图7.3.1所示。抗拉体2是承受载荷的主体,由帘布或线绳组成,顶胶1和底胶3分别承受在运行时的拉伸和压缩力,采用弹性较好的胶料,包布4的材料采用橡胶帆布,起耐磨和保护作用。

普通V带已标准化,见表7.3.1。按截面尺寸的不同,分为Y、Z、A、B、C、D、E七种型号,楔形角 $\alpha=40°$。在相同条件下,截面尺寸愈大,传递功率也愈大。

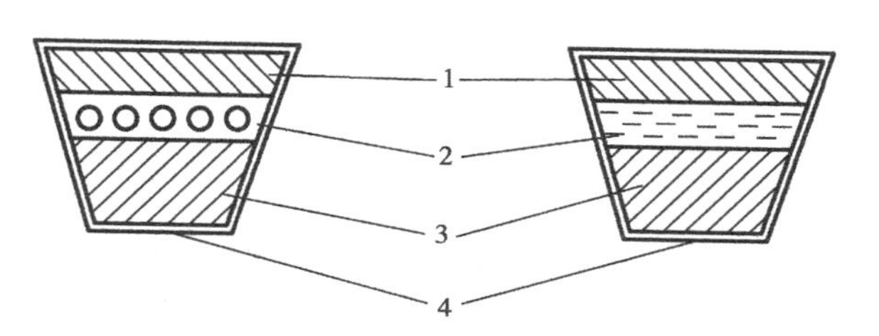

图7.3.1 V带的结构

1—顶胶;2—抗拉体;3—底胶;4—包布

普通V带运行时既不伸长也不缩短的圆周,称为节线,全部节线组成带的节面,带的节面宽度称为节宽,用 b_p 表示。V带装在带轮上和节宽相对应的直径称为基准直径,用 d_d 表示,见表7.2.1。V带在规定的张紧力下,带与带轮基准直径上的周长称为基准长度,用 L_d 表示,V带的基准长度已经标准化,见表7.3.2。

表 7.3.1　普通 V 带截面尺寸(摘自 GB/T11544—1997)

带 型	Y	Z	A	B	C	D	E
节宽 b_p/mm	5.3	8.5	11	14	19	27	32
顶宽 b/mm	6	10	13	17	22	32	38
高度 h/mm	4	6	8	11	14	19	25
单位长度质量 $q/(\text{kg}\cdot\text{m}^{-1})$	0.02	0.06	0.10	0.17	0.3	0.62	0.90

表 7.3.2　普通 V 带基准长度 L_d 及长度系数 K_L

L_d/mm	K_L					L_d/mm	K_L					
	Y	Z	A	B	C		Z	A	B	C	D	E
400	0.96	0.87				2 000	1.08	1.03	0.98	0.88		
450	1.00	0.89				2 240	1.10	1.06	1.00	0.91		
500	1.02	0.91				2 500	1.30	1.09	1.03	0.93		
560		0.94				2 800		1.11	1.05	0.95	0.83	
630		0.96	0.81			3 150		1.13	1.07	0.97	0.86	
710		0.99	0.83			3 550		1.17	1.09	0.99	0.89	
800		1.00	0.85	0.82		4 000		1.19	1.13	1.02	0.91	0.90
900		1.03	0.87	0.84		4 500			1.15	1.04	0.93	0.92
1 000		1.06	0.89			5 000			1.18	1.07	0.96	
1 120		1.08	0.91	0.86		5 600				1.09	0.98	0.95
1 250		1.11	0.93	0.88		6 300				1.12	1.00	0.97
1 400		1.14	0.96	0.90	0.83	7 100				1.15	1.03	1.00
1 600		1.16	0.99	0.92	0.86	8 000				1.18	1.06	1.02
1 800		1.18	1.01	0.95		9 000				1.21	1.08	1.05

7.3.2　V 带传动的失效形式和设计准则

V 带传动的主要失效形式有两种：

(1)打滑

由于过载,带在带轮上打滑而不能正常传动。

(2)疲劳破坏

带工作时的应力是变应力,当应力循环次数达到一定时,带将发生疲劳破坏。

V 带的设计准则是：

①保证带与带轮之间不打滑；

②带具有一定的疲劳强度和使用寿命。

7.3.3　单根V带的额定功率

在载荷平稳、特定带长、传动比为1、包角为180°的条件下，单根普通V带的基本额定功率P_0见表7.3.3。当实际使用条件与特定条件不同时，须加以修正，从而得出许用的单根普通V带的额定功率$[P_0]$，即

$$[P_0]=(P_0+\Delta P_0)K_\alpha K_L \tag{7.3.1}$$

式中，P_0为额定功率(kW)，见表7.3.3；ΔP_0为单根普通V带额定功率的增量(kW)，见表7.3.4；K_α为小带轮包角系数，按实际包角查表7.3.5；K_L为长度系数，按实际基准长度查表7.3.2。

表7.3.3　单根普通V带的基本额定功率

带型	d_{d1}/mm	小带轮转速 n_1/(r·min^{-1})					
		400	700	800	960	1 200	1 450
Z	50	0.06	0.09	0.10	0.12	0.14	0.16
	63	0.08	0.13	0.15	0.18	0.22	0.25
	71	0.09	0.17	0.20	0.23	0.27	0.31
	80	0.14	0.20	0.22	0.26	0.30	0.35
A	75	0.26	0.40	0.45	0.51	0.60	0.68
	90	0.39	0.61	0.68	0.79	0.93	1.07
	100	0.47	0.74	0.83	0.95	1.14	1.32
	112	0.56	0.90	1.00	1.15	1.39	1.61
	125	0.67	1.07	1.19	1.37	1.66	1.92
B	125	0.84	1.30	1.44	1.64	1.93	2.19
	140	1.05	1.64	1.82	2.08	2.47	2.82
	160	1.32	2.09	2.32	2.66	3.17	3.62
	180	1.59	2.53	2.81	3.22	3.85	4.39
	200	1.85	2.96	3.30	3.77	4.50	5.13
C	200	2.41	3.69	4.07	4.58	5.29	5.84
	224	2.99	4.64	5.12	5.78	6.71	7.45
	250	3.62	5.64	6.23	7.04	8.21	9.04
	280	4.32	6.76	7.52	8.49	9.81	10.72
	315	5.14	8.09	8.092	10.05	11.53	12.46
	400	7.06	11.02	12.10	13.48	15.04	15.53

表 7.3.4　单根普通 V 带基本额定功率的增量 ΔP_0

带　型	n_1	传动比 i						
		1.09～1.12	1.13～1.18	1.19～1.24	1.25～1.34	1.35～1.50	1.51～1.90	≥2.0
Z	400	0.00	0.00	0.00	0.00	0.00	0.01	0.01
	700	0.00	0.00	0.00	0.01	0.01	0.01	0.02
	800	0.00	0.01	0.01	0.01	0.01	0.02	0.02
	960	0.01	0.01	0.01	0.01	0.02	0.02	0.02
	1 200	0.01	0.01	0.01	0.02	0.02	0.02	0.03
	1 450	0.01	0.01	0.02	0.02	0.02	0.02	0.03
	2 800	0.02	0.03	0.03	0.03	0.04	0.04	0.04
A	400	0.02	0.02	0.03	0.03	0.03	0.04	0.05
	700	0.03	0.04	0.05	0.06	0.07	0.08	0.09
	800	0.03	0.04	0.05	0.06	0.08	0.09	0.10
	960	0.04	0.05	0.06	0.07	0.08	0.10	0.11
	1 200	0.05	0.05	0.08	0.10	0.10	0.13	0.15
	1 450	0.06	0.08	0.09	0.00	0.13	0.15	0.17
	2 800	0.11	0.15	0.19	0.23	0.26	0.30	0.34
B	400	0.04	0.06	0.07	0.08	0.10	0.11	0.13
	700	0.07	0.10	0.12	0.15	0.17	0.20	0.22
	800	0.08	0.11	0.14	0.17	0.20	0.23	0.25
	960	0.10	0.13	0.17	0.20	0.23	0.26	0.30
	1 200	0.13	0.17	0.20	0.25	0.30	0.34	0.38
	1 450	0.15	0.20	0.25	0.31	0.36	0.40	0.46
	2 800	0.29	0.39	0.49	0.59	0.69	0.79	0.89
C	400	0.12	0.16	0.20	0.23	0.27	0.31	0.35
	700	0.21	0.27	0.34	0.41	0.48	0.55	0.62
	800	0.23	0.31	0.39	0.47	0.55	0.63	0.71
	960	0.27	0.37	0.47	0.56	0.65	0.74	0.83
	1 200	0.35	0.47	0.59	0.70	0.82	0.94	1.06
	1 450	0.42	0.58	0.71	0.85	0.99	1.14	1.27

表 7.3.5　包角系数 K_α

小轮包角 α_1(°)	180	175	170	165	160	155	150	145	140	135	130	125	120
K_α	1	0.99	0.98	0.96	0.95	0.93	0.92	0.91	0.89	0.88	0.86	0.84	0.82

7.3.4　V带传动的设计步骤和参数选择

(1)V带传动的参数选择

在V带传动设计中,通常已知条件为:传动的用途,载荷性质,需传递的功率,主、从动轮转速或传动比,对外廓尺寸要求等。

V带传动设计的参数有:选择合理的传动参数(如V带的型号、长度和根数),传动的中心距,带轮的基准直径和结构尺寸,V带的初拉力和作用在轴上的压力等。

(2)V带传动的设计计算方法

1)确定计算功率 P_c

考虑载荷性质和每天运转时间等因素,设计计算的计算功率比需要传递的额定功率要大些,即

$$P_c = K_A P \tag{7.3.2}$$

式中,P_c为计算功率(kW);K_A为工作情况因数,查表7.3.6;P为传递的名义功率(kW)。

2)选择带型号

根据计算功率 P_c和小带轮的转速 n_1,按图7.3.2选取。如所选的型号介于两种型号之间,则按两种型号分别计算,再根据有关条件择优选用。

表7.3.6　工作情况因数(摘自GB/T13575.1—1992)

载荷性质	工作机	原动机					
		空、轻载启动			重载启动		
		每天工作小时数/h					
		<10	10~16	>16	<10	10~16	>16
载荷变化微小	液体搅拌机、通风机、鼓风机(≤7.5 kW)、离心式水泵和压缩机、轻型输送机	1.0	1.1	1.2	1.1	1.2	1.3
载荷变化小	带式输送机(不均匀负荷)、通风机(>7.5 kW)旋转式水泵和压缩机(非离心式)、发电机、金属切削机床、旋转筛、锯木机和木工机械	1.1	1.2	1.3	1.2	1.3	1.4
载荷变化较大	制砖机、斗式提升机、往复式水泵和压缩机、起重机、磨粉机、冲剪机床、橡胶机械、振动筛、纺织机械、重载输送机	1.2	1.3	1.4	1.4	1.5	1.6
载荷变化很大	破碎机(旋转式、鄂式等)、磨碎机(球磨、棒磨、管磨)	1.3	1.4	1.5	1.5	1.6	1.8

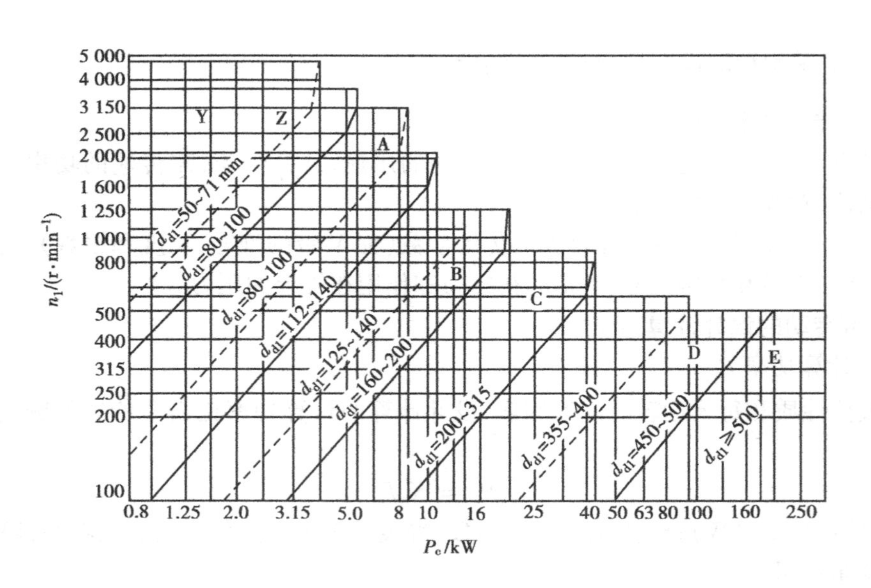

图 7. 3. 2　普通 V 带选型图

3）确定带轮的基准直径

①确定小带轮的基准直径 d_{d1}

带轮直径较小时，结构紧凑，但弯曲应力大，且基准直径较小时，圆周速度较小，单根 V 带所能传递的基本额定功率也较小，从而造成带的根数增多，因此，一般取 d_{d1} 大于表 7. 2. 1 的规定值，并取表中标准值。

②验算带速　当传递的功率一定时，带速过低，则需要的圆周力过大；带的根数增多，但带速过高，则离心应力过大，使摩擦力减小，容易打滑，传动能力反而降低。因此，带的速度一般就控制在 5 ~25 m/s 之间，即

$$v = \frac{\pi d_d n}{60 \times 1\,000} \tag{7.3.3}$$

③计算大带轮的基准直径 d_{d2}

$d_{d2} = i d_{d1}$，大带轮的基准直径应圆整成相近的带轮基准直径的标准值。

4）确定中心距 a 和带的基准长度

①初定中心距 a_0

设计时若题目未给定中心距或未对中心距提出明确要求时，可按下式初步确定中心距 a_0，即

$$0.7(d_{d1} + d_{d2}) \leqslant a_0 \leqslant 2(d_{d1} + d_{d2}) \tag{7.3.4}$$

②确定基准长度 L_d

根据已定的带轮基准直径和初定的中心距，由带的传动几何关系可得带的基准长度计算公式，即

$$L_{d0} = 2a_0 + \frac{\pi}{2}(d_{d1} + d_{d2}) + \frac{(d_{d2} - d_{d1})^2}{4a_0} \tag{7.3.5}$$

L_{d0} 为带的基准长度计算值，根据 L_{d0} 查表 7. 3. 2，选定与之接近的基准长度 L_d。

③确定实际中心距 a　实际中心距可用近似公式确定，即

$$a \approx a_0 + (L_d - L_{d0})/2 \tag{7.3.6}$$

考虑安装、调整和补偿张紧的需要，实际中心距允许留有一定的调整范围，其大小为

$$\left.\begin{aligned} a_{min} &= a - 0.015L_d \\ a_{max} &= a + 0.030L_d \end{aligned}\right\} \tag{7.3.7}$$

④验算小带轮包角　为了保证传动能力，应使小带轮包角满足

$$\alpha_1 = 180° - \frac{d_{d2} - d_{d1}}{a} \times 57.3° \geqslant 120° \tag{7.3.8}$$

若不满足条件，可适当增大中心距或减小两轮的直径差，也可以加张紧轮。

5）确定V带根数 z

$$z \geqslant \frac{P_c}{[P_0]} \tag{7.3.9}$$

带的根数应取整数，为了使各带的受力均匀，通常 z 不应超过8根，若计算结果不满足要求，可改选V带型号或加大带轮直径重新计算。

6）确定初拉力 F_0

为了保证传动的正常工作，带内的初拉力应为

$$F_0 = \frac{500P_c}{zv}\left(\frac{2.5}{K_\alpha} - 1\right) + qv^2 \tag{7.3.10}$$

安装带时，F_0必须予以保证。

7）计算带对轴的压力 F_Q

$$F_Q \approx 2zF_0 \sin\frac{\alpha_1}{2} \tag{7.3.11}$$

F_Q是设计轴和选择轴承的依据。

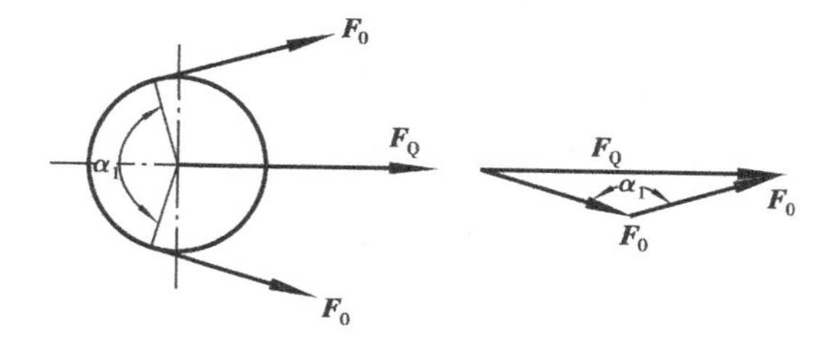

图7.3.3　作用在轴上的力

下面以设计实例来说明带传动的设计方法与步骤。

例7.1　设计一带式输送机传动系统中的高速级普通V带传动。传动水平布置，Y系列三相异步电动机驱动，额定功率 $P = 5.5$ kW，电动机转速 $n_1 = 1\,440$ r/min，从动带轮转速 $n_2 = 550$ r/min，每天工作8小时。

解

步　骤	计算及说明	结　果
①计算功率	查表7.3.6,取 $K_A=1.1$ $P_c=K_AP=1.1\times5.5\ \text{kW}=6.05\ \text{kW}$	$K_A=1.1$ $P_c=6.05\ \text{kW}$
②选择带型	据 $P_c=6.05\ \text{kW}$ 和 $n_1=1\,440\ \text{r/min}$ 由图7.3.2,选取A型带	A型
③确定带轮基准直径	由表7.2.1,确定 $d_{d1}=112\ \text{mm}$ $d_{d2}=id_{d1}(1-\varepsilon)=(1\,440/550)\times112\times(1-0.02)=287$ 查表取标准值280 mm	$d_{d1}=112\ \text{mm}$ $d_{d2}=280\ \text{mm}$
④验算带速	$v=\dfrac{\pi dn}{60\times1\,000}$ $=\dfrac{\pi\times112\times1\,440}{60\times1\,000}\ \text{m/s}\approx8.44\ \text{m/s}$	$v=8.44\ \text{m/s}$ 因为 $5\ \text{m/s}<v<25\ \text{m/s}$,符合要求
⑤计算带长	初定中心距 $0.7\times(112+280)\leqslant a_0\leqslant2\times(112+280)$ 取 $a_0=500\ \text{mm}$ 带的基准长度 $L_{d0}=2\alpha_0+\dfrac{\pi}{2}(d_{d1}+d_{d2})+\dfrac{(d_{d2}-d_{d1})^2}{4a_0}$ $L_{d0}\approx1\,630\ \text{mm}$ 由表7.3.2选取相近的 $L_d=1\,600\ \text{mm}$	$a_0=500\ \text{mm}$ $L_d=1\,600\ \text{mm}$
⑥确定中心距	$a\approx a_0+(L_d-L_{d0})/2=[500+(1\,600-1\,630)/2]\ \text{mm}$ $=485\ \text{mm}$ $a_{min}=a-0.015L_d=(485-0.015\times1\,600)\ \text{mm}=461\ \text{mm}$ $a_{max}=a+0.03L_d=(485+0.03\times1\,600)\ \text{mm}=533\ \text{mm}$	$a=485\ \text{mm}$
⑦验算带轮包角	$\alpha_1=180°-57.3°(d_{d2}-d_{d1})/a$ $=180°-57.3°\times(280-112)/485=158°>120°$	$\alpha_1=158°$符合要求
⑧确定带的根数 z	据 d_{d1} 和 n_1 查表7.3.3得,$P_0=1.60\ \text{kW}$,$i\neq1$ 时,单根V带的额定功率增量据带型及 i 查表7.3.4,得 $\Delta P_{01}=0.17\ \text{kW}$,查表7.3.5得,$K_\alpha=0.95$,查表7.3.2得 $K_L=0.99$,有 $z=P_c/[(P_0+\Delta P_0)K_\alpha K_L]$ $=6.05/[(1.60+0.17)\times0.95\times0.99]\approx3.63$	$P_0=1.60\ \text{kW}$ $\Delta P_{01}=0.17\ \text{kW}$ 取 $z=4$
⑨单根V带的初拉力	$F_0=\dfrac{500P_c}{zv}\left(\dfrac{2.5}{K_\alpha}-1\right)+qv^2\approx153\ \text{N}$	$F_0=153\ \text{N}$
⑩作用在轴上的力	$F_Q\approx2zF_0\sin\dfrac{\alpha_1}{2}\approx1\,204\ \text{N}$	$F_Q\approx1\,204\ \text{N}$
⑪带轮的结构和尺寸	小带轮基准 $d_{d1}=112\ \text{mm}$,定小带轮为实心轮,轮槽尺寸及轮宽按表7.4.1计算,从而画出小带轮工作,其工作图(略)	

7.4　V 带轮的材料和结构设计

7.4.1　V 带轮的材料

V 带轮常用铸铁制造（HT150 或 HT200），允许最大圆周速度 $v \leqslant 25$ m/s。当转速高或直径大时，应采用铸钢或钢板焊接成的带轮；在小功率带传动中，也可采用铸铝或塑料带轮。

7.4.2　V 带轮的结构和尺寸

V 带带轮由轮缘、轮毂以及轮辐三部分组成。轮缘是带轮的外圈部分，轮缘上制有梯形槽，槽的结构尺寸和数目应与所用 V 带型号、根数相对应。普通 V 带轮槽尺寸见表 7.4.1。

普通 V 带两侧面的夹角均为 40°，而表中带轮的槽角 φ 取 32°、34°、36°、38°。这是因为带在带轮上弯曲时，由于截面变形将使两侧面的夹角变小，为了使胶带仍能紧贴轮槽两侧，将 V 带轮槽角规定为 32°、34°、36°、38°。

表 7.4.1　普通 V 带轮的轮槽尺寸

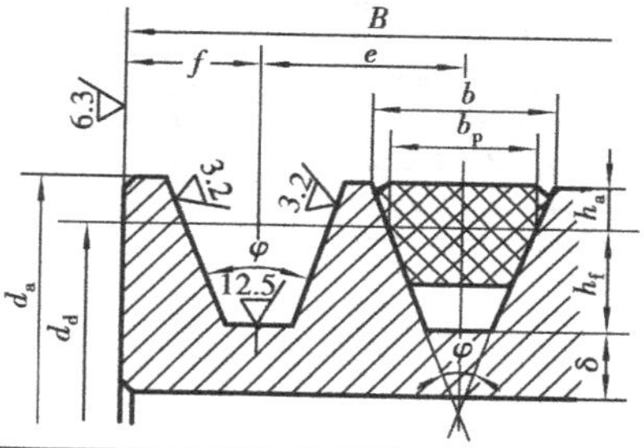

槽形截面尺寸	型号						
	Y	Z	A	B	C	D	E
槽根高 h_{fmin}	4.7	7.0	8.7	10.8	14.3	19.9	23.4
槽顶高 h_{amin}	1.6	2.0	2.7	3.5	4.8	8.1	9.6
槽间距 e	8	12	15	19	25.5	37	44.5
槽边宽 f_{min}	6	7	9	11.5	16	23	28
基准宽度 b_d	5.3	8.5	11	14	19	27	32
轮缘厚度 δ	5	5.5	6	7.5	10	12	15
轮宽 B	$B=(z-1)+2f$						
外径 d_a	$d_a=d_d+2h_a$						
槽角 φ 32° 对应的 d	≤60	—	—	—	—	—	—
槽角 φ 34° 对应的 d	—	≤80	≤118	≤190	≤315	—	—
槽角 φ 36° 对应的 d	>60		—	—	—	≤475	≤600
槽角 φ 38° 对应的 d	>80		>118	>190	>315	>475	>600

根据带轮直径的大小,普通V带共有实心式、辐板式、孔板式以及椭圆轮辐式四种典型结构,如图7.4.1所示。当带轮基准直径 $d_d \leqslant (2.5 \sim 3) d_0$,$d_0$ 为带轮轴的直径,采用实心式;$d_d \leqslant 400$ mm时,采用辐板式或孔板式;$d_d > 400$ mm 时,采用椭圆轮辐式。

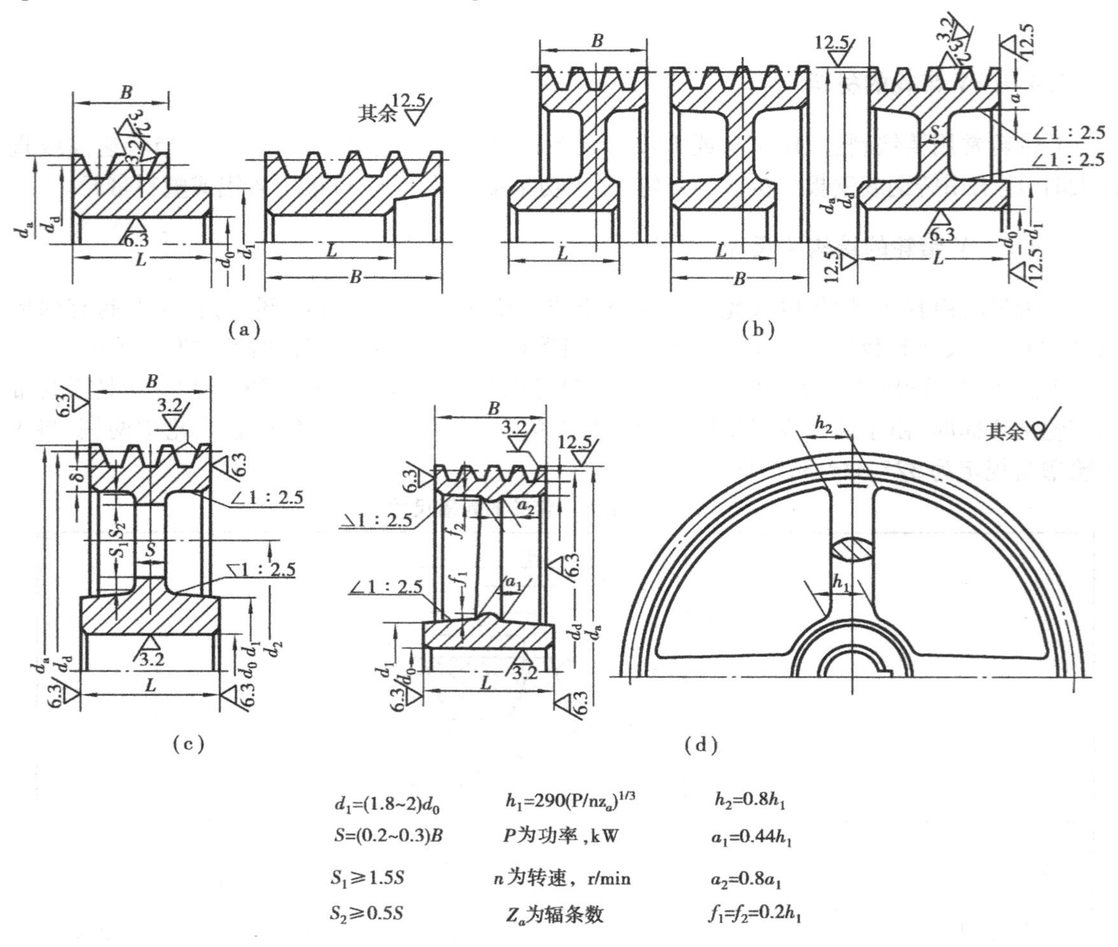

图7.4.1　V带轮的典型结构图

(a)实心式　(b)腹板式　(c)孔板式　(d)椭圆轮辐式

7.5　带传动的张紧、安装和维护

7.5.1　带传动的张紧

V带在张紧状态下,工作了一定时间后会产生塑性变形,因而造成了V带传动能力下降,为了保证带传动的传动能力,必须定期检查与重新张紧。常用的张紧方法有以下两种:调整中心距和加张紧轮。

(1)调整中心距

调整中心距法是带传动常用的张紧方法，如用调节螺杆使电机随摆动杆绕轴摆动(图7.5.1(a))，适用于垂直或接近垂直的布置；或用调节螺杆使装有带轮的电动机沿滑轨移动(图7.5.1(b))，适用于水平或倾斜不大的布置；或如图7.5.1(c)将装有带轮的电动机安装在浮动的摆架上，利用电动机自重，使带始终在一定的张紧力下工作。

(2)加张紧轮

当中心距不可调节时，采用张紧轮张紧(图7.5.1(d))，张紧轮一般应设置在松边内侧，并尽量靠近大带轮。张紧轮的轮槽尺寸与带轮相同，直径应小于带轮的直径，若设置在外侧时，则应使其靠近小轮，这样可以增加小带轮的包角。

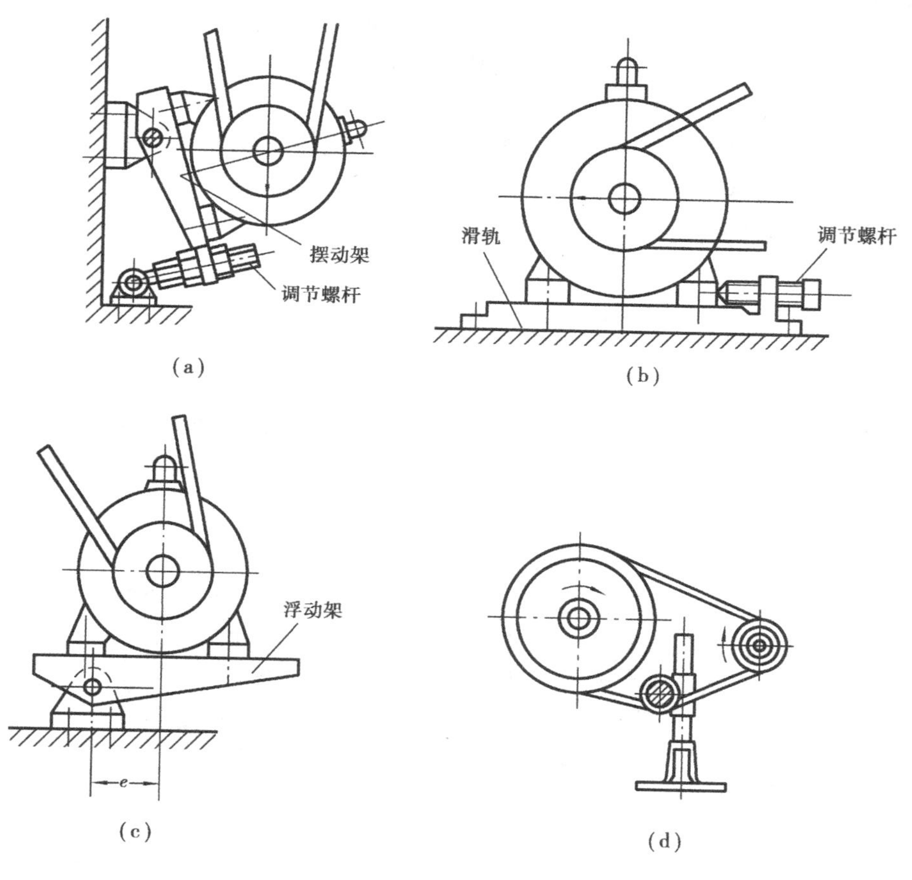

图7.5.1　带传动的张紧装置

7.5.2　带传动的安装和维护

(1)带轮的安装

平行轴传动时，各带轮的轴线必须保持规定的平行度，各轮宽的中心线，V带轮、多楔带轮对应轮槽的中心线，以及平带轮面凸弧的中心线均应共面且与轴线垂直，否则会加速带的磨损，降低带的寿命，如图7.5.2所示。

①通常应通过调整各轮中心距的方式来安装带和张紧，切忌硬将传动带从带轮上拔下扳

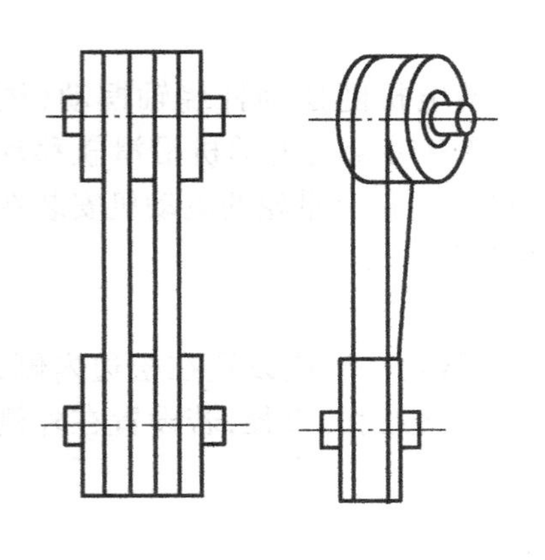

图 7.5.2　带轮的安装

上，严禁用撬棍等工具将带强行撬入或撬出带轮。

②同组使用的 V 带应型号相同，新旧 V 带不能同时使用。

③安装时，应按规定的初拉力张紧，对于中等中心距的带传动，也可凭经验张紧，带的张紧程度以大拇指能将带按下 15 mm 为宜。新带使用前，最好预先拉紧一段时间后再使用。

(2)带传动的维护

①带传动装置外面应加保护罩，以确保安全，防止带与酸、碱或油接触而腐蚀传动带。

②带传动不需润滑，禁止往带上加润滑油或润滑脂，应及时清理带轮槽内及传动带上的油污。

③应定期检查传动带，如有一根松弛或损坏则应全部更换新带。

④带传动的工作温度不应超过 60 ℃。

⑤如果带传动装置闲置时，应将传动带放松。

7.6　链传动概述

链传动由轴线平行的主动链轮、从动链轮和链条组成，它是以链条为中间挠性件的啮合传动装置，如图 7.6.1 所示。工作时，依靠链条与链轮轮齿的啮合来传递运动和动力。

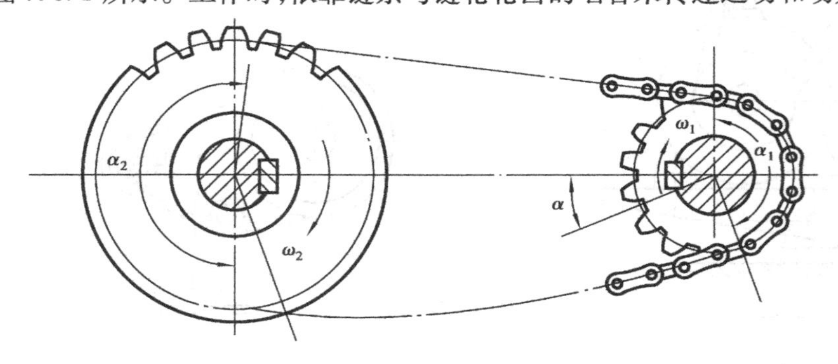

图 7.6.1　链传动

按用途的不同，链传动分为传动链、起重链和牵引链。起重链和牵引链主要用于起重机械和运输机械，传动链主要用于一般机械传动。在传动链中，又分为滚子链和齿形链两种，其中滚子链应用最广泛，故本书主要讨论滚子链传动。

链传动靠链轮和链条之间的啮合来传递运动，而链轮之间有挠性链条，在相同的时间内，两链轮转过的链节长度相等，所以链条平均线速度 $v = z_1Pn_1 = z_2Pn_2$（式中，z 为链轮齿数，P 为链节距，n 为转速），平均传动比恒定，但实际上链条进入链轮后形成折线，链传动相当于一对多边形轮之间的传动，当链轮转到不同位置时，链条的瞬时链速和瞬时传动比都是变化的，并引起动载荷。

链传动与摩擦型带传动相比，链传动能够得到准确的平均传动比，传递功率大，效率较高，过载能力强，相同情况下的传动尺寸小，所需张紧力小，故对轴的压力小，可在高温、多尘、油污、潮湿等恶劣环境下工作，与齿轮传动相比，制造和安装精度要求较低，成本低，易于实现远距离传动和多轴传动。

链传动适用于两轴线平行且距离较远、瞬时传动比无严格要求以及工作环境恶劣的场合，广泛用于农业、采矿、冶金、石油化工以及运输等各种机械中。目前，链传动所能传递的功率可达3 600 kW，常用100 kW以下；链速v可达30～40 m/s，常用$v \leqslant 15$ m/s；传动比最大可达15，一般$i \leqslant 6$，效率$\eta = 0.91 \sim 0.97$。

7.7　滚子链和链轮

7.7.1　滚子链的结构及标准

滚子链由内链板1、外链板2、销轴3、套筒4和滚子5组成，结构如图7.7.1(a)所示。

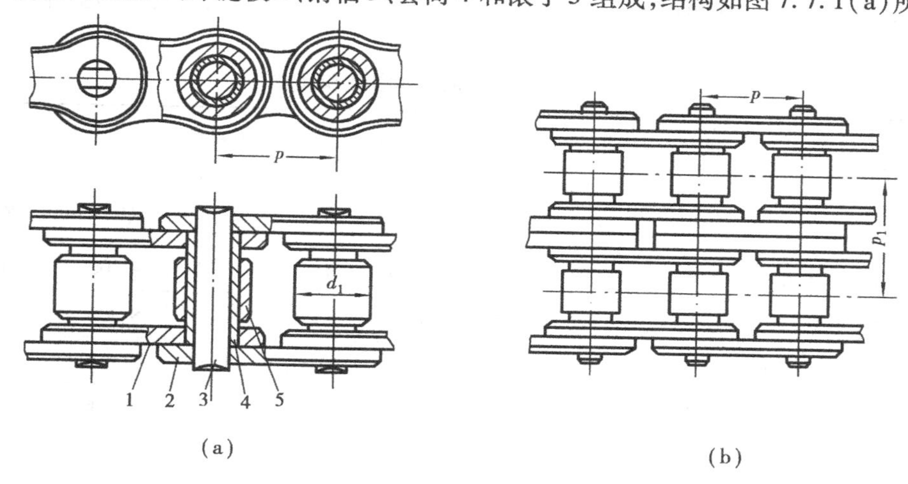

图7.7.1　滚子链的结构

销轴与外链板之间和套筒与内链板之间分别采用过盈配合联接，而销轴与套筒之间和滚子与套筒之间则为间隙配合。这样，当内、外链板相对挠曲时，套筒可绕销轴自由转动。滚子是活套在套筒上的，当链条进入链轮啮合时，滚子沿链轮齿廓滚动，这样就可以减轻齿廓的磨损。链的磨损主要发生在销轴与套筒的接合面上。

内外链板均制成“8”字形，以使链板各横截面的抗拉强度相等，并可减轻链条的重量和惯性力。滚子链上相邻两销轴中心的距离称为节距，用p表示。它是链传动的最主要的参数，p越大，链的各元件尺寸也越大，链所能传递的功率也越大，但当链轮齿数确定后，节距增大会使链轮直径增大。因此，在需承受较大载荷的场合下，滚子链还可制成多排形式的。为了使链传动总体尺寸不致过大，可用小节距的双排链（图7.7.1(b)）或多排链。多排链由单排链彼此间用单销轴组合而成，其承载能力与排数成正比。但排数越多，越难使各排链受载均匀，故排数不宜过多，常用双排或三排链，四排以上的少用。

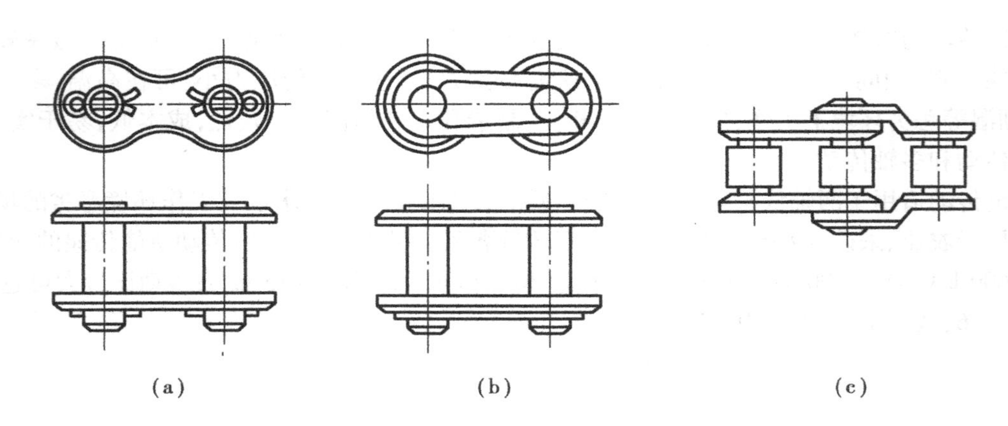

(a) (b) (c)

图 7.7.2 滚子链的接头形式

当链条节数为偶数时,链的接头称为连接链板,连接链板的外链板相同,可以拆卸,常用开口销或弹簧卡片来固定(图 7.7.2(a)、(b))。当链节数为奇数时,必须将两个内链节直接联接,因此需采用特殊的过渡链板(图 7.7.2(c)),这种链板的强度较差,所以应尽可能避免奇数链节。滚子链的基本参数与尺寸见表 7.7.1,分为 A、B 两个系列,表内的链号数乘以 25.4/16 mm 即为链节距值。

表 7.7.1 滚子链的基本参数和尺寸

链号	节距 p/mm	排距 p_t/mm	滚子外径 d_1/mm	内链节内宽 b_1/mm	销轴直径 d_2/mm	内链节外宽 b_2/mm	销轴长度	内链板高度 h_2/mm	极限拉伸载荷 Q/N	单排质量 q/(kg·m^{-1})(概略值)
05B	8.00	5.64	5.00	3.00	2.31	4.77	8.6	7.11	4 400	0.18
06B	9.252	10.24	6.35	5.72	3.28	8.53	13.5	8.26	8 900	0.40
08B	12.7	13.92	8.51	7.75	4.45	11.30	17.01	11.81	17 800	0.70
08A	12.7	14.38	7.95	7.85	3.96	11.18	17.8	12.07	13 800	0.6
10A	15.875	18.11	10.16	9.40	5.08	13.84	21.8	15.09	21 800	1.0
12A	19.05	22.78	11.91	12.57	5.94	17.75	26.9	18.08	31 100	1.5
16A	25.4	29.29	15.88	15.75	7.92	22.61	33.5	24.13	55 600	2.6
20A	31.75	35.76	19.05	18.90	9.53	27.46	41.1	30.18	86 700	3.8
24A	38.10	45.44	11.23	25.22	11.10	35.46	50.8	36.20	124 600	5.6
28A	44.45	48.87	25.4	25.22	12.70	37.19	54.9	42.24	169 000	7.5
32A	50.8	58.55	28.58	31.55	14.27	45.21	65.5	48.26	222 400	10.1
40A	63.5	71.55	39.68	37.85	19.54	54.89	80.3	60.33	347 000	16.1
48A	76.2	87.83	47.63	47.35	23.80	67.82	955.5	72.39	500 400	22.6

滚子链的标记规定为:链号-排数×整链链节数 国标编号。

例如,A 系列,节距为 31.75 mm、双排、80 节的滚子链标记为:20A-2×80 GB/T 1243—1997。

7.7.2　链轮

(1)链轮的齿形

滚子链链轮是链传动的主要零件,链轮齿形应满足下列要求:

①保证链条能平稳而顺利地进入和退出啮合。

②受力均匀,不易脱链。

③便于加工。

GB/T 1243—1997 规定了滚子链链轮的端面齿形,常用齿廓形状如图 7.7.3 所示。链轮的齿形用标准刀具加工,在其工作图上一般不绘制端面齿形,只需标明按 GB/T1243—1997 规定制造即可。

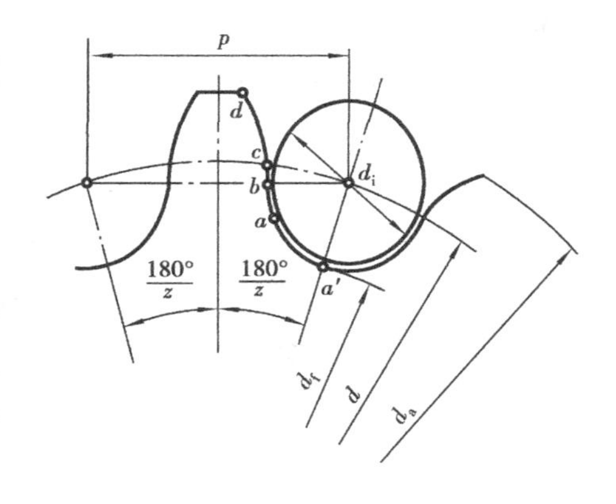

图 7.7.3　链轮的端面齿

若已知节距 p、滚子外径 d_1,链轮的主要尺寸及计算公式见表 7.7.2。

表 7.7.2　滚子链轮的主要尺寸

名　称	符　号	公　式	说　明
分度圆直径	d	$d = p/\sin(180°/z)$	
齿顶圆直径	d_a	$d_{amax} = d + 1.25p - d_i$ $d_{amin} = d + (1 - 1.6/z)p - d_i$	可在 d_{amax} 与 d_{amin} 范围内选取,但当选择 d_{amax} 时,应注意用展成法加工时,d_a 要取整数。d_i 为配用滚子链的滚子外径
分度圆弦齿高	h_a	$h_{amax} = (0.625 + 0.8/z)p - 0.5d_i$ $h_{amin} = 0.5(p - d_i)$	h_a 是为简化放大齿形图的绘制而引入的辅助尺寸,h_{amax} 相当于 d_{amax},h_{amin} 相当于 d_{amin}
齿根圆直径	d_f	$d_f = d - d_i$	
最大齿根距离	L_x	奇数齿:$L_x = d\cos(90°/z) - d_i$ 偶数齿:$L_x = d_f = d - d_i$	
齿侧凸缘(或排间槽)直径	d_g	$d_g < p\cot(180°/z) - 1.04h_2 - 0.76$	h_2 为内链板高度 d_g 要取为整数

注:d_K 为链轮的轴孔直径,根据轴的强度计算确定。

(2)链轮的结构

链轮的结构尺寸与其直径有关,直径小的链轮制成整体结构(图7.7.4(a)),中等尺寸的链轮做成孔板式(图7.7.4(b)),直径很大的用组合式,可采用螺栓联接(图7.7.4(c)),或将齿圈焊接到轮毂上(图7.7.4(d))。

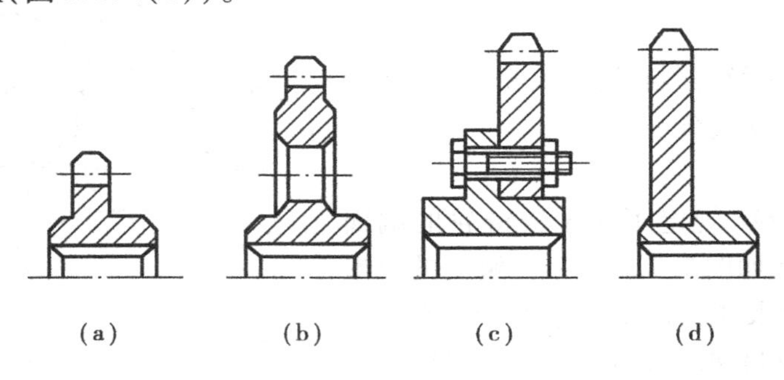

图7.7.4　链轮的结构

(3)链轮的材料

链轮轮齿应具有足够的接触强度和耐磨性,故多经热处理,小链轮的啮合次数多,所受的冲击也大,小链轮的材料应优于大链轮,常用的链轮材料为碳素钢(35、45、Q235、Q275等),重要的链轮可采用合金钢。

7.8　滚子链传动的设计计算

7.8.1　滚子链传动的失效形式

(1)链板疲劳破坏

在传动中,由于松边和紧边的拉力不同,使得滚子链各元件均受变应力作用,当应力达到一定数值并经过一定的循环次数后,内外链板便易发生疲劳破坏。

(2)滚子、套筒的冲击疲劳损坏

链传动进入啮合时的冲击,首先由滚子和套筒承受,在一定次数的冲击后,套筒、滚子会发生冲击疲劳破坏。

(3)链条铰链磨损

链传动时,相邻链节间发生相对转动,因而使销轴与套筒、套筒与滚子间发生摩擦,引起磨损,而磨损后链节变大,易导致跳齿或脱链。

(4)链条铰链胶合

由于销轴与套筒在链条的内部润滑条件最差,当链速过高、载荷较大且润滑不良时,便会使销轴与套筒的接触表面发生胶合。

(5)链条的静力拉断

在低速重载或严重过载时,链条会因静强度不足而被拉断。

7.8.2 传动参数的选择

(1)链速 v

链传动的速度一般分为低速($v<0.6$ m/s)、中速($v=0.6\sim0.8$ m/s)和高速($v>8$ m/s),为了控制链传动的振动、噪声等,需对链速加以限制。一般要求:

$$v=\frac{z_1 p n_1}{60\times 1\,000}\leqslant 12\sim 15\ \text{m/s} \tag{7.8.1}$$

(2)传动比

链传动的传动比一般为 $i=1\sim7$。传动比过大,使链条在小链轮上包角过小,即小轮啮合齿数过少,因而导致跳齿,加重磨损,推荐 $i=2\sim3.5$。

(3)链轮齿数

为了使链传动的运动平稳,小链轮齿数不宜过少,对于滚子链,可按链速由表7.8.1选取 z_1,然后按传动比确定大链轮齿数,$z_2=iz_1$并圆整,链条节距因磨损而伸长后,容易因 z_2过多而发生跳齿和脱链现象,所以,大链轮齿数不宜过多,一般应使 $z_2\leqslant120$。

表7.8.1 小链轮齿数 z_1

链速 $v/(\text{m}\cdot\text{s}^{-1})$	0.6~3	3~8	>8
z_1	≥17	≥21	≥25

由于链节数多为偶数,考虑到链条和链轮轮齿的均匀磨损,链轮齿数一般应取与链节数互为质数的奇数。

(4)链的节距

一般情况下,链的节距越大,其承载能力越高,但节距过大带来的啮合冲击对传动是不利的。因此,在满足工作要求的条件下,应尽量选小节距的链,高速重载时可选用小节距多排链。

(5)中心距和链条节数

中心距小,传动尺寸紧凑,但单位时间内链条绕转次数多,链节的屈伸次数也多,加速其磨损和疲劳,还会使小轮包角也过小,同时啮合的齿数也减少;中心距过大,则易因松边悬垂过多而产生剧烈抖动。中心距一般初取 $a_0=(30\sim50)p$,最大中心距 $a_0\leqslant80p$。

链条长度用链的节数 L_{P0}表示,按带传动求带长的公式可导出,即

$$L_{P0}=\frac{2a}{p}+\frac{z_1+z_2}{2}+\frac{p}{a}\left(\frac{z_2-z_1}{2\pi}\right)^2 \tag{7.8.2}$$

由此算出的链的节数,须圆整为整数,最好取为偶数。

根据链长得出链传动的实际中心距计算公式:

$$a=\frac{p}{4}\left[\left(L_p-\frac{z_1+z_2}{2}\right)+\sqrt{\left(L_p-\frac{z_1+z_2}{2}\right)^2-8\left(\frac{z_2-z_1}{2\pi}\right)^2}\,\right] \tag{7.8.3}$$

为了便于安装链条和调节链的张紧程度,一般中心距设计成可以调节的,若中心距不能调节而又没有张紧装置时,应将计算的中心距减小2~5 mm,这样可使链条有小的初垂度,以保持链传动的张紧。

7.8.3 滚子链的设计计算

滚子链传动速度一般分为中、高速传动（链速 $v \geqslant 0.6$ m/s）和低速传动（$v < 0.6$ m/s）。对于中、高速链传动，通常按功率曲线进行设计，而低速链传动，则按链的静强度进行设计计算。

链速 $v \geqslant 0.6$ m/s 时，其主要失效形式是链条疲劳或冲击疲劳破坏，设计计算准则为

$$P_c = K_A P \leqslant [P]$$

可按功率曲线图 7.8.1 进行设计，该图为 A 系列滚子链所能传递的功率，它是在特定条件下制定的，即①两链轮共面；②小链轮齿数 $z_1 = 19$；③链长为 100 链节；④单排链；⑤载荷平稳；⑥采用推荐的润滑方式，如图 7.9.2 所示；⑦工作寿命为 15 000 h，链条因磨损而引起的相对伸长量不超过 3%。

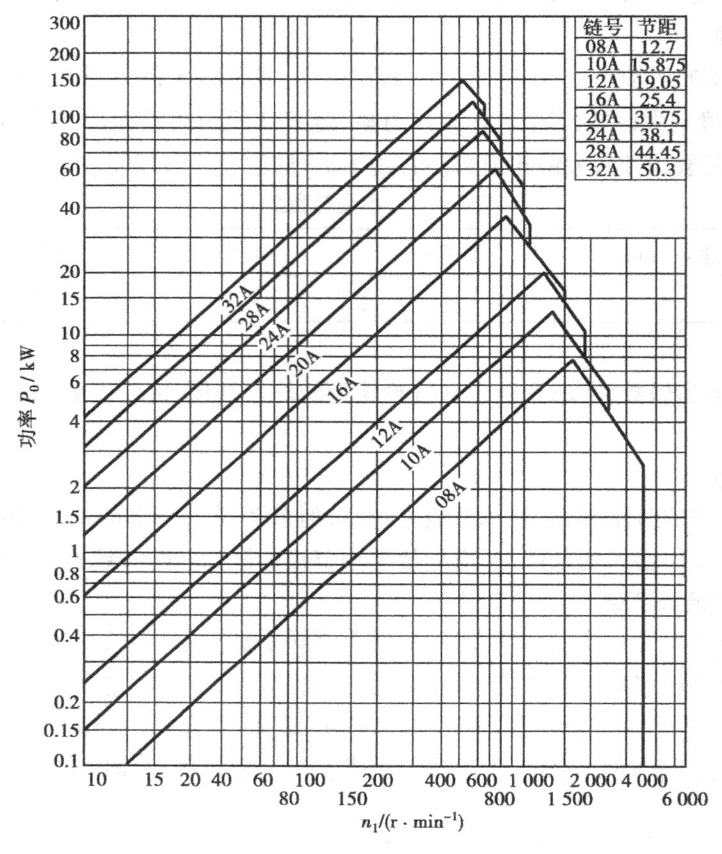

图 7.8.1 功率曲线图

如润滑不良或不能采用推荐的润滑方式时，应将图中 P_0 点值降低。当链速 $v \leqslant 1.5$ m/s 时，降低到 50%；当 1.5 m/s $< v \leqslant 7$ m/s 时，降低 75%；当 $v > 7$ m/s 而又润滑不良时，传动不可靠，不宜采用。

当实际工作情况与上述特定条件不同时，应对查得的 P_0 值加以修正，故实际工作条件下链条所能传递的功率可表示为

$$P_c = K_A P \leqslant P_0 K_z K_m$$

$$P_0 \leqslant P\frac{K_A}{K_z K_m} \tag{7.8.4}$$

式中,P 为链传动所能传递的功率(kW);P_0为特定条件下单排链传递的额定功率(kW);K_z为小链轮齿数因数,查表7.8.2确定。当传动工作在图7.8.1曲线凸峰左侧时,其失效形式为链板疲劳破坏,查表中的 K_z确定;当传动工作在图7.8.1曲线凸峰的右侧时,其失效形式为滚子、套筒冲击疲劳破坏,查表中的 K'_z;K_m为多排链因数,查表7.8.3确定;K_A为工作情况因数,查表7.8.4。

当 $v \leqslant 0.6$ m/s 时,主要失效形式为链条的过载拉断,设计计算时必须验算静力强度的安全系数,即

$$\frac{Q}{F_1 K_A} \geqslant S \tag{7.8.5}$$

式中,Q 为单排链的极限拉伸载荷(N),查表7.7.1确定;F_1为紧边拉力 $F = 1\,000P/v$ (N);S为安全系数,$S = 4 \sim 8$;K_A为工作情况因素,查表7.8.4确定。

表7.8.2　小链轮齿数因数 K_z

Z_1	17	19	21	23	25	27	29	31	33	35
K_z	0.887	1.00	1.11	1.23	1.34	1.46	1.58	1.70	1.82	1.93
K'_z	0.846	1.00	1.16	1.33	1.51	1.69	1.89	2.08	2.29	2.50

表7.8.3　多排链因数 K_m

排　数	1	2	3	4
K_m	1.0	1.7	2.5	3.3

表7.8.4　工作情况因数 K_A

载荷种类	原　动　机	
	电动机或汽轮机	内燃机
载荷平稳	1.0	1.2
中等冲击	1.3	1.4
较大冲击	1.5	1.7

7.9　链传动的布置与维护

7.9.1　链传动的布置

链传动的布置对传动的工作状态和使用寿命有较大的影响,应注意以下几点:

①两链轮的两轴应平行布置,两轮的回转平面应在同一平面内。

②两链轮最好布置成轴心连线在水平面内，需要时也可布置成两轮轴心连线与水平面夹角小于45°位置，尽量避免垂直布置，必须采用两链轮上下布置时，上下两轮中心应不在同一条垂线上。

③通常使链条的紧边在上，松边在下，以免松边垂度过大时与轮齿相干涉或紧、松边相碰。

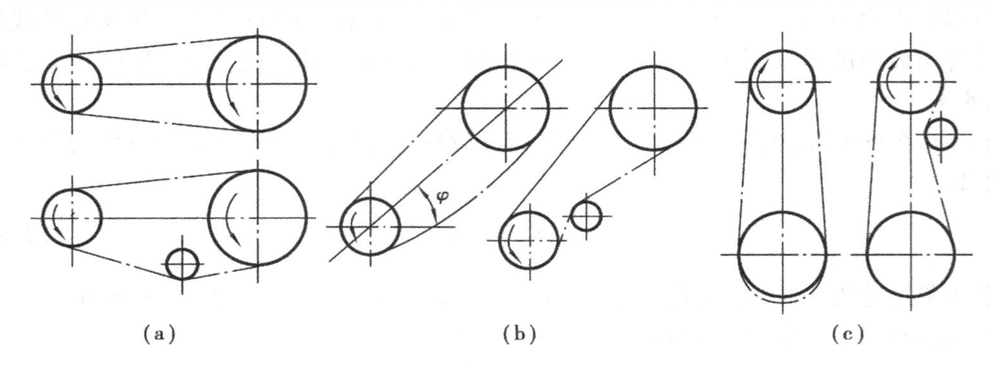

图7.9.1　链传动的张紧

7.9.2　链传动的张紧

在链传动中，为了避免由于铰链磨损使链长度增大而松边过于松弛，垂直布置时避免链轮的啮合不良和振动过大，需适当张紧。一般情况下，链传动设计成中心距可调整的形式可通过调整中心距来张紧链轮，也可采用张紧轮张紧（图7.9.1），张紧轮一般设在链条松边，根据需要可以靠近小链轮或大链轮，或者布置在中间位置。

7.9.3　链传动的润滑

链传动的润滑是影响传动工作寿命的重要因素之一，润滑良好可减少铰链的磨损。润滑方式按链速和链节距的大小按图7.9.2进行选取，人工润滑时，在链条内外链板间隙注油，每班一次；滴油润滑时，单排链每分钟油杯滴油5～20滴，链速高时取大值；油浴润滑时，链条浸

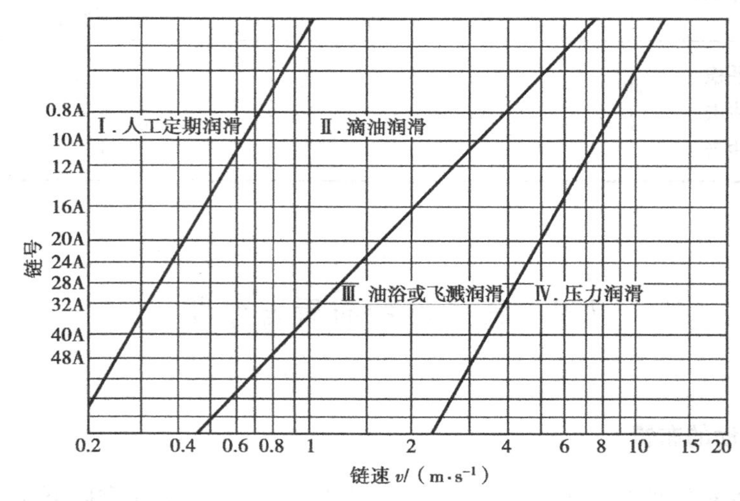

图7.9.2　推荐的润滑方式

油深度6~12 mm;飞溅润滑时,链条不得浸入油池,甩油盘深度12~15 mm,甩油盘的圆周速度大于3 m/s。

思考题与练习题

7.1　传动带上所受应力包括哪些部分?若要降低应力可采取什么措施?

7.2　在V带传动设计过程中为什么要核验带速和包角?

7.3　带传动的弹性滑动和打滑现象有什么区别?产生原因是什么?

7.4　已知V带传动中心距为370 mm,小带轮直径为140 mm,大带轮直径为400 mm,B型带3根,传动水平布置,张紧力按标准规定,由交流异步电动机带动,n_1 =1 450 r/min,两班工作制,传动平稳,试求允许传递的最大功率P和压轴力Q。

7.5　增大初拉力可以使带和带轮间的摩擦力增加,但为什么带传动中不能过大地增大初拉力来提高带的传动能力,而是将初拉力控制在一定数值上?

7.6　设计一通风机的V带传动,选用异步电机驱动,已知电机转速n_1 =1 460 r/min,通风机转速n_2 =640 r/min,通风机输入功率P =9 kW,两班工作制。

7.7　一滚子链传动,链轮齿数$z_1=21$,$z_2=53$,链条型号为10 A,链长L_p =100节,试求链轮的分度圆、齿顶圆和齿根圆直径以及传动的中心距。

7.8　一滚子链传动,已知主链轮齿数$z_1=17$,采用10 A滚子链,中心距a =500 mm,水平布置,传递功率P =1.5 kW、主动轮转速n_1 =130 r/min,设工作情况系数K_A =1.2,静力强度系数S =7,试验算此链传动。

第 8 章
平面齿轮传动

8.1 齿轮传动的特点和类型

齿轮传动是现代机械中广泛应用的一种机械传动。与其他形式的传动相比,齿轮传动具有以下优点:传递的功率大,适用范围广,结构紧凑,效率高,工作可靠,寿命长,可以传递空间任意两轴之间的运动和动力,且能保证恒定的瞬时传动比。其缺点是:制造和安装精度要求高、成本高,且不适宜用于中心距较大的传动。齿轮传动的类型很多,通常按两轮轴线间的位置及齿向不同分类。

根据两齿轮相对运动平面位置不同,齿轮传动分为平面齿轮传动和空间齿轮传动两大类。

(1)平面齿轮传动

平面齿轮传动的两齿轮轴线相互平行。常见的类型有以下几种:

1)直齿圆柱齿轮传动

直齿圆柱齿轮的轮齿与轴线平行,按其相对运动情况又可分为外啮合齿轮传动(图 8.1.1(a))、内啮合齿轮传动(图 8.1.1(b))和齿轮齿条传动(图 8.1.1(c))。

2)斜齿圆柱齿轮传动

如图 8.1.1(d)所示,斜齿轮的轮齿相对于轴线倾斜一个角度,斜齿轮传动按其啮合方式也可分为外啮合、内啮合及齿轮齿条传动三种。

3)人字形齿轮传动

这种齿轮的轮齿呈人字形,可以看成是由两个螺旋角大小相等、旋向相反的斜齿轮合并而成,如图 8.1.1(e)所示。

(2)空间齿轮传动

空间齿轮传动的两齿轮轴线不平行。按两轴线的相对位置可分为锥齿轮传动、交错轴斜齿轮传动、蜗杆蜗轮传动。

1)锥齿轮传动

这种齿轮传动的两轮轴线相交,可为任意交角,常用的是 90°。锥齿轮按齿向不同,可分为直齿圆锥齿轮(图 8.1.1(f))、斜齿圆锥齿轮和曲齿圆锥齿轮(图 8.1.1(g))。

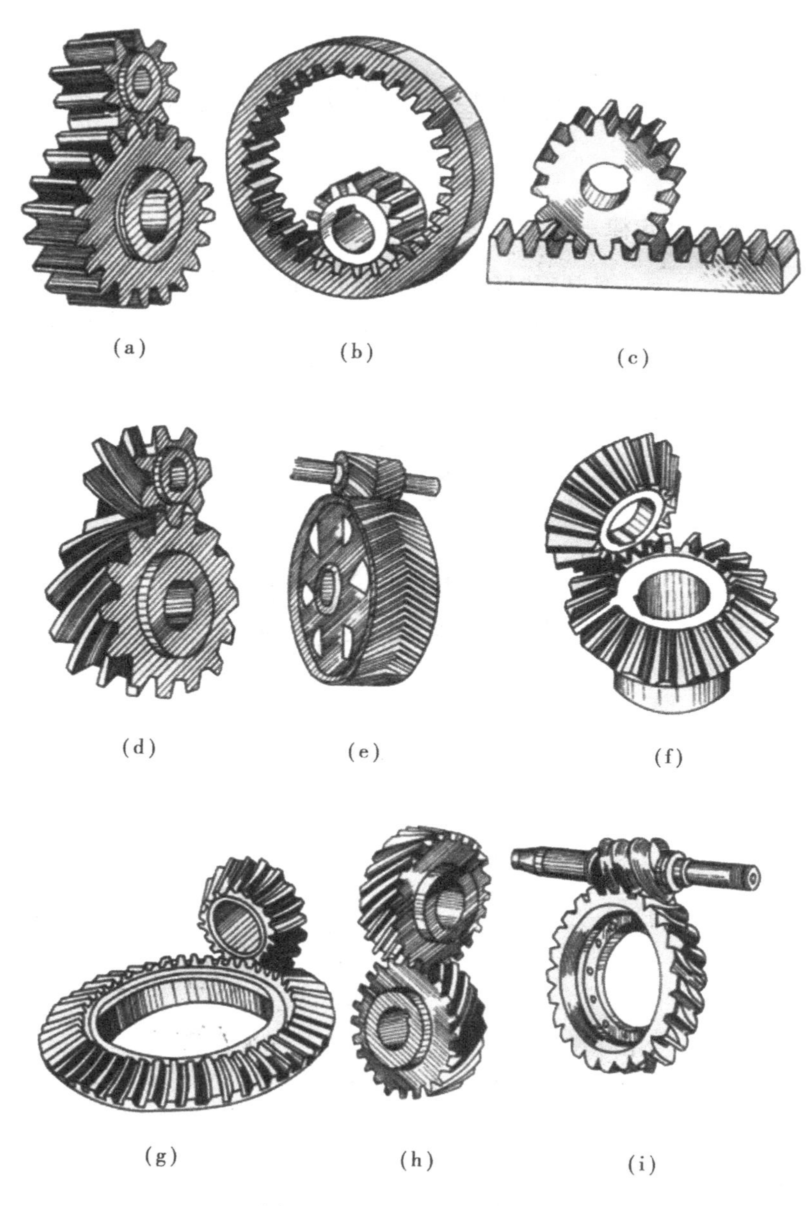

图8.1.1　齿轮机构的类型

2)交错轴斜齿轮传动

这种齿轮传动的两齿轮轴线在空间交错(既不平行也不相交),如图8.1.1(h)所示。

3)蜗杆蜗轮传动

蜗杆蜗轮传动的两轴线相交成90°,如图8.1.1(i)所示。

8.2　齿廓啮合基本定律及渐开线齿廓

8.2.1　齿廓啮合基本定律

齿轮传动的基本要求之一是其瞬时传动比(角速比)恒定,否则当主动轮以等角速度转动时,从动轮的角速度为变值,从而产生惯性力,这样会引起振动、冲击和噪声,影响齿轮传动精度及使用寿命。下面来讨论一对齿廓满足什么条件才能保证定角速比的问题。

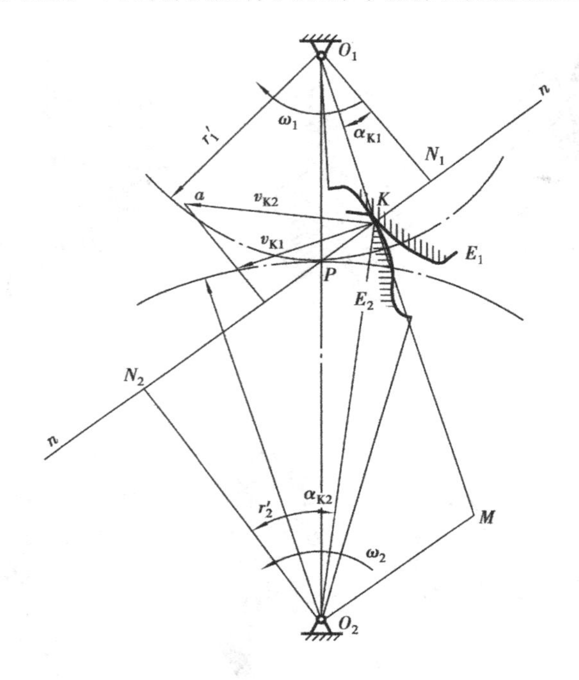

图 8.2.1　齿廓啮合基本定律

图 8.2.1 表示一对相互啮合的齿廓 E_1 与 E_2 在 K 点接触的情况。设两轮的角速度分别为 ω_1 和 ω_2,则接触点 K 的线速度为

$$v_{K1} = O_1K\omega_1 \qquad v_{K2} = O_2K\omega_2$$

过 K 点作两齿廓的公法线 n-n,它与齿轮轮心连线 O_1O_2 交于 P 点。为了保证两齿廓在啮合过程中既不相互嵌入也不相互分离,v_{K1} 与 v_{K2} 在公法线方向的分速度必须相等,即

$$v_{K1}\cos\alpha_{K1} = v_{K2}\cos\alpha_{K2}$$

$$O_1K\omega_1\cos\alpha_{K1} = O_2K\omega_2\cos\alpha_{K2}$$

从而有

$$i_{12} = \frac{\omega_1}{\omega_2} = \frac{O_2K\cos\alpha_{K2}}{O_1K\cos\alpha_{K1}}$$

过 O_1、O_2 分别作公法线 n-n 的垂线,垂足分别为 N_1、N_2,则有

$$O_1N_1 = O_1K\cos\alpha_{K1} \qquad O_2N_2 = O_2K\cos\alpha_{K2}$$

又由$\triangle O_1N_1P \backsim \triangle O_2N_2P$,可得传动比为

$$i_{12}=\frac{\omega_1}{\omega_2}=\frac{O_2K\cos\alpha_{K2}}{O_1K\cos\alpha_{K1}}=\frac{O_2N_2}{O_1N_1}=\frac{O_2P}{O_1P} \tag{8.2.1}$$

上式表明,对于互相啮合传动的一对齿廓,任意瞬时的传动比等于该瞬时两轮连心线被齿廓接触点公法线分割的两段线段长度之反比。欲使一对齿轮瞬时传动比恒定不变,O_2P/O_1P必为常数,P点必为连心线上的一定点。由此可得出结论:无论在任何位置接触,过接触点所作的齿廓公法线必须过连心线上一定点,才能保证两齿轮传动比恒定,这就是齿廓啮合基本定律。

P点称为节点;令$O_1P=r'_1$,$O_2P=r'_2$,分别以r'_1和r'_2为半径、以两轮轮心为圆心画圆,称为节圆。节点为两节圆的切点。将r'_1和r'_2代入式(8.2.1)得,$\omega_1r'_1=\omega_2r'_2$,即两节圆的圆周速度相等。显然,两齿轮啮合传动时,可视为半径为r'_1、r'_2的两节圆在做纯滚动。

一对能满足齿廓啮合基本定律的齿廓称为共轭齿廓。具有共轭齿廓的齿轮,除了要满足定传动比的要求外,还必须满足强度高,寿命长,制造容易,安装方便,互换性好,以及传动效率高等要求。同时能满足上述要求的曲线有渐开线、摆线、圆弧等曲线。渐开线齿廓齿轮不仅能满足上述要求,而且制造容易,因此得到广泛应用。

8.2.2 渐开线的形成及特性

当一直线在一圆周上做纯滚动时(图8.2.2),此直线上任意一点的轨迹称为该圆的渐开线,这个圆称为渐开线的基圆,该直线称为渐开线的发生线。

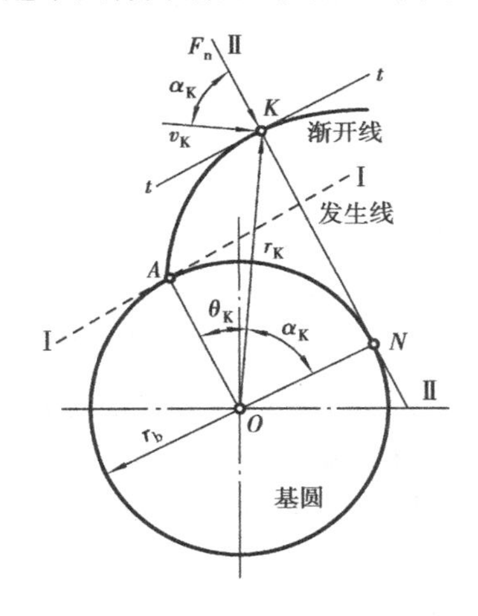

图8.2.2 渐开线的形成

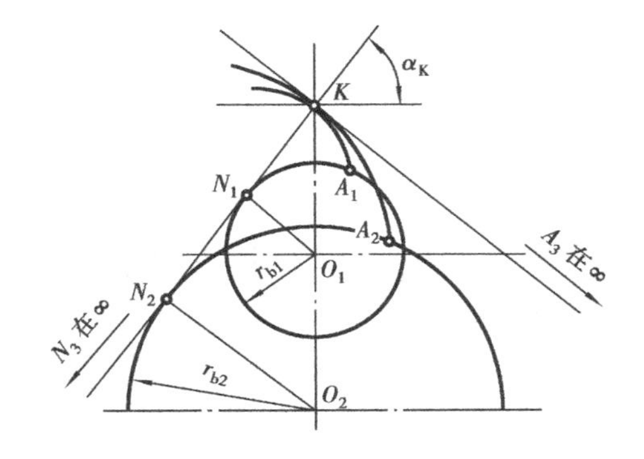

图8.2.3 基圆半径对渐开线形状的影响

由渐开线的形成过程可知,渐开线具有如下特性:

①发生线在基圆上滚过的长度等于基圆上被滚过的弧长,即直线NK的长度等于弧长$\overset{\frown}{AN}$。

②发生线NK是基圆的切线和渐开线上K点的法线。线段NK是渐开线在K点的曲率半径,N点为其曲率中心。由此可见,渐开线上各点的法线均与基圆相切。

③渐开线上某一点的法线(压力方向线)与该点速度方向线所夹的锐角α_K,称为该点的压力角。以r_b表示基圆半径,由图可知

$$\cos\alpha_K=r_b/r_K \tag{8.2.2}$$

上式表明，渐开线上各点的压力角不相等，向径 r_K 越大（即离开轮心越远的点），其压力角越大，反之越小。基圆上的压力角等于零。

④渐开线的形状取决于基圆的大小。如图 8.2.3 所示，基圆越大，渐开线越平直，当基圆半径趋于无穷大时，其渐开线将成为垂直于 N_3K 的直线，它就是渐开线齿条的齿廓。

⑤基圆内无渐开线。

8.2.3 渐开线齿廓的啮合特性

(1)渐开线齿廓能保证恒定的传动比

根据渐开线的性质，不难证明用渐开线作为齿轮齿廓可以满足定传动比的要求。

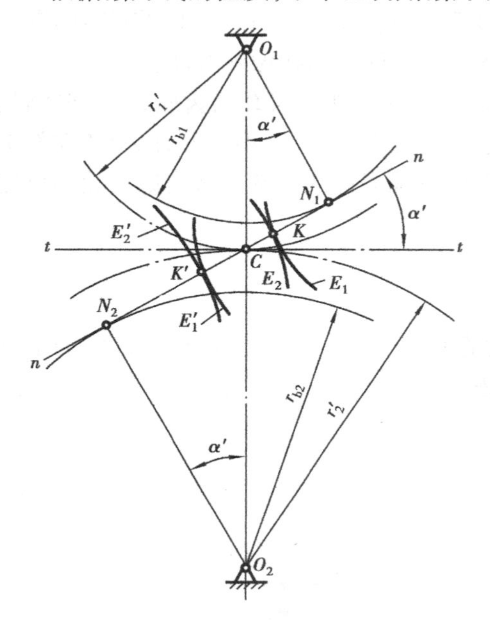

图 8.2.4 渐开线齿廓的啮合

如图 8.2.4 所示，设两渐开线齿廓在 K 点接触，齿轮的基圆半径分别为 r_{b1} 和 r_{b2}。过 K 点作这对齿廓的公法线 n-n，根据渐开线的特性可知，此公法线必同时与两基圆相切，即 n-n 是两轮基圆的一条内公切线。当齿廓在另一点 K' 接触时，过 K' 作这对齿廓的公法线 n-n，根据渐开线的特性可知，此公法线也必同时与两基圆相切。当两齿轮安装固定后，两基圆的大小位置即固定，其在同一方向的内公切线只有一条。故 n-n 为一定直线，它与连心线 O_1O_2 的交点 P 必为一定点。这就说明渐开线齿廓满足齿廓啮合基本定律，即满足定传动比要求，且其传动比与两基圆半径成反比，即

$$i_{12} = \frac{\omega_1}{\omega_2} = \frac{r_{b2}}{r_{b1}} \tag{8.2.3}$$

(2)传动的作用力方向不变

如图 8.2.4 所示，渐开线齿轮传动时，其齿廓接触点的轨迹称为啮合线。对于渐开线齿廓，无论在何点接触，过接触点的公法线总是两基圆的内公切线 N_1N_2。因此，直线 N_1N_2 就是齿廓的啮合线。当不考虑摩擦时，两齿廓间作用力的方向必沿着接触点的公法线方向，即啮合线方向。由于啮合线为定直线，所以在啮合过程中齿廓间的作用力方向不变，这对齿轮传动的平稳性是很有利的。

过节点作两节圆的公切线 t-t，它与啮合线之间的夹角称为啮合角，用 α' 表示，由图可见，渐开线齿轮传动中啮合角为常数。

(3)渐开线齿轮传动的可分性

两渐开线齿轮啮合时，其传动比等于两轮基圆半径之反比，而在渐开线齿轮的齿廓加工完成后，其基圆大小就已完全确定。所以，即使两轮的实际中心距与设计中心距略有偏差，也不会影响两轮的传动比。渐开线齿廓传动的这一特性称为传动的可分性。

实际上，制造、安装误差或轴承的磨损，常常会导致中心距的微小变化。但由于渐开线齿轮传动具有可分性，故仍能保持良好的传动性能。

8.3　渐开线标准直齿圆柱齿轮的基本参数和几何尺寸计算

8.3.1　齿轮各部分的名称及代号

图 8.3.1 为直齿圆柱齿轮的一部分,图中标出了齿轮各部分的名称和常用代号。

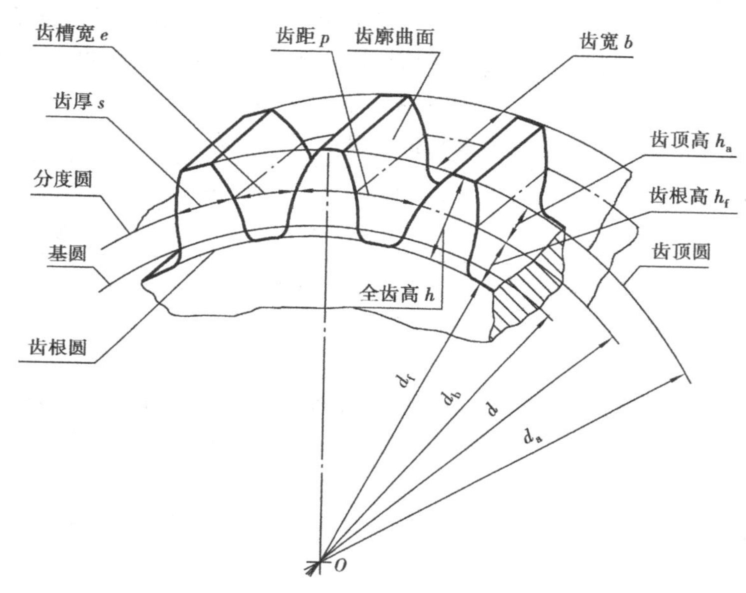

图 8.3.1　齿轮各部分的名称

(1) 齿数

齿轮圆柱面上凸出的部分称为轮齿,其两侧是形状相同而方向相反的渐开线,称为齿廓。轮齿的总数称为齿数,用 z 表示。

(2) 齿厚

任一圆周上同一轮齿两侧齿廓间的弧长,称为该圆上的齿厚,用 s_k 表示。

(3) 齿槽

相邻两轮齿间的空间称为齿槽。在任意圆周上,同一齿槽两侧齿廓间的弧长称为该圆的齿槽宽,用 e_k 表示。

(4) 齿顶圆

各轮齿齿顶所确定的圆称为齿顶圆,齿顶圆直径用 d_a 表示。

(5) 齿根圆

各齿槽底部所确定的圆称为齿根圆,齿根圆直径用 d_f 表示。

(6) 齿距

在任意半径的圆周上,相邻两齿同侧齿廓间的弧长称为该圆上的齿距,用 p_k 表示。显然

$$p_k = s_k + e_k \tag{8.3.1}$$

(7)模数

根据齿距的定义,可知齿距与圆周长有如下关系:

$$\pi d_K = p_k z$$

$$d_K = (p_k/\pi)z = m_K z \tag{8.3.2}$$

式中,比值 $p_k/\pi = m_K$ 称做该圆上的模数。在不同直径的圆周上,比值 p_k/π 是不同的,而且还包含无理数 π;又由渐开线性质可知,在不同直径的圆周上,齿廓各点的压力角也不相等。为了便于设计、制造及互换,人为地将齿轮某一圆周上的比值 p_k/π 规定为标准值(整数或有理数),并使该圆上的压力角也规定为标准值,这个圆称为分度圆,其直径用 d 表示。分度圆上的压力角简称压力角,用 α 表示。我国规定的标准压力角为20°。分度圆上的模数简称模数,用 m 表示,单位为mm。模数已标准化,表8.3.1为其中的一部分。

表8.3.1　标准模数系列(摘自GB/T 357—1987)

第一系列	1,1.25,1.5,2,2.5,3,4,5,6,8,10,12,16,20,25,32,40,50
第二系列	1.75,2.25,2.75,(3.25),3.5,(3.75),4.5,5.5,(6.5),7,9,(11),14,18,22,28,36,45

注:①本标准适用于渐开线圆柱齿轮,对于斜齿轮是指法向模数。

②优先采用第一系列,括号内的模数尽可能不用。

模数是齿轮设计与制造的重要基本参数,齿轮的主要几何尺寸都与模数成正比,m 越大,则齿距 p 越大,轮齿就越大,轮齿的抗弯能力也越强,所以,模数 m 又是轮齿抗弯能力的重要标志。

分度圆上的齿距、齿厚、齿槽宽习惯上不加分度圆字样,而直接称为齿距、齿厚、齿槽宽。分度圆上各参数的代号都不带下标。

分度圆上的齿距为

$$p = s + e = \pi m \tag{8.3.3}$$

分度圆直径为

$$d = mz \tag{8.3.4}$$

(8)齿顶高、齿根高和全齿高

介于齿顶圆与分度圆之间的部分称为齿顶,其径向高度称为齿顶高,用 h_a 来表示。介于齿根圆与分度圆之间的部分称为齿根,其径向高度称为齿根高,用 h_f 表示。齿顶圆与齿根圆之间的径向高度称为全齿高,用 h 表示,即

$$h = h_a + h_f \tag{8.3.5}$$

齿顶高和齿根高的尺寸规定为模数的倍数,即

$$h_a = h_a^* m \qquad h_f = (h_a^* + c^*)m \tag{8.3.6}$$

$$h = h_a + h_f = (2h_a^* + c^*)m \tag{8.3.7}$$

式中,h_a^* 称为齿顶高系数,c^* 称为顶隙系数。齿顶高系数和顶隙系数已标准化,见表8.3.2。

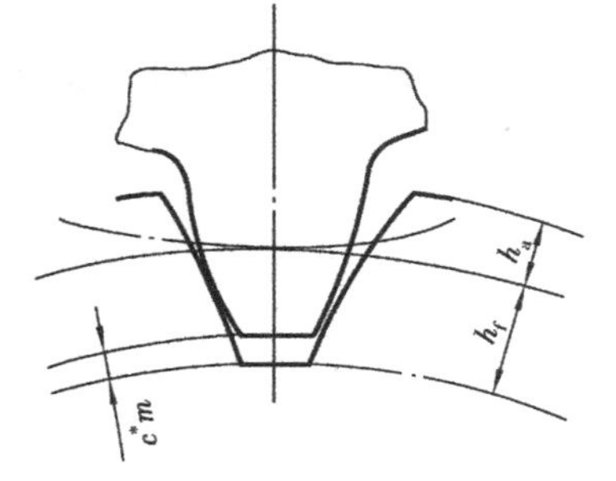

图8.3.2　齿轮顶隙

式中，$c=c^{*}m$ 称为顶隙，是指一对齿轮啮合时，一个齿轮的齿顶圆到另一个齿轮的齿根圆的径向距离(图 8.3.2)。顶隙的作用是为了避免一个齿轮的齿顶与另一个齿轮的齿槽底部相碰，同时也为了在间隙中储存润滑油。

表 8.3.2　渐开线圆柱齿轮的齿顶高系数和顶隙系数

系数	正常齿制	短齿制
h_a^*	1.0	0.8
c^*	0.25	0.3

当齿轮的模数 m，压力角 α，齿顶高系数 h_a^*，顶隙系数 c^* 均为标准值，且分度圆上的齿厚与齿槽宽相等时，该齿轮称为标准齿轮。m、α、h_a^*、c^* 和 z 为渐开线直齿圆柱齿轮几何尺寸计算的五个基本参数。

外啮合渐开线标准直齿圆柱齿轮几何尺寸的计算公式归纳在表 8.3.3 中。

表 8.3.3　渐开线标准直齿圆柱齿轮几何尺寸计算公式

名　称	代号	计算公式		
		外齿轮	内齿轮	齿　条
模数	m	取标准值		
压力角	α	$\alpha=20°$		
分度圆直径	d	$d=mz$		
基圆直径	d_b	$d_b=d\cos\alpha$		
齿顶高	h_a	$h_a=h_a^*m$		
齿根高	h_f	$h_f=(h_a^*+c^*)m$		
全齿高	h	$h=h_a+h_f=(2h_a^*+c^*)m$		
齿距	p	$p=\pi m=s+e$		
齿厚	s	$s=\pi m/2$		
齿槽宽	e	$e=\pi m/2$		
顶隙	c	$c=c^*m$		
齿顶圆直径	d_a	$d_a=d+2h_a=(z+2h_a^*)m$	$d_a=d-2h_a=(z-2h_a^*)m$	∞
齿根圆直径	d_f	$d_f=d-2h_f=(z-2h_a^*-2c^*)m$	$d_f=d+2h_f=(z+2h_a^*+2c^*)m$	∞
中心距	a	$a=(d_2\pm d_1)/2=m(z_2\pm z_1)/2$		∞

注：中心距计算式中“+”用于外啮合，“-”号用于内啮合。

8.3.2　内齿轮与齿条

(1)内齿轮

图 8.3.3 所示为一圆柱内齿轮，其齿廓形状有以下特点：

①内齿轮的齿厚相当于外齿轮的齿槽宽，而其齿槽宽相当于外齿轮的齿厚。内齿轮的齿廓是内凹的渐开线。

②内齿轮的齿顶圆在分度圆之内，而齿根圆在分度圆之外。其齿根圆比齿顶圆大。

③齿轮的齿廓均为渐开线时,其齿顶圆必须大于基圆。

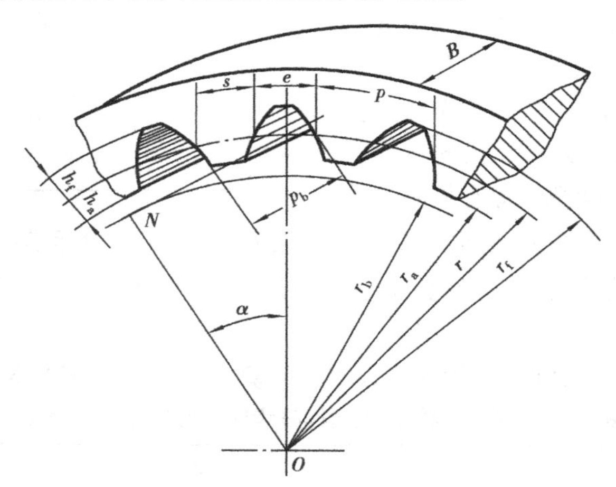

图 8.3.3　内齿轮各部分名称和符号

(2)齿条

图 8.3.4 所示为一齿条,其齿廓形状有以下特点:

①其齿廓是直线,齿廓上各点的法线相互平行,而齿条移动时,各点的速度方向、大小均一致,故齿条齿廓上各点的压力角相同。如图 8.3.4 所示,齿廓的压力角等于齿形角,数值为标准压力角值。

②齿条可视为齿数无穷多的齿轮,其分度圆无穷大,成为分度线。任意与分度线平行的直线上的齿距均相等,$p_k = \pi m$。只有分度线上的齿厚与齿槽宽相等,即 $s = e$,其他直线上 $s \neq e$。

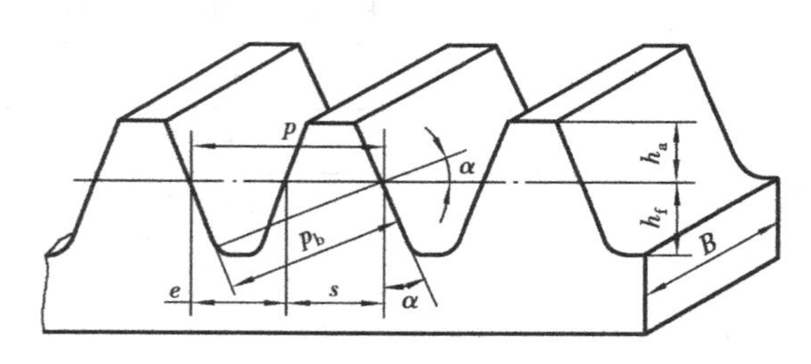

图 8.3.4　齿条各部分名称和符号

8.4　渐开线标准直齿圆柱齿轮的啮合传动

8.4.1　正确啮合条件

由前述可知,一对渐开线齿轮无论在何位置接触,它们的啮合点都应当在啮合线 N_1N_2 上。如图 8.4.1 所示,当前一对齿在啮合线上的 K 点相啮合时,后一对齿必须正确地在啮合线上的 K' 点相啮合。显然,KK' 既是齿轮 1 的法向齿距(相邻轮齿同侧齿廓间的法线距离),又是齿轮 2 的法向齿距。由此可知,要保证两齿轮正确啮合,它们的法向齿距必须相等。设 $K_1K'_1$、

$K_2K'_2$分别表示齿轮 1 和齿轮 2 的法向齿距,应有 $K_1K'_1 = K_2K'_2$。又由渐开线的性质可知,法向齿距与基圆齿距相等。设 P_{b1}、P_{b2}分别表示齿轮 1 和齿轮 2 的基圆齿距,则有

$$K_1K'_1 = P_{b1} = K_2K'_2 = P_{b2}$$

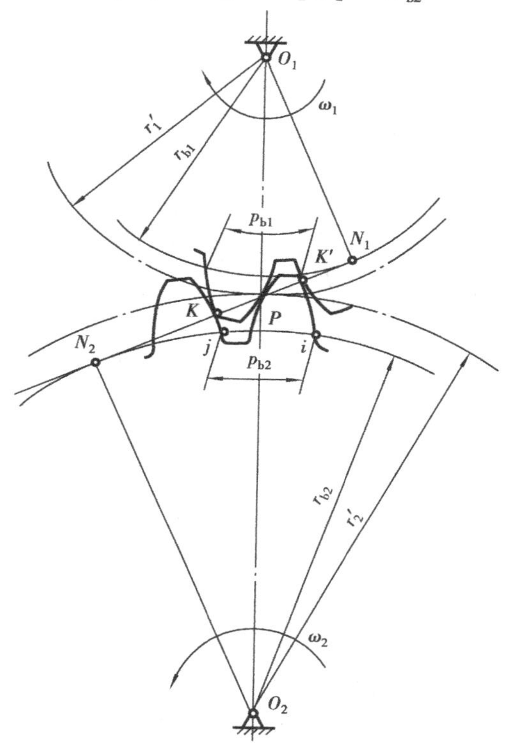

图 8.4.1　正确啮合条件

而

$$P_{b1} = \pi d_{b1}/z_1 = \pi d_1\cos\alpha_1/z_1 = \pi m_1 z_1\cos\alpha_1/z_1 = \pi m_1\cos\alpha_1$$

$$P_{b2} = \pi d_{b2}/z_2 = \pi d_2\cos\alpha_2/z_2 = \pi m_2 z_2\cos\alpha_2/z_2 = \pi m_2\cos\alpha_2$$

可得两齿轮正确啮合的条件为

$$m_1\cos\alpha_1 = m_2\cos\alpha_2$$

式中,m_1、m_2、α_1、α_2分别为两轮的模数和压力角。由于模数和压力角都已标准化,所以要满足上式。则

$$\left.\begin{aligned} m_1 = m_2 = m \\ \alpha_1 = \alpha_2 = \alpha \end{aligned}\right\} \tag{8.4.1}$$

上式表明,渐开线齿轮的正确啮合条件是:两轮的模数和压力角分别相等。

8.4.2　连续传动条件

一对轮齿的正确啮合过程如下:如图 8.4.2(a)所示,设轮 1 为主动轮,轮 2 为从动轮,当两轮的一对齿开始啮合时,主动轮的齿根部分与从动轮的齿顶接触,所以开始啮合点是从动轮的齿顶圆和啮合线 N_1N_2的交点 B_2;当两轮继续转动,啮合点的位置沿着 N_1N_2移动,轮 2 齿廓上的啮合点由齿顶向齿根移动,轮 1 齿廓上的啮合点则由齿根向齿顶移动。当啮合传动进行

到主动轮的齿顶圆与啮合线 N_1N_2 的交点 B_1 时，两轮即将脱离接触，故 B_1 为轮齿的终止啮合点。线段 B_1B_2 为啮合点的实际轨迹，称为实际啮合线段。若将两轮的齿顶圆增大，啮合点趋近于点 N_1、N_2。但由于基圆内无渐开线，实际啮合线不可能超过极限点 N_1、N_2，故线段 N_1N_2 称为理论啮合线。

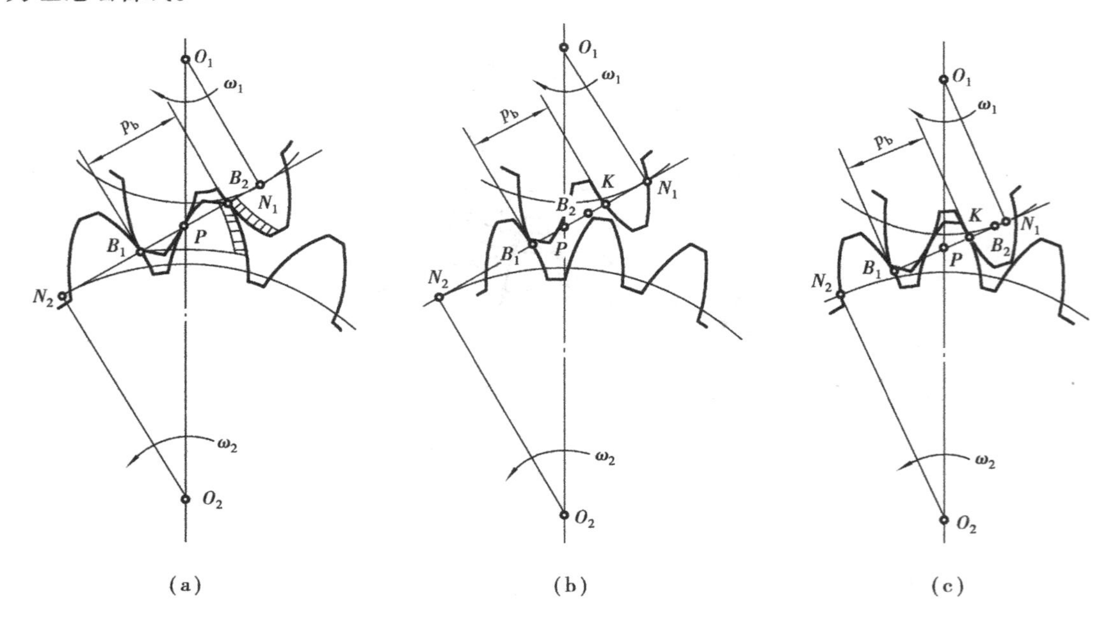

图 8.4.2　连续传动条件

由轮齿啮合的过程可知，一对轮齿啮合到一定位置时即会终止，要使齿轮连续传动，就必须使前一对轮齿尚未脱离啮合，后一对轮齿能及时进入啮合，或者已经在 B_1、B_2 点之间的任一点相啮合。为此，必须使实际啮合线段大于或等于法向齿距（基圆齿距），即 $B_1B_2 \geqslant P_b$。图 8.4.2(a) 表示 $B_1B_2 = P_b$ 的情况，此时恰好能够连续传动。图 8.4.2(b) 表示 $B_1B_2 < P_b$ 的情况，此时当前一对齿在 B_1 点即将脱离啮合，后一对齿尚未进入啮合，传动不能连续进行。图 8.4.2(c) 表示 $B_1B_2 > P_b$ 的情况，此时传动不仅能够连续进行，而且还有一段时间为两对齿同时啮合。

实际啮合线段 B_1B_2 与基圆齿距的比值称为齿轮传动的重合度，用 ε 来表示，于是，渐开线齿轮连续传动的条件可表示为

$$\varepsilon = \frac{B_1B_2}{P_b} \geqslant 1 \tag{8.4.2}$$

重合度越大，表示同时啮合的轮齿对数越多。当 $\varepsilon = 1$，表示在传动过程中只有一对齿啮合。当 $\varepsilon = 2$，则表示有两对齿同时啮合。如果 $1 < \varepsilon < 2$，则表示在传动过程中，时而有两对轮齿相啮合，时而有一对轮齿相啮合。在一般机械中，要求重合度 $\varepsilon \geqslant 1.1 \sim 1.4$。

重合度的详细计算公式可参阅有关的机械设计手册。对于一般的标准齿轮传动，重合度都大于 1，故不必验算。

8.4.3　标准中心距

图 8.4.3(a) 表示一对渐开线标准齿轮外啮合时的情况。由图可以看出，两轮的分度圆相

切，其中心距 a 等于两轮分度圆半径之和，即

$$a = r'_1 + r'_2 = r_1 + r_2 = \frac{1}{2}m(z_1 + z_2) \tag{8.4.3}$$

这种中心距称为标准中心距。

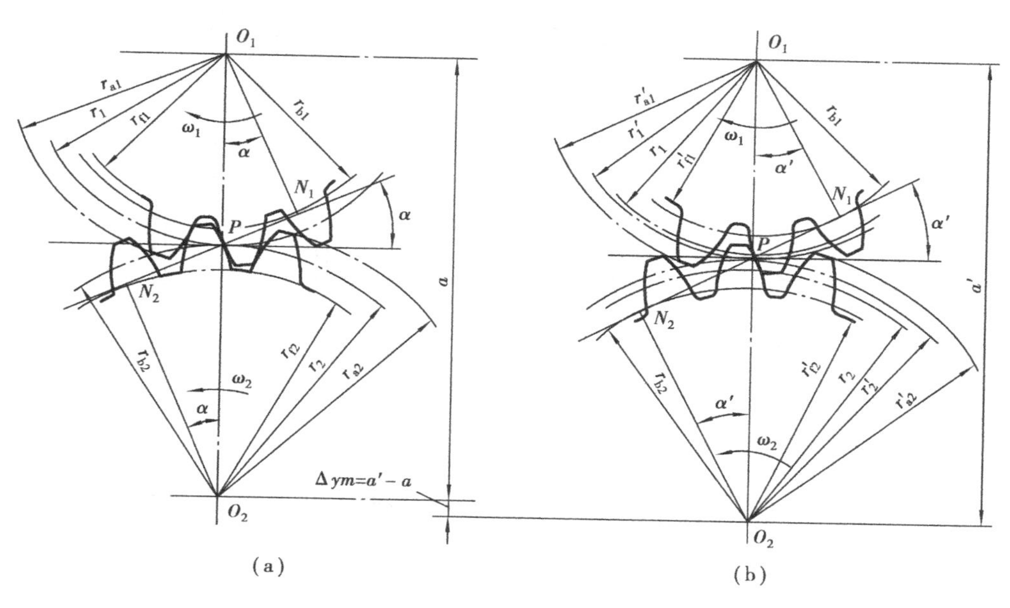

图 8.4.3 渐开线齿轮安装的中心距

一对齿轮安装时，两轮的中心距总是等于两轮节圆半径之和。因此，标准安装时，其分度圆与节圆重合。但如果由于种种原因，齿轮的实际中心距与标准中心距不等，如图 8.4.3(b)所示，则两轮的分度圆就不再相切，这时节圆与分度圆也不再重合。

8.5 切齿原理和根切现象

渐开线齿轮可以用铸造、锻造、轧制、粉末冶金和切削加工等多种方法制造，最常用的是切削加工法。切削加工按加工原理又可分为两种：仿形法和范成法。

8.5.1 切齿原理

(1)仿形法

仿形法切削轮齿是用渐开线齿形的成形铣刀直接切出齿形。常用的刀具有盘形铣刀(图 8.5.1(a))和指状铣刀(图 8.5.1(b))两种。加工时，铣刀绕本身轴线旋转，同时轮坯沿齿轮轴线方向直线移动。铣出一个齿槽以后，将轮坯转过 $2\pi/z$ 再铣第二、三、……个齿槽。仿形法切削轮齿方法简单，不需要专用机床，但生产率低，精度差，故仅适用于单件生产及精度要求不高的场合。

(2)范成法

范成法加工是利用一对齿轮传动时，其轮齿齿廓互为包络线的原理来切齿的。这种方法

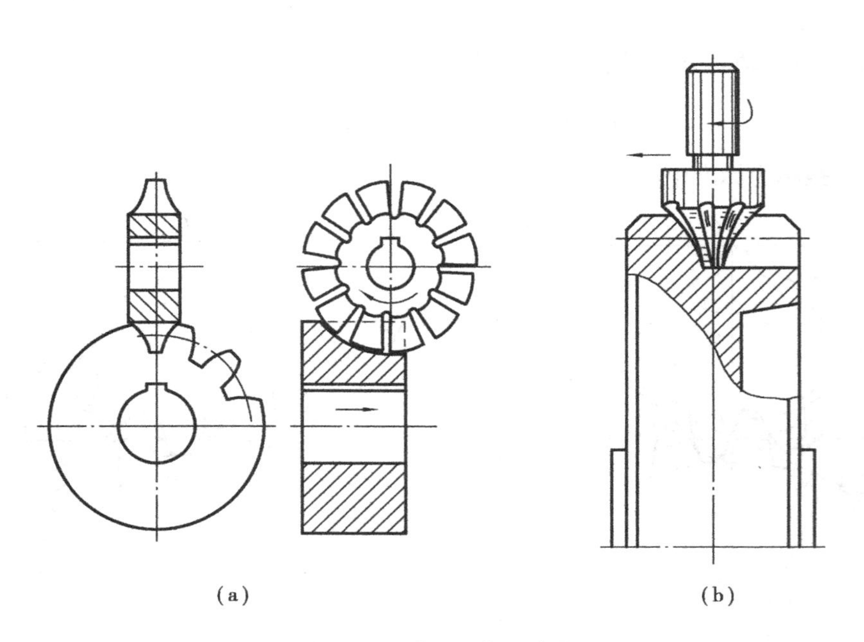

图 8.5.1　仿形法加工齿轮

采用的刀具主要有齿轮插刀、齿条插刀和齿轮滚刀。与仿形法相比,范成法加工齿轮不仅精度高,而且生产率也高。

1)齿轮插刀

齿轮插刀的形状如图 8.5.2(a)所示。刀具顶部比正常齿高出 $c^* m$,以便切出顶隙部分。插齿时,插刀沿轮坯轴线方向做往复切削运动,同时强迫插刀与轮坯模仿一对齿轮传动那样以一定的角速度比转动,直至全部齿槽切制完毕。

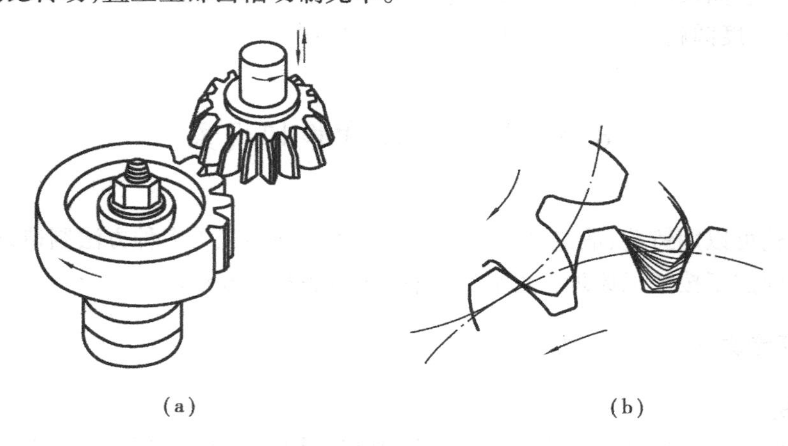

图 8.5.2　用齿轮插刀加工齿轮

因插齿刀的齿廓是渐开线,故切制的齿轮齿廓也是渐开线。根据正确啮合条件,被切制的齿轮的模数和压力角与刀具相等,故用同一把刀具切出的齿轮无论齿数多少都能正确啮合。

2)齿条插刀

齿轮插刀的齿数增加至无穷多时,其基圆半径也增至无穷大,渐开线齿廓变成直线齿廓,齿轮插刀就变成齿条插刀,如图 8.5.3 所示。齿条插刀顶部比传动用的齿条高出 $c^* m$,同样是为了切出顶隙部分。齿条插刀切制轮齿时,其范成运动相当于齿条与齿轮的啮合传动,插刀的移动速度与轮坯分度圆上的圆周速度相等。

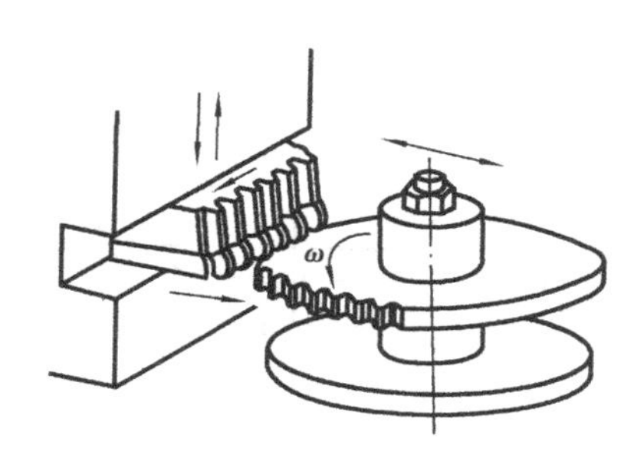

图8.5.3 用齿条插刀加工齿轮

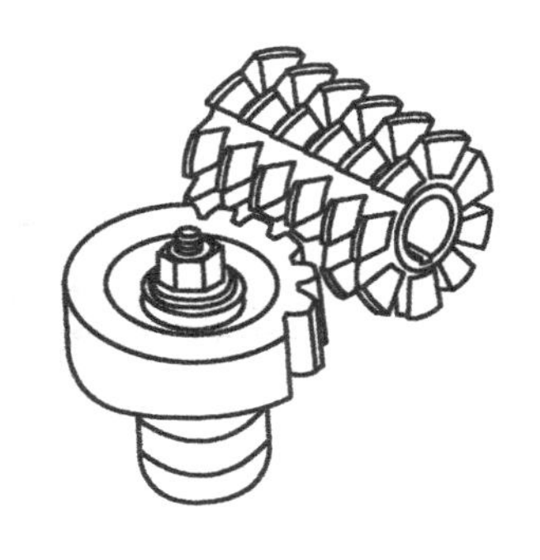

图8.5.4 用齿轮滚刀加工齿轮

3)齿轮滚刀

以上介绍的两种刀具只能间断地切削,生产率较低,目前广泛采用的齿轮滚刀,能连续切削,生产率较高。如图8.5.4所示为齿轮滚刀切制轮齿的情形。滚刀形状很像螺旋,它的轴向截面为一齿条,切齿时,滚刀绕其轴线回转,就相当于齿条在连续不断地移动。当滚刀和轮坯绕各自的轴线转动时,便按范成原理切制出渐开线齿廓。滚刀除了旋转外,还沿着轮坯的轴线方向移动,以便切出整个齿宽上的齿槽。

8.5.2 根切现象和最少齿数

用范成法加工齿轮时,有时会出现刀具的顶部切入齿根,将齿根部分渐开线齿廓切去一部分的现象,称为根切(图8.5.5)。根切使齿根削弱,降低了轮齿的抗弯强度,严重时还会使重合度减小,导致传动不平稳,所以应当避免。

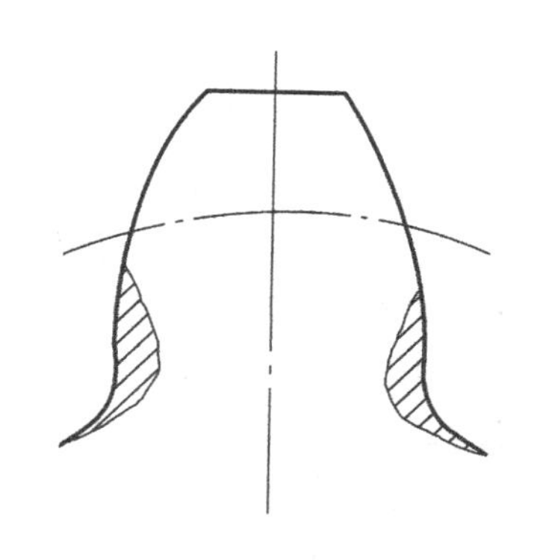

图8.5.5 根切现象

现以齿条刀具切削标准齿轮为例分析根切产生的原因。

如图8.5.6所示为用齿条插刀加工标准齿轮的情况。图中齿条插刀的分度线与轮坯的分度圆相切,B_1点为轮坯齿顶圆与啮合线的交点,而N_1点为轮坯基圆与啮合线的切点。根据啮合原理可知:刀具将从位置1开始切削齿廓的渐开线部分,当刀具行至位置2时,齿廓的渐开线已全部切出。如果刀具的齿顶线恰好通过N_1点,则当范成运动继续进行时,该切削刃即与切好的渐开线齿廓脱离,因而就不会发生根切现象。但是,刀具的顶线超过了N_1点,由基圆内无渐开线的性质可知,超过N_1的刀刃不但不能切制出渐开线齿廓,还会将已加工完成的渐开线廓线切去一部分,导致根切的产生(阴影部分)。

由上述分析可知,要避免根切就必须使刀具齿顶线不超过N_1点。如图8.5.7所示,避免根切需满足如下几何条件,即

$$N_1E \geqslant h_a^* m$$

而

$$N_1E = PN_1\sin\alpha = (r\sin\alpha)\sin\alpha = \frac{mz}{2}\sin^2\alpha$$

整理后可以得出

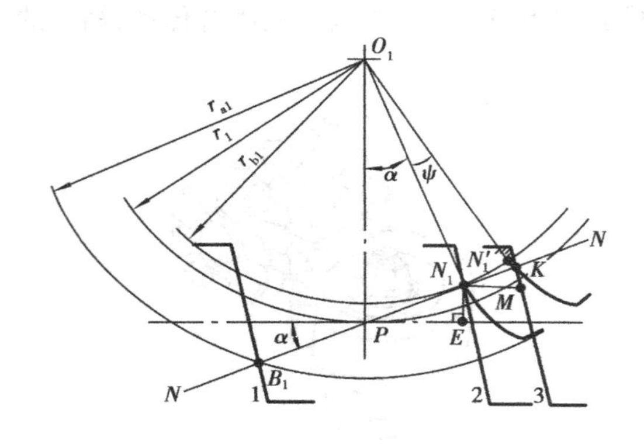

图 8.5.6　根切产生的原因

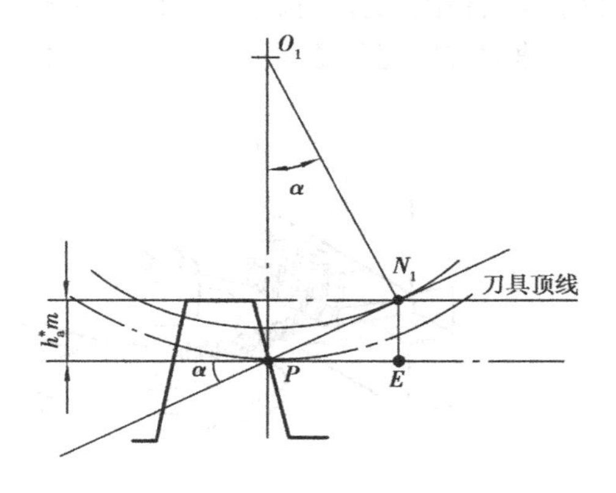

图 8.5.7　最少齿数

$$z \geqslant \frac{2h_a^*}{\sin^2\alpha}$$

可知,被切齿轮的齿数越少越容易发生根切。为了不产生根切,齿数不得少于某一数值,这就是最少齿数 $z_{\min}$。

$$z_{\min} = \frac{2h_a^*}{\sin^2\alpha} \tag{8.5.1}$$

当 $\alpha = 20°, h_a^* = 1$ 时, $z_{\min} = 17$。若允许少量根切时,正常齿的最少齿数 $z_{\min}$ 可取 14。

8.5.3　变位齿轮

由于渐开线标准齿轮受根切限制,齿数不得少于 $z_{\min}$,使传动不够紧凑,此外,当中心距小于标准中心距时无法安装。为了改善齿轮传动的性能,出现了变位齿轮。

当齿条插刀标准安装时(齿条插刀的分度线与轮坯的分度圆相切),若齿顶线超过极限点 N_1,切出来的轮齿发生根切。为了避免根切,可将齿条插刀远离轮心一段距离,齿顶线不再超过极限点 N_1(图 8.5.8),则切制出的轮齿不会发生根切,此时齿条插刀的分度线与轮坯的分度圆不再相切。这种改变刀具与齿坯相对位置后切制出的齿轮称为变位齿轮。

变位有两种情况:①刀具远离轮心的变位称为正变位;②刀具移近轮心的变位称为负变位。刀具相对于切制标准齿轮时的位置所移动的距离称为变位量,用 xm 表示。其中 x 称为变位系数,m 为模数。正变位时,$x > 0$;负变位时,$x < 0$,切制标准齿轮时,相当于 $x = 0$。

加工变位齿轮时,齿轮的模数、压力角、齿数及分度圆、基圆均与标准齿轮相同,所以两者的齿廓曲线是相同的,只是截取不同的部位。由图 8.5.9 可见,正变位齿轮齿根部分的齿厚增加,提高了齿轮的抗弯强度,但齿顶减薄,负变位正好相反。用范成法切制齿数少于最少齿数的齿轮时,为了避免根切必须采用正变位。

关于变位齿轮传动的类型及特点可参见有关的设计手册。

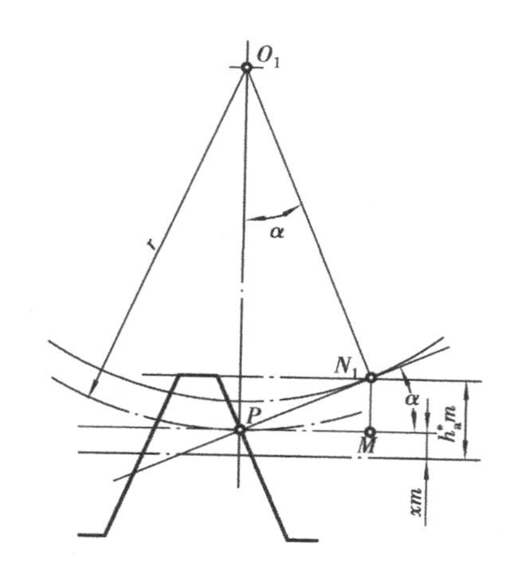

图8.5.8　切削变位齿轮

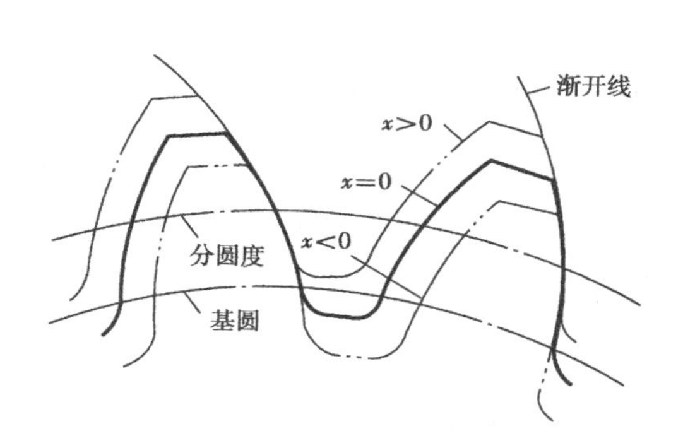

图8.5.9　变位齿轮齿形比较

8.6　齿轮传动的失效形式与设计准则

大多数齿轮传动不仅用来传递运动，而且还要传递动力，因此，齿轮传动除要求传动平稳之外，还要求具有足够的承载能力。在使用期限内，防止轮齿失效是齿轮设计的依据。

8.6.1　轮齿的失效分析

轮齿的失效形式主要有以下五种：

(1)轮齿折断

轮齿折断是指轮齿整体或局部的断裂，如图8.6.1所示。轮齿折断一般发生在齿根部分，因为齿根部分弯曲应力最大，而且有应力集中。

轮齿折断通常有两种情况：一种是轮齿因短时意外的严重过载而引起的突然折断，称为过载折断；另一种是在载荷的多次重复作用下，弯曲应力超过弯曲疲劳极限，齿根部分产生疲劳裂纹，裂纹逐渐扩展，最终将引起轮齿折断，这种折断称为疲劳折断。齿宽较小的直齿往往发生全齿折断，齿宽较大的直齿或斜齿容易发生局部折断。

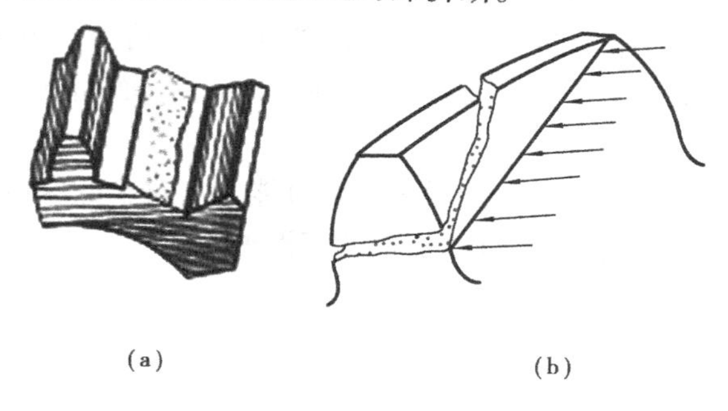

图8.6.1　轮齿折断

限制齿根弯曲应力，增大齿根过渡圆角半径，减小齿根表面粗糙度，在齿根处施行碾压喷丸处理等都可提高轮齿的抗折断能力。

(2)齿面点蚀

点蚀是一种呈麻点状的齿面疲劳损伤,一般出现在轮齿靠近节线的齿根表面上,如图8.6.2所示。润滑良好的闭式齿轮工作时,齿面接触处的接触应力是由零增加到一最大值,即齿面接触应力是按脉动循环变化的。若齿面的接触应力超过材料的接触疲劳极限时,在载荷的多次重复作用下,齿面可能产生微小的疲劳裂纹,润滑油挤入裂纹后会加速裂纹的扩展,最后使小片金属微粒剥落,形成凹坑麻点。

限制齿面接触应力,提高齿面硬度和增加润滑油的粘度,可以避免或减缓点蚀的产生。

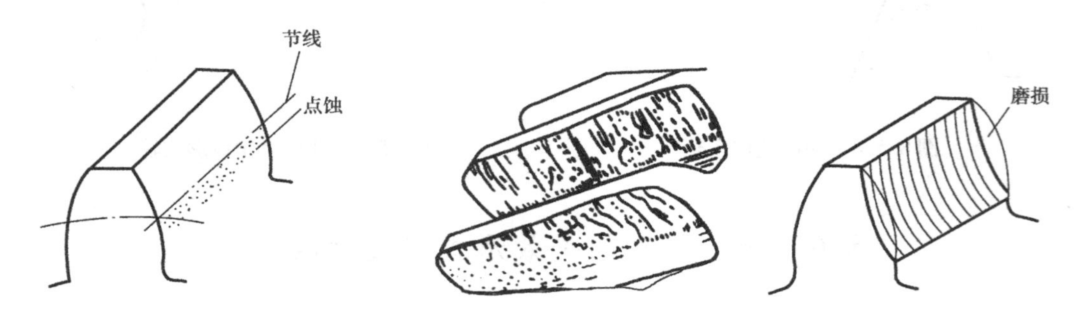

图8.6.2 齿面点蚀

图8.6.3 齿面磨损

(3)齿面磨损

齿面磨损通常有磨粒磨损和跑合磨损两种。开式齿轮传动常由于灰尘、硬颗粒等外物进入齿面间而引起齿面磨损。齿面过度磨损后,齿廓显著变形,导致噪声和振动,严重时甚至因轮齿过薄而折断,如图8.6.3所示。

开式齿轮一般不会出现点蚀,因开式齿轮磨损较快,表面往往未来得及形成疲劳点蚀凹坑即被磨损。

新的齿轮副,由于加工表面具有一定粗糙度,受载荷时实际上只有部分峰顶接触,因此在开始运转期间,磨损速度较快,磨损量较大。磨损到一定程度后,摩擦面逐渐光滑,压强减小,磨损速度减慢,这种磨损称为跑合。应该注意,跑合结束后,必须清洗和更换润滑油。

(4)齿面胶合

在高速重载齿轮传动中,常因啮合区温度升高而引起润滑失效,导致两齿轮齿面金属直接接触并相互粘连,当两齿轮相对运动时,较软的齿面沿滑动方向被撕下而形成沟纹(图8.6.4),这种现象称为齿面胶合。在低速重载传动中,由于齿面间的润滑油膜不易形成也可能产生胶合。

提高齿面硬度和减小表面粗糙度,能增强抗胶合能力。对于低速传动,可采用粘度较大的润滑油;对于高速传动,可采用含抗胶合添加剂的润滑油。

(5)齿面塑性变形

在重载下,较软的齿面上可能产生局部的塑性变形,使齿廓失去正确的齿形,如图8.6.5所示。这种损坏常在过载严重和启动频繁的传动中遇到。

提高齿面硬度和采用粘度较大的润滑油,有助于防止或减轻齿面的塑性变形。

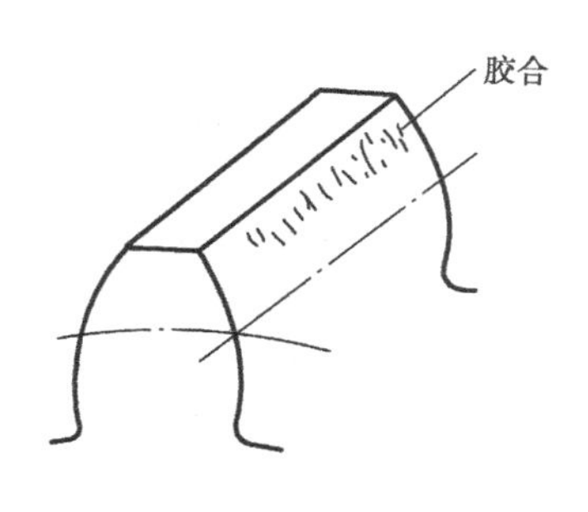

图8.6.4 齿面胶合

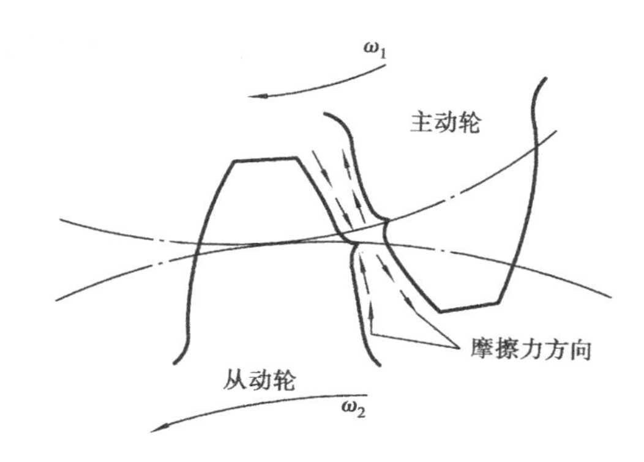

图8.6.5 齿面塑性变形

8.6.2 齿轮设计计算准则

为了保证齿轮在使用期限内不致失效，应针对各种失效建立相应的计算准则和方法。但是，目前对于齿面磨损、胶合和塑性变形，尚无可靠的计算方法。所以，对于齿轮传动设计，通常只能按齿根弯曲疲劳强度和齿面接触疲劳强度进行计算。

①对于闭式软齿面齿轮传动（配对齿轮之一的硬度小于等于350 HBS），一般先发生齿面疲劳点蚀，后发生轮齿折断。因此，可先按齿面接触疲劳强度进行设计，然后校核齿根弯曲疲劳强度。

②对于闭式硬齿面齿轮传动（配对齿轮的硬度均大于350 HBS），一般先发生轮齿折断，后发生齿面疲劳点蚀。因此，可先按齿根弯曲疲劳强度进行设计，然后校核齿面接触疲劳强度。

③对于开式齿轮传动，齿面磨损和轮齿折断是其主要失效形式。由于磨损尚无可靠的计算方法，一般按齿根弯曲疲劳强度进行计算。对于磨损的影响，可通过将设计所得模数放大10%～15%，或降低许用应力加以考虑。因磨粒磨损速率远比齿面疲劳裂纹扩展速率快，即齿面疲劳裂纹还未扩展即被磨去，所以，一般开式传动齿面不会出现疲劳点蚀，故无需校核齿面接触疲劳强度。

8.7 齿轮常用材料、热处理方法及传动精度

8.7.1 齿轮传动的材料及热处理

为了防止齿轮失效，在选择齿轮材料时应注意以下一些原则：①使齿面具有足够的硬度和耐磨性；②合理选择材料配对；③材料具有良好的加工工艺性。

常用的齿轮材料为各种牌号的优质碳素结构钢、合金结构钢、铸钢、铸铁和非金属材料等。一般多采用锻件或轧制钢材。当齿轮结构尺寸较大轮坯不易锻造时，可采用铸钢；开式低速传动时，可采用灰铸铁或球墨铸铁；低速重载的齿轮易产生齿面塑性变形，轮齿也易折断，宜选用综合性能较好的钢材；高速齿轮易产生齿面点蚀，宜选用齿面硬度高的材料；受冲击载荷的齿轮，宜选用韧性好的材料。对高速、轻载而又要求低噪声的齿轮传动，也可采用非金属材料（如夹布胶木、尼龙等）。常用的齿轮材料及其力学性能列于表8.7.1。

表 8.7.1　齿轮常用材料及其力学性能

材料 牌号	热处理	硬　度	强度极限 σ_b/MPa	屈服极限 σ_s/MPa	应用范围
45	正火 调质 表面淬火	169 ~ 217 HBS 217 ~ 255 HBS 45 ~ 55 HRC	580 650 750	290 360 450	低速、轻载 低速、中载 高速、中载或低速、重载 冲击很小
50	正火	180 ~ 220 HBS	620	320	低速、轻载
40Cr	调质 表面淬火	240 ~ 260 HBS 48 ~ 55 HRC	700 900	550 650	中速、中载 高速、中载,无剧烈冲击
42SiMn	调质 表面淬火	217 ~ 269 HBS 45 ~ 55 HRC	750	470	高速、中载,无剧烈冲击
20Cr	渗碳淬火	56 ~ 62 HRC	650	400	高速、中载,承受冲击
20CrMnTi	渗碳淬火	56 ~ 62 HRC	1 100	850	
ZG310-570	正火 表面淬火	160 ~ 210 HBS 40 ~ 50 HRC	570	320	中速、中载、大直径
ZG340-640	正火 调质	170 ~ 230 HBS 240 ~ 270 HBS	650 700	350 380	
HT200	人工时效	170 ~ 230 HBS	200		低速、轻载,冲击很小
HT300	(低温退火)	187 ~ 235 HBS	300		
QT600-2	正火	220 ~ 280 HBS	600		低、中速,轻载,有小的冲击
QT500-5	正火	147 ~ 241 HBS	500		

注:锥齿轮传动的圆周速度按齿宽中点分度圆直径计算。

钢制齿轮的热处理方法主要有以下几种:

(1)表面淬火

常用于中碳钢和中碳合金钢,如 45、40Cr 钢等。表面淬火后,齿面硬度一般为 40 ~ 55 HRC。特点是抗疲劳点蚀、抗胶合能力高,耐磨性好;由于齿心部未淬硬,齿轮仍有足够的韧性,能承受不大的冲击载荷。

(2)渗碳淬火

常用于低碳钢和低碳合金钢,如 20、20Cr 钢等。渗碳淬火后齿面硬度可达 56 ~ 62 HRC,而齿心部仍保持较高的韧性,轮齿的抗弯强度和齿面接触强度高,耐磨性较好,常用于受冲击载荷的重要齿轮传动。齿轮经渗碳淬火后,轮齿变形较大,应进行磨齿。

(3)渗氮

渗氮是一种表面化学热处理。渗氮后不需要进行其他热处理,齿面硬度可达 700 ~ 900 HV。由于渗氮处理后的齿轮硬度高,工艺温度低,变形小,故适用于内齿轮和难以磨削的齿轮，常用于含铬、钼、铝等合金元素的渗氮钢，如38CrMoAlA。

(4)调质

调质一般用于中碳钢和中碳合金钢，如45、40Cr、35SiMn钢等。调质处理后齿面硬度一般为220～280 HBS。因硬度不高，轮齿精加工可在热处理后进行。

(5)正火

正火能消除内应力，细化晶粒，改善力学性能和切削性能。机械强度要求不高的齿轮可采用中碳钢正火处理，大直径的齿轮可采用铸钢正火处理。

根据热处理后齿面硬度的不同，齿轮可分为软齿面齿轮（小于或等于350 HBS）和硬齿面齿轮（大于350 HBS）。一般要求的齿轮传动可采用软齿面齿轮。为了减小胶合的可能性，并使配对的大小齿轮寿命相当，通常使小齿轮齿面硬度比大齿轮齿面硬度高出30～50 HBS。对于高速、重载或重要的齿轮传动，可采用硬齿面齿轮组合，齿面硬度可大致相同。

8.7.2　齿轮传动的精度

轮齿加工时，由于轮坯、刀具在机床上的安装误差，机床和刀具的制造误差，以及加工时所引起的震动等原因，加工出来的齿轮存在着不同程度的误差。加工误差大，精度低将影响齿轮的传动质量和承载能力；反之，若精度要求过高，将给加工带来困难，增加制造成本。因此，根据齿轮的实际工作条件，对齿轮加工精度提出适当的要求至关重要。

我国国标GB 10095—88中，对渐开线圆柱齿轮规定了12个精度等级，第1级精度最高，第12级最低。齿轮副中两个齿轮的精度等级可以相同，也可以不同。齿轮精度等级主要根据传动的使用条件、传递的功率、圆周速度以及其他经济和技术要求决定。对于高速、分度等要求高的齿轮传动，常用6级，一般机械中常用7～8级，对精度要求不高的低速齿轮可用9级。

齿轮每个精度等级的公差根据对运动准确性、传动平稳性和载荷分布均匀性等三方面要求，划分成三个公差组，即第Ⅰ公差组、第Ⅱ公差组、第Ⅲ公差组。在一般情况下，可选三个公差组为同一精度等级，但也容许根据使用要求的不同，选择不同精度等级的公差组组合。选择时，先根据齿轮的圆周速度确定第Ⅱ公差组精度等级（表8.7.2），第Ⅰ公差组可比第Ⅱ公差组精度低一级或同级，第Ⅲ公差组通常与第Ⅱ公差组同级，具体可参阅有关手册确定。

表8.7.2　齿轮传动精度等级及其应用

精度等级	圆周速度 v/(m·s)			应用举例
	直齿圆柱齿轮	斜齿圆柱齿轮	直齿圆锥齿轮	
6(高精度)	≤15	≤30	≤9	高速、重载齿轮传动，如机床、汽车和飞机中的重要齿轮，分度机构的齿轮，高速减速器的齿轮等
7(精密)	≤10	≤20	≤6	高速、中载齿轮传动，中速、重载齿轮传动，如标准系列减速器的齿轮，机床和汽车变速箱中的齿轮等
8(中等精度)	≤5	≤9	≤3	一般机械中的齿轮传动，如机床、汽车和拖拉机中一般的齿轮，起重机械中的齿轮，农业机械中的重要齿轮等
9(低精度)	≤3	≤6	≤2.5	低速、重载的齿轮，低精度机械中的齿轮

为了防止齿轮传动时因制造、安装误差以及热膨胀或承载变形等原因而导致轮齿卡死，在齿轮的非工作齿廓间应留有侧隙。传动侧隙按工作条件确定，与精度等级无关。合适的侧隙可通过选择适当的齿厚极限偏差和中心距极限偏差来保证。GB 10095—88 中规定，齿厚偏差有 14 种：C、D、E、F、G、H、J、K、L、M、N、P、R 和 S，每种代号所规定的齿厚偏差值均是 f_{pt}（齿距极限偏差）的倍数。具体选用可根据第Ⅱ公差组的精度等级及齿轮的主要参数查阅有关设计手册。

在齿轮零件工作图上，应标注齿轮精度等级及齿厚极限偏差的字母代号。例如，若齿轮第Ⅰ公差组精度等级为 7 级，第Ⅱ、Ⅲ公差组精度为 6 级，齿厚上偏差为 G，齿厚下偏差为 M 时，标注为“7-6-6GM GB 10095—88”。若三个公差组精度同为 6 级，则标注为“6GM GB 10095—88”。

8.8 直齿圆柱齿轮传动的受力分析及设计计算

8.8.1 受力分析和计算载荷

齿轮传动是靠轮齿间作用力传递功率的。如前所述，一对渐开线齿轮啮合，若不计齿面间的摩擦，轮齿间的相互作用力 F_n 沿着啮合线的方向，称为法向力。如图 8.8.1 所示为主动轮受力情况，F_n 可分解为圆周力 F_t 及径向力 F_r，根据力矩平衡条件可得

$$\left.\begin{aligned} F_t &= \frac{2T_1}{d_1} \\ F_r &= F_t \tan\alpha \\ F_n &= \frac{F_t}{\cos\alpha} \end{aligned}\right\} \tag{8.8.1}$$

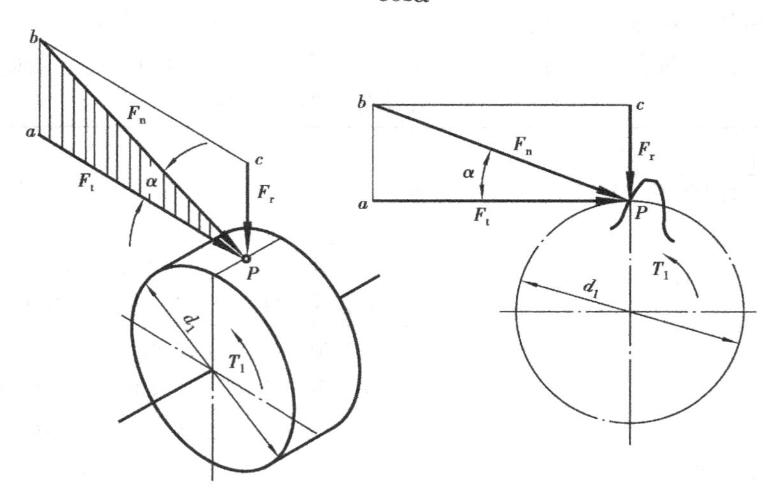

图 8.8.1 直齿圆柱齿轮受力分析

式中，d_1 是小齿轮分度圆直径（mm），α 为分度圆压力角，$\alpha = 20°$。T_1 为小齿轮传递的转矩

(N·mm)；当小齿轮传递的功率为 P_1(kW)，小齿轮转速为 n_1(r/min)时，$T_1 = 9.55 \times 10^6 P_1/n_1$。

根据作用力和反作用力原理可知，作用在从动轮上的力与主动轮上的各力均等值反向。各力的方向判断方法为：径向力分别指向各自的轮心；主动轮上的圆周力对其轴之矩与主动轮转向相反；从动轮上的圆周力对其轴之矩与从动轮转向相同。

上述轮齿受力分析中的法向力 F_n 是理想情况下的载荷，称为名义载荷。实际上，由于齿轮、轴和支承装置的加工与安装误差，以及载荷下的变形等因素，使载荷沿齿宽的作用力分布不均，存在应力集中的现象；此外，由于原动机与工作机的载荷变化，以及齿轮制造误差和变形所造成的传动不平稳等，都会产生附加载荷。因此，在计算齿轮强度时，需要引入载荷系数 K 来考虑上述各种因素的影响，即以计算载荷 F_{cn} 代替名义载荷 F_n。计算载荷按下式确定，即

$$F_{cn} = KF_n \tag{8.8.2}$$

载荷系数 K 的取值按表 8.8.1 选取。

表 8.8.1　载荷系数 K

工作机	载荷特性	原动机		
		电动机	多缸内燃机	单缸内燃机
均匀加料的运输机和搅拌机，轻型卷扬机、发电机、机床辅助传动等	均匀、轻微冲击	1~1.2	1.2~1.6	1.6~1.8
不均匀加料的运输机和搅拌机，重型卷扬机、球磨机、机床主传动等	中等冲击	1.2~1.6	1.6~1.8	1.8~2.0
冲床、钻床、轧机、破碎机、挖掘机、重型给水泵、单缸往复式压缩机等	较大冲击	1.6~1.8	1.9~2.1	2.2~2.4

8.8.2　齿面接触疲劳强度计算

轮齿表面疲劳点蚀与齿面接触应力有关。点蚀多发生在节线附近，一般按节线处接触应力为计算依据。由弹性力学的赫兹公式可得出齿面接触疲劳强度的校核计算公式为

$$\sigma_H = 3.52Z_E\sqrt{\frac{KT_1(u \pm 1)}{bd_1^2u}} \leqslant [\sigma_H] \tag{8.8.3}$$

式中，“+”用于外啮合传动，“-”用于内啮合传动。σ_H 为齿面接触应力(MPa)；Z_E 为齿轮材料的弹性系数，见表 8.8.2；K 为载荷系数，见表 8.8.1；T_1 为主动轮上的转矩(N·mm)；u 为两轮齿数比，$u = z_2/z_1$；b 为齿宽(mm)；d_1 为小齿轮分度圆直径(mm)；$[\sigma_H]$ 为许用接触应力(MPa)。

表 8.8.2　配对齿轮材料的弹性系数 Z_E

两轮的材料组合	两轮均为钢	钢与铸铁	两轮均为铸铁
Z_E	189.8	165.4	144

为了便于设计计算,引入齿宽系数 $\phi_d = b/d_1$,代入上式,得到齿面接触疲劳强度的设计计算公式为

$$d_1 \geqslant \sqrt[3]{\frac{KT_1(u \pm 1)}{\phi_d u}\left(\frac{3.52Z_E}{[\sigma_H]}\right)^2} \tag{8.8.4}$$

式中,各符号意义同上,齿宽系数 ϕ_d参见表 8.8.3。

表 8.8.3 齿宽系数 ϕ_d

齿轮相对于轴承的位置	轮齿表面硬度	
	软齿面(≤350 HBS)	硬齿面(>350 HBS)
对称布置	0.8~1.4	0.4~0.9
不对称布置	0.6~1.2	0.3~0.6
悬臂布置	0.3~0.4	0.2~0.25

注:①对于直齿圆柱齿轮,取较小值;对于斜齿轮,可取较大值;对于人字齿轮,可取更大值。

②对于载荷平稳、轴的刚性较大时,取值应大一些;对于变载荷、轴的刚性较小时,取值应小一些。

若两轮材料都选用钢时,有 $Z_E = 189.8$。代入以上两式,得到一对钢制齿轮的校核公式和设计计算公式为

$$\sigma_H = 668\sqrt{\frac{KT_1(u \pm 1)}{bd_1^2 u}} \leqslant [\sigma_H] \tag{8.8.5}$$

$$d_1 \geqslant 76.43\sqrt[3]{\frac{KT_1(u \pm 1)}{\phi_d u[\sigma_H]^2}} \tag{8.8.6}$$

使用上述公式时应当注意;一对轮齿啮合时,根据作用力和反作用力原理,两齿面的接触应力是相等的,即 $\sigma_{H1} = \sigma_{H2}$;而由于两齿轮材料或热处理方式不同,许用接触应力一般不同,计算时取$[\sigma_{H1}]$和$[\sigma_{H2}]$中的较小值。

接触疲劳许用应力按下式计算,即

$$[\sigma_H] = \frac{\sigma_{HLim} Z_N}{S_H} \tag{8.8.7}$$

式中,σ_{HLim}为材料的接触疲劳极限,查图 8.8.3;S_H为安全系数,查表 8.8.4;Z_N为接触强度计算的寿命系数,是考虑齿轮应力循环次数影响的系数,其值可根据应力循环次数查图 8.8.6。

由图 8.8.6 查 Z_N时,横坐标 N 为应力循环次数,按下式计算,即

$$N = 60njL_h \tag{8.8.8}$$

式中,n 为齿轮转速(r/min),j 为齿轮转一转时同侧齿面的啮合次数,L_h为齿轮工作寿命(h)。

表 8.8.4 齿轮强度的安全系数 S_H和 S_F

安全系数	软齿面(≤350 HBS)	硬齿面(>350 HBS)	重要的传动、渗碳淬火齿轮或铸造齿轮
S_H	1.0~1.1	1.1~1.2	1.3
S_F	1.3~1.4	1.4~1.6	1.6~2.2

8.8.3　齿根弯曲疲劳强度计算

为了防止轮齿因疲劳而折断,应保证齿轮具有足够的弯曲疲劳强度。当轮齿在齿顶啮合时,齿根弯曲应力最大。设计时设全部载荷由一对齿承担,且载荷作用于齿顶,并将轮齿看成宽度为 b 的悬臂梁,则轮齿根部为危险截面。危险截面可用30°切线法来确定,即作与轮齿对称中心线成30°角并与齿根过渡曲线相切的两条直线,连接两切点所得的截面即为齿根的危险截面。

由弯曲正应力强度条件并考虑适当的修正系数可得齿根弯曲疲劳强度校核计算公式为

$$\sigma_F = \frac{2KT_1}{bd_1 m} Y_F Y_S = \frac{2KT_1}{bm^2 z_1} Y_F Y_S \leqslant [\sigma_F] \tag{8.8.9}$$

式中,T_1为主动轮转矩(N·mm);b 为轮齿的接触宽度(mm);m 为模数;z_1为主动轮齿数;Y_F、Y_S分别为齿形修正系数和应力修正系数,其值见表8.8.5;$[\sigma_F]$为轮齿的许用弯曲应力(MPa)。

通常两齿轮的齿形系数 Y_{F1}、Y_{F2}并不相同,两齿轮材料的许用弯曲应力$[\sigma_{F1}]$、$[\sigma_{F2}]$也不相同,因此,要分别验算两个齿轮的弯曲强度。

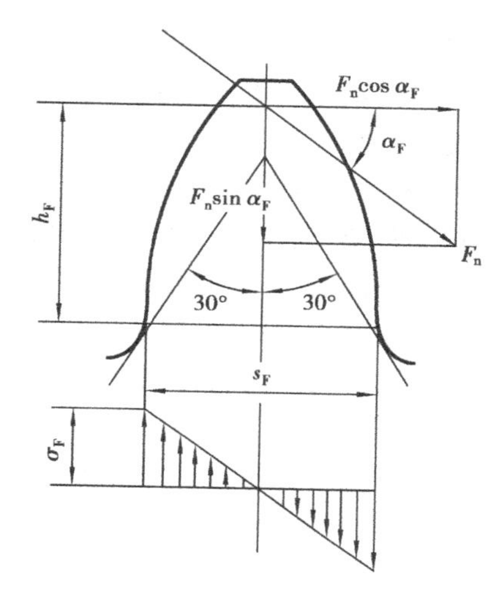

图8.8.2　弯曲危险截面

引入齿宽系数 ϕ_d,代入上式可得齿根弯曲疲劳强度的设计计算公式,即

$$m \geqslant \sqrt[3]{\frac{2KT_1 Y_F Y_S}{\phi_d z_1^2 [\sigma_F]}} \tag{8.8.10}$$

用上式计算时,应将两齿轮的 $Y_{F1}Y_{S1}/[\sigma_{F1}]$和 $Y_{F2}Y_{S2}/[\sigma_{F2}]$值进行比较,取其中较大的代入式子进行计算,计算所得的模数应圆整成标准值。

表8.8.5　标准外齿轮的齿形系数 Y_F及应力修正系数 Y_s

z	12	14	16	17	18	19	20	22	25	28	30
Y_F	3.47	3.22	3.03	2.97	2.91	2.85	2.81	2.75	2.65	2.58	2.54
Y_s	1.44	1.47	1.51	1.53	1.54	1.55	1.56	1.58	1.59	1.61	1.63
z	35	40	45	50	60	80	100	≥200			
Y_F	2.47	2.41	2.37	2.35	2.30	2.25	2.18	2.14			
Y_s	1.65	1.67	1.69	1.71	1.73	1.77	1.80	1.88			

注:$\alpha=20°h_a^*=1, c^*=0.25, \rho_f=0.38$ m。ρ_f为齿根圆角曲率半径。

许用弯曲应力$[\sigma_F]$按下式计算,即

$$[\sigma_F] = \frac{\sigma_{FLim} Y_N}{S_F} \tag{8.8.11}$$

式中，σ_{FLim}为试验齿轮的弯曲疲劳极限，按图8.8.4查取；对于长期双侧工作的齿轮传动，齿根弯曲应力为对称循环，应将图中数据乘以0.7。S_F为安全系数，查表8.8.4。Y_N为弯曲疲劳寿命系数，是考虑齿轮应力循环次数影响的系数，查图8.8.5。图中横坐标N为应力循环次数，按式(8.8.8)计算。

8.8.4 主要参数的选择和设计步骤

(1)小齿轮齿数z_1

闭式软齿面齿轮传动的承载能力主要由齿面接触疲劳强度决定。齿面接触应力σ_{H1}与d_1成正比。在d_1大小不变且满足齿根弯曲疲劳强度的条件下，宜采用较多齿数和较小模数，这样不仅可以增大重合度，改善传动的平稳性和齿轮上的载荷分配，而且可以降低齿高，缩小毛坯尺寸，减少切削用量，降低加工成本；同时，由于齿高的降低又可以减小滑动系数，有利于提高齿轮抗磨损、抗胶合的能力。一般，小齿轮齿数可取$z_1=20\sim40$。

闭式硬齿面齿轮和开式传动齿轮的承载能力主要由齿根弯曲疲劳强度决定。模数越大，轮齿的尺寸就越大，在齿数及齿宽相等的条件下，轮齿的抗弯曲强度就越高。因此，为了保证轮齿具有足够的弯曲疲劳强度和结构尺寸的紧凑性，宜采用较少齿数和较大模数。一般可以取$z_1=17\sim20$。

开式齿轮传动中为了保证轮齿在经受相当的磨损后仍不会发生破坏，也宜采用较少齿数和较大模数，一般取$z_1=17\sim20$。

对于周期性变化的载荷，为了避免最大载荷总是作用在某一对齿或某几对齿上而使磨损过于集中，z_1、z_2应互为质数。这样实际传动比与要求的传动比可能有出入，但一般情况下误差在5%以内是允许的。

(2)模数m

模数影响轮齿的抗弯强度，一般在满足轮齿弯曲强度的条件下，取较小的模数，以利于增大齿数，减少切齿量。对于传递动力的齿轮传动，为了防止因过载而导致轮齿折断，一般模数m不小于2 mm。

(3)齿宽系数ϕ_d

齿宽系数$\phi_d=b/d_1$，齿宽系数取大些，可以使中心距及直径d减小，降低齿轮传动的圆周速度；但齿宽系数过大，则需提高结构刚度，否则会出现齿向载荷分布严重不均。故齿宽系数不宜过大或过小，其推荐值见表8.8.3。

在一般精度的圆柱齿轮减速器中，为了补偿加工和装配的误差，应使小齿轮比大齿轮宽一些，小齿轮的齿宽取$b_1=b_2+(5\sim10)$ mm。故齿宽系数实际上是b_2/d_1。另外，齿宽应圆整为整数，最好取个位数为“0”或“5”。

(4)设计步骤

根据圆柱齿轮传动的强度计算方法，直齿圆柱齿轮传动设计计算步骤如下：

①选择齿轮材料、热处理方式。通过分析齿轮的工作条件，确定材料的性能和组织要求，综合比较后进行选择。材料及热处理方式的选择可参见表8.7.1。

②选择精度等级。齿轮传动精度等级选择可参见表8.7.2，在满足使用要求的前提下，尽可能选用较低的精度等级，以减少加工难度，降低制造成本。

③承载能力计算。按8.6节所确定的设计计算准则进行计算，并确定主要参数。

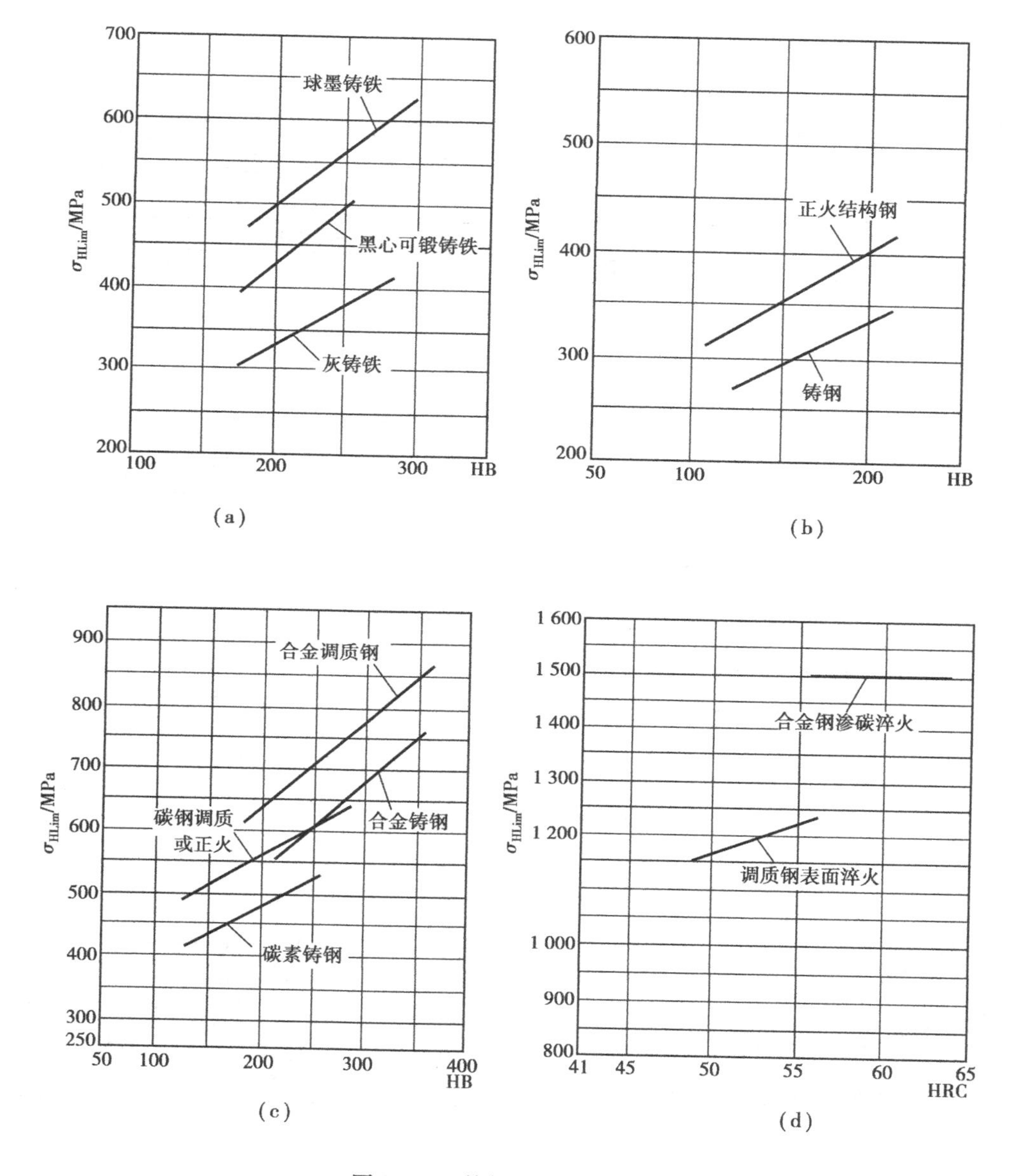

图 8.8.3　接触疲劳强度极限

④计算齿轮的几何尺寸。按表 8.3.3 所列的公式计算齿轮的几何尺寸。

⑤确定齿轮的结构形式。

⑥绘制齿轮工作图。

例 8.1　设计带式运输机的单级标准直齿圆柱齿轮传动。已知:传动功率 $P=7.5$ kW,电动机驱动,小齿轮转速 $n_1=950$ r/min,传动比 $i=2.5$,单向运转,载荷平稳。单班制工作,预期使用寿命 10 年。

解

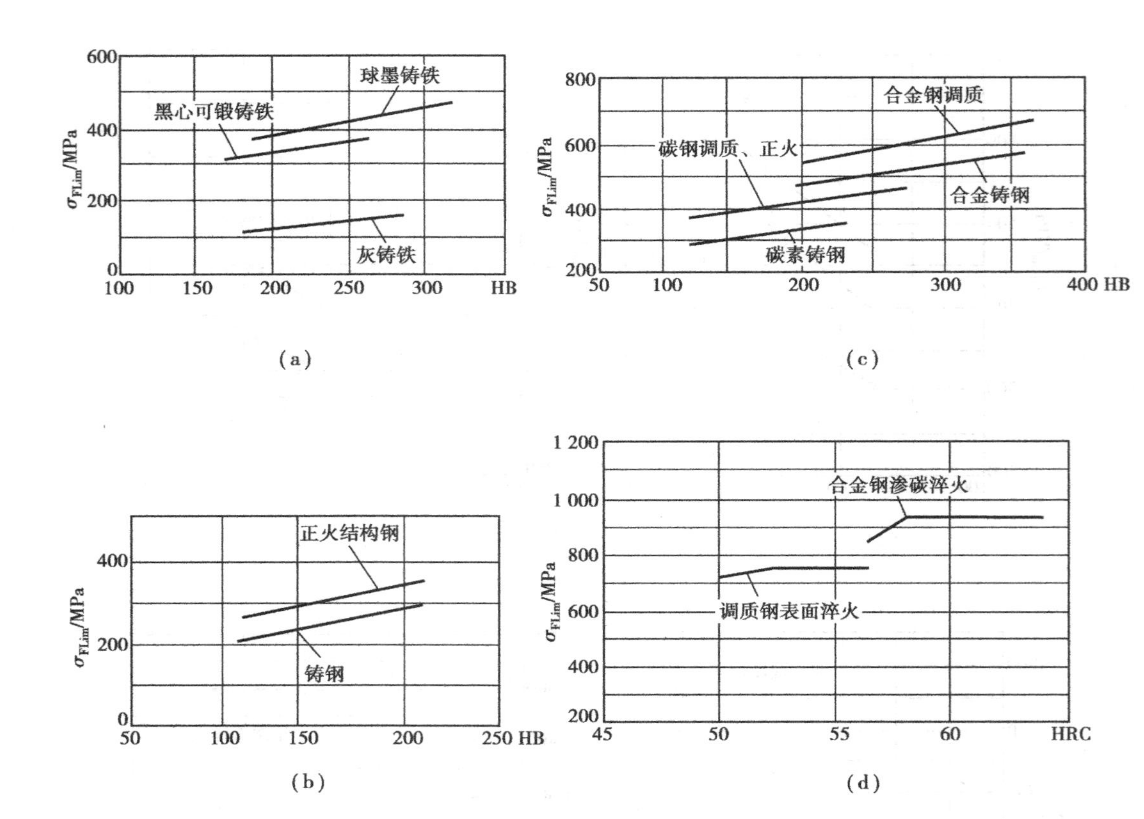

图 8.8.4　弯曲疲劳强度极限

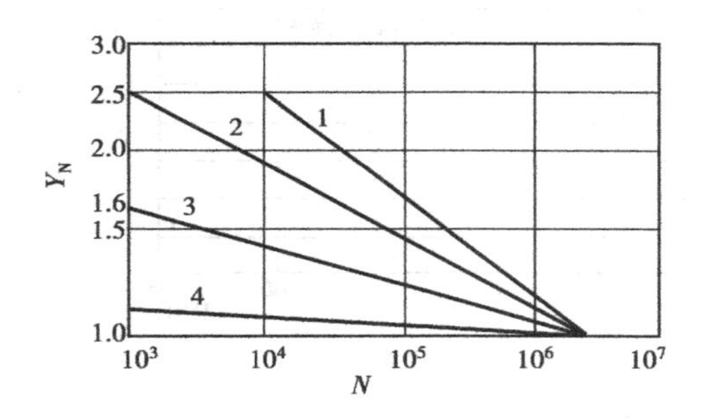

图 8.8.5　弯曲疲劳寿命系数 Y_N

1—碳钢正火、调质，球墨铸铁；

2—碳钢表面淬火、渗碳；

3—氮化钢气体氮化，灰铸铁；

4—碳钢调质后液体渗氮

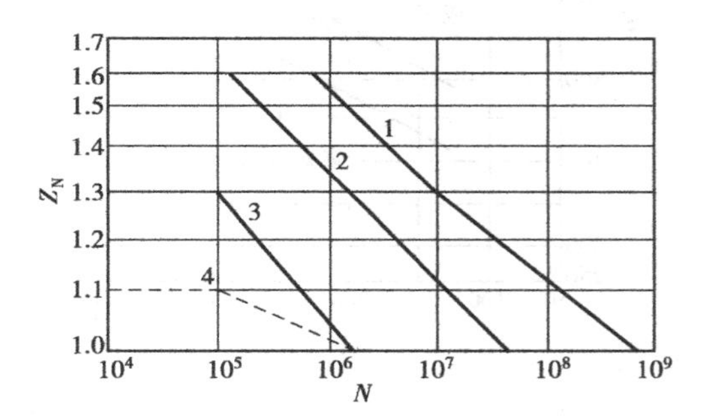

图 8.8.6　接触疲劳寿命系数 Z_N

1—碳钢正火、调质，表面淬火及渗碳，球墨铸铁（允许一定点蚀）；

2—材料和热处理同 1，不允许出现点蚀；

3—碳钢调质后气体渗氮、氮化钢气体渗氮，灰铸铁；

4—碳钢调质后液体氮化

步　骤	计算及说明	结　果
1. 选择齿轮材料和精度等级	小齿轮选用45钢调质，硬度为217～255HBS；大齿轮选用45钢正火，硬度为169～217HBS。因为是普通减速机，由表8.7.2选用8级精度	小齿轮选用45钢调质，硬度为217～255HBS；大齿轮选用45钢正火，硬度为169～217HBS
2. 按齿面接触疲劳强度设计	两齿轮均是钢质齿轮，由式8.8.6可求出d_1值，先确定有关参数与系数：查表8.8.1取$K=1.1$	
1）载荷系数K	$T_1=9.55\times10^6\dfrac{P}{n_1}=9.55\times10^6\times\dfrac{7.5}{950}$ N·mm $\approx7.5\times10^4$ N·mm	$T_1=7.5\times10^4$ N·mm
2）小齿轮转矩T_1 3）齿数z_1和齿宽系数ϕ_d	小齿轮齿数取$z_1=25$，则大齿轮齿数为$z_2=62$，单级齿轮传动对称布置，由表8.8.3取齿宽系数$\phi_d=1$	$K=1.1$ $z_1=25, z_2=62$ $\phi_d=1$
4）许用接触应力$[\sigma_H]$	由图8.8.3查得$\sigma_{HLim1}=560$ MPa，$\sigma_{HLim2}=530$ MPa，由表8.8.4查得安全系数$S_H=1$。按预期寿命10年，单向运转，计算应力循环次数N_1、N_2 $N_1=60njL_h=60\times950\times1\times(10\times52\times40)=1.21\times10^9$ $N_2=N_1/i=1.21\times10^9/2.5=4.84\times10^8$ 查图8.8.6得$Z_{N1}=1$，$Z_{N2}=1.06$，由式(8.8.7)有 $[\sigma_{H1}]=\dfrac{\sigma_{HLim1}Z_{N1}}{S_H}=\dfrac{560\times1}{1}$ MPa $=560$ MPa $[\sigma_{H2}]=\dfrac{\sigma_{HLim2}Z_{N2}}{S_H}=\dfrac{530\times1.06}{1}$ MPa $=562$ MPa 由式(8.8.6)得	$\sigma_{HLim1}=560$ MPa $\sigma_{HLim2}=530$ MPa $[\sigma_{H1}]=560$ MPa $[\sigma_{H2}]=562$ MPa
5）分度圆直径	$d_1\geq76.43\sqrt[3]{\dfrac{KT_1(u+1)}{\phi_d u[\sigma_H]^2}}$ $=76.43\sqrt[3]{\dfrac{1.1\times7.5\times10^4\times3.5}{1\times2.5\times560^2}}$ mm $=54.8$ mm $m=\dfrac{d_1}{z_1}=\dfrac{54.8}{25}$ mm $=2.19$ mm 由表8.3.1取标准模数$m=2.5$ mm $d_1=mz_1=2.5\times25$ mm $=62.5$ mm $d_2=mz_2=2.5\times62$ mm $=155$ mm	$m=2.5$ mm $d_1=62.5$ mm， $d_2=155$ mm
3. 几何尺寸计算	$b=\phi_d\cdot d_1=1\times62.5$ mm $=62.5$ mm 经圆整，取$b_2=65$ mm，则$b_1=b_2+5=70$ mm $a=m(z_1+z_2)/2=2.5\times(25+62)/2$ mm $=108.75$ mm	$b_2=65$ mm，$b_1=70$ mm $a=108.75$ mm

续表

步 骤	计算及说明	结 果
4. 按齿根弯曲疲劳强度校核 1)许用弯曲应力	根据式(8.8.9),如 $\sigma_F \leqslant [\sigma_F]$,则校验合格 由图 8.8.4 查得,$\sigma_{FLim1}=440$ MPa,$\sigma_{FLim2}=410$ MPa 由表 8.8.4 查得 $S_F=1.3$,由图 8.8.5 查得 $Y_{N1}=Y_{N2}=1$ $[\sigma_{F1}]=\dfrac{\sigma_{FLim1}Y_{N1}}{S_F}=\dfrac{440\times1}{1.3}$ MPa $=338$ MPa $[\sigma_{F2}]=\dfrac{\sigma_{FLim2}Y_{N2}}{S_F}=\dfrac{410\times1}{1.3}$ MPa $=315$ MPa	 $[\sigma_{F1}]=338$ MPa $[\sigma_{F2}]=315$ MPa
2)齿形系数及应力修正系数	由表 8.8.5 查得,$Y_{F1}=2.65$,$Y_{F2}=2.29$,$Y_{S1}=1.59$,$Y_{S2}=1.74$ 由式(8.8.10)得	
3)强度校核	$\sigma_{F1}=\dfrac{2KT_1}{bm^2z_1}Y_{F1}Y_{S1}=\dfrac{2\times1.1\times7.5\times10^4}{65\times2.5^2\times25}\times2.65\times1.59$ MPa $=68$ MPa $\leqslant[\sigma_{F1}]=338$ MPa $\sigma_{F2}=\sigma_{F1}\dfrac{Y_{F2}Y_{S2}}{Y_{F1}Y_{S1}}=68\times\dfrac{2.29\times1.74}{2.65\times1.59}$ MPa $=64$ MPa $\leqslant$ $[\sigma_{F2}]=315$ MPa 可见弯曲疲劳强度足够。	$\sigma_{F1}=68$ MPa $\leqslant[\sigma_{F1}]$ $\sigma_{F2}=64$ MPa $\leqslant[\sigma_{F2}]$
4)齿轮圆周速度	$v=\dfrac{\pi d_1 n_1}{60\times1\ 000}=\dfrac{3.14\times62.5\times950}{60\times1\ 000}$ m/s $=3.13$ m/s 可知选 8 级精度合适	$v=3.13$ m/s

8.9 渐开线斜齿圆柱齿轮传动

8.9.1 斜齿圆柱齿轮齿廓曲面的形成及特点

如图 8.9.1(a)所示,当发生面在基圆柱上做纯滚动时,发生面上与基圆柱轴线平行的任意一直线 KK 就展开出一渐开线曲面,此曲面即为直齿圆柱齿轮的齿廓曲面。一对直齿圆柱齿轮啮合时,两轮齿廓侧面将沿着齿面上与轴线平行的直线顺序地进行啮合,齿面上的接触线为直线(图 8.9.1(b)),所以,两轮的轮齿在进入啮合时是沿着全齿宽同时接触,在退出啮合时,也是沿着全齿宽同时脱离。轮齿上作用力同样也是同时突然加上和突然卸下的。这种接触方式,使得直齿轮在传动时容易产生冲击、振动和噪声。对于高速传动,这种情况尤其严重。

斜齿圆柱齿轮齿廓曲面的形成与直齿圆柱齿轮相似,只是形成渐开线齿廓曲面的直线与基圆柱的轴线不平行,而是在发生平面内与基圆柱母线成一夹角 β_b 的斜直线 KK(图 8.9.2(a))。当发生面沿基圆柱做纯滚动时,斜直线 KK 的轨迹为螺旋渐开面,即斜齿圆柱齿轮的齿廓曲面。斜直线 KK 与基圆柱母线间的夹角 β_b 称为基圆柱上的螺旋角。

由斜齿轮的形成可知,一对斜齿圆柱齿轮啮合时,两轮齿廓侧面沿着与轴线倾斜的直线相接触,如图 8.9.2(b)所示。显然,齿面在不同位置接触时,其接触线的长度是变化的。从开始啮合起,接触线由零开始逐渐增大,到某一位置后,又由长变短,直至脱离啮合。由于斜齿轮是

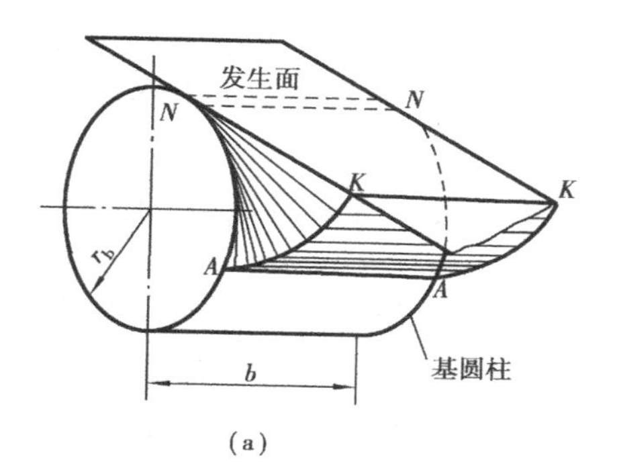

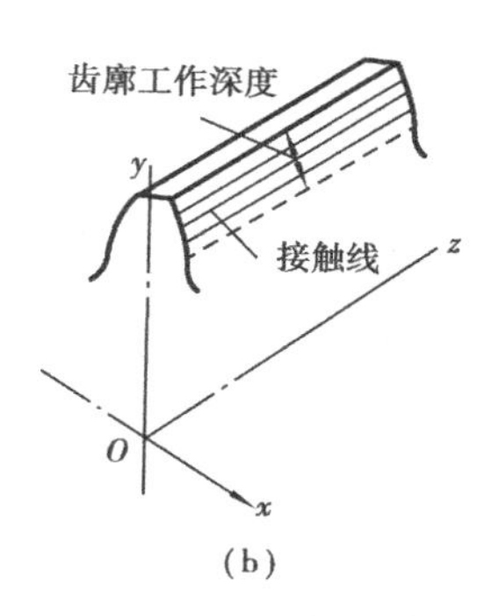

图8.9.1　直齿轮齿廓曲面的形成及齿廓接触线

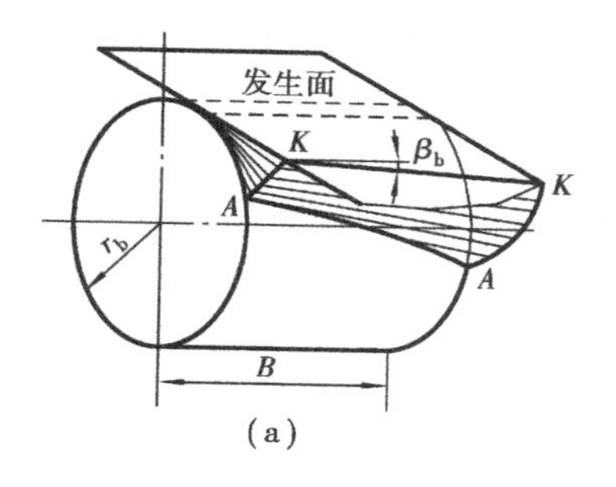

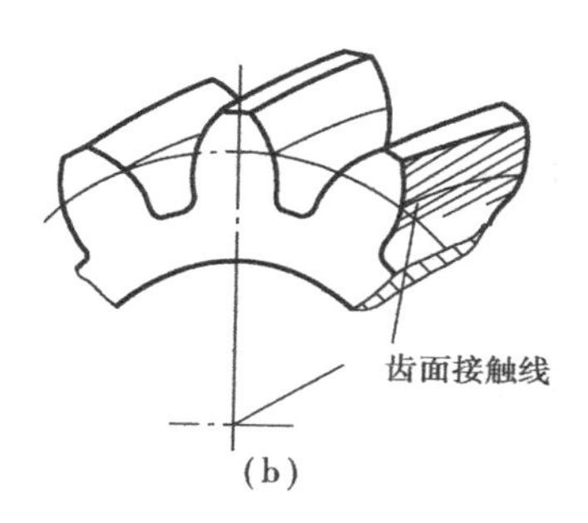

图8.9.2　斜齿轮齿廓曲面的形成及齿廓接触线

逐渐进入啮合和逐渐退出啮合的,所以斜齿圆柱齿轮传动平稳,冲击和噪声小。另外,由于轮齿是倾斜的,所以同时啮合的齿数比直齿轮多,重合度比直齿轮大,故承载能力高,适用于高速和重载传动。

斜齿轮的缺点是:在传动过程中产生轴向力,为了消除轴向力的影响,可以采用人字形齿轮。人字形齿轮可以看做由两个尺寸相等而齿的螺旋线方向相反的斜齿轮组合而成(图8.1.1(e)),因而轴向力可以互相抵消,但人字形齿轮加工困难。

斜齿轮按其齿廓渐开螺旋面的旋向,可以分为两种:左旋(图8.9.3(a))和右旋(图8.9.3(b))。其判别方法与螺纹的左旋、右旋相同。

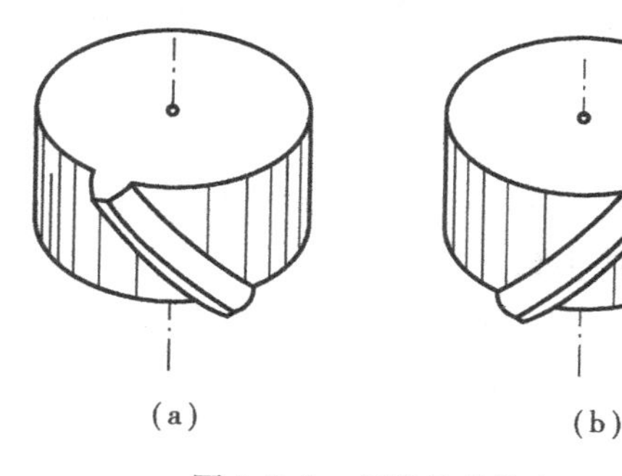

图8.9.3　斜齿轮的旋向

8.9.2　斜齿圆柱齿轮的几何尺寸计算

斜齿轮是由直齿轮演变而来的,从它的端面看,完全像一个渐开线的直齿轮,所以其几何尺寸计算与直齿轮大致相同。由于轮齿是倾斜的,轮齿除端面(垂直于齿轮轴线的平面)外,还有法面(垂直于齿的平面)。对于斜齿圆柱齿轮的加工,通常是使用加工直齿轮的刀具,使其倾斜一个角度后,沿齿轮螺旋线方向(垂直于法面的方向)进刀,故法面几何尺寸取决于标准刀具的尺寸,即法面几何尺寸为标准值。但因法向截面不是圆,故几何尺寸不能按法向参数计算。而端面上的齿形为渐开线,其啮合原理和几何尺寸计算方法与直齿轮完全相同。因此,计算斜齿轮的几何尺寸时，可以套用直齿圆柱齿轮的公式，只是将斜齿轮的法面参数换算为端面参数代入公式即可。总之，斜齿轮几何尺寸计算的关键在于正确掌握法面参数与端面参数的换算关系。

为了方便起见，在以下的叙述中，法面参数用下标“n”表示，端面参数用下标“t”表示。

(1)螺旋角 β

斜齿圆柱齿轮齿廓曲面与任意圆柱面的交线都是一条螺旋线，该螺旋线的切线与过切点的圆柱母线间所夹的锐角，称为该圆柱面上的螺旋角。在斜齿轮各个不同的圆柱面上，螺旋角是不同的。通常用分度圆柱面上的螺旋角 β 来表示轮齿的倾斜程度和进行几何尺寸计算。β 越大，轮齿越倾斜，传动平稳性越好，但轴向力也越大。一般设计时取 $\beta=8°\sim20°$。近年来，为了增大重合度，增加传动的平稳性和降低噪声，有大螺旋角化的趋势。对于人字形齿轮，由于轴向力可以抵消，常取 $\beta=25°\sim45°$；但因其加工困难，精度较低，一般用于重型机械的齿轮传动。

(2)模数 m

将斜齿轮的分度圆柱面展开成平面，如图 8.9.4 所示。图中阴影部分为轮齿，空白部分为齿槽。由图可以看出，端面齿距 P_t 和法面齿距 P_n 的关系为 $P_n=P_t\cos\beta$，两边各除以 π，即得端面模数 m_t 和法面模数 m_n 的关系为

$$m_n = m_t\cos\beta \tag{8.9.1}$$

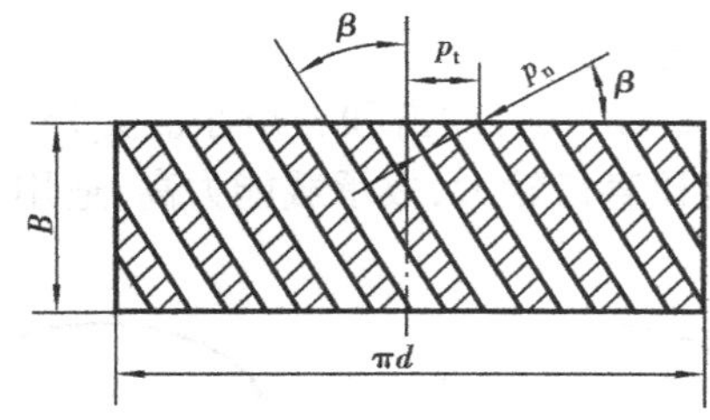

图 8.9.4　端面齿距与法向齿距

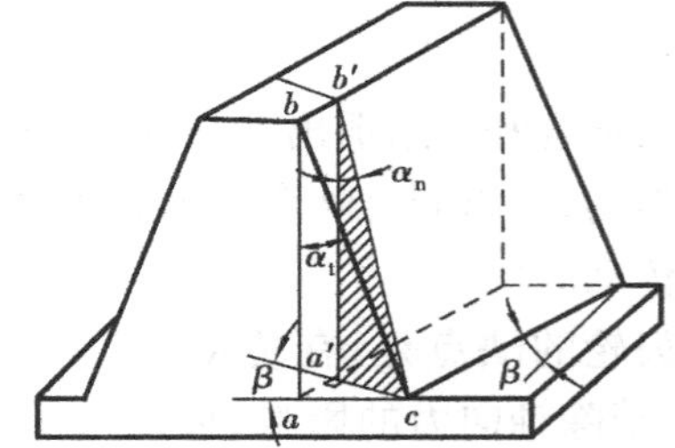

图 8.9.5　端面压力角与法向压力角

(3)压力角

为了便于分析，以斜齿条为例说明问题。如图 8.9.5 所示，$\triangle abc$ 为端面上的直角三角形，$\angle abc$ 为端面压力角 α_t，$\triangle a'b'c$ 为法面上的直角三角形，$\angle a'b'c$ 为法面压力角 α_n，因为 $ab=a'b'$，故可导出

$$\tan\alpha_n = \tan\alpha_t\cos\beta \tag{8.9.2}$$

标准规定法向压力角 α_n 为标准值，且 $\alpha_n=20°$。

(4)齿顶高系数和顶隙系数

斜齿轮的齿顶高系数和顶隙系数也有法向和端面两种。无论从法向还是端面看，斜齿轮的齿顶高都是相同的，顶隙也相同，即

$$h_a = h_{an}^* m_n = h_{at}^* m_t \qquad c = c_n^* m_n = c_t^* m_t$$

将式(8.9.1)代入上式得

$$\left.\begin{aligned} h_{at}^* &= h_{an}^*\cos\beta \\ c_t^* &= c_n^*\cos\beta \end{aligned}\right\} \tag{8.9.3}$$

由于法向参数为标准值，故对于正常齿制，$h_{an}^*=1$，$c_n^*=0.25$，短齿制 $h_{an}^*=0.8$，$c_n^*=0.3$。斜齿轮的几何尺寸计算公式见表 8.9.1。

表 8.9.1　外啮合标准斜齿圆柱齿轮的几何尺寸计算

名　称	符　号	计算公式
法面模数	m_n	取标准值
端面模数	m_t	$m_t=m_n/\cos\beta$
法面压力角	α_n	标准值
端面压力角	α_t	$\tan\alpha_t=\tan\alpha_n/\cos\beta$
分度圆直径	d	$d=m_tz$
齿顶圆直径	d_a	$d_a=d+2h_a$
齿根圆直径	d_f	$d_f=d-2h_f$
齿顶高	h_a	$h_a=m_n$
齿根高	h_f	$h_f=1.25m_n$
全齿高	h	$h=h_a+h_f=2.25m_n$
顶隙	c	$c=h_f-h_a=0.25m_n$
中心距	a	$a=(d_1+d_2)/2=m_t(z_1+z_2)/2=m_n(z_1+z_2)/(2\cos\beta)$

8.9.3　斜齿圆柱齿轮的正确啮合条件

从斜齿轮齿廓的形成原理可知，其端面齿廓与直齿圆柱齿轮一样，因此，一对外啮合斜齿圆柱齿轮的正确啮合条件是：两齿轮的端面模数和端面压力角分别相等，且两轮的螺旋角大小相等、旋向相反（内啮合时旋向相同）。由式(8.9.1)及式(8.9.2)可知，两轮的法向模数和法向压力角也必须分别相等。由于斜齿轮以法向参数为标准值，故其正确啮合条件为

$$\left.\begin{aligned}\alpha_{n1}&=\alpha_{n2}=\alpha_n\\m_{n1}&=m_{n2}=m_n\\\beta_1&=\pm\beta_2\end{aligned}\right\}\tag{8.9.4}$$

式中，“ - ”号表示外啮合时，螺旋角旋向相反；“ + ”号表示内啮合时，螺旋角旋向相同。

8.9.4　斜齿圆柱齿轮传动的重合度

图 8.9.6 表示斜齿轮与斜齿条在前端面的啮合情况。齿廓在 A 点开始啮合，在 E 点终止啮合，FG 是一对齿啮合过程中齿条分度线上一点所走的距离。作从动齿条分度面的俯视图，显然，齿条的工作齿廓只在 FG 区间处于啮合状态，FG 区间之外均不可能啮合。当轮齿到达虚线所示位置时，其前端面虽已开始脱离啮合，但轮齿后端面仍处在啮合区内，整个轮齿尚未终止啮合。只有当轮齿后端面走出啮合区，该齿才终止啮合。由此可见，斜齿轮传动的啮合线 FH 比端面齿廓完全相同的直齿轮长 GH，故斜齿轮传动的重合度为

$$\varepsilon=\frac{FH}{p_t}=\frac{FG+GH}{p_t}=\varepsilon_t+\frac{b\tan\beta}{p_t}\tag{8.9.5}$$

式中，ε_t为端面重合度，其值等于与斜齿轮端面齿廓相同的直齿轮传动的重合度；$b\tan\beta/p_t$为轮齿倾斜而产生的附加重合度。由上式可见，斜齿轮传动的重合度随齿宽 b 和螺旋角 β 的增大而增大，可达到很大的数值，这是斜齿轮传动平稳，承载能力较高的主要原因之一。

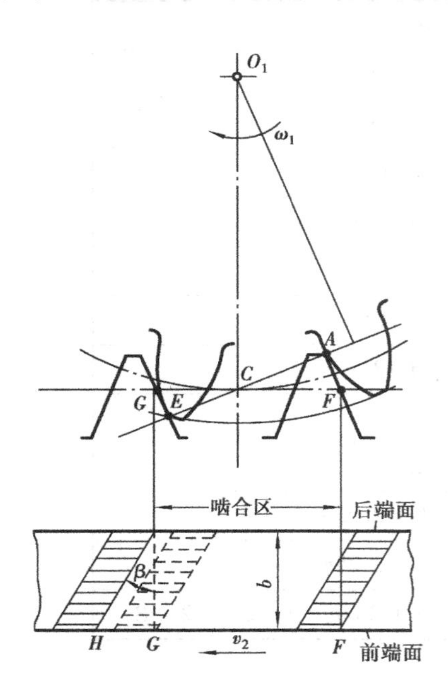

图 8.9.6　斜齿圆柱齿轮传动的重合度

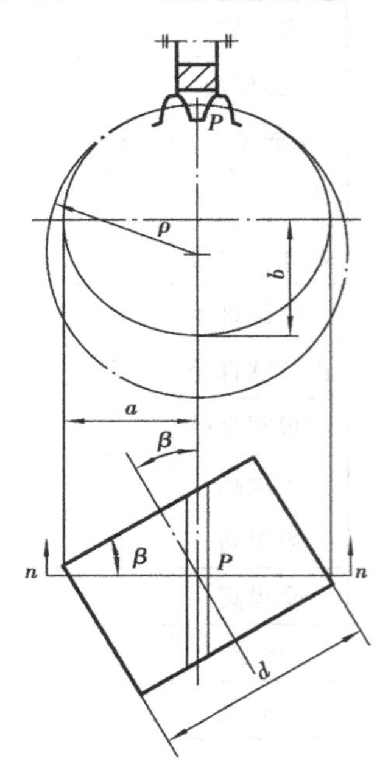

图 8.9.7　斜齿轮的当量齿数

8.9.5　斜齿圆柱齿轮的当量齿数

加工斜齿轮时，铣刀是沿着螺旋线的方向进刀的，故应当按照斜齿轮的法向齿形选择刀具。另外，在计算轮齿强度时，因为力作用在法向平面内，也需要知道法向齿形。

如图 8.9.7 所示，过斜齿圆柱齿轮的分度圆螺旋线上的 P 点，作垂直于轮齿的法向截面 n-n，此法面与分度圆柱的截交线为一椭圆，椭圆的长半轴 $a = d/(2\cos\beta)$，短半轴 $b = d/2$。该法向截面齿形即为斜齿轮的法向齿形。

若以椭圆上 P 点的曲率半径为分度圆半径，以斜齿轮的法向模数 m_n为模数，法向压力角 α_n为压力角作一直齿圆柱齿轮，这个直齿轮的齿形与斜齿轮的法向齿形十分接近，因而称这个直齿圆柱齿轮为该斜齿轮的当量齿轮。它的齿数称为当量齿数，以 z_v表示。

由数学知识可导出椭圆在 P 点的曲率半径为 $\rho = a^2/b = d/2\cos^2\beta$，故有

$$z_v = \frac{2\rho}{m_n} = \frac{d}{m_n\cos^2\beta} = \frac{m_n z}{m_n\cos^3\beta} = \frac{z}{\cos^3\beta} \qquad (8.9.6)$$

式中，z 为斜齿轮的实际齿数。可见，当量齿数 z_v大于斜齿轮的实际齿数 z，并且不一定为整数。

前已述及标准正常齿直齿轮不产生根切的最少齿数 $z_{min} \geqslant 17$，故对于标准正常齿斜齿轮有

$$z_{min} = z_{vmin}\cos^3\beta = 17\cos^3\beta \qquad (8.9.7)$$

可见，标准斜齿轮不根切的最少齿数小于标准直齿轮不根切的最少齿数。

8.9.6　斜齿圆柱齿轮轮齿的受力分析

图 8.9.8 为一对斜齿圆柱齿轮的受力图，如不计摩擦力，则作用于主动轮齿上的总压力 $\boldsymbol{F}_{n1}$ 必沿接触点的公法线方向，并指向工作齿面，此力称为法向力。它可分解为径向力 $\boldsymbol{F}_{r1}$、轴向力 $\boldsymbol{F}_{a1}$ 和圆周力 $\boldsymbol{F}_{t1}$，其值分别为

$$\left.\begin{aligned} F_{t1} &= \frac{2T_1}{d_1} \\ F_{r1} &= F_{t1}\frac{\tan\alpha_n}{\cos\beta} \\ F_{a1} &= F_{t1}\tan\beta \end{aligned}\right\} \tag{8.9.8}$$

式中，β 为齿轮分度圆柱上的螺旋角；α_n 为齿轮分度圆柱上的法向压力角；T_1 为主动轮传递的转矩（N · mm），d_1 为主动轮分度圆直径（mm）。其他符号的含义和单位同前。

根据作用力和反作用力原理可知，从动轮上受力分别为 $F_{t2} = -F_{t1}$，$F_{a2} = -F_{a1}$，$F_{r2} = -F_{r1}$。负号表示二力方向相反。各力的方向判断方法如下：

①在主动轮上圆周力对其轴之矩与主动轮的转动方向相反；在从动轮上圆周力对其轴之矩与从动轮的转动方向相同。

②径向力的方向分别指向各自的轮心。

③轴向力的方向与齿轮的螺旋方向和转动方向有关，可用主动轮左、右手法则来判定，即对主动右旋齿轮，以右手四指弯曲的方向表示齿轮的转动方向，则伸直拇指的指向即为主动轮上轴向力 $\boldsymbol{F}_{a1}$ 的方向，从动轮上轴向力 $\boldsymbol{F}_{a2}$ 的方向与其相反。对于主动左旋齿轮，则应以左手用同样的方法来判定。

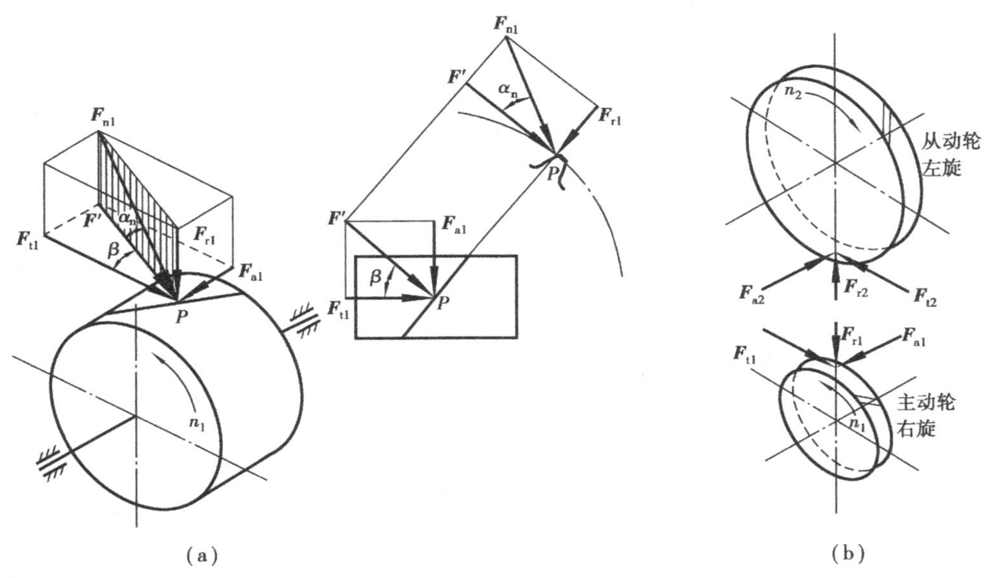

图 8.9.8　斜齿轮的受力分析

8.9.7 斜齿圆柱齿轮的强度计算

斜齿圆柱齿轮的法向齿形与其当量齿轮的齿形近似，所以，斜齿圆柱齿轮的轮齿弯曲疲劳强度与当量齿轮的轮齿弯曲疲劳强度相等。因此，只要计算当量齿轮的轮齿弯曲疲劳强度即可。将当量齿轮的参数代入直齿圆柱齿轮的计算公式，并考虑斜齿轮重合度及齿面接触线是斜线等因素对强度的影响，即可得到斜齿轮的轮齿表面接触疲劳强度和齿根弯曲疲劳强度的计算公式。

(1)齿面接触疲劳强度计算

校核公式

$$\sigma_{\mathrm{H}} = 3.17Z_{\mathrm{E}}\sqrt{\frac{KT_1(u \pm 1)}{bd_1^2 u}} \leqslant [\sigma_{\mathrm{H}}] \tag{8.9.9}$$

设计公式

$$d_1 \geqslant \sqrt[3]{\frac{KT_1(u \pm 1)}{\phi_{\mathrm{d}} u}\left(\frac{3.17Z_{\mathrm{E}}}{[\sigma_{\mathrm{H}}]}\right)^2} \tag{8.9.10}$$

式中，K 为载荷系数，查表 8.8.1；T_1 为小齿轮的转矩（N·mm）；u 为齿数比；ϕ_{d} 为齿宽系数，查表 8.8.3；Z_{E} 为弹性系数，查表 8.8.2；b 为轮齿的接触宽度（mm）；$[\sigma_{\mathrm{H}}]$ 为许用接触应力（MPa），由式(8.8.7)计算；d_1 为小齿轮分度圆直径（mm）。

(2)齿根弯曲疲劳强度计算

校核公式

$$\sigma_{\mathrm{F}} = \frac{1.6KT_1}{bm_{\mathrm{n}}d_1}Y_{\mathrm{F}}Y_{\mathrm{S}} = \frac{1.6KT_1\cos\beta}{bm_{\mathrm{n}}^2 z_1}Y_{\mathrm{F}}Y_{\mathrm{S}} \leqslant [\sigma_{\mathrm{F}}] \tag{8.9.11}$$

设计公式

$$m_{\mathrm{n}} \geqslant 1.17\sqrt[3]{\frac{KT_1\cos^2\beta}{\phi_{\mathrm{d}} z_1^2} \times \frac{Y_{\mathrm{F}}Y_{\mathrm{S}}}{[\sigma_{\mathrm{F}}]}} \tag{8.9.12}$$

式中，Y_{F} 为齿形系数，Y_{S} 为应力修正系数，由当量齿数 z_{v} 查表 8.8.5；β 为斜齿轮的螺旋角；z_1 为小齿轮齿数；$[\sigma_{\mathrm{F}}]$ 为许用弯曲应力（MPa），由式(8.8.11)计算；其余符号意义同上。

设计时应将 $Y_{\mathrm{F1}}Y_{\mathrm{S1}}/[\sigma_{\mathrm{F1}}]$、$Y_{\mathrm{F2}}Y_{\mathrm{S2}}/[\sigma_{\mathrm{F2}}]$ 中的较大值代入上式，并将计算所得的法面模数按标准模数圆整。

有关直齿圆柱齿轮传动的设计方法及参数选择原则对斜齿轮传动基本上都是适用的。与直齿轮不同的是斜齿轮传动的中心距与螺旋角 β 有关，在确定中心距时，可通过调整螺旋角 β，使中心距圆整为个位数为“0”或“5”。

例 8.2 设计矿山用卷扬机的单级斜齿圆柱齿轮传动。已知原动机为电动机，传递功率 $P=22$ kW，小齿轮转速 $n_1=970$ r/min，传动比 $i=3.5$，工作机有中等冲击，单向运转，单班制工作，使用寿命 10 年，齿轮相对于轴承对称布置。

解 由于传递功率较大，速度较高，载荷又有中等冲击，为了使结构紧凑，采用硬齿面齿轮传动。

步 骤	计算及说明	结 果
1. 选择材料,计算许用应力	由表8.7.1,大、小齿轮都采用20CrMnTi渗碳淬火,58HRC。由表8.7.2选8级精度。 由图8.8.4查得 $\sigma_{FLim1}=\sigma_{FLim2}=880$ MPa, 由图8.8.5取 $Y_N=1$,由表8.8.4查得 $S_F=1.6$ $[\sigma_{F1}]=[\sigma_{F2}]=\sigma_{FLim1}Y_N/S_F=880\times1/1.6=550$ MPa	材料:20CrMnTi渗碳淬火 $z_1=18,z_2=63,\beta=10°$ $[\sigma_{F1}]=[\sigma_{F2}]=550$ MPa
2. 按齿根弯曲疲劳强度设计 1)有关参数的选择	取小齿轮齿数 $z_1=18$,则 $z_2=iz_1=3.5\times18=63$。初选 $\beta=15°$ 当量齿数 $z_{v1}=z_1/\cos^3\beta=18/\cos^3 15°=18.63$ $z_{v2}=z_2/\cos^3\beta=63/\cos^3 15°=69.91$ 由表8.8.5查得 $Y_{F1}=2.87$, $Y_{F2}=2.28$, $Y_{S1}=1.55$, $Y_{S2}=1.75$ 齿轮相对于轴承对称布置,由表8.8.3选 $\phi_d=0.8$ 中等冲击,由表8.8.1选取 $K=1.4$	$\phi_d=0.8$ $K=1.4$
2)小齿轮转矩 T_1	$T_1=9.55\times10^6 P/n_1=9.55\times10^6\times22/970$ N·mm $=2.16\times10^5$ N·mm	$T_1=2.16\times10^5$ N·mm
3)计算模数	$Y_{F1}Y_{S1}/[\sigma_{F1}]=2.87\times1.55/550=0.008\ 09$ $Y_{F2}Y_{S2}/[\sigma_{F2}]=2.28\times1.75/550=0.007\ 25$ 因为 $\frac{Y_{F1}Y_{S1}}{[\sigma_{F1}]}>\frac{Y_{F2}Y_{S2}}{[\sigma_{F2}]}$,故将 $\frac{Y_{F1}Y_{S1}}{[\sigma_{F1}]}$ 代入式(8.9.12)得 $m_n\geqslant1.17\sqrt[3]{\frac{KT_1\cos^2\beta}{\phi_d z_1^2}\times\frac{Y_F Y_S}{[\sigma_F]}}$ $=1.17\sqrt[3]{\frac{1.4\times2.16\times10^5\times\cos^2 15°\times2.87\times1.55}{0.8\times18^2\times550}}$ $=2.42$	
3. 计算中心距,协调设计参数	由表8.3.1取标准模数 $m_n=2.5$ mm $a=\frac{m_n(z_1+z_2)}{2\cos\beta}=\frac{2.5\times(15+63)}{2\cos15°}$ mm $=104.82$ mm 取 $a=105$ mm	$m_n=2.5$ mm
4. 计算主要尺寸	$\beta=\arccos[m_n(z_1+z_2)/2a]$ $=\arccos[2.5\times(18+63)/(2\times105)]=15°21'32''$ 分度圆直径 $d_1=m_nz_1/\cos\beta=2.5\times18/\cos15°$ mm $=46.587$ mm $b=\phi_d\cdot d_1=0.8\times46.587$ mm $=37.270$ mm 圆整为 $b_2=40$ mm, $b_1=45$ mm	$a=105$ mm $\beta=15°21'32''$ $d_1=46.587$ mm $b_2=40$ mm, $b_1=45$ mm
5. 校核齿面接触强度	图8.8.3查得 $\sigma_{HLim1}=\sigma_{HLim2}=1\ 500$ MPa 由图8.8.6取 $Z_N=1$,由表8.8.4取 $S_H=1$,由表8.8.2查得 $Z_E=189.8$ $[\sigma_{H1}]=[\sigma_{H2}]=\sigma_{HLim1}Z_N/S_H$ $=1\ 500\times1/1$ MPa $=1\ 500$ MPa 由式(8.9.9) $\sigma_H=3.17Z_E\sqrt{\frac{KT_1(u+1)}{bd_1^2u}}$ $=3.17\times189.8\sqrt{\frac{1.4\times2.16\times10^5\times4.5}{40\times46.587^2\times3.5}}$ MPa $=1\ 273.28$ MPa $\leqslant[\sigma_H]=1\ 500$ MPa	$[\sigma_{H1}]=[\sigma_{H2}]=1\ 500$ MPa $\sigma_H\leqslant[\sigma_H]$ 强度满足要求
6. 校验圆周速度	$v=\pi d_1n_1/(60\times1\ 000)$ $=3.14\times46.587\times970/(60\times1\ 000)$ m/s $=2.36$ m/s 8级精度合适	$v=2.36$ m/s

8.10　齿轮的结构

齿轮的结构形式与齿轮的几何尺寸、毛坯材料、加工方法、使用要求和经济性等因素有关，通常先按齿轮直径选择适宜的结构形式，然后再根据推荐的经验公式进行结构设计。齿轮常用的结构形式有以下几种：

(1)齿轮轴(图8.10.1)

对于直径较小的钢制齿轮，当齿轮的顶圆直径 d_a 小于轴孔直径的两倍或圆柱齿轮齿根圆至键槽底部的距离 $y<2.5m_n$ 时，可将齿轮和轴做成一体，称为齿轮轴。齿轮轴的刚度好，制造费用较低（与轴和齿轮分开时相比）。但是，齿轮与轴用同一种材料，当齿轮需要用较好材料时，会造成浪费。

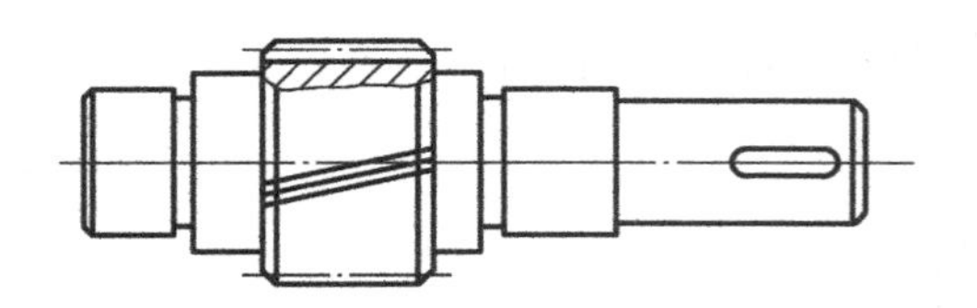

图 8.10.1　齿轮轴

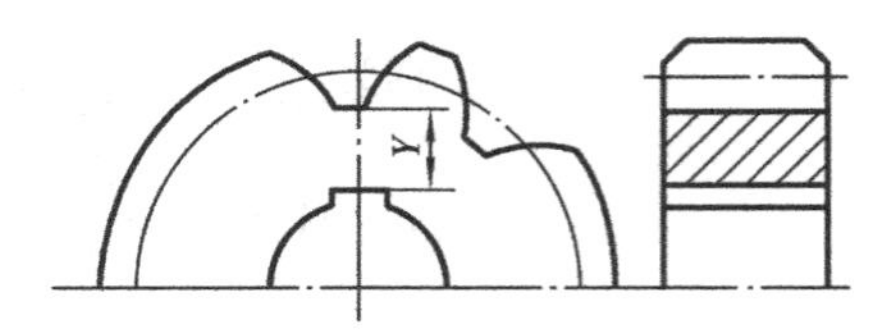

图 8.10.2　实体式齿轮

(2)实体式齿轮(图8.10.2)

当齿顶圆直径 $d_a \leqslant 150 \sim 200$ mm 时，齿根圆到键槽底部的距离 $y>2.5m_n$，可采用锻造的实体齿轮。单件或小批量生产，而直径小于 100 mm 时，可用轧制圆钢制造齿轮毛坯。

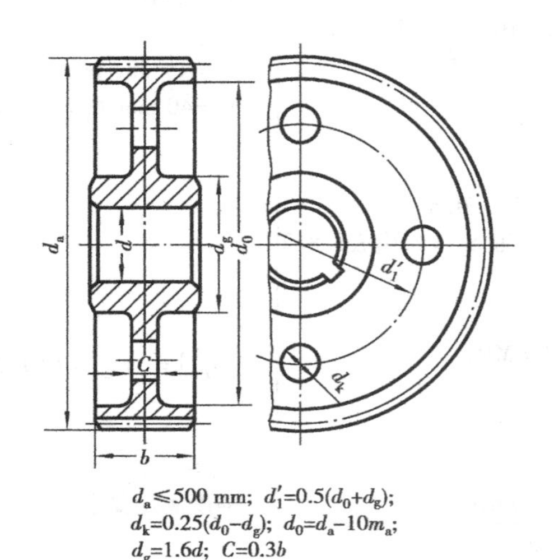

图 8.10.3　腹板式圆柱齿轮

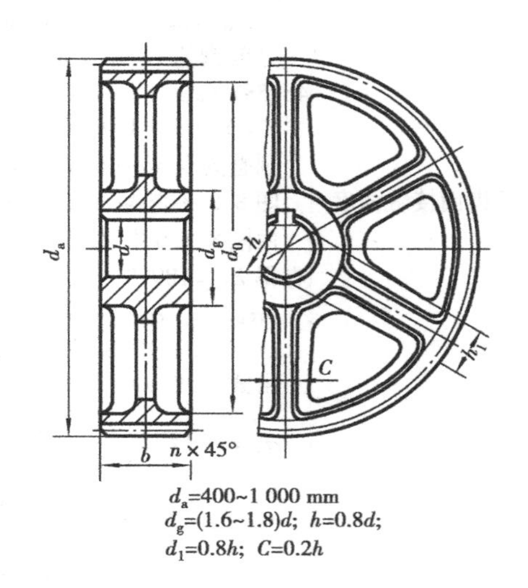

图 8.10.4　轮辐式圆柱齿轮

(3)腹板式齿轮(图8.10.3)

当齿顶圆直径d_a较大($150\sim200\ mm < d_a < 500\ mm$)时,为了减轻重量,节约材料,可采用腹板式齿轮。腹板上开孔的数目根据结构尺寸大小而定。

(4)轮辐式齿轮(图8.10.4)

当齿顶圆直径$d_a > 500\ mm$时,一般多采用轮辐式结构,这种齿轮常采用铸钢或铸铁制造。

8.11　齿轮传动的效率与润滑

8.11.1　齿轮传动的效率

齿轮传动中的功率损失主要包括啮合中的摩擦损失、润滑油被搅动的油阻损失和轴承中的摩擦损失。齿轮传动的效率是指计入上述三种损失后的平均效率。一般闭式圆柱齿轮传动的效率为0.97~0.98,开式圆柱齿轮传动的效率为0.95。

8.11.2　齿轮传动的润滑

齿轮传动中的许多齿面损伤是由于润滑不良引起的。对齿轮传动进行润滑不仅可以减少磨损和发热,起到防锈和降低噪声的作用,而且可以改善齿轮的工作状况,提高齿轮的工作品质。齿轮传动常用的润滑方式有如下几种:

(1)油浴润滑

如图8.11.1所示,油浴润滑是将大齿轮浸入油中至一定深度进行润滑。当齿轮的圆周速度$v<12\ m/s$时,浸油深度约为一个齿高,但不应小于10 mm。多级齿轮传动时,若高速级大齿轮无法达到要求的浸油深度时,可采用带油轮将油带到未浸入油池内的轮齿表面上(图8.11.2),同时可将油甩到轮齿箱壁面上散热,使油温下降。油浴润滑主要用于$v<12\ m/s$的闭式齿轮传动。

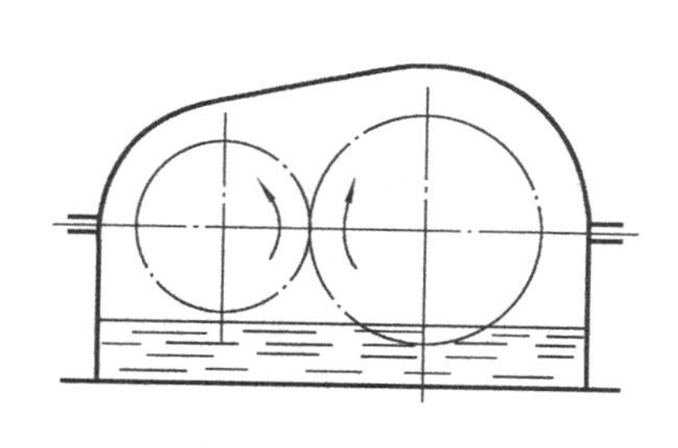

图8.11.1　油浴润滑

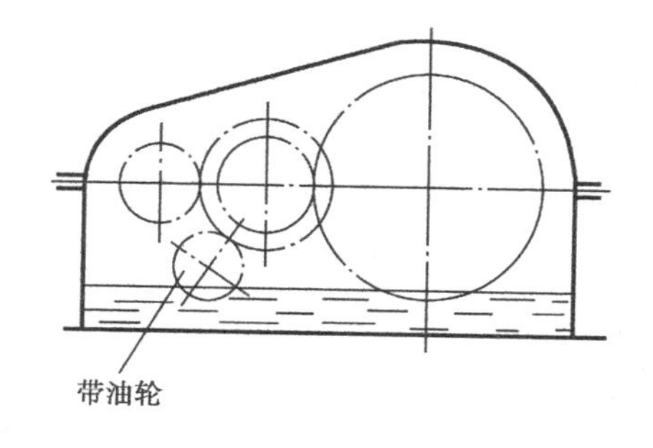

图8.11.2　用带油轮带油润滑

(2)循环喷油润滑

如图8.11.3所示,循环喷油润滑是用液压泵将有一定压力的润滑油直接喷到齿轮的啮合表面上进行润滑。这种方式可以对循环中的润滑油进行中间过滤和冷却,避免了因齿轮搅油而造成的功率损耗,适用于$v\geq12\ m/s$的闭式齿轮传动。

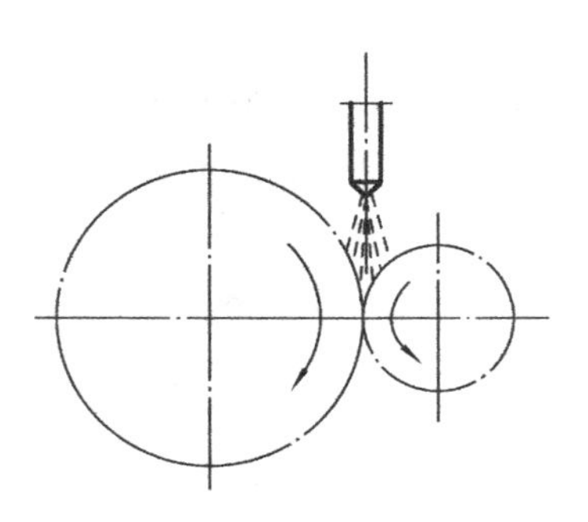

图 8.11.3　喷油润滑

(3)定期涂油和润滑脂润滑

润滑脂润滑密封简单,不易漏油,但散热性差。主要用于半开式、开式齿轮传动。

齿轮传动润滑剂的选择可根据齿轮材料和圆周速度由相应表查得运动粘度值,再由选定的粘度确定润滑油的牌号。具体选用方法参见有关设计手册。

在实际工作中,必须经常检查齿轮传动润滑系统的状况,如润滑油的质量、油面的高度等。油面过低,则润滑不良;油面过高,则会增加搅油功率损失。对于压力喷油润滑系统,还需检查油压状况。油压过低,会造成供油不足;油压过高,则可能是因为油路不畅通所致,需要及时调整油压。

思考题与练习题

8.1　渐开线是怎样形成的?它有哪些性质?

8.2　对齿轮传动的基本要求是什么?怎样才能满足这些要求?

8.3　什么是模数?它的物理意义是什么?

8.4　分度圆有何特点?它与节圆有何区别?

8.5　一对直齿圆柱齿轮正确啮合条件和连续传动条件分别是什么?

8.6　什么是斜齿轮的当量齿轮?它有何用途?

8.7　斜齿圆柱齿轮的圆周力、轴向力、径向力如何计算?方向如何确定?

8.8　一对齿轮传动中两轮的接触应力是否相等?弯曲应力是否相等?为什么?

8.9　测得一渐开线标准直齿圆柱齿轮的齿顶圆直径为 $d_a = 225$ mm,数得其齿数为 $z = 98$,求其模数,并计算主要尺寸。

8.10　两个标准圆柱齿轮传动,已测得齿数 $z_1 = 22$,$z_2 = 98$,小齿轮齿顶圆直径 $d_a = 240$ mm,大齿轮全齿高 $h = 22.5$ mm,试判断这两个齿轮能否正确啮合?

8.11　一对标准外啮合正常齿直齿圆柱齿轮,已知 $z_1 = 19$,$z_2 = 68$,$m = 2$ mm,$\alpha = 20°$;计算小齿轮的分度圆直径、齿顶圆直径、齿根圆直径、基圆直径、齿距以及齿厚和齿槽宽。

8.12　齿轮的失效形式有哪些?可采取哪些措施减缓失效?

8.13　对齿轮材料的基本要求是什么?常用齿轮材料有哪些?

8.14　为什么软齿面齿轮应取小齿轮的硬度比大齿轮高30～50HBS？硬齿面齿轮是否也需要有硬度差？

8.15　斜齿轮的强度计算和直齿轮的强度计算有何区别？

8.16　齿轮传动有哪些润滑方式？如何选择？

8.17　设计某带式运输机减速器的高速级圆柱齿轮传动。已知$i=2.5$，$n_1=960$ r/min，传递功率$P=6$ kW，单方向传动，载荷平稳，单班制工作，预期寿命10年。

8.18　设计单级斜齿圆柱齿轮传动。已知原动机为电动机，输入功率$P=5$ kW，传动比$i=3.5$，转速$n_1=600$ r/min，载荷平稳不逆转，预期使用寿命10年，单班制工作，齿轮在轴上对称布置。

8.19　一闭式直齿圆柱齿轮传动，传递功率$P=4.5$ kW，小齿轮转速$n_1=960$ r/min，模数$m=3$ mm，齿数$z_1=25$，$z_2=75$，齿宽$b_1=75$，$b_2=70$，小齿轮材料为45钢调质，大齿轮材料为45钢正火。载荷平稳，电动机驱动，单向运转，预期使用寿命10年，两班制工作，试验算齿轮传动能否满足强度要求安全工作。

第9章 空间齿轮传动

9.1 圆锥齿轮传动

圆锥齿轮用于传递两相交轴的运动和动力，其传动可看成是两个锥顶点共点的圆锥体相互做纯滚动，如图 9.1.1 所示。圆锥齿轮传动的两轴交角（$\Sigma=\delta_1+\delta_2$）由传动要求确定，可为任意值，常用轴交角为 $\Sigma=90°$。

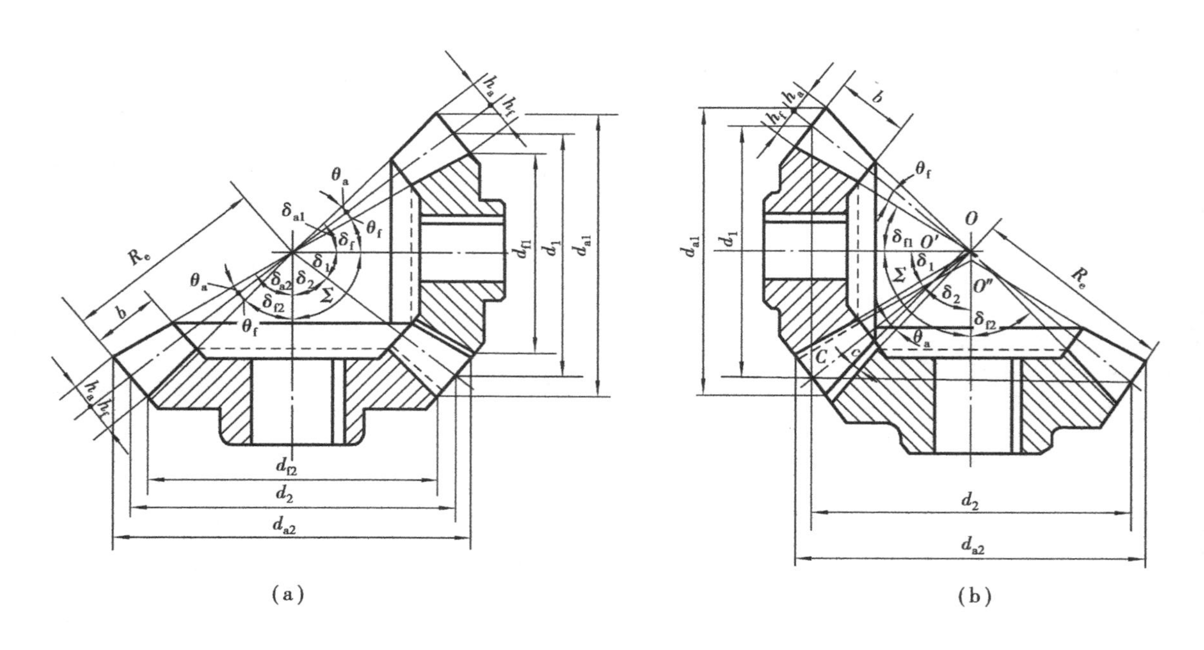

图 9.1.1　直齿圆锥齿轮机构

圆锥齿轮有直齿、斜齿和曲齿，其中直齿锥齿轮最常用，斜齿锥齿轮已逐渐被曲齿锥齿轮代替。与圆柱齿轮相比,直齿锥齿轮的制造精度较低,工作时振动和噪声都较大,适用于低速轻载传动;曲齿锥齿轮传动平稳,承载能力强,常用于高速重载传动,但其设计和制造较复杂。本节仅讨论两轴相互垂直的标准直齿锥齿轮传动。

9.1.1 标准直齿圆锥齿轮的几何尺寸计算

由于圆锥齿轮的轮齿尺寸由大端到小端逐渐减小,为了便于计算和测量,通常取大端的参数为标准值,即大端分度圆锥上的模数和压力角符合标准值。模数按 GB/T12368—1990 规定的数值选取,压力角一般为 $\alpha=20°$;齿顶高系数为 $h_a^*=1$,顶隙系数 $c^*=0.2$。

直齿圆锥齿轮按顶隙不同可分为非等顶隙收缩齿(9.1.1(a))和等顶隙收缩齿(9.1.1(b))两种。等顶隙收缩齿具有可增大小端齿顶厚度,增大齿根圆角半径,减少应力集中,提高刀具寿命,有利于润滑等优点。因此,推荐采用等顶隙收缩圆锥齿轮,其几何尺寸的计算公式见表9.1.1。

表9.1.1 标准直齿圆锥齿轮的几何尺寸计算($\Sigma=90°$)

名 称	代 号	小齿轮	大齿轮
分锥角	δ	$\delta_1=\arctan(z_1/z_2)$	$\delta_2=90°-\delta_1$
分度圆直径	d	$d_1=mz_1$	$d_2=mz_2$
齿顶圆直径	d_a	$d_{a1}=d_1+2h_a\cos\delta_1$	$d_{a2}=d_2+2h_a\cos\delta_2$
齿根圆直径	d_f	$d_{f1}=d_1-2h_f\cos\delta_1$	$d_{f2}=d_2-2h_f\cos\delta_2$
齿根高	h_f	$h_f=1.2m$	
齿顶高	h_a	$h_a=m$	
全齿高	h	$h=2.2m$	
顶隙	c	$c=0.2m$	
锥距	R	$R=\frac{1}{2}\sqrt{d_1^2+d_2^2}$	
齿宽	b	$b\leqslant R/3$	
齿根角	θ_f	$\theta_{f1}=\theta_{f2}=\arctan(h_f/R)$	
齿顶角	θ_a	$\theta_a=\theta_f$	
齿顶圆锥角	δ_a	$\delta_{a1}=\delta_1+\theta_{a1}$	$\delta_{a2}=\delta_2+\theta_{a2}$
齿根圆锥角	δ_f	$\delta_{f1}=\delta_1-\theta_{f1}$	$\delta_{f2}=\delta_2-\theta_{f2}$
当量齿数	z_v	$z_{v1}=z_1/\cos\delta_1$	$z_{v2}=z_2/\cos\delta_2$

9.1.2 直齿圆锥齿轮的强度计算

(1)直齿锥齿轮传动的受力分析

图9.1.2所示为直齿圆锥齿轮传动中主动轮轮齿的受力情况。一般将法向力简化为集中载荷 $\boldsymbol{F}_n$,作用在齿宽 b 的中间位置的节点 C 上,即作用在分度圆锥的直径 d_{m1} 处。当齿轮上作用有转矩 T_1 时,忽略接触面上的摩擦力,则在轮齿的法面内有法向力 $\boldsymbol{F}_{n1}$。法向力 $\boldsymbol{F}_{n1}$ 可分解

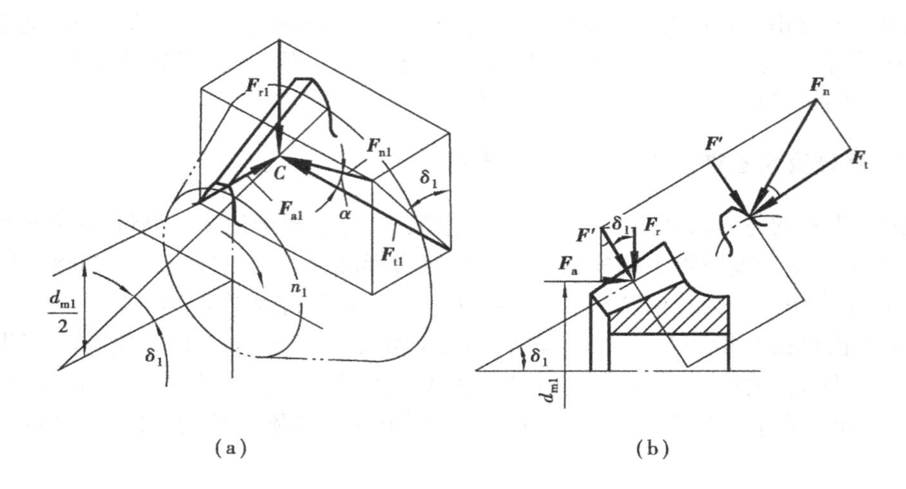

图 9.1.2 直齿圆锥齿轮的受力分析

为三个相互垂直的空间分力,即切向力 $\boldsymbol{F}_{t1}$、径向力 $\boldsymbol{F}_{r1}$ 和轴向力 $\boldsymbol{F}_{a1}$。

$$\left.\begin{aligned} F_{t1} &= \frac{2T_1}{d_{m1}} \\ F_{r1} &= F'\cos\delta_1 = F_{t1}\tan\alpha \cdot \cos\delta_1 \\ F_{a1} &= F'\sin\delta_1 = F_{t1}\tan\alpha \cdot \sin\delta_1 \end{aligned}\right\} \tag{9.1.1}$$

式中,T_1 为主动轮所传递的转矩(N·mm);δ_1 为小齿轮分锥角(°);d_{m1} 为主动轮平均分度圆直径(mm),可用下式计算:$d_{m1}=(1-0.5\phi_R)d_1$。其中 $\phi_R=b/R$ 为齿宽系数,通常 $\phi_R\approx0.3$。

大齿轮的受力可根据作用力与反作用力原理求得,即 $F_{t1}=-F_{t2}$、$F_{r1}=-F_{a2}$,$F_{a1}=-F_{r2}$,负号表示二力方向相反。

各力方向判断方法如下:在主动轮上的圆周力对其轴之矩与转动方向相反,在从动轮上的圆周力对其轴之矩与转动方向相同;径向力的方向指向各自的轮心;轴向力的方向分别沿各自的轴线方向指向大端。

(2)直齿锥齿轮传动的强度计算

直齿圆锥齿轮的失效形式及强度计算的依据与直齿圆柱齿轮基本相同,可近似地按齿宽中点处的一对当量直齿圆柱齿轮传动来考虑。

1)齿面接触疲劳强度计算

校核公式为

$$\sigma_H = \frac{4.98Z_E}{1-0.5\phi_R}\sqrt{\frac{KT_1}{\phi_R d_1^3 u}} \leqslant [\sigma_H] \tag{9.1.2}$$

设计公式为

$$d_1 \geqslant \sqrt[3]{\frac{KT_1}{\phi_R u}\left(\frac{4.98Z_E}{(1-0.5\phi_R)[\sigma_H]}\right)^2} \tag{9.1.3}$$

式中,ϕ_R 为齿宽系数,一般取 0.25~0.30,其余符号意义与直齿圆柱齿轮的同名系数意义相同。

2)齿根弯曲疲劳强度计算

校核公式为

$$\sigma_F = \frac{4KT_1Y_FY_S}{\phi_R(1-0.5\phi_R)^2 z_1^2 m^3 \sqrt{u^2+1}} \leqslant [\sigma_F] \tag{9.1.4}$$

设计公式为

$$m \geqslant \sqrt[3]{\frac{4KT_1Y_FY_S}{\phi_R(1-0.5\phi_R)^2 z_1^2 [\sigma_F] \sqrt{u^2+1}}} \tag{9.1.5}$$

计算得出的 m 值要按圆锥齿轮模数系列取标准值。

9.1.3　直齿圆锥齿轮的结构

与圆柱齿轮相似，锥齿轮的结构有齿轮轴、实心式和腹板式等，如图 9.1.3、图 9.1.4 和图 9.1.5 所示。

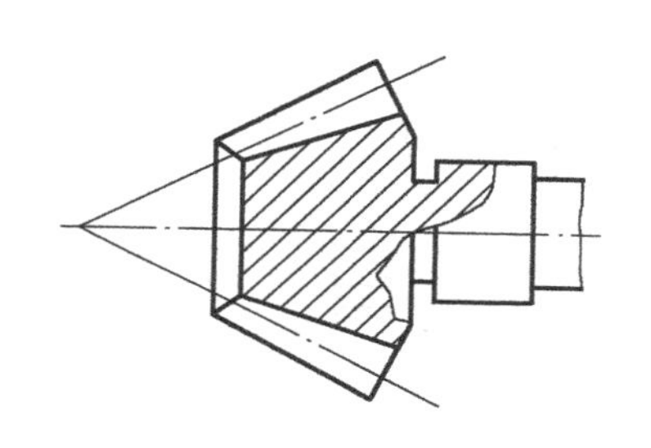

图 9.1.3　齿轮轴

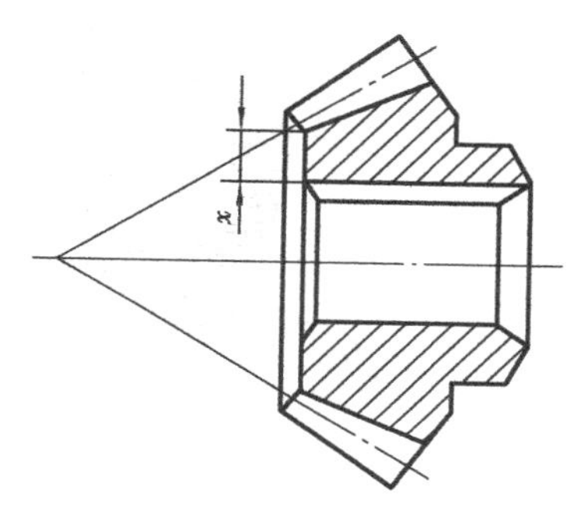

图 9.1.4　实心式锥齿轮

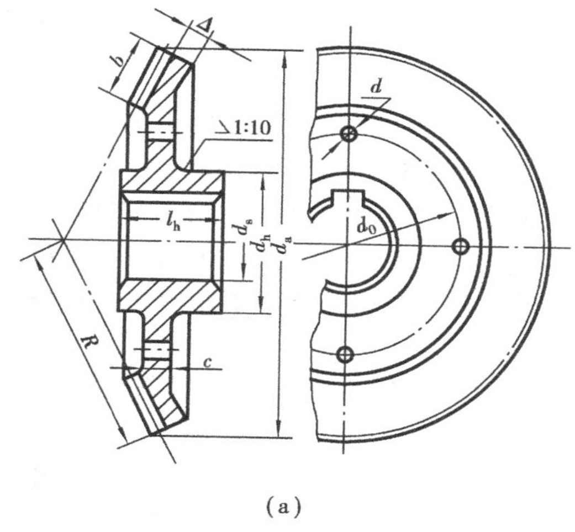

(a)

$d_h=1.6d_s$；$l_h=(1.2\sim1.5)d_s$；

$c=(0.2\sim0.3)b$；

$\Delta=(2.5\sim4)m$，但不小于 10 mm；

d_0 和 d 按结构取定

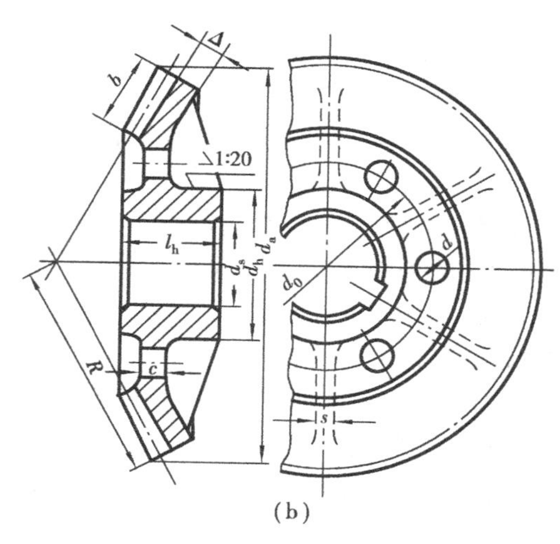

(b)

$d_h=(1.6\sim1.8)d_s$；$l_h=(1.2\sim1.5)d_s$；

$c=(0.2\sim0.3)b$；$s=0.8c$；

$\Delta=(2.5\sim4)m$，但不小于 10 mm；

d_0 和 d 按结构取定

图 9.1.5　腹板式锥齿轮

9.2 蜗杆传动

9.2.1 蜗杆传动的特点及类型

蜗杆传动主要由蜗杆和蜗轮组成，如图 9.2.1 所示。主要用于传递空间交错的两轴之间的运动和动力，通常轴交角 $\Sigma=90°$。一般情况下，蜗杆为主动件，蜗轮为从动件。蜗杆传动广泛应用在机床、汽车、仪器、起重运输机械、冶金机械以及其他机械制造工业中，最大传动功率可达 750 kW，通常用在 50 kW 以下。

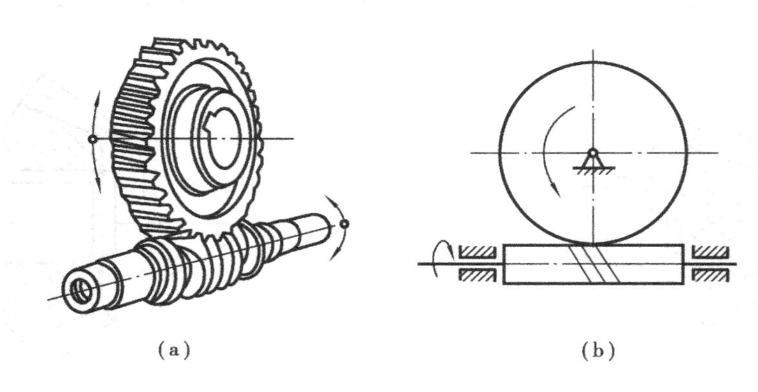

(a)　　(b)

图 9.2.1　蜗杆传动

蜗杆传动与齿轮传动相比有如下特点：

①传动比大，机构紧凑。蜗杆的单级传动比在传递动力时，$i=5\sim80$，常用的为 $i=15\sim50$。分度传动时 i 可达 1 000。

②传动平稳。因蜗杆形如螺杆，其齿是一条连续的螺旋线，故传动平稳，噪声小。

③有自锁性。当蜗杆的导程角小于轮齿间的当量摩擦角时，可实现自锁。

④传动效率低。蜗杆传动由于齿面间相对滑动速度大，齿面摩擦严重，故在制造精度和传动比相同的条件下，蜗杆传动的效率比齿轮传动效率低。当 $z_1=1$ 时，效率 $\eta=0.7\sim0.75$；当 $z_1=2$ 时，$\eta=0.7\sim0.82$；当 $z_1=4$、6 时，$\eta=0.82\sim0.92$，具有自锁性能的蜗杆传动，当蜗杆主动时，效率 $\eta=0.4\sim0.45$。

⑤制造成本高。为了降低摩擦，减小磨损，提高齿面抗胶合能力，蜗轮齿圈常用贵重的铜合金制造，因此成本较高。

根据蜗杆螺旋线方向不同，可分为左旋蜗杆和右旋蜗杆。一般多用右旋蜗杆。其旋向的判定方法与螺旋传动中螺纹旋向的判定方法相同。与螺纹有单线、多线一样，蜗杆也有单头蜗杆和多头蜗杆。

按照蜗杆的形状不同，蜗杆传动可分为三种类型：圆柱蜗杆传动（图 9.2.2(a)）、环面蜗杆传动（图 9.2.2(b)）和锥面蜗杆传动（图 9.2.2(c)）。

按加工方法不同，圆柱蜗杆又分为阿基米德蜗杆（图 9.2.3）和渐开线蜗杆（图 9.2.4）。阿基米德蜗杆螺旋面的形成与螺纹的形成相同，在垂直于蜗杆轴线的截面上，齿廓为阿基米德螺旋线。由于阿基米德蜗杆制造简便，故应用较广。本节讨论两轴交角为 $\Sigma=90°$的阿基米德蜗杆传动。

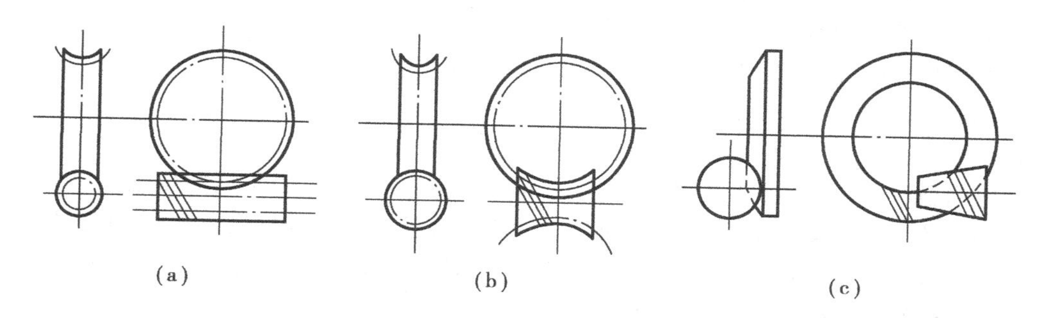

图9.2.2　蜗杆传动的类型

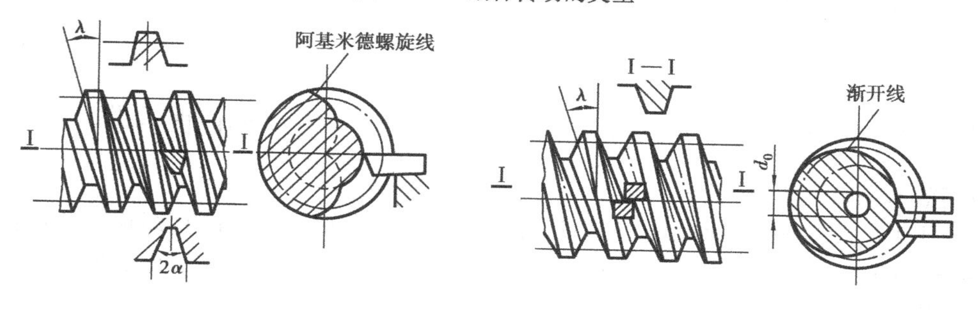

图9.2.3　阿基米德蜗杆

图9.2.4　渐开线蜗杆

9.2.2　蜗杆传动的主要参数和几何尺寸

如图9.2.5所示，过蜗杆轴线且垂直于蜗轮轴线的平面称为中间平面。在中间平面内，蜗杆齿廓与齿条相同，两侧边为直线。根据啮合原理，与之相啮合的蜗轮在中间平面内的齿廓必为渐开线。因此，蜗杆蜗轮在中间平面内的啮合就相当于渐开线齿轮与齿条的啮合。

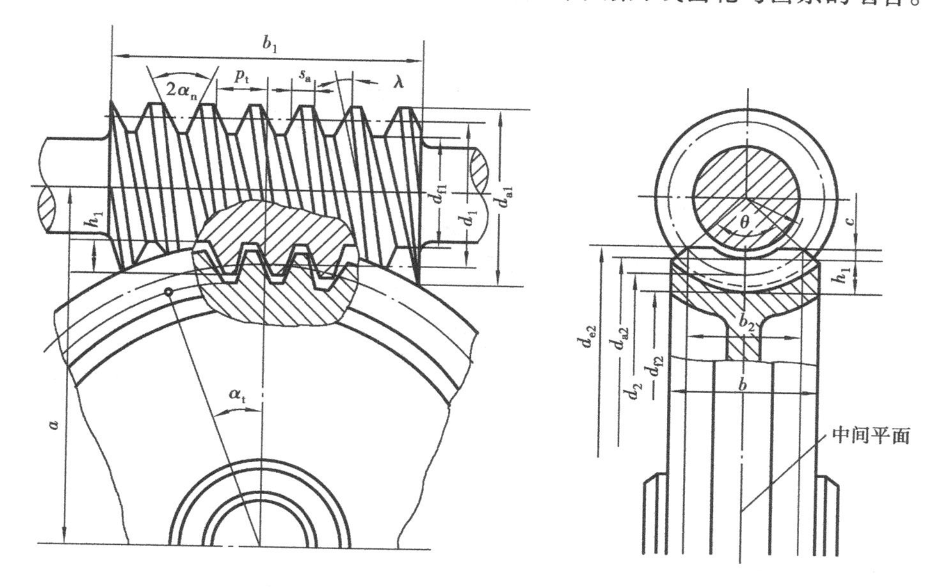

图9.2.5　蜗杆传动的几何尺寸

(1)蜗杆传动的主要参数

1)蜗杆头数 z_1、蜗轮齿数 z_2 及传动比 i

蜗杆头数 z_1 即为蜗杆螺旋线的数目,其选择与传动比、传动效率及制造的难易程度等有关,一般取1,2,4,6。对于传动比大或要求自锁的蜗杆传动,常取 $z_1=1$。在动力传动中,为了提高传动效率,往往采用多头蜗杆。

蜗轮齿数根据传动比和蜗杆头数决定:$z_2=iz_1$。传递动力时,为了增加传动平稳性,蜗轮齿数宜多取些。当 $z_2<28$ 时,会使传动的平稳性降低,且蜗轮齿容易发生根切;但齿数越多,蜗轮尺寸越大,蜗杆轴越长,因而刚度越小,影响蜗杆传动的啮合精度,所以一般不大于100齿,常取 $z_2=32\sim80$ 齿。z_1、z_2 的推荐值可参见表9.2.2。

下面分析蜗杆传动的传动比。当蜗杆转过一周时,蜗轮转过 z_1 个齿,即旋转 z_1/z_2 周,故

$$i=\frac{\omega_1}{\omega_2}=\frac{n_1}{n_2}=\frac{1}{z_1/z_2}=\frac{z_2}{z_1} \tag{9.2.1}$$

应当注意,蜗杆传动的传动比 i 不等于蜗轮和蜗杆分度圆直径之比,即 $i\neq\frac{d_2}{d_1}$。

2)模数 m 和压力角 α

为了便于设计和加工,标准规定中间平面的模数和压力角为标准值,即蜗轮的端面模数 m_{t2}、端面压力角 α_{t2}、蜗杆的轴向模数 m_{a1} 和轴向压力角 α_{a1} 为标准值。标准模数列于表9.2.1,标准压力角为20°。

3)蜗杆螺旋线升角(导程角)λ

蜗杆螺旋面与分度圆柱面的交线为螺旋线。如图9.2.6所示,将蜗杆分度圆柱面展开,螺旋线与端面的夹角即为蜗杆分度圆柱面上的螺旋线升角 λ,或称为蜗杆的导程角。由图可知

$$\tan\lambda=\frac{z_1p_{a1}}{\pi d_1}=\frac{z_1m}{d_1} \tag{9.2.2}$$

导程角 λ 的范围一般为3.5°~27°。蜗杆导程角小时,传动效率低;蜗杆导程角大时,传动效率高,但蜗杆的切削加工较困难。

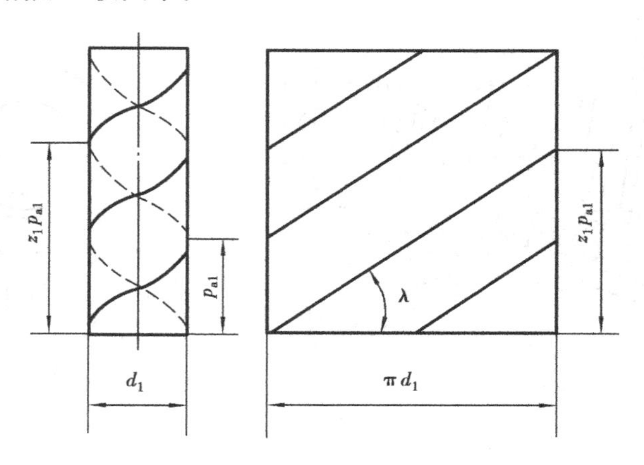

图9.2.6　蜗杆导程角

4)蜗杆蜗轮的正确啮合条件

如前所述,蜗轮蜗杆中间平面的模数和压力角为标准值。蜗杆蜗轮的正确啮合条件为:蜗

轮的端面模数 m_{t2} 等于蜗杆的轴向模数 m_{a1}，蜗轮的端面压力角 α_{t2} 等于蜗杆的轴向压力角 α_{a1}。当轴垂直交错时，蜗轮的螺旋角 β_2 还应当等于蜗杆的导程角 λ，而且旋向相同。蜗杆蜗轮正确啮合的条件可表示为

$$\left.\begin{aligned} m_{a1} &= m_{t2} = m \\ \alpha_{a1} &= \alpha_{t2} = \alpha \\ \beta &= \lambda \end{aligned}\right\} \tag{9.2.3}$$

5)蜗杆分度圆直径 d_1 和蜗杆直径系数 q

为了保证蜗杆传动的正确啮合，切制蜗轮所用的刀具是与蜗杆分度圆相同的蜗轮滚刀，除外径稍大些外，其他尺寸和齿形参数必须与相啮合的蜗杆尺寸相同。由于滚刀分度圆直径不仅与模数有关，还与蜗杆头数 z_1 及导程角 λ 有关。因此，加工同一模数的蜗轮，不同的蜗杆分度圆直径，就需要不同的滚刀。为了减少蜗轮滚刀数量和便于标准化，规定蜗杆分度圆直径 d_1 为标准值，且与 m 有一定的匹配，见表9.2.1。

表9.2.1　蜗杆基本参数(部分)($\Sigma=90°$)(GB 10085—88)

m/mm	d_1/mm	z_1	q	m^2d_1/mm^3	m/mm	d_1/mm	z_1	q	m^2d_1/mm^3
2	(18)	1,2,4	9.000	72	6.3	(50)	1,2,4	7.936	1 985
	22.4	1,2,4,6	11.200	89.6		63	1,2,4,6	10.000	2 500
	28	1,2,4	14.000	112		(80)	1,2,4	12.698	3 175
	35.5	1	17.750	142		112	1	17.778	4 445
2.5	(22.4)	1,2,4	8.960	140	8	(63)	1,2,4	7.875	4 032
	28	1,2,4,6	11.200	175		80	1,2,4,6	10.000	5 120
	(35.5)	1,2,4	14.200	221.9		(100)	1,2,4	12.500	6 400
	45	1	18.000	281		140	1	17.500	8 960
3.15	(28)	1,2,4	8.889	278	10	(71)	1,2,4	7.100	7 100
	35.5	1,2,4,6	11.270	352		90	1,2,4,6	9.000	9 000
	(45)	1,2,4	14.286	447.5		(112)	1,2,4	11.200	11 200
	56	1	17.778	556		160	1	16.000	16 000
4	(31.5)	1,2,4	7.875	504	12.5	(90)	1,2,4	7.200	14 062
	40	1,2,4,6	10.000	640		112	1,2,4,6	8.960	17 500
	(50)	1,2,4	12.500	800		(140)	1,2,4	11.200	21 875
	71	1	17.750	1 136		200	1	16.00	31 250
5	(40)	1,2,4	8.000	1 000	16	(112)	1,2,4	7.000	28 672
	50	1,2,4,6	10.000	1 250		140	1,2,4,6	8.750	35 840
	(63)	1,2,4	12.600	1 575		(180)	1,2,4	11.250	46 080
	90	1	18.000	2 250		250	1	15.625	64 000

蜗杆分度圆直径 d_1 与模数 m 的比值称为蜗杆直径系数，用 q 表示，即

$$q = \frac{d_1}{m} \tag{9.2.4}$$

式中，d_1、m 均为标准值，导出的 q 值不一定为整数。将上式代入式(9.2.2)可得

$$\tan\lambda = \frac{z_1}{q} \tag{9.2.5}$$

当模数 m 一定时，q 值增大则蜗杆直径增大，蜗杆的刚度提高。因此，对于小模数蜗杆规定了较大的 q 值，以使蜗杆有足够的刚度。

表 9.2.2　各种传动比时 z_1 和 z_2 的推荐值

传动比	5~6	7~8	9~13	14~24	25~27	28~40	>40
z_1	6	4	3~4	2~3	2~3	1~2	1
z_2	29~36	28~32	27~52	28~72	50~81	28~80	>40

6)中心距 a

蜗杆传动的中心距为

$$a = \frac{d_1 + d_2}{2} = \frac{m(q + z_2)}{2} \tag{9.2.6}$$

(2)蜗杆传动的几何尺寸计算

蜗杆传动的几何尺寸计算公式列于表 9.2.3。

表 9.2.3　圆柱蜗杆传动的几何尺寸计算

名　称	符　号	计算公式	
		蜗杆	蜗轮
齿顶高	h_a	$h_a = m$	
齿根高	h_f	$h_f = 1.2m$	
分度圆直径	d	$d_1 = mq$	$d_2 = mz_2$
齿顶圆直径	d_a	$d_{a1} = d_1 + 2h_a$	$d_{a2} = d_2 + 2h_a$
齿根圆直径	d_f	$d_{f1} = d_1 - 2h_f$	$d_{f2} = d_2 - 2h_f$
顶隙	c	$c = 0.2m$	
蜗杆分度圆直径的导程角	λ	$\lambda = \arctan(z_1/q)$	
蜗轮分度圆上轮齿的螺旋角	β		$\beta = \lambda$
中心距	a	$a = m(q + z_2)/2$	

例 9.1　一传递动力的标准圆柱蜗杆传动，已知模数 $m = 8$，蜗杆头数为 $z_1 = 2$，蜗轮齿数为 $z_2 = 42$，蜗杆分度圆直径 $d = 80$ mm，试计算蜗杆直径系数 q、蜗杆导程角 λ 及蜗杆传动的中心距 a。

解　①蜗杆直径系数

$$q = \frac{d_1}{m} = \frac{80}{8} = 10$$

②蜗杆导程角

$$\lambda = \arctan\left(\frac{z_1}{q}\right) = \arctan\left(\frac{2}{10}\right) = 11.31°$$

③蜗杆传动的中心距

$$a = \frac{m(q + z_2)}{2} = \frac{8 \times (10 + 42)}{2} \text{ mm} = 208 \text{ mm}$$

9.2.3　蜗杆与蜗轮的回转方向及相对滑动速度

蜗杆传动中蜗杆和蜗轮的回转方向与蜗杆、蜗轮的相对位置以及蜗杆螺旋线的方向有关。

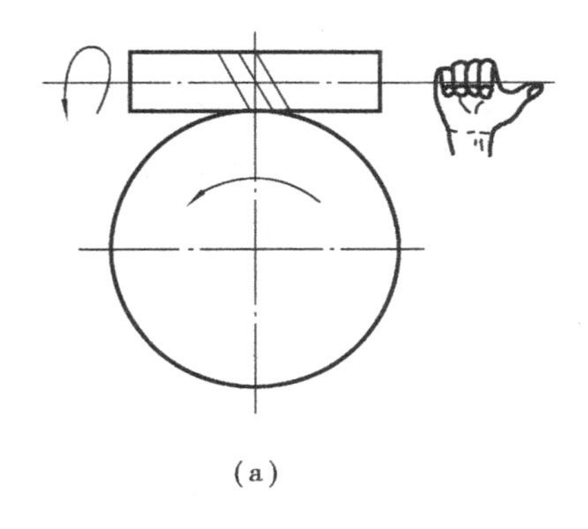

(a)

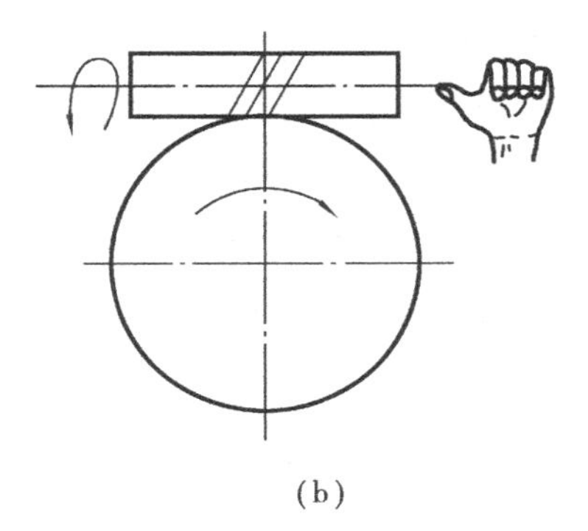

(b)

图 9.2.7　蜗轮的转向

由蜗轮蜗杆正确啮合的条件可知，蜗杆螺旋线的方向与蜗轮的旋向一致。通常蜗杆为右旋，相应的蜗轮轮齿也为右旋。

一般蜗杆为主动，当蜗杆回转方向已知，并且蜗杆螺旋线方向、蜗杆与蜗轮的相对位置均已确定时，蜗轮的转向可以用主动轮左、右手法则来判定。如图 9.2.7 所示，对主动右旋蜗杆，用右手四指顺着蜗杆的转向握住蜗杆轴线，则拇指的反方向即为蜗轮上节点的速度方向。对于主动左旋蜗杆，则应以左手用同样的方法来判定。

蜗杆传动中齿廓间有较大的相对滑动速度，滑动速度 v_s 沿蜗杆螺旋线的切线方向，如图 9.2.8 所示。v_1 为蜗杆的圆周速度，v_2 为蜗轮的圆周速度，相互垂直，则

$$v_s = \sqrt{v_1^2 + v_2^2} = \frac{v_1}{\cos\lambda} \qquad (9.2.7)$$

蜗杆蜗轮传动由于齿廓间较大的相对滑动产生热量，使润滑油温度升高而变稀，润滑条件变差，传动效率降低。

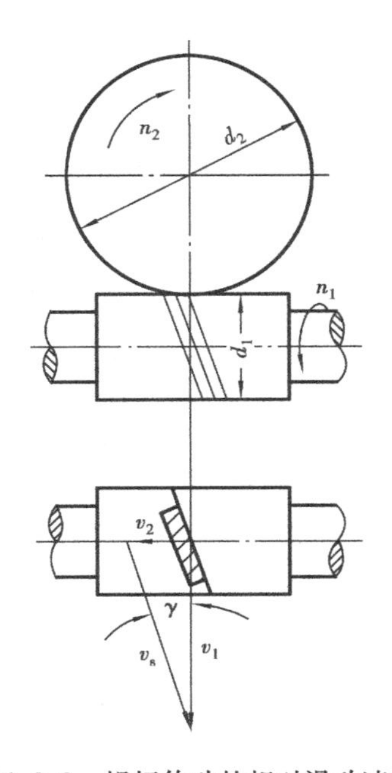

图 9.2.8　蜗杆传动的相对滑动速度

9.2.4 失效形式及材料选择

蜗杆传动中蜗轮轮齿的损坏与齿轮类似,主要有齿面疲劳点蚀、胶合、磨损及轮齿折断等。由于蜗杆传动齿面间的相对滑动速度较大,温升高,效率低,更容易出现胶合和磨粒磨损。其中闭式传动易出现胶合。蜗杆螺牙强度较高,通常不会损坏,故一般不进行强度计算,因此,传动的强度计算主要是针对蜗轮轮齿进行。

根据蜗杆传动的失效特点,蜗杆和蜗轮的材料不但要有一定的强度,而且还要有良好的减摩性、耐磨性和抗胶合能力。因此,蜗杆传动常采用青铜(低速时用铸铁)制造蜗轮齿圈,与淬硬并磨制的钢制蜗杆相匹配。

蜗杆常用材料为碳素钢和合金钢,要求齿面硬度大且具有较小的表面粗糙度数值。一般蜗杆采用45钢调质处理,硬度为220~250HBS。对于高速、重载的蜗杆,常用20Cr、15CrMn、20CrNi、20CrMnTi等合金钢,渗碳淬火至58~63HRC,或40Cr、40CrNi、38SiMnMo等合金钢,表面淬火至45~55HRC,并磨削。

蜗轮常用材料为青铜和铸铁。铸造锡青铜如ZCuSn10P1(铸锡磷青铜)、ZCuSn5Pb5Zn5(铸锡锌铅青铜)等,抗胶合及耐磨性好,但价格较贵,一般用于相对滑动速度较高的场合。铝铁青铜抗胶合性能和切削性能较差,故用于相对滑动速度较低的场合。

9.2.5 蜗杆传动的强度计算

(1)受力分析

蜗杆传动轮齿上的作用力和斜齿轮相似。如图9.2.9所示,若不计摩擦,则齿面上作用的法向力 $\boldsymbol{F}_n$ 可分解为三个相互垂直的分力:圆周力 $\boldsymbol{F}_t$、轴向力 $\boldsymbol{F}_a$ 和径向力 $\boldsymbol{F}_r$。

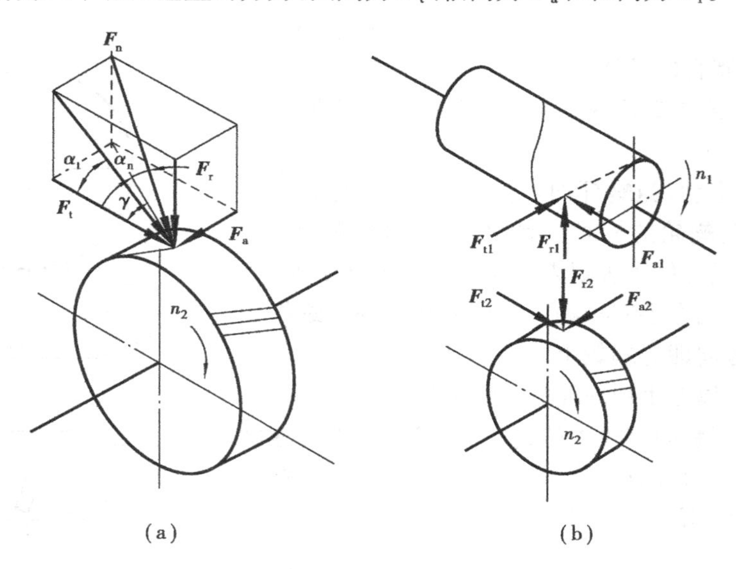

图9.2.9　蜗杆传动的受力分析

$$\left.\begin{aligned}F_{t1} &= -F_{a2} = \frac{2T_1}{d_1}\\F_{a1} &= -F_{t2} = \frac{2T_2}{d_2}\\F_{r1} &= -F_{r2} = -F_{t2}\tan\alpha\end{aligned}\right\}\tag{9.2.8}$$

式中，T_1为作用在蜗杆上的转矩（N·mm）；$T_2 = i\eta T_1$，T_2为作用在蜗轮上的转矩（N·mm）；i为传动比；η为传动效率，其值参见9.2.1节。d_1、d_2分别为蜗杆和蜗轮的分度圆直径（mm）；α为中间平面分度圆上的压力角，$\alpha = 20°$。

对于主动件（蜗杆），圆周力$\boldsymbol{F}_{t1}$所产生的转矩与蜗杆回转方向相反；蜗轮是从动件，作用在蜗轮上的圆周力$\boldsymbol{F}_{t2}$所产生的转矩与蜗轮的转向相同。径向力$\boldsymbol{F}_{r1}$和$\boldsymbol{F}_{r2}$的方向分别指向蜗杆和蜗轮的轮心。根据作用力与反作用力原理，蜗杆上轴向力$\boldsymbol{F}_{a1}$的方向与蜗轮圆周力$\boldsymbol{F}_{t2}$相反；蜗轮上轴向力$\boldsymbol{F}_{a2}$的方向与蜗杆圆周力$\boldsymbol{F}_{t1}$相反。

（2）强度计算

蜗轮齿面的接触强度计算与斜齿轮相似，以蜗轮蜗杆在啮合点的参数代入赫兹公式，便可得到蜗轮轮齿表面接触强度的公式。对于钢制蜗杆配青铜或铸铁蜗轮，校核公式为

$$\sigma_H = 500\sqrt{\frac{KT_2}{d_1 d_2^2}} = 500\sqrt{\frac{KT_2}{m^2 d_1 z_2^2}} \leqslant [\sigma_H]\tag{9.2.9}$$

设计公式为

$$m^2 d_1 \geqslant KT_2\left(\frac{500}{z_2[\sigma_H]}\right)^2\tag{9.2.10}$$

式中，K为载荷系数，$K = 1.1 \sim 1.4$，载荷平稳，传动精度高时，取小值；m为模数；d_1、d_2分别为蜗杆和蜗轮的分度圆直径（mm）；T_2为蜗轮的转矩（N·mm）；$[\sigma_H]$为蜗轮齿面的许用接触应力（MPa），其值可查有关的设计手册。

（3）蜗杆传动的热平衡计算及润滑

1）蜗杆传动的热平衡计算

蜗杆传动的效率低、发热量大，若不及时散热，会引起箱体内润滑油油温过高，承载油膜破坏而使齿面易产生胶合。因此，对于连续工作的闭式蜗杆传动，应进行热平衡计算。

在闭式传动中，蜗杆传动产生的热量通过箱体散发，蜗杆传动热平衡时，产生的热量和散发的热量相等，据此可得热平衡时润滑油工作温度t_1的计算式为

$$t_1 = \frac{1\,000(1-\eta)P_1}{KA} + t_0 \leqslant [t_1]\tag{9.2.11}$$

式中，P_1为蜗杆传动的输入功率（kW）；K为散热系数（W/m²·℃），在自然通风良好的场所，$K = 14 \sim 17.5$，在没有循环空气流动的场所，$K = 8.5 \sim 10.5$；η为蜗杆传动总效率；A为散热面积（m^2）；t_0为周围空气温度（℃），一般可取20 ℃；$[t_1]$为达到热平衡时润滑油的工作温度（℃），$[t_1] = 70 \sim 90$ ℃。

如果工作温度t_1超过了许用温度$[t_1]$，则首先应考虑在不增大箱体尺寸的前提下，设法增加散热面积。例如，在机体外壁加散热片。若仍未能满足要求，则可采用下列强制冷却的措施，以增大其散热能力：

①在蜗杆轴端装设风扇，以提高散热系数，如图9.2.10（a）所示。

②在箱体油池内装蛇形管,通过循环水冷却润滑油,如图 9.2.10(b)所示。

③采用循环压力喷油冷却,如图 9.2.10(c)所示。

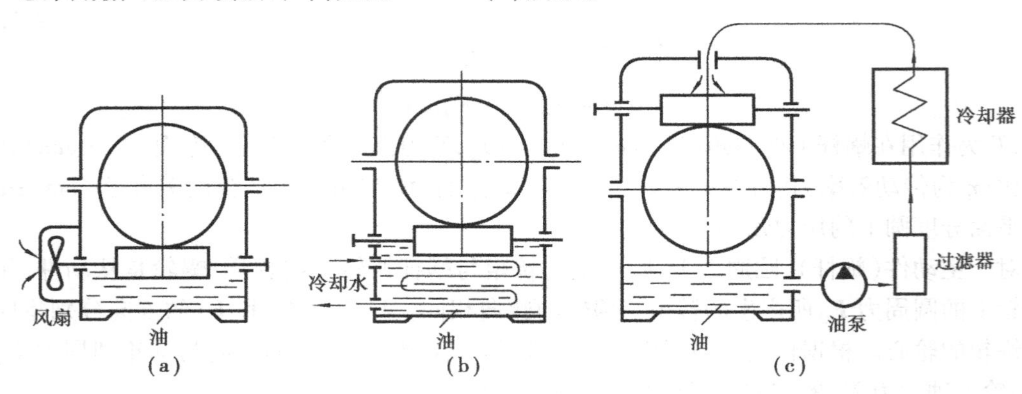

图 9.2.10 蜗杆传动的散热方法

2)蜗杆传动的润滑

基于蜗杆传动的特点,润滑具有特别重要的意义。润滑不良会使传动效率显著降低,导致剧烈磨损,油温升高,反过来又使润滑进一步恶化,严重时会发生胶合。对于润滑油粘度和给油方法,主要根据相对滑动速度和载荷类型进行选择。滑动速度 $v_s \leqslant 5 \sim 10$ m/s 时,采用油浴润滑。为了减小搅油损失,下置式蜗杆不宜浸油太深。滑动速度 $v_s > 10 \sim 15$ m/s 时,需要采用压力喷油润滑。具体选择可参见有关设计手册。

9.2.6 蜗杆和蜗轮的结构

蜗杆通常与轴形成整体。常见的蜗杆结构如图 9.2.11 所示,车制蜗杆的轮齿两端应有退刀槽(图 9.2.11(b));铣制蜗杆轮齿两侧直径较大,刚性较好(图 9.2.11(a))。

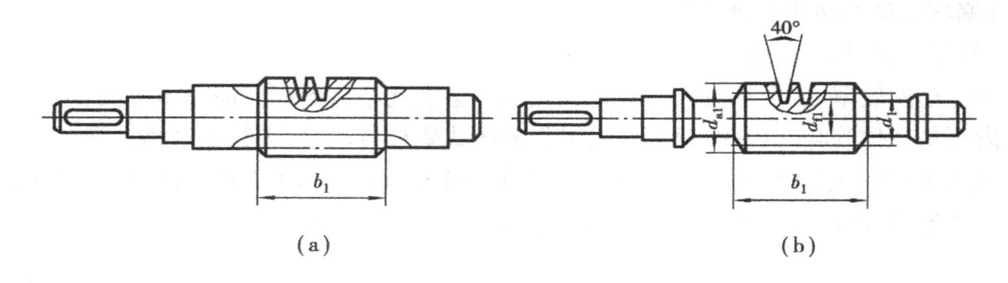

图 9.2.11 蜗杆的结构

蜗轮结构如图 9.2.12 所示。直径较小的蜗轮及铸铁蜗轮采用整体式结构(图 9.2.12(c))。直径较大时,为了节省有色金属,常采用组合式,具体可分为齿圈压配式(图 9.2.12(a))和螺栓联接式(图 9.2.12(b))。齿圈压配式蜗轮的齿圈通过过盈配合方式装在铸铁或铸钢的轮芯上,常用的配合为 H7/r6。为了增加过盈配合的可靠性,沿着接合缝拧上紧定螺钉。当蜗轮直径较大时,可采用螺栓联接,最好采用配合螺栓联接,以承受一定的切应力,其与螺栓的配合为 H7/m6。图 9.2.12(d)所示蜗轮为镶铸式,将青铜轮缘铸在铸铁轮芯上,然后切齿,适用于中等尺寸和大批量生产的蜗轮。

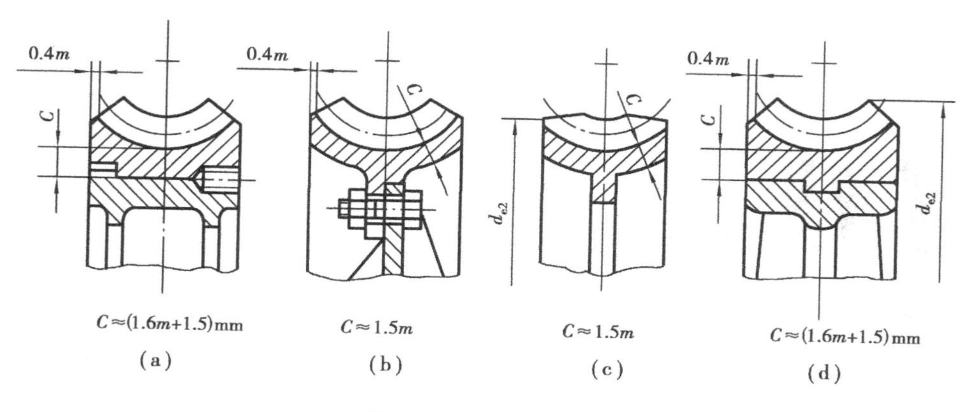

图9.2.12 蜗轮的结构

思考题与练习题

9.1 直齿圆锥齿轮正确啮合的条件是什么？

9.2 与齿轮传动相比，蜗杆传动有哪些优点？什么情况下宜采用蜗杆传动？

9.3 判断题图9.3中蜗轮、蜗杆的回转方向或螺旋方向？

9.4 什么是蜗杆传动的中间平面？中间平面上的参数在蜗杆传动中有何重要意义？

9.5 蜗杆传动的传动比如何计算？能否用分度圆直径之比表示传动比？

9.6 为什么要对蜗杆传动进行热平衡计算？若热平衡计算不满足传动要求，应采取什么措施？

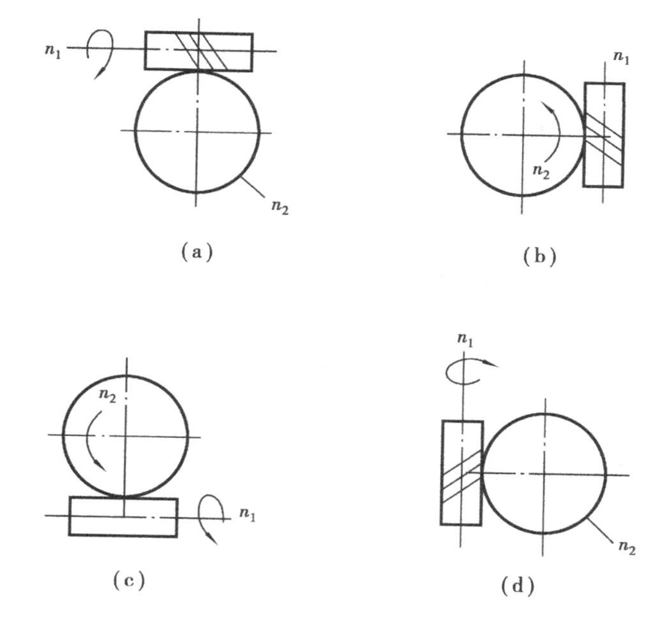

题图9.3

(a)判断蜗轮 n_2 回转方向 (b)判断蜗杆 n_1 回转方向 (c)判断蜗杆旋向 (d)判断蜗轮 n_2 回转方向

第 10 章 轮　系

由两个齿轮组成的传动是齿轮传动中最简单的形式。在实际机械传动中，仅用一对齿轮往往不能满足生产上的多种要求，有时为了得到大传动比传动和换向传动等目的，常常采用一系列互相啮合的齿轮将主动轴的运动传到从动轴，这种由一系列齿轮组成的传动系统称为轮系。

如果轮系中各齿轮的轴线互相平行，则称为平面轮系，否则，称为空间轮系。

根据轮系运转时，齿轮的轴线相对于机架是否固定，轮系又可分为定轴轮系和周转轮系两大类。

10.1　定轴轮系及其传动比

若轮系中所有齿轮的轴线相对机架都是固定的，则这种轮系称为定轴轮系，如图 10.1.1 所示。

在轮系中，输入轴和输出轴角速度（或转速）之比，称为轮系的传动比，常用字母 i 表示，并在其右下角用下标表明其对应的两轴。例如，i_{AK} 表示 A 轴的角速度与 K 轴的角速度之比，$i_{AK}=\omega_A/\omega_K=n_A/n_K$。

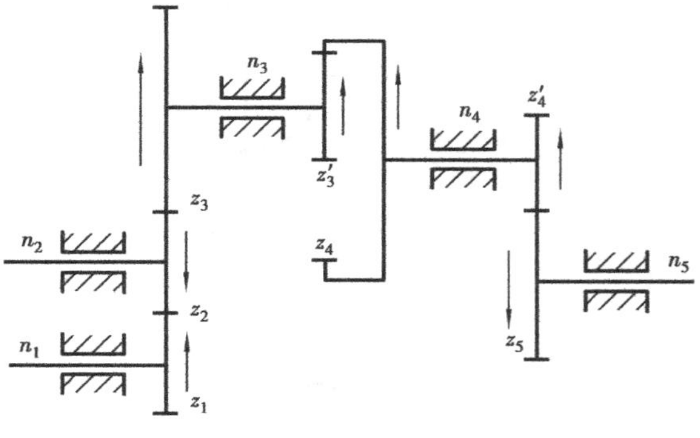

图 10.1.1　定轴轮系

10.1.1　平面定轴轮系传动比的计算

(1) 一对齿轮啮合的传动比

一对外啮合圆柱齿轮，其传动比计算公式前面已经导出，又由于两轮转向相反，其传动比规定为负，可表示为

$$i_{12}=\frac{n_1}{n_2}=-\frac{z_2}{z_1} \tag{10.1.1}$$

对于一对内啮合圆柱齿轮，两轮转向相同，其传动比规定为正，可表示为

$$i_{12}=\frac{n_1}{n_2}=+\frac{z_2}{z_1} \qquad (10.1.2)$$

(2)定轴轮系的传动比

如图10.1.2所示为一定轴轮系，求 i_{15}。设各轮的齿数分别为 z_1、z_2、$z_{2'}$、z_3、$z_{3'}$、z_4、z_5，各轴的转速分别为 n_1、n_2、n_3、n_4、n_5，则各对相互啮合的齿轮传动比为

$$i_{12}=\frac{n_1}{n_2}=-\frac{z_2}{z_1} \qquad i_{2'3}=\frac{n_{2'}}{n_3}=\frac{z_3}{z_{2'}}$$

$$i_{3'4}=\frac{n_{3'}}{n_4}=-\frac{z_4}{z_{3'}} \qquad i_{45}=\frac{n_4}{n_5}=-\frac{z_5}{z_4}$$

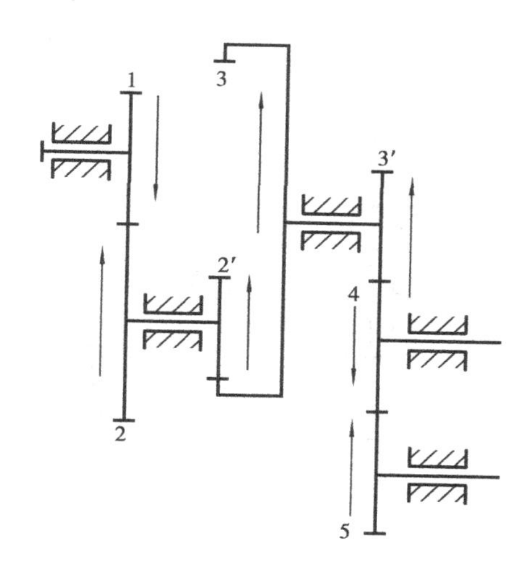

图10.1.2　平面定轴轮系传动比计算

将以上各式分别连乘，并且有 $n_{2'}=n_2$，$n_{3'}=n_3$，可得到

$$i_{12}i_{2'3}i_{3'4}i_{45}=\frac{n_1}{n_2}\frac{n_{2'}}{n_3}\frac{n_{3'}}{n_4}\frac{n_4}{n_5}=\frac{n_1}{n_5}i_{15}$$

又

$$\left(-\frac{z_2}{z_1}\right)\left(\frac{z_3}{z_{2'}}\right)\left(-\frac{z_4}{z_{3'}}\right)\left(-\frac{z_5}{z_4}\right)=(-1)^3\frac{z_2z_3z_4z_5}{z_1z_{2'}z_{3'}z_4}=(-1)^3\frac{z_2z_3z_5}{z_1z_{2'}z_{3'}}$$

故得

$$i_{15}=\frac{n_1}{n_5}=(-1)^3\frac{z_2z_3z_5}{z_1z_{2'}z_{3'}}$$

由上式可知，定轴轮系总传动比的大小等于组成该定轴轮系的各对齿轮传动比的连乘积，其数值等于各对啮合齿轮中所有从动轮齿数的连乘积与所有主动轮齿数的连乘积之比。

转向可以这样确定：设轮系中有 m 对外啮合齿轮，那么从第一主动轮到最末一个从动轮，其转动方向必经过 m 次变化，故总传动比的正负号可以用 $(-1)^m$ 来确定。图10.1.2中所示的轮系有三对外啮合齿轮，故总传动比的正负号由 $(-1)^3$ 确定。

由以上分析推广到一般情况，可得轴线平行的定轴轮系传动比的计算公式。设轮 A 为首轮，轮 K 为末轮，其间共有 m 对外啮合齿轮，则有

$$i_{AK}=\frac{n_A}{n_K}=(-1)^m\frac{\text{轮系中所有从动轮齿数的连乘积}}{\text{轮系中所有主动轮齿数的连乘积}} \qquad (10.1.3)$$

在图10.1.2中，齿轮4同时与齿轮3′、齿轮5相啮合，它既是前一级的从动轮（对齿轮3′而言），又是后一级的主动轮（对齿轮5而言），在计算式中分子、分母同时出现而被约去，因而它的齿数不影响传动比的大小，但却增加了外啮合次数，改变了传动比的符号，使轮系的从动轮转向改变。这种不影响传动比大小，但影响传动比符号，即改变轮系的从动轮转向的齿轮，称为惰轮。

10.1.2　空间定轴轮系传动比计算

空间定轴轮系传动比的数值可以用式(10.1.3)计算，但式中的 $(-1)^m$ 不再适用，此时需要用画箭头的方法来表示各轮的转向，如图10.1.3所示。需要指出的是，平面定轴轮系的转

向除用$(-1)^m$表示外,也可以用画箭头的方法来确定。

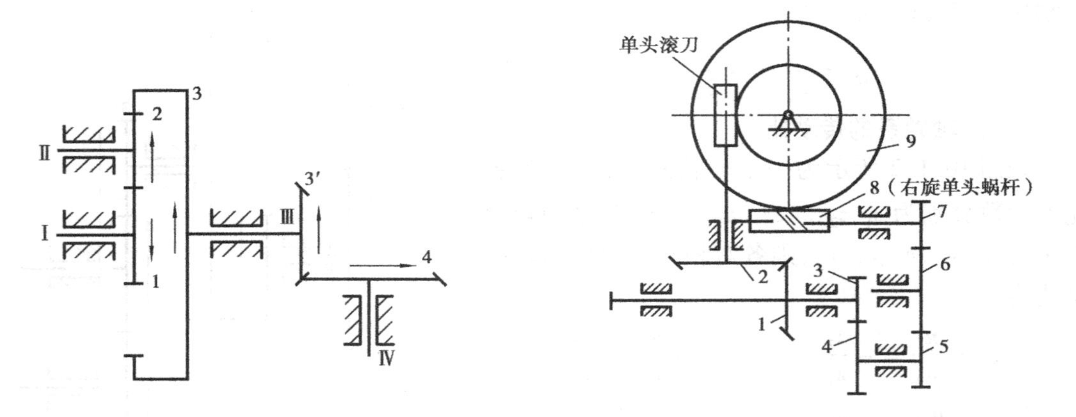

图 10.1.3　空间定轴轮系

图 10.1.4　例 10.1 图

例 10.1　图 10.1.4 所示为滚齿机工作台传动系统,动力由轴 1 输入。已知 $z_1=15$,$z_2=28$,$z_3=15$,$z_4=35$,蜗杆 $z_8=1$,蜗轮 $z_9=40$,被切齿坯的齿数为 64,滚刀为单头。若滚刀回转一周,被切齿坯转过一个齿,求传动比 i_{75}。

解　齿坯由蜗轮 9 带动,故有 $n_{坯}=n_9$,滚刀回转一周,齿坯转过一个齿,为 1/64 周,故有

$$i_{刀坯}=\frac{n_{刀}}{n_{坯}}=\frac{n_{刀}}{n_9}=\frac{64}{1}=64$$

根据式(10.1.3)又有

$$i_{刀坯}=\frac{n_{刀}}{n_9}=\frac{z_1z_4z_6z_7z_9}{z_2z_3z_5z_6z_8}=\frac{z_1z_4z_7z_9}{z_2z_3z_5z_8}=64$$

可得

$$i_{75}=\frac{z_5}{z_7}=\frac{1}{64}\times\frac{z_1z_4z_9}{z_2z_3z_8}=\frac{1}{64}\times\frac{15\times35\times40}{28\times15\times1}=\frac{1}{64}\times50\approx0.78$$

10.2　周转轮系及其传动比

若轮系中某几个齿轮(至少一个)的轴线相对机架是不固定的,而是绕着固定轴线转动,则这种轮系称为周转轮系。

周转轮系由太阳轮、行星轮、系杆(行星架)组成。其中,绕固定几何轴线转动或不动的齿轮称为太阳轮,如图 10.2.1 所示的齿轮 1 和齿轮 3;既绕自身几何轴线转动(自转),又随构件 H 绕太阳轮的几何轴线转动(公转)的齿轮称为行星轮,如图 10.2.1 中的齿轮 2;支持行星轮做公转的构件 H 称为系杆(行星架)。

10.2.1　**周转轮系的分类**

周转轮系按轮系的自由度进行分类可分为两类:即简单行星轮系和差动轮系。

在图 10.2.1 所示的周转轮系中,太阳轮 3 固定,其活动构件数为 3,运动副 $P_L=3$,$P_H=2$,其自由度数为 1,只需要一个原动件,机构就具有确定的相对运动,这种周转轮系称为简单行

星轮系。

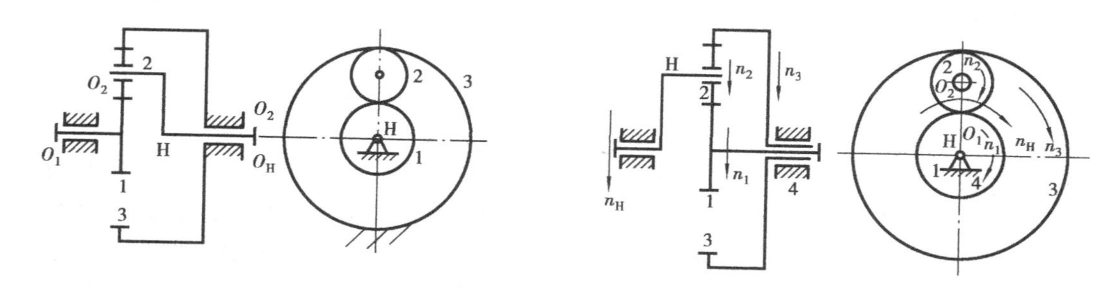

图 10.2.1　简单行星轮系　　　　图 10.2.2　差动轮系

在图 10.2.2 所示的周转轮系中，两个太阳轮均作转动，其活动构件数为 4，运动副 $P_L=4$，$P_H=2$，其自由度数为 2，需要两个原动件，机构才具有确定的相对运动，这种周转轮系称为差动轮系。

10.2.2　周转轮系传动比的计算

在周转轮系中，行星轮的几何轴线是运动的，故不能用定轴轮系传动比的计算公式来计算其传动比。但可以运用转化机构法，将周转轮系转化为定轴轮系，从而采用定轴轮系传动比的计算方法来计算周转轮系的传动比。如图 10.2.3 所示，假想对整个行星轮系加上一个与行星架转速大小相等、方向相反的公共转速 $-n_H$，显然，各构件的相对运动关系不变，但此时系杆的转速变为 $n_H-n_H=0$，即相对静止不动，而齿轮 1、2、3 则成为绕定轴转动的齿轮，原行星轮系转化为定轴轮系。这个假想的定轴轮系称为原行星轮系的转化机构。转化机构各构件的转速变化列于表 10.2.1。

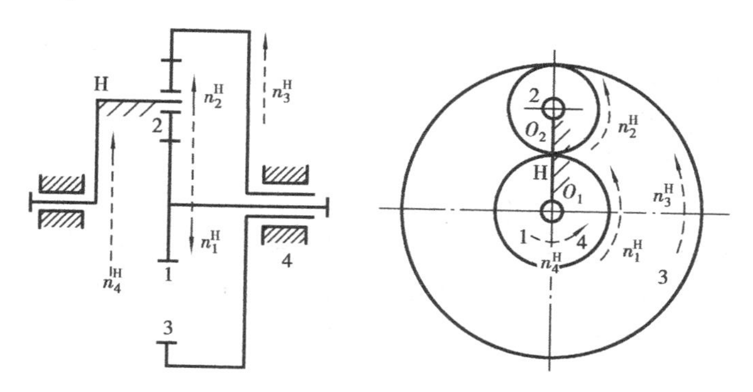

图 10.2.3　周转轮系的转化机构

表 10.2.1　周转轮系及其转化机构各构件转速之间的关系

构　件	原有的转速	在转化机构中的转速
齿轮 1	n_1	$n_1^H=n_1-n_H$
齿轮 2	n_2	$n_2^H=n_2-n_H$
齿轮 3	n_3	$n_3^H=n_3-n_H$
系杆 H	n_H	$n_H^H=n_H-n_H=0$
机架	$n_4=0$	$n_4^H=-n_H$

转化轮系中各构件的转速都带有上标"H",表示这些转速是各构件对系杆 H 的相对转速。既然周转轮系的转化轮系是一个定轴轮系,其传动比就可按定轴轮系传动比的公式进行计算,即

$$i_{13}^{H} = \frac{n_1^H}{n_3^H} = \frac{n_1 - n_H}{n_3 - n_H} = (-1)^1 \frac{z_2 z_3}{z_1 z_2} = -\frac{z_3}{z_1} \tag{10.2.1}$$

由上式可知,对于差动轮系,在 n_1、n_3、n_H 中,若给定两个转速,即可求出第三个转速;对于行星轮系,齿轮 1 或齿轮 3 固定,即 n_1 或 n_3 等于零,则给定一个转速,即可求得另一个转速。这里要注意 i_{13}^H 并非原周转轮系中两轮的传动比,而是转化轮系中的传动比,即 $i_{13}^H \neq i_{13}$。

将式(10.2.1)推广到一般的周转轮系中,可得周转轮系的转化机构传动比计算公式,即

$$i_{AK}^{H} = \frac{n_A^H}{n_K^H} = \frac{n_A - n_H}{n_K - n_H} = (-1)^m \frac{\text{轮系中所有从动轮齿数的连乘积}}{\text{轮系中所有主动轮齿数的连乘积}} \tag{10.2.2}$$

注意式(10.2.2)只适用于齿轮 A、K 和系杆 H 的回转轴线相互平行的情况。而且将 n_A、n_K、n_H 代入上式计算时,必须带正号或负号。对于差动轮系,如两构件转向相反时,一构件以正值代入,另一构件以负值代入,第三构件的转向用所求得的正负号来判断。

例 10.2 如图 10.2.4 所示,$z_1 = 100$,$z_2 = 101$,$z_{2'} = 100$,$z_3 = 99$;求传动比 i_{H1}。

解 在图示的轮系中,轮 3 为固定轮,即 $n_3 = 0$,该轮系为行星轮系,根据式(10.2.2)得

$$i_{13}^{H} = \frac{n_1 - n_H}{n_3 - n_H} = \frac{n_1 - n_H}{0 - n_H} = 1 - \frac{n_1}{n_H} = 1 - i_{1H}$$

故 $$i_{1H} = 1 - i_{13}^{H} = 1 - (-1)^2 \frac{z_2 z_3}{z_1 z_{2'}} = 1 - \frac{101 \times 99}{100 \times 100} = \frac{1}{10\ 000}$$

所以 $$i_{H1} = \frac{1}{i_{1H}} = 10\ 000$$

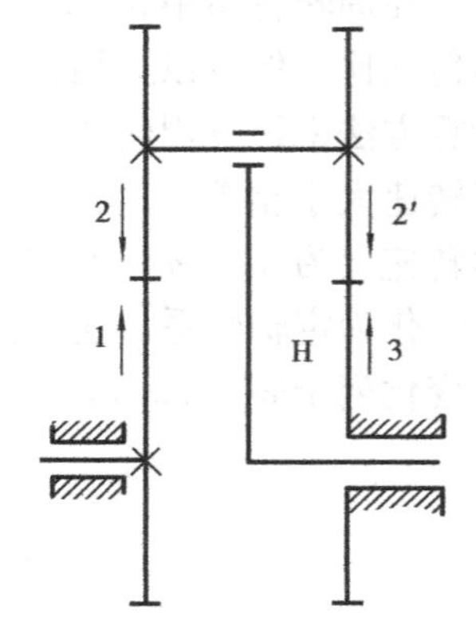

图 10.2.4 例 10.2 图

上式说明,当系杆 H 转 10 000 转时,轮 1 才转 1 转,其转向与系杆的转向相同,可见其传动比极大。

若将 z_3 改为 100,则可计算得

$$i_{H1} = -100$$

即当系杆 H 转 100 转,轮 1 反向转 1 转。可见,行星轮系中从动轮的转向不仅与主动轮的转向有关,而且与轮系中各轮的齿数有关。在本例中,只将轮 3 增加了 1 个齿,轮 1 就反转了,传动比也发生很大变化,这是行星轮系与定轴轮系不同之处。

10.3 混合轮系及其传动比

如果轮系中既包含定轴轮系,又包含行星轮系,或者包含几个行星轮系,则称为混合轮系。因为整个混合轮系不可能转化为一个定轴轮系,故不能用一个公式来求解。计算混合轮系传动比时,首先必须正确区分哪些齿轮构成定轴轮系,哪些齿轮构成单一周转轮系,然后分别列出它们传动比的计算式,再联立求解。下面举例说明。

例 10.3 图10.3.1所示的轮系中，已知各轮齿数为：$z_1=20$，$z_2=40$，$z_3=81$，$z_4=45$，$z_{4'}=44$，$z_5=80$；求传动比 i_{15}。

解 该轮系由两个基本轮系组成。齿轮1、2构成定轴轮系，齿轮3、4、4′、5及系杆H构成行星轮系，其中 $n_3=0$。

对于定轴轮系有

$$i_{12}=-\frac{z_2}{z_1}=-\frac{40}{20}=-2$$

对于行星轮系有

$$i_{53}^{\mathrm{H}}=\frac{n_5-n_{\mathrm{H}}}{n_3-n_{\mathrm{H}}}=1-\frac{n_5}{n_{\mathrm{H}}}=1-i_{5\mathrm{H}}=(-1)^0\frac{z_{4'}z_3}{z_5z_4}=\frac{44\times 81}{80\times 45}=0.99$$

即

$$i_{5\mathrm{H}}=1-0.99=0.01$$

$$i_{\mathrm{H}5}=\frac{1}{i_{5\mathrm{H}}}=100$$

又因为 $n_2=n_{\mathrm{H}}$，则

$$i_{15}=i_{12}i_{\mathrm{H}5}=-2\times 100=-200$$

负号表示轮系中轮1与轮5的转向相反，如图10.3.1中箭头所示。

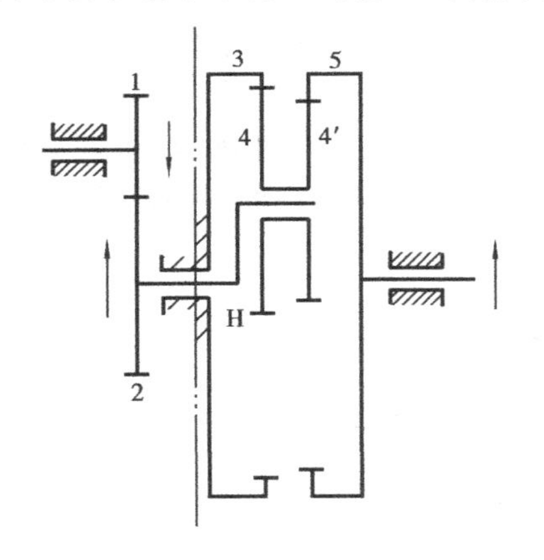

图10.3.1 例10.3图

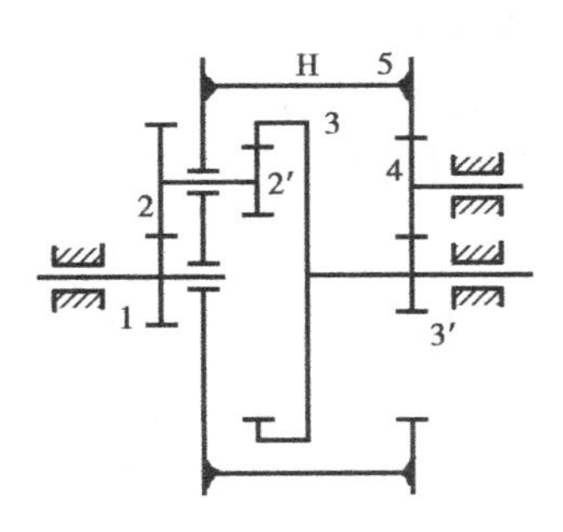

图10.3.2 例10.4图

例 10.4 电动卷扬机减速器如图10.3.2所示，已知各轮齿数为：$z_1=24$，$z_2=52$，$z_{2'}=30$，$z_3=90$，$z_{3'}=18$，$z_4=30$，$z_5=90$；求传动比 i_{15}。

解 首先划分基本轮系。在图10.3.2中，齿轮1、2、2′、3及系杆H(卷筒)组成差动轮系，齿轮3′、4、5组成定轴轮系。

对于定轴轮系有

$$i_{3'5}=(-1)^2\frac{n_{3'}}{n_5}=-\frac{z_5}{z_{3'}}=-\frac{90}{18}=-5 \tag{1}$$

对于差动轮系有

$$i_{13}^{\mathrm{H}}=\frac{n_1-n_{\mathrm{H}}}{n_3-n_{\mathrm{H}}}=(-1)^1\frac{z_2z_3}{z_1z_{2'}}=-\frac{52\times 90}{24\times 30}=-\frac{13}{2} \tag{2}$$

(2)式分子分母同除以 n_H，并将 $n_3=n_{3'}$ 及 $n_H=n_5$ 带入(2)式，从而得

$$\frac{\frac{n_1}{n_H}-1}{\frac{n_3}{n_H}-1}=\frac{\frac{n_1}{n_5}-1}{\frac{n_{3'}}{n_5}-1}=\frac{i_{15}-1}{i_{3'5}-1}=\frac{i_{15}-1}{-5-1}=-\frac{13}{2}$$

$$i_{15}=-25$$

10.4 轮系的功用

轮系广泛用于各种机械设备中，其功用如下：

(1)可获得大的传动比

当两轴之间需要较大的传动比时，如果仅用一对齿轮传动，不仅外廓尺寸大，且小齿轮易损坏，一般一对定轴齿轮的传动比不宜大于5~8。因此，当需要获得较大的传动比时，可用几个齿轮组成行星轮系来达到目的。如例10.2所述的简单行星轮系。

(2)可实现变速传动

在主动轴转速不变的条件下，应用轮系可使从动轴获得多种转速，此种传动称为变速传动。汽车、机床、起重设备等多种机器设备都需要变速传动。图10.4.1所示的轮系中，齿轮3-4,5-6为双联齿轮，可沿轴向滑动。在图示位置时，齿轮4和齿轮2相啮合，得到一种传动比；当双联齿轮3-4向左滑动，使得齿轮3与齿轮1相啮合时，得到另一种传动比；同理，5-6双联齿轮滑移也可得到两种传动比。

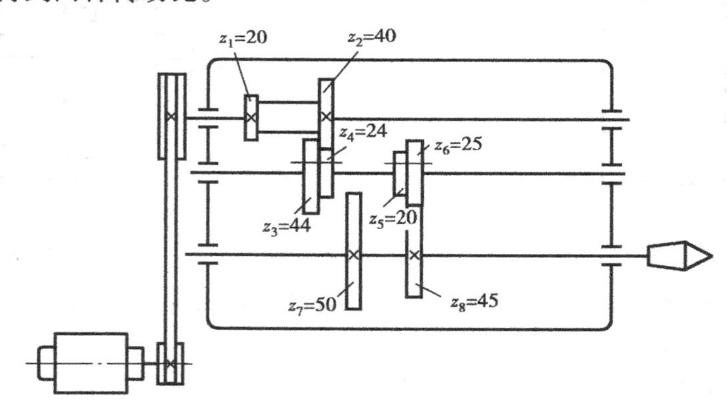

图10.4.1 实现变速传动的轮系

(3)实现变向传动

在主动轴转向不变的情况下，利用惰轮可以改变从动轴的转向。如图10.4.2所示车床走刀丝杠的三星轮换向机构，当齿轮2与齿轮1啮合时，齿轮4逆时针转动，与轮1相反；扳动手柄，使轮3与轮1啮合，轮4顺时针转动，与轮1相同。

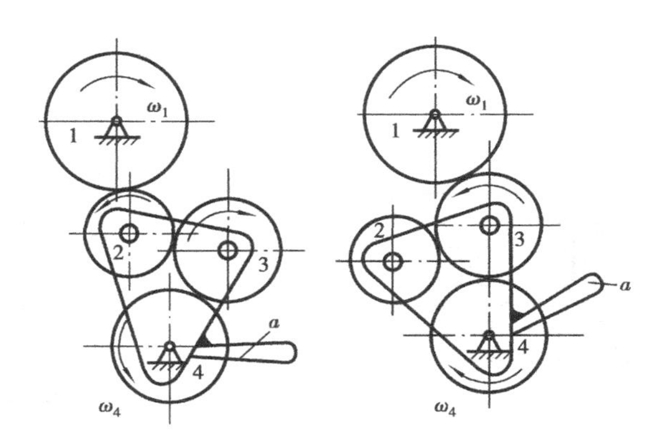

图 10.4.2 三星轮换向机构

(4)用于运动的合成与分解

如图 10.4.3 所示的汽车后桥差速器就是用差动轮系来实现运动分解的实例。当汽车直线行驶时,左右车轮转速相同,差动轮系中的齿轮 1、2、2′、3 之间没有相对运动而构成一个整体,一起随齿轮 4 转动,此时,$n_1=n_3=n_4$;当汽车转弯时,显然其外侧车轮的转弯半径大于内侧车轮的转弯半径,这就要求外侧车轮的转速必须高于内侧车轮的转速,此时,齿轮 1 与齿轮 3 之间产生差动效果,于是,可按 $2n_{\mathrm{H}}=n_1+n_3$和两车轮转弯半径的条件,将行星架(即齿轮 4)的转速分配到左、右车轮上,以此实现外侧车轮转动快,内侧车轮转动慢而顺利转弯的目的。

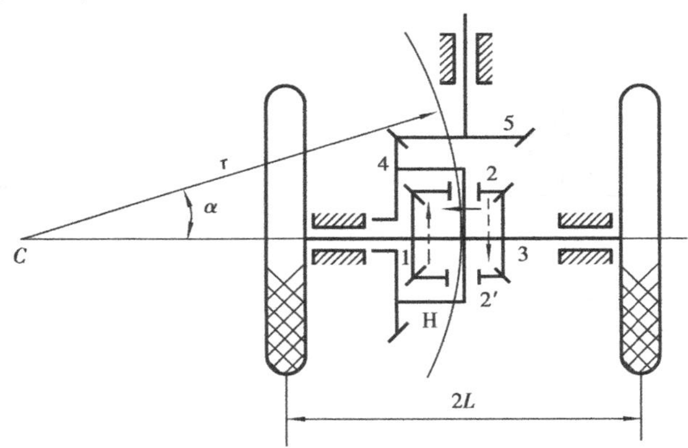

图 10.4.3 汽车后桥差速器

思考题与练习题

10.1 定轴轮系和行星轮系有何区别?

10.2 什么是转化轮系?为什么要引入转化轮系?

10.3 在行星轮系传动比计算中,$i_{\mathrm{AK}}^{\mathrm{H}}$与 i_{AK}有何区别?行星轮系中首末轮的转向关系如何确定?

10.4 如题图 10.4 所示为车床溜板箱进给刻度盘轮系,运动由齿轮 1 输入,齿轮 4 输出,已知各轮齿数为:$z_1=18$,$z_2=87$,$z_{2'}=28$,$z_3=20$,$z_4=84$;求传动比 i_{14}。

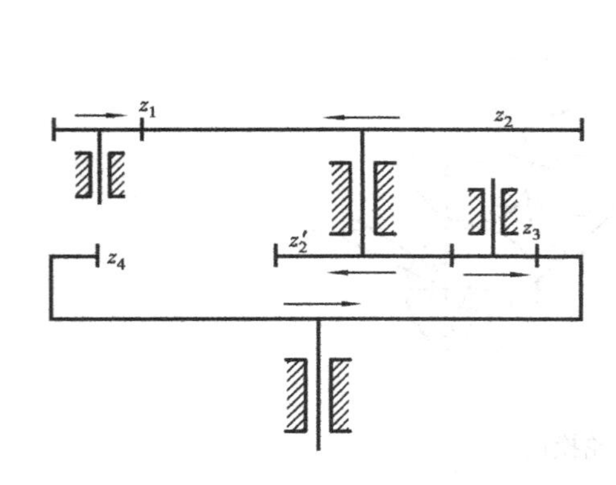

题图 10.4

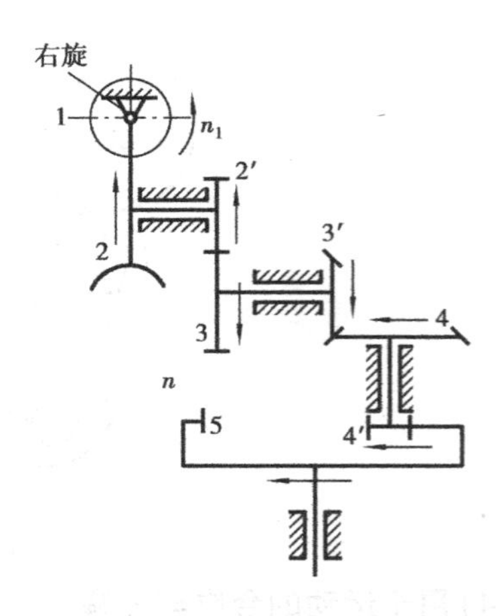

题图 10.5

10.5　在题图 10.5 所示的齿轮系中，设已知 $z_1=1$，$z_2=30$，$z_{2'}=22$，$z_3=40$，$z_{3'}=17$，$z_4=32$，$z_{4'}=23$，$z_5=81$，轮 1 的转速为 $n_1=1\ 440$ r/min；求轮 5 的转速。

10.6　已知电动卷扬机减速器各轮齿数为：$z_1=24$，$z_2=48$，$z_{2'}=30$，$z_3=90$，$z_{3'}=20$，$z_4=40$，$z_5=78$；求传动比 i_{15}。

10.7　已知 $z_1=30$，$z_2=45$，$z_3=20$，$z_4=48$；求传动比 i_{14}，并标明齿轮回转方向。

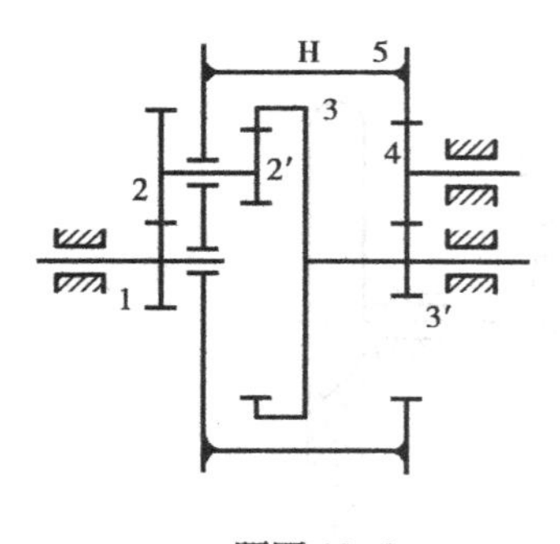

题图 10.6

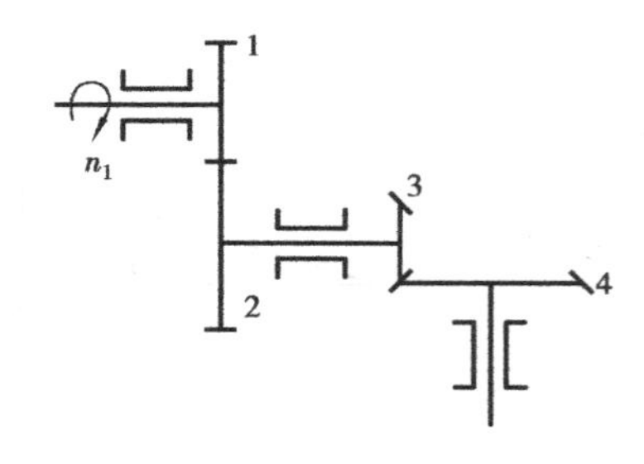

题图 10.7

第11章 联 接

为了便于机器的制造、装配、维修和运输等原因，机器中相当多的零件需要彼此联接。所谓联接，就是将两个或两个以上的零件联合成一体的结构。联接分三大类：一类是不可拆联接，如焊接、铆接、粘接等，这些联接在拆开时必须破坏或损伤联接中的零件；另一类联接是可拆卸联接，如键联接、螺纹联接、销联接等，这些联接装拆方便，在拆开时不损坏联接件中的任一零件；此外，还有过盈配合联接，本章主要讨论可拆卸联接。

11.1 螺纹联接

螺纹联接是利用螺纹零件构成的可拆联接，结构简单，装拆方便，成本低，广泛应用于各类机械设备中。

11.1.1 螺纹联接的基本类型

螺纹联接有四种基本类型：螺栓联接、双头螺柱联接、螺钉联接和紧定螺钉联接。

(1)螺栓联接

螺栓联接的结构特点是：螺栓穿过两个被联接件的通孔，并配有螺母。它们可分为以下两种类型：

1)普通螺栓联接(图11.1.1(a))

螺栓杆和孔之间有间隙，杆和孔的加工精度要求低，使用时需拧紧螺母。普通螺栓联接装拆方便，应用最广泛。

2)铰制孔螺栓联接(图11.1.1(b))

螺栓杆和孔之间没有间隙，应用在光杆和孔的加工精度高(孔须铰制)，能承受和螺栓轴线方向垂直的横向载荷并起定位作用的场合。

(2)双头螺柱联接(图11.1.1(c))

螺柱两头都制有螺纹，一头与螺母配合，另一头与被联接件配合。这种联接适用于被联接件之一较厚难以穿通孔并经常装拆的场合，装拆时只需拧下螺母。

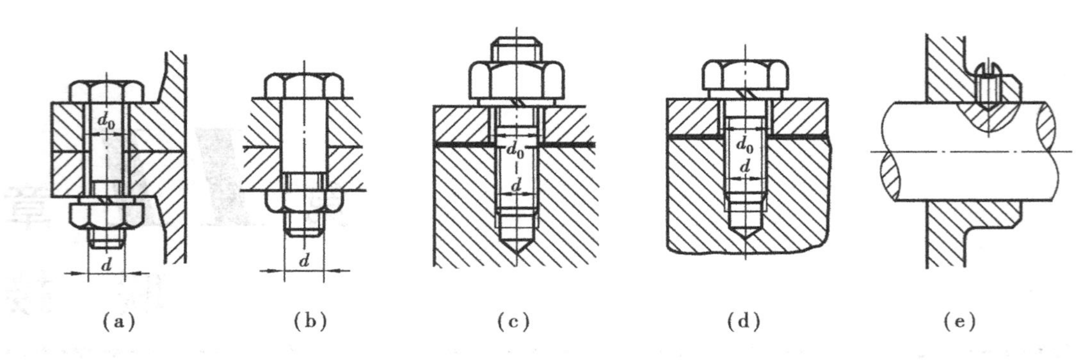

图 11.1.1　螺纹联接的类型

(3)螺钉联接(图 11.1.1(d))

在螺纹联接中只有螺钉联接不需要螺母,直接拧入被联接件的螺孔内,结构简单,但不宜经常装拆,以免损坏孔内螺纹。

(4)紧定螺钉联接(图 11.1.1(e))

紧定螺钉联接常用于固定两零件的位置,并可传递不大的力或扭矩,它的末端与被联接件表面顶紧,所以末端要具备一定的硬度。紧定螺钉直径是根据轴的直径 D 确定的,$d\approx(0.2\sim0.3)D$。

11.1.2　螺纹联接件

由于使用的场合及要求各不相同,螺纹联接件的结构形式也有多种类型。常用的有螺栓、双头螺柱、螺钉、螺母、垫圈等。螺纹联接件大多已标准化,设计时应结合实际,根据有关标准合理选用。其常用的类型、结构特点和应用见表 11.1.1。

表 11.1.1　常用螺纹联接件的类型、结构特点和应用

名　称	图　例	结构特点及应用
六角头螺栓	15°~30°　r　辗制末端　d_a　d_s　d　l_s　l_g　(b)　k　l　e　S	螺栓精度分 A、B、C 三级,通常多用 C 级。杆部可以是全螺纹或一段螺纹
双头螺柱	A 型　$C\times45°$　$C\times45°$　d　b_m　b　l B 型　$C\times45°$　$C\times45°$　d　b_m　b　l	两端均有螺纹,两端螺纹可以相同或不同。有 A 型和 B 型两种结构,一段拧入厚度大不便于穿通孔的被联接件,另一端套入螺母

续表

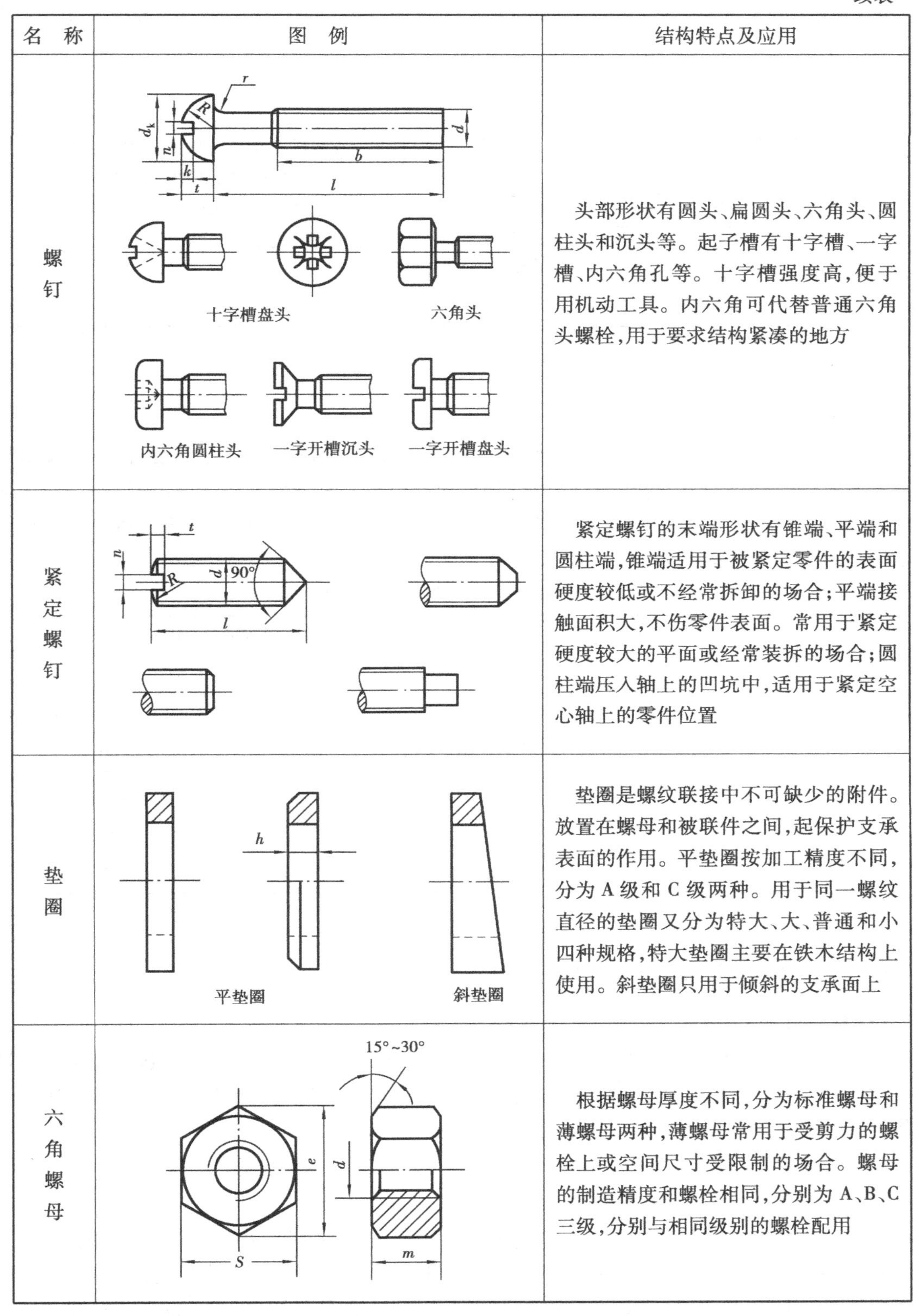

名　称	图　例	结构特点及应用
螺钉	十字槽盘头　六角头　内六角圆柱头　一字开槽沉头　一字开槽盘头	头部形状有圆头、扁圆头、六角头、圆柱头和沉头等。起子槽有十字槽、一字槽、内六角孔等。十字槽强度高,便于用机动工具。内六角可代替普通六角头螺栓,用于要求结构紧凑的地方
紧定螺钉		紧定螺钉的末端形状有锥端、平端和圆柱端,锥端适用于被紧定零件的表面硬度较低或不经常拆卸的场合;平端接触面积大,不伤零件表面。常用于紧定硬度较大的平面或经常装拆的场合;圆柱端压入轴上的凹坑中,适用于紧定空心轴上的零件位置
垫圈	平垫圈　斜垫圈	垫圈是螺纹联接中不可缺少的附件。放置在螺母和被联件之间,起保护支承表面的作用。平垫圈按加工精度不同,分为A级和C级两种。用于同一螺纹直径的垫圈又分为特大、大、普通和小四种规格,特大垫圈主要在铁木结构上使用。斜垫圈只用于倾斜的支承面上
六角螺母		根据螺母厚度不同,分为标准螺母和薄螺母两种,薄螺母常用于受剪力的螺栓上或空间尺寸受限制的场合。螺母的制造精度和螺栓相同,分别为A、B、C三级,分别与相同级别的螺栓配用

续表

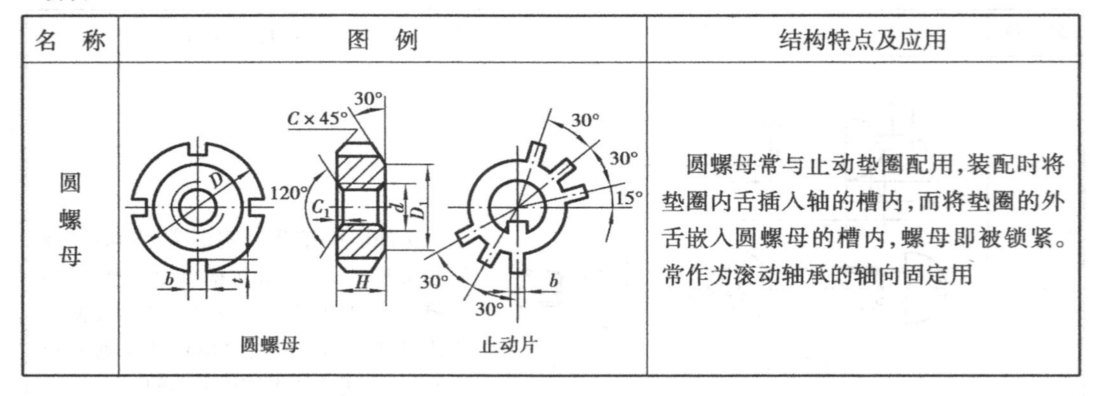

名　称	图　例	结构特点及应用
圆螺母	圆螺母　止动片	圆螺母常与止动垫圈配用，装配时将垫圈内舌插入轴的槽内，而将垫圈的外舌嵌入圆螺母的槽内，螺母即被锁紧。常作为滚动轴承的轴向固定用

11.1.3　螺纹联接件的材料

螺纹联接件的材料很多，常用的有 Q215、Q235、10、35 和 45 钢。对于承受冲击、振动或变载荷的螺纹联接件，可采用高强度材料（如 15Cr、40Cr）等。对于特殊用途（如防锈蚀、防磁、导电或耐高温等）的螺纹联接件，可采用特种钢（如 1Cr13、2Cr13、CrNi2）和铜合金等。螺纹联接件常用材料的力学性能见表 11.1.2。

表 11.1.2　螺纹联接件常用材料的力学性能

钢　号	抗拉强度 σ_b/MPa	屈服点 σ_s/MPa	疲劳极限/MPa	
			弯曲 σ_{-1}	抗拉 σ_{-1}
Q215	340 ~ 420	220		
Q235	410 ~ 470	240	170 ~ 220	120 ~ 160
35	540	320	220 ~ 340	170 ~ 220
45	610	360	250 ~ 340	190 ~ 250
40Cr	750 ~ 1 000	650 ~ 900	320 ~ 440	240 ~ 340

11.1.4　螺纹联接的预紧和防松

(1) 螺纹联接的预紧

在生产实际中，绝大多数螺栓联接都是紧螺栓联接，即在装配时必须拧紧螺母，使螺纹联接在承受工作载荷前就受到预紧力的作用。螺纹联接预紧的目的是增加联接的刚度、紧密性和防松。一般螺栓联接的预紧力规定为：

合金钢螺栓　$F' \leqslant (0.5 \sim 0.6)\sigma_s A_1$

碳素钢螺栓　$F' \leqslant (0.6 \sim 0.7)\sigma_s A_1$

式中，σ_s 为螺栓材料的屈服点（MPa）；A_1 为螺杆最小横截面（按螺纹小径计算）的面积（mm^2）。

对于一般螺纹联接，预紧力可凭经验控制；对于重要螺纹联接，通常借助测力矩扳手或定矩扳手来控制其大小；对于 M10 ~ M68 的粗牙普通螺纹，拧紧力矩 T（N · mm）的经验公式为

$T \approx 0.2F'd$,式中,F'为预紧力(N);d 为螺纹公称直径(mm)。

由于摩擦因数不稳定和扳手上的力难以准确控制,有时可能拧得过紧而使螺杆拧断,因此,在重要的联接中,如果不能严格控制预紧力的大小,不宜使用直径小于 12 mm 的螺栓。

(2)螺纹联接的防松

在静载荷和温度不变的情况下,联接螺纹能满足自锁条件,同时螺母和螺栓头等支承面处的摩擦力也有防松作用。因此,螺纹联接一般不会自动松脱。但在冲击、震动、变载或温度变化很大时,螺纹副间的摩擦阻力就会出现瞬时消失或减小的现象。这种现象多次出现,联接就会松开,导致机器不能正常工作或发生严重事故。因此,在设计螺纹联接时,必须考虑防松措施。

防松的实质就是防止螺纹副的相对转动。防松的措施很多,按工作原理可分为摩擦力防松、机械方法防松和破坏螺纹副关系防松等三类。

1)摩擦力防松

这种防松方法是设法使螺纹副间产生附加的摩擦力,即使螺杆上的轴向外载荷减小,甚至消失,也能保证螺纹副间的正压力(附加摩擦力)依然存在。这种正压力通过螺纹副沿轴向或径向张紧来产生。

①双螺母防松　如图 11.1.2(a)所示,两个螺母对顶拧紧,螺杆旋合段受拉而螺母受压,使螺纹副轴向张紧,从而达到防松目的。这种防松方法用于平稳、低速和重载的联接。其缺点是:在载荷剧烈变化时不十分可靠,而且螺杆增长,螺母增多,结构尺寸变大。

②弹簧垫圈防松　如图 11.1.2(b)所示,它是靠拧紧螺母时,垫圈被压平后产生的弹性反力使螺纹副轴向张紧,从而达到防松目的。应当指出,垫圈的斜口尖端顶住螺母及被联接件的支承面,也有防松作用。这种方法结构简单,使用方便,但在冲击、振动很大的情况下,防松效果不十分可靠,一般用于不太重要的联接。

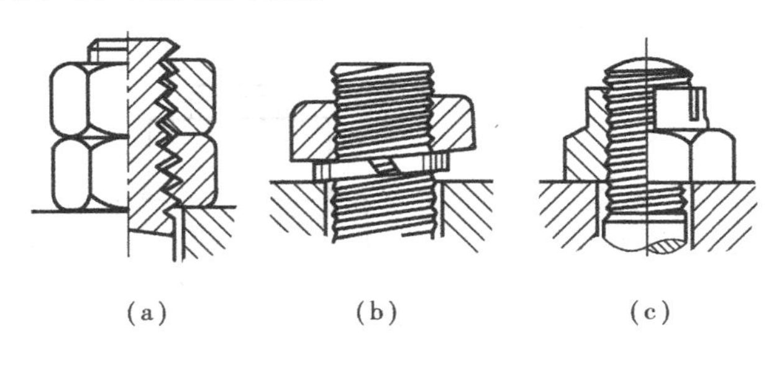

(a)　　(b)　　(c)

图 11.1.2　摩擦防松

(a)双螺母　(b)弹簧垫圈　(c)自锁螺母

③自锁螺母防松　如图 11.1.2(c)所示,螺母一端制成非圆形收口或开缝后径向收口。当螺母拧紧后,收口胀开,利用收口的弹力使螺纹副径向张紧,达到防松目的。这种防松方法结构简单,防松可靠,多次拆装而不降低防松能力。

2)机械防松法

机械方法防松是利用便于更换的防松元件,直接防止螺纹副的相对运动,常用的有以下几种:

①开口销和槽形螺母防松　如图 11.1.3 所示,螺母拧紧后,将开口销插入螺母槽与螺栓尾部孔内,并将开口销尾部扳开,阻止了螺母与螺栓的相对转动。此方法防松可靠,但安装困

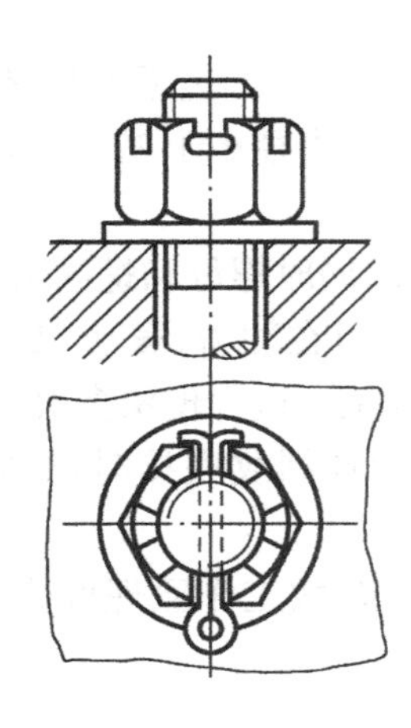

图 11.1.3　开口销防松

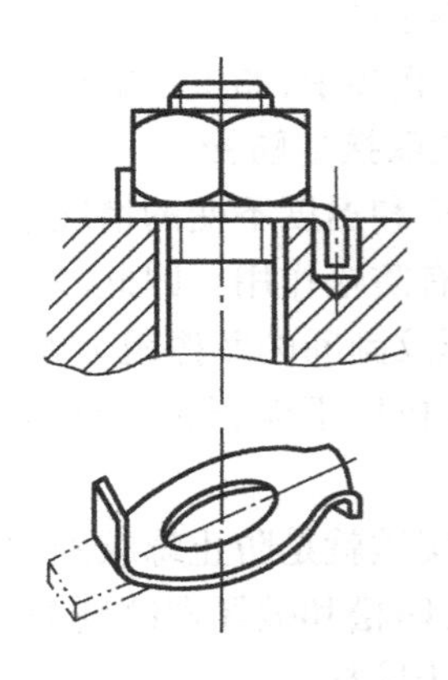

图 11.1.4　止动垫圈防松

难，且不经济，故只用于冲击、振动较大的重要联接。

②止动垫圈防松　图 11.1.4 为双耳式止动垫圈，垫圈的一边向上弯贴在螺母的侧面上，另一边向下弯且放入被联接件的小槽中，以防止螺母松脱。此方法经济可靠，但需有容纳弯耳之处。

③串联钢丝防松　如图 11.1.5 所示，将钢丝穿入各螺钉头部的孔内，使其相互制约，达到防松的目的。此方法防松可靠，但拆装不便，特别要注意钢丝的穿绕方向，仅适用于螺钉组联接。

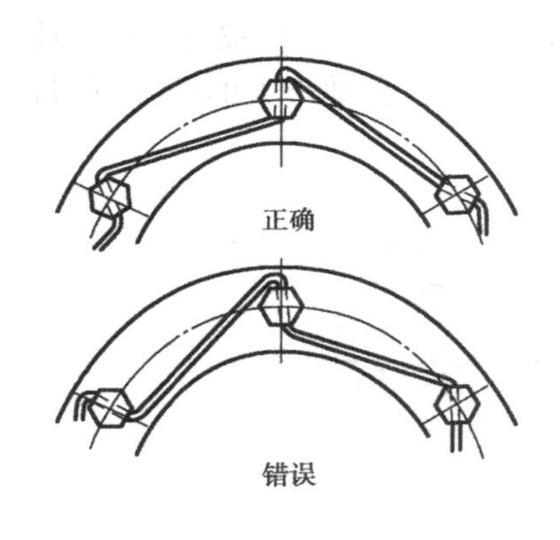

图 11.1.5　串联钢丝防松

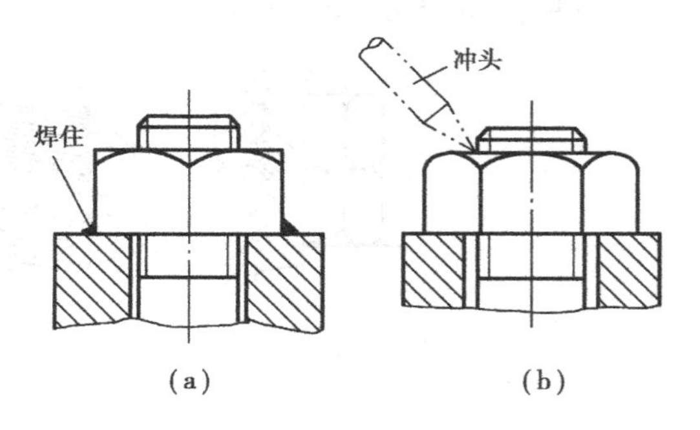

图 11.1.6　破坏螺纹副关系防松
(a)焊接　(b)冲点

3)破坏螺纹副关系防松

如果联接不需拆开，可将螺纹副转化为非运动副，从而排除相对运动的可能，这是以破坏螺纹副关系来达到防松目的。常用的方法有：

①焊接法　将螺母与螺栓焊在一起，防松可靠，但不能拆卸(图 11.1.6(a))。

②冲点法　螺母拧紧后，利用冲头在螺栓尾部与螺母旋合的末端冲 2～3 点，这种方法防松可靠，适合不拆卸的联接(图 11.1.6(b))。

③粘接法　用粘合剂涂于螺纹旋合表面，拧紧螺母待粘合剂固化，即将螺栓与螺母粘接在

一起。这种方法简单有效,并能保证密封;但时间长了,其防松能力就差,须拆开重新涂胶装配。

11.2　剪切与挤压强度实用计算

11.2.1　剪切的概念

如图11.2.1所示剪床剪切钢板时,剪床上的上下刀刃以大小相等、方向相反、作用线距离很近的两个力作用在钢板上,在 m-n 截面的左右两侧钢板沿截面 m-n 发生相对错动,直到最后被剪断。杆变形时,这种截面间发生相对滑动的变形,称为剪切变形。剪切变形的受力特点是外力大小相等、方向相反、作用线相距很近;变形特点是截面沿外力作用的方向发生相对错动。产生相对错动的截面(m-n),称为剪切面。剪切面平行于外力作用线,且在两个反向外力作用线之间。

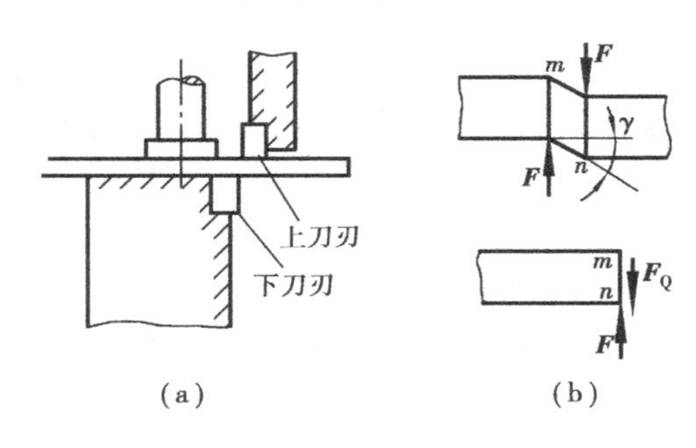

图11.2.1　剪切变形实例一

机械中的联接件,受剪切作用的实例还很多,如螺栓、铆钉(图11.2.2)和销等(图11.2.3)等,在外力作用下,都是承受剪切的零件,因此,必须进行剪切强度计算。

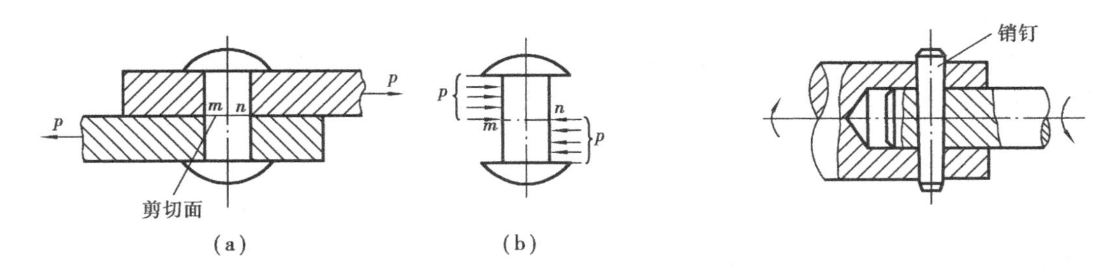

图11.2.2　剪切变形实例二

图11.2.3　销联接

11.2.2　剪切实用计算

(1)剪力

构件受到外力作用产生变形,构件内部各部分之间因变形而使相对位置改变所产生相互作用力称为内力。下面以螺栓为例运用截面法分析剪切面上的内力。

如图11.2.4中的螺栓,假如沿剪切面 m-n 将螺栓分为两段,任取一段为研究对象。由平衡条件可知,剪切面上内力合力的作用线应与外力平行,沿截面作用的内力,称为剪力,常用 Q 表示。剪力 Q 的大小,可由平衡条件 $\sum Fx = 0, P - Q = 0$,得 $Q = P$。

(2)切应力

切应力在剪切面上的分布规律较复杂,工程上采用实用计算法,假设切应力 τ 均匀分布在

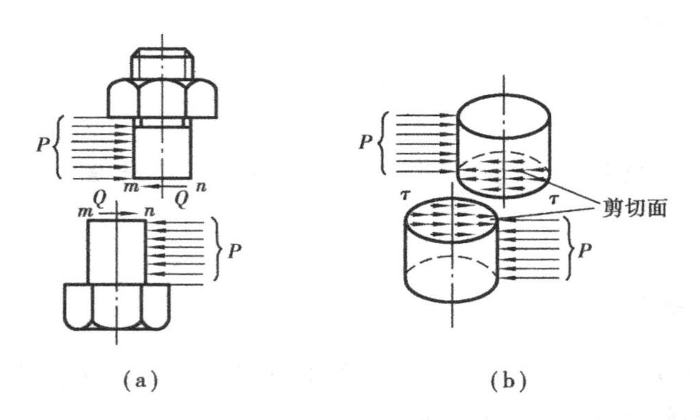

图 11.2.4　剪切计算实例

剪切面上。设剪切面的面积为 $A(\text{mm}^2)$，剪力为 $Q(\text{N})$，则剪切面上的平均切应力为

$$\tau = \frac{Q}{A} \tag{11.2.1}$$

(3) 剪切强度条件

为了保证剪切变形时构件工作安全可靠，剪切强度条件为

$$\tau = \frac{Q}{A} \leqslant [\tau] \tag{11.2.2}$$

式中，$[\tau]$为材料的许用切应力(MPa)，其大小等于材料的剪切极限应力除以安全系数。剪切极限应力由试验测定。许用切应力$[\tau]$可从有关手册中查得，也可按下列近似的经验公式确定。

塑性材料　$\tau=(0.6\sim0.8)[\sigma]$

脆性材料　$\tau=(0.8\sim1)[\sigma]$

$[\sigma]$为材料拉伸许用应力。与轴向拉伸或压缩一样，应用剪切强度条件也可以解决工程上剪切变形的三类强度问题。

11.2.3　挤压实用计算

(1) 挤压的概念

螺栓、销钉、铆钉等联接件在承受剪切力的同时，在联接件和被联接件的接触面上还将相互压紧，由于局部承受较大的压力，从而出现压陷、起皱等塑性变形的现象(图 11.2.5(b))，这种现象称为挤压破坏。作用于接触面间的压力，称为挤压力，用符号 F_P表示。构件上发生挤压变形的表面称为挤压面。挤压面就是两构件的接触面，一般垂直于外力方向。

(2) 挤压强度条件

挤压面上的压强，称为挤压应力，用字母 σ_P表示。由于挤压应力在挤压面上分布也很复杂(图 11.2.5(c))，因此也需采用“实用计算法”按平均挤压应力建立其强度条件，即

$$\sigma_P = \frac{F_P}{A_P} \leqslant [\sigma_P] \tag{11.2.3}$$

式中，F_P为挤压面上的挤压力(N)；A_P为挤压面积(mm^2)；$[\sigma_P]$为材料许用挤压应力(MPa)。其值由试验而定，设计时可查有关手册。根据试验积累的数据有：

钢材　　$[\sigma_P]=(1.5\sim2.5)[\sigma]$

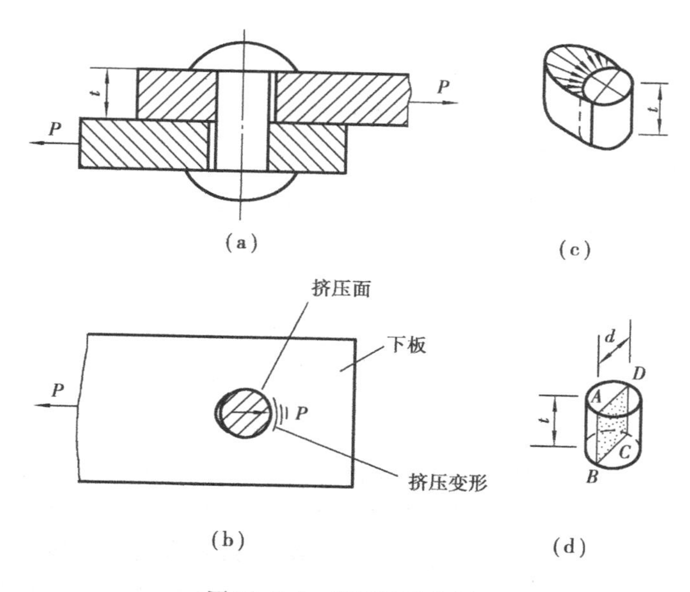

图 11.2.5 挤压计算实例

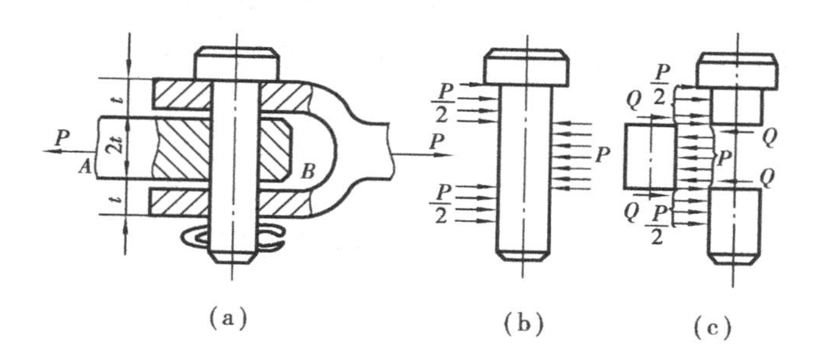

图 11.2.6 电瓶车的销联

脆性材料 $[\sigma_P] = (0.9 \sim 1.5)[\sigma]$

必须指出,如果互相挤压的材料不同,应按许用挤压应力低的材料进行强度计算。

(3)挤压面积的计算

若接触面为平面,则挤压面积为接触面积(如键联接);若接触面为曲面(如铆钉、销等圆柱形联接件),其接触面近似为半圆柱面。按照挤压应力均匀分布于半圆柱面上的假设,挤压面积为半圆柱面的正投影面积(图 11.2.5(d)中的矩形 $ABCD$ 面积),即 $A_P = d \times t$,d 为铆钉、销等的直径,t 为铆钉、销等与孔的接触长度。

例 11.1 电瓶车挂钩用插销连接如图 11.2.6 所示,已知 $t = 8$ mm,插销的材料为 20 钢,$[\tau] = 30$ MPa,$[\sigma_P] = 100$ MPa,牵引力 $P = 15$ kN;试选定插销的直径 d。

解 以插销为研究对象受力情况如图 11.2.6(b)、(c)所示,求得

$$Q = P/2 = 15/2 \text{ kN} = 7.5 \text{ kN}$$

先按剪切强度进行设计:

$$A \geqslant \frac{Q}{[\tau]} = \frac{7\ 500}{30 \times 10^6} \text{ m}^2 = 2.5 \times 10^{-4} \text{ m}^2$$

即

$$\frac{\pi d^2}{4} \geqslant 2.5 \times 10^{-4}\ \mathrm{m}^2$$

得
$$d \geqslant 0.017\ 8\ \mathrm{m} = 17.8\ \mathrm{mm}$$

再用挤压强度条件进行校核：

$$\sigma_P = \frac{F_P}{A_P} = \frac{P}{2td} = \frac{15\ 000}{2 \times 8 \times 17.8 \times 10^{-6}}\ \mathrm{N/m^2} = 52.7 \times 10^6\ \mathrm{N/m^2} = 52.7\ \mathrm{MPa} < [\sigma_P]$$

所以挤压强度也是足够的。查机械设计手册，最后采用 $d=20$ mm 的标准圆柱销。

11.3 单个螺栓联接的强度计算

螺栓联接中的单个螺栓受力分为两种：轴向拉力和横向剪力。前者的失效形式多为螺纹部分的塑性变形或断裂，如果联接经常装拆也可能导致滑扣；后者在工作时，螺栓结合面处受剪，并与被联接孔相互挤压，其失效形式为螺杆被剪断，螺杆和孔壁被压溃等。根据上述失效形式，对于轴向拉伸螺栓，主要以拉伸强度条件作为计算依据；对于受剪螺栓，则以螺栓的剪切强度条件、螺栓杆和孔壁的挤压强度条件作为计算依据。由于螺纹其他各部分尺寸通常不需要进行强度计算，所以螺栓联接的计算主要是确定螺纹小径 d_1，再根据 d_1 查标准选定螺纹的大径（公称直径）d 及螺距 P。

11.3.1 松螺栓联接

在装配螺栓联接时，螺母无需拧紧，因此工作载荷未作用以前，联接件并不受力，这种联接称为松螺栓联接。松螺栓联接一般只承受轴向拉力。

如图 11.3.1 所示为起重吊钩联接螺栓，装配时不拧紧，无负载时，螺栓不受力，工作时受轴向拉力 F 的作用。螺栓抗拉强度条件为

$$\sigma = \frac{F}{A} = \frac{F}{\frac{\pi d_1^2}{4}} \leqslant [\sigma] \qquad (11.3.1)$$

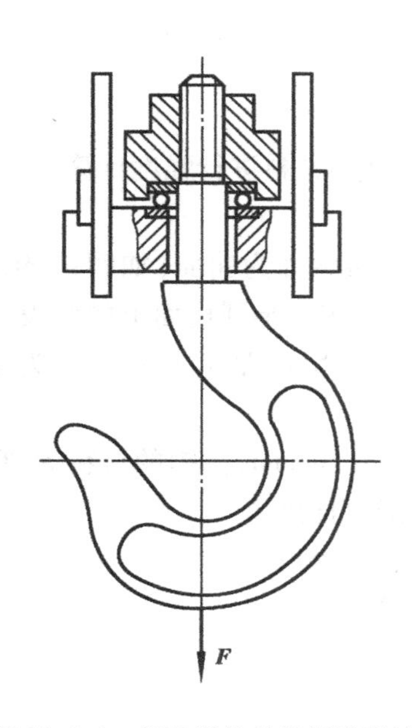

图 11.3.1 起重吊钩的松螺栓联接

式中，F 为轴向拉力（N）；A 为螺栓危险剖面的面积（mm^2）；d_1 为螺纹的小径（mm）；$[\sigma]$ 为联接螺栓的许用拉应力（MPa），见表 11.3.1。

设计公式为

$$d_1 \geqslant \sqrt{\frac{4F}{\pi[\sigma]}} \qquad (11.3.2)$$

如果给出外载荷 F 值，即可由上式求出螺纹小径 d_1，再从机械设计手册中查出公称直径 d 及螺母、垫圈等尺寸。

表 11.3.1 受拉螺栓联接的许用应力

载荷性质	许用应力/MPa	不控制预紧力时的安全因数 S_s				控制预紧力时的安全因数 S_s
		材料＼直径/mm	M6 ~ M16	M16 ~ M30	M30 ~ M60	
静载荷	$[\sigma]=\sigma_s/S_s$	碳钢	4 ~ 3	3 ~ 2	2 ~ 1.3	1.2 ~ 1.5
		合金钢	5 ~ 4	4 ~ 2.5	2.5	
变载荷		碳钢	10 ~ 6.5	6.5	—	
		合金钢	7.5 ~ 5	5		

注:松螺栓联接未经淬火的钢 $S_s=1.2$,经淬火钢 $S_s=1.6$。

11.3.2 紧螺栓联接

在未受工作载荷前,螺栓及被联接件之间受到预紧力的作用,这种螺栓联接称为紧螺栓联接。紧螺栓联接同时承受拉伸和扭转的复合作用,但为了简化计算,在计算时可以将所受到的拉力(不限于预紧力)增大30%来考虑扭转的影响。紧螺栓联接的受力情况较为复杂,需分别进行分析和讨论。

(1)受轴向工作载荷的紧螺栓联接

如图11.3.2所示为压力容器的螺栓联接,这种联接在承受工作载荷之前必须拧紧,螺栓受到预紧力 F' 作用。工作时,螺栓还受到轴向工作载荷的作用。设容器的内径为 D,容器内流体的压力为 p,螺栓数目为 z,则凸缘上分布的直径为 D_0 的圆周上的每个螺栓平均承受的轴向工作载荷为

$$F=\frac{\pi D^2 p}{4z}$$

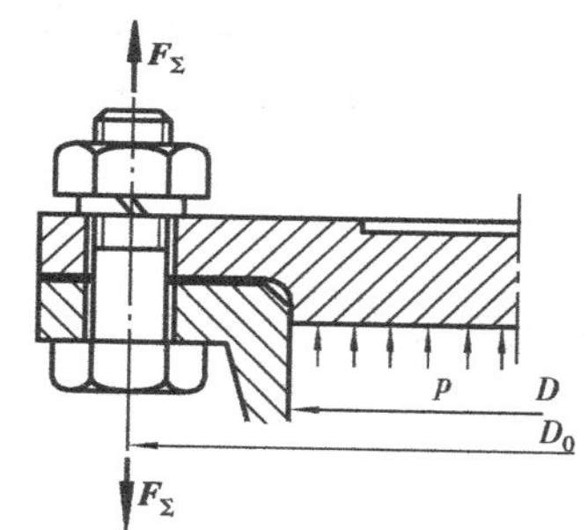

图 11.3.2 压力容器的螺栓联接

在受轴向工作载荷的螺栓联接中,螺栓实际受的总的轴向拉力 F_Σ 并不等于预紧力 F' 与工作载荷 F 之和。这是由于加上工作载荷后,螺栓和被联接件发生变形,导致预紧力由最初的 F' 减少到 F'_0,F'_0 称为残余预紧力。因此,单个螺栓受到的总的轴向载荷为

$$F_\Sigma=F'_0+F=(1+k)F$$

为了保证联接的紧密性,以防止联接受载后结合面出现缝隙,应使残余预紧力 $F'_0>0$。对于有紧密性要求的联接(如压力容器),$k=1.5\sim1.8$;对于一般联接,工作载荷稳定的,$k=0.2\sim0.6$,工作载荷有变化的,$k=0.6\sim1.0$;对于地脚螺钉,一般取 $k>1$。

考虑拉伸和扭转复合作用,将轴向总载荷增加30%,因此,螺栓的强度条件为

$$\sigma=\frac{1.3F_\Sigma}{\frac{\pi d_1^2}{4}}\leqslant[\sigma] \tag{11.3.3}$$

设计公式为

$$d_1\geqslant\sqrt{\frac{4\times1.3F_\Sigma}{\pi[\sigma]}} \tag{11.3.4}$$

式中，$[\sigma]$为紧螺栓联接的许用应力(MPa)，其值可查表11.3.1。

(2)受横向外载荷的紧螺栓联接

1)普通螺栓联接

图11.3.3所示为普通螺栓联接，被联接件承受垂直于轴线的横向载荷F。因螺栓杆与螺栓孔间有间隙，故螺栓不承受横向载荷F，只受预紧力F'的作用。F'使被联接零件表面间产生正压力F'，从而使被联接件接合面间产生摩擦力来承受横向外载荷。这类螺栓联接的螺栓最大拉力就是它的预紧力F'，故其强度条件为

$$\sigma = \frac{1.3F'}{\frac{\pi d_1^2}{4}} \leqslant [\sigma] \tag{11.3.5}$$

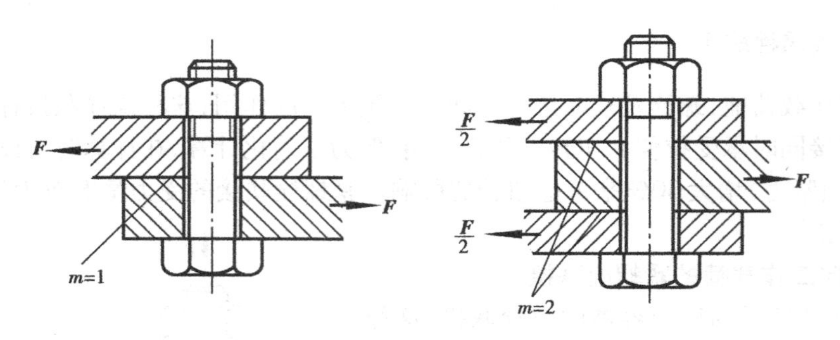

图11.3.3　受横向外载荷的紧螺栓联接

这类螺栓联接工作时若结合面之间的摩擦力足够，则被联接件之间不会发生相对滑动。不发生相对滑动应满足的条件为

$$F'f_s zm \geqslant KF$$

因此，所需预紧力为

$$F' \geqslant \frac{KF}{f_s zm} \tag{11.3.6}$$

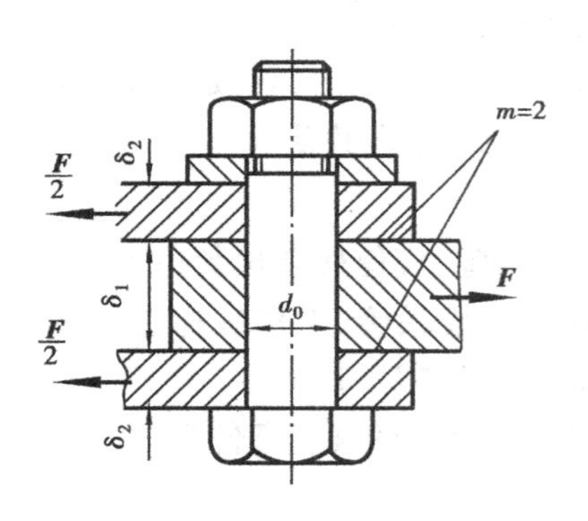

图11.3.4　受横向载荷的铰制孔螺栓联接

式中，F为横向载荷(N)；F'为每个螺栓的预紧力(N)；f_s为被联接零件表面的摩擦因数，见表11.3.2；z为联接螺栓的个数；m为接合面数；K为可靠性系数，通常取$K=1.1\sim1.3$。

2)铰制孔螺栓联接

承受横向载荷时，不仅可采用普通螺栓联接，也可采用铰制孔螺栓联接。铰制孔用螺栓又称精制螺栓，被联接件的孔是经过铰刀铰制过的。其特点是：螺栓光杆与孔壁之间无间隙，其接触表面受挤压；在被联接件结合面处，螺栓光杆则受到剪切。其工作原理是：依靠挤压和剪切作用来传递横向载荷F。因此，分别按挤压和剪切强度条件进行计算。

设横向载荷为F，螺栓个数z，则每个螺栓承受的剪力Q为

$$Q = \frac{F}{z} \tag{11.3.7}$$

螺杆的剪切强度条件公式为

$$\tau = \frac{Q}{A} = \frac{F/z}{\frac{m\pi d_0^2}{4}} = \frac{F}{\frac{zm\pi d_0^2}{4}} \leqslant [\tau] \tag{11.3.8}$$

设计公式为

$$d_0 \geqslant \sqrt{\frac{4F}{z\pi m[\tau]}} \tag{11.3.9}$$

式中,m 为螺栓受剪面数;d_0 为螺栓光杆的直径(mm);$[\tau]$为许用切应力(MPa),查表11.3.3。由于螺栓杆与孔壁无间隙,其接触表面承受挤压。由设计公式求得 d_0 值,并查手册得到标准值后,还应校核挤压强度,其强度条件为

$$\sigma_P = \frac{F_P}{A_P} \leqslant [\sigma_P] \tag{11.3.10}$$

式中,$[\sigma_P]$为螺栓或孔壁材料的许用挤压应力(MPa),可根据表 11.3.3 计算后选两者中之较小值;不同挤压面上的挤压应力可能不同,计算时应使 $\sigma_{P\max} \leqslant [\sigma_P]$。

对于铰制孔螺栓联接,由于螺栓杆直接承受横向载荷,因此在同样大小横向载荷作用时,比采用普通螺栓所需的直径小,从而有节省材料及重量轻等优点;但螺栓杆和螺栓孔都需要精加工,在制造及装配时不如采用普通螺栓联接方便。

表 11.3.2 接合面间的摩擦因数

被联接件	接合面的表面状态	摩擦因数 f_s
铜或铸铁零件	干燥的加工表面	0.10 ~ 0.16
	有油的加工表面	0.06 ~ 0.10
钢结构件	轧制表面,钢丝刷清理浮锈	0.30 ~ 0.35
	涂覆锌漆	0.30 ~ 0.40
	喷砂处理	0.45 ~ 0.55
铸铁或砖料、混凝土或木材	干燥表面	0.40 ~ 0.45

表 11.3.3 受剪螺栓联接的许用应力

载荷性质	材 料	剪 切		挤 压	
		许用应力/MPa	安全因数 S_s	许用应力/MPa	安全因数 S_p
静载荷	钢	$[\tau]=\frac{\sigma_s}{S_s}$	2.5	$[\sigma_P]=\frac{\sigma_s}{S_P}$	1.25
	铸铁	—	—		2 ~ 2.5
变载荷	钢	$[\tau]=\frac{\sigma_s}{S_s}$	3.5 ~ 5	$[\sigma_P]=\frac{\sigma_s}{S_P}$	—
	铸铁	—	—		

11.4 键联接

11.4.1 键联接的类型

键主要用来实现轴和轴上零件之间的周向固定,以传递扭矩。有些类型的键还可实现轴上零件的轴向固定或轴向滑动。键是标准件,分为平键、半圆键、花键、楔键和切向键等。设计时应根据各类键的结构和应用特点进行选择。现就几种主要类型介绍如下:

(1)平键联接

平键是应用最广的键。按照用途分为普通平键、导向平键和滑键。平键以两侧面为工作面,工作时通过轴上键槽和轮毂键槽与键的侧面接触传递扭矩。键的上表面与轮毂槽底面留有间隙。平键联接具有易于制造,装拆方便,轴与轴上零件的对中性好等特点,所以应用广泛,但它不能实现轴上零件的轴向固定,常用于静联接,即轮毂与轴之间无相对移动的联接。

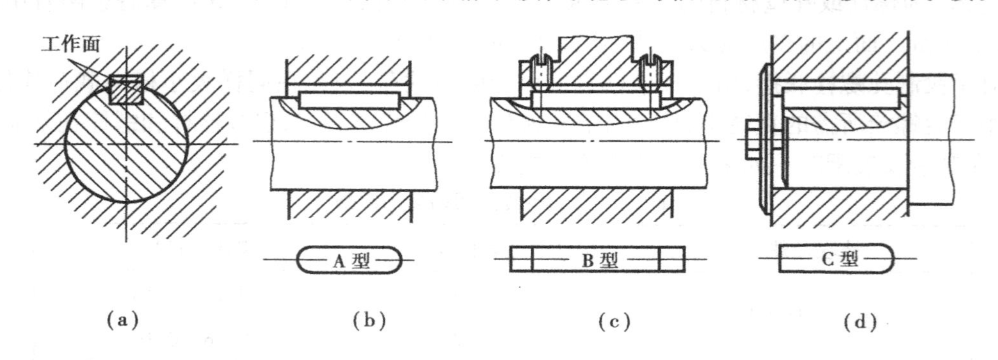

图 11.4.1 普通平键联接
(a)平键联接 (b)圆头 (c)方头 (d)半圆头

1)普通平键

如图 11.4.1 所示,按键结构可分为 A 型(圆头)、B 型(方头)、C 型(半圆头)三类。使用圆头平键时,轴上键槽是用指状铣刀加工的(图 11.4.2(a)),键放置于与之形状相同的键槽中,键的轴向定位好,但键槽对轴的应力集中较大。使用方头平键时(图 11.4.2(b)), 轴上键

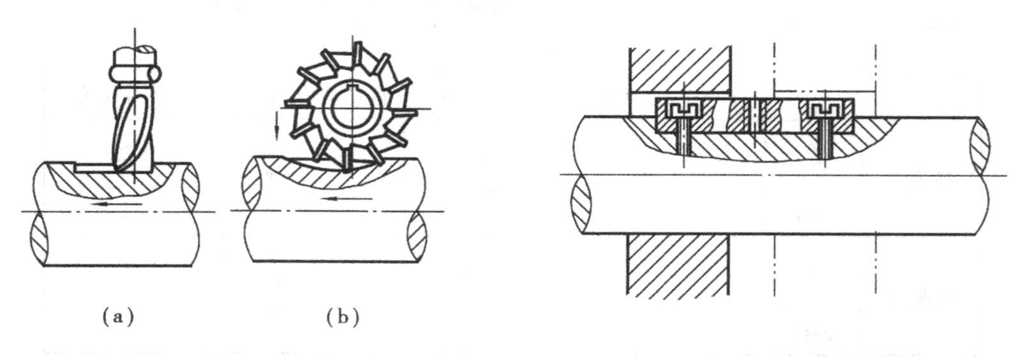

图 11.4.2 键槽加工

图 11.4.3 导向平键

槽用圆盘铣刀加工，因而避免了圆头平键的缺点，但键在键槽中固定不好，常用螺钉紧定。半圆头平键常用于轴端与轴上零件的联接。无论采用哪类键联接，由于轮毂上的键槽是用插刀或拉刀加工的，因此都是开通的。

2）导向平键和滑键

用于动联接，即轮毂与轴之间有轴向相对移动的联接。导向平键（图11.4.3）是一种较长的平键，键用螺钉固定在轴上，轮毂可沿键做轴向滑移。当轴上零件滑移距离较大时，宜采用滑键（图11.4.4），因为滑移距离较大时，用过长的平键，制造困难。滑键固定在轮毂上，轮毂带动滑键在轴槽中做轴向移动，因而需要在轴上加工长的键槽。

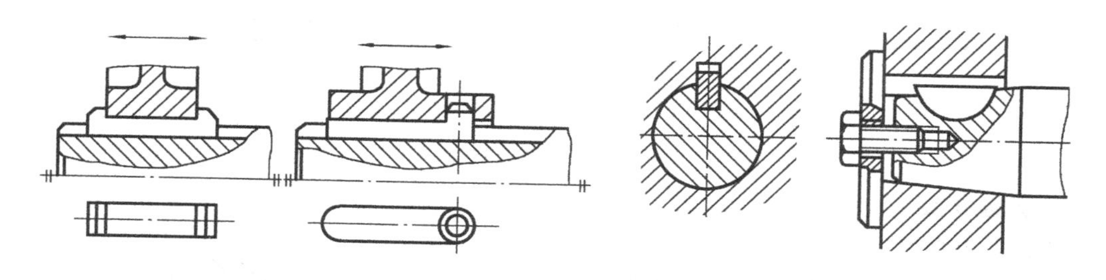

图11.4.4　滑键

图11.4.5　半圆键联接

（2）半圆键联接

半圆键联接的工作情况与平键相同，不同的是半圆键能在轴槽中摆动，以自动适应轮毂中键槽的斜度。它装配方便，尤其适用于锥形轴端的联接（图11.4.5）。但其键槽较深，对轴的强度削弱较大。

（3）切向键

切向键联接只用于静联接。切向键的联接结构如图11.4.6所示，由两个普通的楔键组成。装配时，将两个键从轮毂的两端打入并楔紧，因此会影响到轴和轮毂的对中性；工作时，靠工作面的挤压和轴与轮毂间的摩擦力传递较大的转矩，但只能传递单向转矩。当要传递双向转矩时，需两组切向键，并应错开120°~130°布置。切向键联接主要用于轴径 $d>100$ mm 对中要求不高而载荷很大的重型机械（例如，矿山用大型绞车的卷筒、齿轮与轴的联接等）。

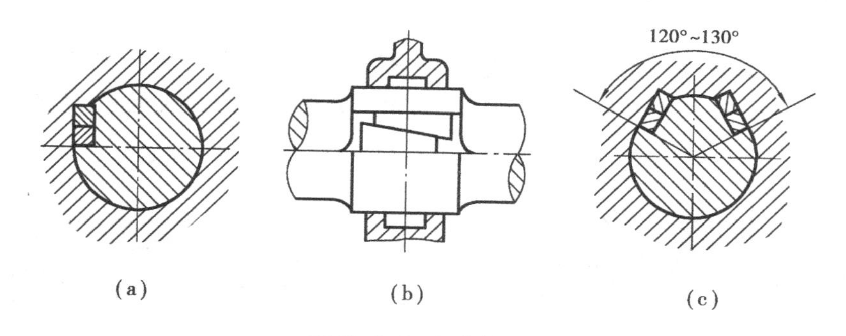

图11.4.6　切向键联接

（4）楔键联接

楔键（图11.4.7）上表面和轮毂键槽具有1:100的斜度，键的上下面是工作表面。装配靠键的上下表面楔紧作用传递扭矩，并能轴向固定零件和传递单方向的轴向力，但会使轴上零件与轴的配合产生偏心与偏斜,在高速、振动下易松动。故多用在对中要求不高、载荷平稳和低速的场合。常用的有普通楔键和钩头楔键(图 11.4.7(c))。钩头楔键便于拆卸。为了安全,应加防护罩。

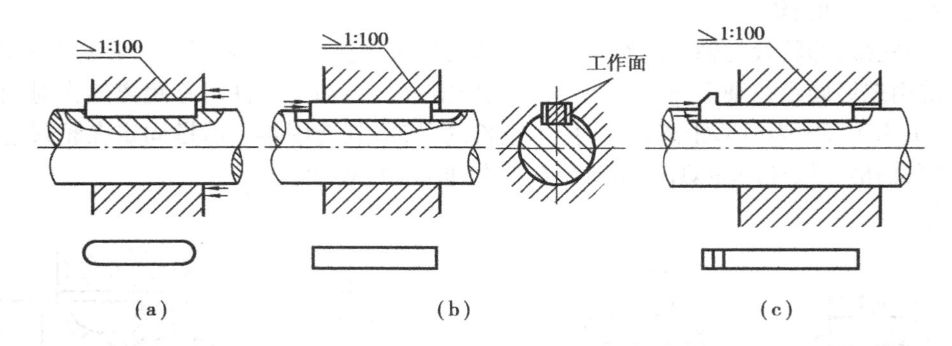

图 11.4.7　楔键联接

(5) 花键联接

如图 11.4.8 所示,花键联接是由周向均布多个键齿的花键轴和多个键槽的花键毂构成的联接。与平键相比,花键联接具有以下特点:由于其工作面为均布多齿的齿侧面,故承载能力高;轴上零件和轴的对中性好,导向性好;键槽浅,齿根应力集中小,轴和轮毂的强度削弱少。其缺点是:加工时需要专用设备,精度要求高,生产成本较高。

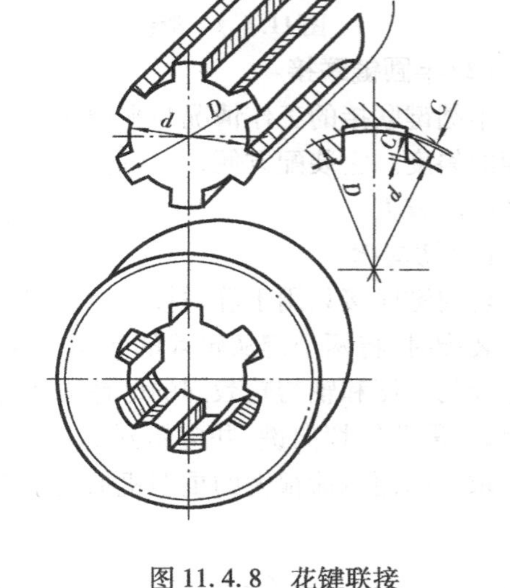

图 11.4.8　花键联接

花键已标准化,按其剖面齿形分为矩形花键、渐开线花键等。

1) 矩形花键

矩形花键的齿侧为直线,齿形简单,加工方便;标准中规定,用热处理后磨削过的小径定心,定心精度高,稳定性好,因此应用广泛。

2) 渐开线花键

齿廓为渐开线,其标准压力角为 30°或 45°。渐开线花键具有以下特点:工艺性好,可利用加工齿轮的方法加工渐开线花键;联接强度高,寿命

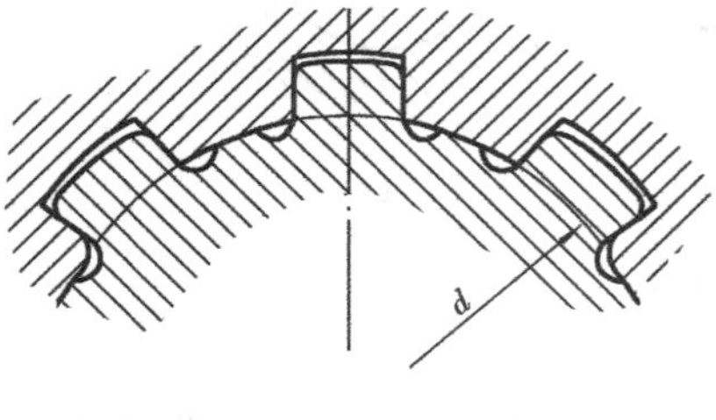

图 11.4.9　矩形花键

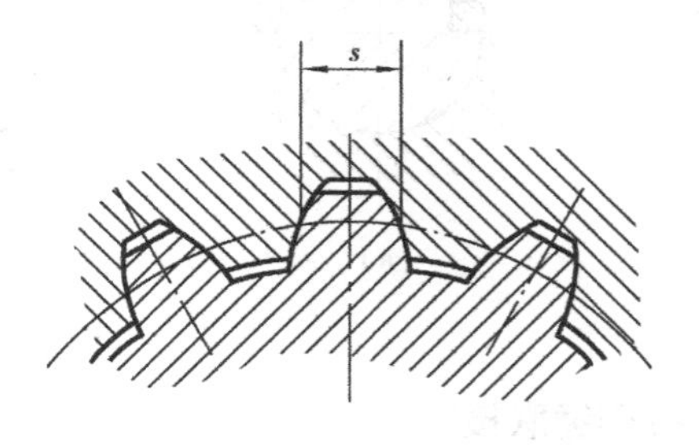

图 11.4.10　渐开线花键联接

长；因为齿根较厚，齿根圆较大，应力集中较小；采用了渐开线齿侧自动定心，定心精度高；但加工小尺寸的花键拉刀时，成本较高。因此，它适用于载荷较大、定心精度要求高和尺寸较大的联接。

11.4.2　平键联接的选择与强度校核

(1)平键的选择

1)键的类型选择

选择键的类型应考虑以下一些因素：对中性的要求；传递转矩的大小；轮毂是否需要沿轴向滑移及滑移的距离大小；键在轴的中部或端部等。

2)键的尺寸选择

平键是标准件，其主要尺寸为宽度 b、高度 h 与公称长度 L，键的剖面尺寸 $b \times h$ 按轴的直径 d 由标准中选定，见表11.4.1。键的长度 L 可按轮毂宽度 B 选取，一般 $L = B - (5 \sim 10)$ mm，并须符合标准中规定的长度系列。

(2)键联接的强度校核

平键联接工作时的受力情况如图11.4.11所示。键受到剪切和挤压的作用。其主要失效形式是键、轴和轮毂中强度较弱的工作表面被压溃，以及键在剪切面上被剪断，因此，需对键进行剪切和挤压强度的校核。

对于导向平键联接和滑键联接，主要失效形式为磨损，因此，应对其进行耐磨性计算，限制压强。对此类动联接则以压强 P 和许用比压 $[P]$ 代替式中的 σ_P 和 $[\sigma_P]$。如果校核结果表明强度不够，可以适当增大键和轮毂的长度，但键长不宜超过 $2.5d$，否则，载荷沿键长的分布将很不均匀；或者用两个键相隔180°布置，考虑到载荷在两个键上分布的不均匀性，双键联接的强度只按1.5个键计算。

表11.4.1　普通平键和键槽尺寸(GB/T1095—1990)　(mm)

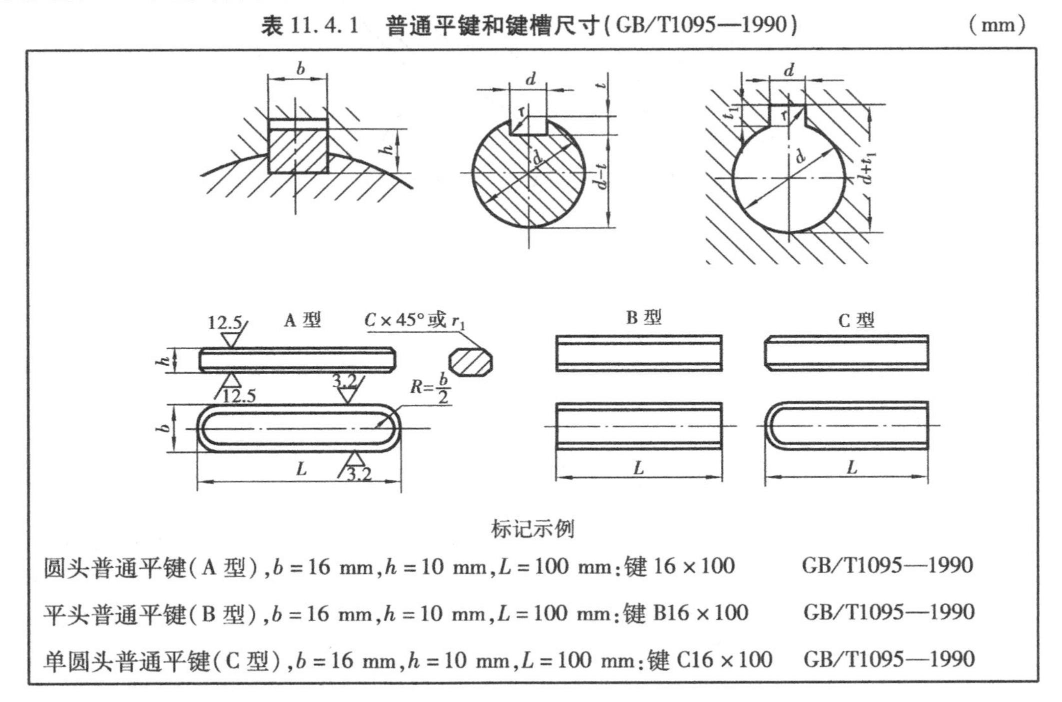

标记示例

圆头普通平键(A型)，$b = 16$ mm，$h = 10$ mm，$L = 100$ mm：键 16×100　GB/T1095—1990

平头普通平键(B型)，$b = 16$ mm，$h = 10$ mm，$L = 100$ mm：键 B16×100　GB/T1095—1990

单圆头普通平键(C型)，$b = 16$ mm，$h = 10$ mm，$L = 100$ mm：键 C16×100　GB/T1095—1990

续表

轴的直径 d	键的尺寸				键槽尺寸		
	b	h	C或r	L	t	t_1	半径 r
自6~8	2	2	0.16~0.25	6~20	1.2	1	0.08~0.16
>8~10	3	3		6~36	1.8	1.4	
>10~12	4	4		8~45	2.5	1.8	
>12~17	5	5	0.25~0.4	10~56	3.0	2.3	0.16~0.25
>17~22	6	6		14~70	3.5	2.8	
>22~30	8	7		18~90	4.0	3.3	
>30~38	10	8		22~110	5.0	3.3	0.25~0.4
>38~44	12	8		28~140	5.0	3.3	
>44~50	14	9		36~160	5.0	3.8	
>50~58	16	10		45~180	6.0	4.3	
>58~65	18	11		50~200	7.0	4.4	

注:①在工作图中,轴上键槽深度用 $d-t$ 标注。

②键长 L 系列:6,8,12,14,16,18,20,22,25,28,32,36,40,45,50 ,56 ,63,70,80,90,100,125,140,160,180,200,220 ,250,…。

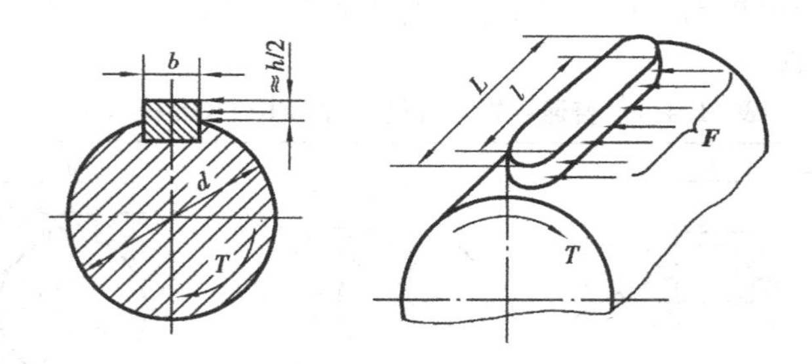

图 11.4.11 平键联接的受力

键的剪切强度条件为

$$\tau = \frac{2T}{dbl} \leqslant [\tau] \tag{11.4.1}$$

键联接的挤压强度条件为

$$\sigma_P = \frac{4T}{dhl} \leqslant [\sigma_P] \tag{11.4.2}$$

式中,T 为轴传递的扭矩(N·mm);d 为轴的直径(mm);h 为键的高度(mm);l 为键的工作长度(mm),对 A 型平键,$l=L-b$;对 B 型平键,$l=L$;对 C 型平键,$l=L-0.5b$;$[\tau]$为键的许用切应力(MPa);$[\sigma_P]$为键联接中最弱材料的许用挤压应力(MPa)。$[\tau]$、$[\sigma_P]$见表 11.4.2。

表 11.4.2 键联接的许用应力/MPa

应力种类	联接方式	零件材料	载荷性质		
			静载	轻微冲击	冲击
$[\sigma_P]$	静联接	钢	125~150	100~120	60~90
		铸铁	70~80	50~60	30~45
$[\sigma_P]$	动联接	钢	50	40	30
$[\tau]$			120	90	60

注:①$[\sigma_P]$应按联接中材料力学性能较弱的零件选取。

②当与键有相对滑动的被联接件,其表面经过淬火,则动联接的$[\sigma_P]$可提高2~3倍。

例 11.2 某减速器直径为$\phi 60$ mm的主动轴和轮毂宽度为80 mm的齿轮采用平键联接,传递扭矩$T=5\times10^5$ N·mm,载荷为轻微冲击,轴和轮毂均用45钢,试选择平键的类型和尺寸。

解 ①平键类型和尺寸选择

选A型平键,根据轴直径$d=60$ mm和轮毂宽度80 mm,从表11.4.1查得键的截面尺寸$b=18$ mm,$h=11$ mm,$L=70$ mm。此键的标记为:键18×70GB/T1095—1990。

②校核挤压强度

$$\sigma_P=\frac{4T}{dhl}\leqslant[\sigma_P]$$

工作长度$l=L-b=(70-18)$ mm$=52$ mm

由$T=5\times10^5$ N·mm,查表11.4.2得$[\sigma_P]=(100\sim120)$ MPa,则

$$\sigma_P=\frac{4\times5\times10^5}{60\times11\times52}\ \text{MPa}=58\ \text{MPa}\leqslant[\sigma_P]$$

③校核剪切强度

查表11.4.2得$[\tau]=90$ MPa

$$\tau=\frac{2T}{dbl}=\frac{2\times5\times10^5}{60\times18\times52}\ \text{MPa}=17.1\ \text{MPa}\leqslant[\tau]$$

故挤压和剪切强度都足够。

11.5 销联接

销联接主要用于固定零部件之间的相互位置(定位销),是装配机器的重要辅件;同时,也可用于轴与轮毂的联接并传递不大的载荷,如图11.5.1所示。

销可分为圆柱销(图11.5.1(a))、圆锥销(图11.5.1(b)、(c))、开口销(图11.1.3)等。圆柱销利用微量过盈固定在铰制孔中,多次拆装后定位精度会下降;圆锥销利用一定的锥度装入铰制孔中,装拆方便,多次拆装对定位精度影响较小,所以应用较广泛,圆锥销的小端直径为公称值。开口销结构简单,工作可靠,装拆方便,主要用于联接的防松,不能用于定位。

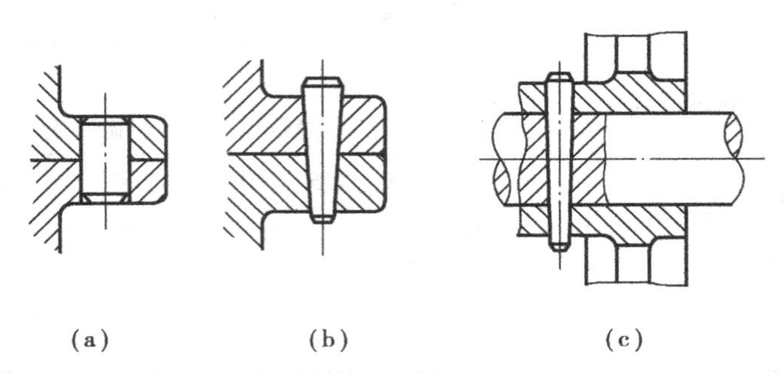

图 11.5.1　销联接

销的材料为 35、45、30CrMnSiA 钢，安全销用 35、45 钢或 T8A、T10A 等钢材制成，热处理后硬度为 30～36HRC。

销的类型可根据工作要求选定。用于联接的销，工作时受挤压和剪切作用，在选用时，先按经验确定其公称直径，再校核剪切强度和挤压强度；定位销一般不受载荷作用，或者只受很小的载荷作用，其直径可按结构确定，一般选用数目不得少于 2 个。

11.6　联轴器与离合器

联轴器和离合器都是用来联接两轴，使其一起转动并传递扭矩的部件。用联轴器联接的两轴，只有在机器停车后，经过拆卸才能使两轴分开；而用离合器联接的两轴，可在机器工作时方便地使两轴接合或分离。

联轴器、离合器大多已标准化、系列化。本节主要介绍联轴器和离合器的结构、性能、适用场合及选用等方面的内容。

11.6.1　联轴器

联轴器一般由两个半联轴器构成，半联轴器分别与主、从动轴用键联接，然后再用螺栓将两个半联轴器联接起来，如图 11.6.1 所示。联轴器所联接的两轴，由于制造和安装的误差、承载后的变形和温度变化，以及转动零件的不平衡和轴承的磨损等原因，都可能使两轴不能严格对中，出现一定程度的相对位移或偏斜等误差。因此，要求联轴器从结构上具有在一定范围内补偿两轴间相对位置误差的性能，以避免机器运转时在轴、联轴器和轴承中引起附加载荷而导致出现震动，甚至损坏机器零件。

(1)联轴器的类型

联轴器的类型很多，根据内部是否具有弹性元件，可分为刚性联轴器和弹性联轴器。

1)固定式刚性联轴器

固定式刚性联轴器有凸缘式、套筒式和夹壳式等。凸缘联轴器是应用最广泛的固定式刚性联轴器。如图 11.6.1 所示，凸缘联轴器是将两个带有凸缘的半联轴器分别用键与两轴联接，并用螺栓联接在一起的。两个半联轴器的对中方法有两种：一种是靠半联轴器上的凸肩与另一个半联轴器上的凹槽相配合而对中，如图 11.6.1(a)所示；另一种通过铰制孔螺栓对中，如图 11.6.1(b)所示。前者对中精度较高，但在装拆时需将轴做轴向移动。

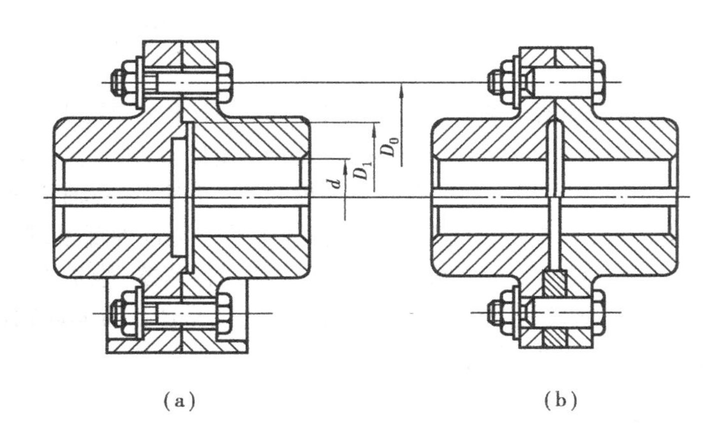

图11.6.1 凸缘联轴器

凸缘联轴器的材料用灰铸铁或碳钢，在重载或圆周速度大于30 m/s时应用铸钢或锻钢。由于凸缘联轴器对所联接的两轴缺乏补偿能力，因而对两轴的对中性要求较高。如果两轴之间有位移或产生了偏斜时，就会在各构件中产生附加载荷；同时，在传递载荷时，不能缓和冲击和吸收震动。因此，凸缘联轴器适合于联接低速、无冲击、轴的刚性大、对中性好的短轴。

2）可移式刚性联轴器

可移式刚性联轴器的组成零件间构成动联接（即有相对滑动），故可补偿两轴间的相对偏移；但因无弹性元件，故不能缓冲、减震。可移式刚性联轴器的种类较多，如十字滑块联轴器、万向联轴器、齿式联轴器、挠性爪联轴器等。现仅以十字滑块联轴器和万向联轴器为例加以说明。

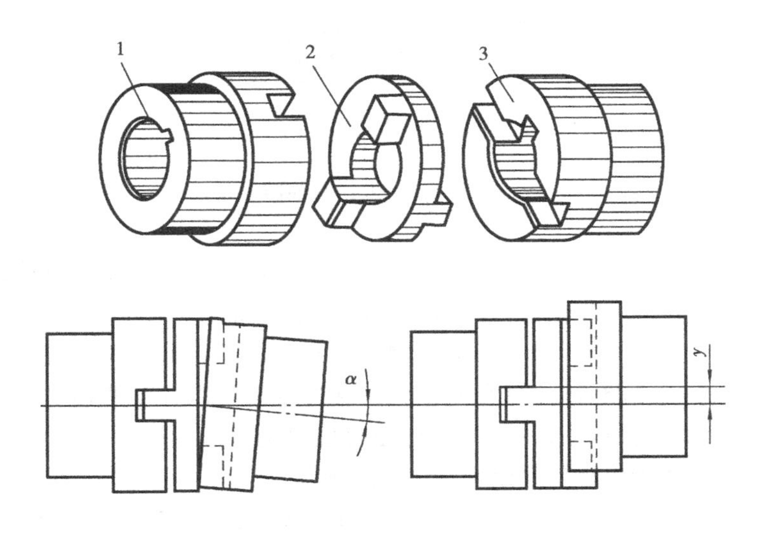

图11.6.2 十字滑块联轴器

①十字滑块联轴器 如图11.6.2所示，它是由端面开有凹槽的两个半联轴器1和3以及十字头滑块2组成。十字头滑块两面的凸牙位于互相垂直的两个直径方向上，并分别嵌入1、3的凹槽内，十字滑块在凹槽内滑动，以补偿两轴的偏移。由于这种联轴器的半联轴器与中间盘组成移动副，不能发生相对转动，因此，主动轴与从动轴的角速度相等。但在两轴间有偏移的

情况下工作时,中间盘会产生很大的离心力,从而加大动载荷,因而这种联轴器只用于低速传动。

②万向联轴器　万向联轴器由两个叉形接头1和3、一个十字形接头2和轴销4、5组成,如图11.6.3(a)所示。万向联轴器允许两轴间有较大的角度偏斜,两轴夹角 α 可达35°~45°,但其主、从动轴的角速度不同步,当主动轴以等角速度 ω_1 转动时,从动轴角速度 ω_2 将在一定范围内周期性变化,因而在传动中将引起附加动载荷。为了避免这种现象,常将两个万向联轴器联在一起成双使用,如图11.6.3(b)所示。万向联轴器结构紧凑,维护方便,能补偿较大的综合位移,且传递转矩较大,所以,在汽车、机床等机械中应用广泛。万向联轴器的结构形式很多,其中小型万向联轴器已标准化,设计时可按标准选用。

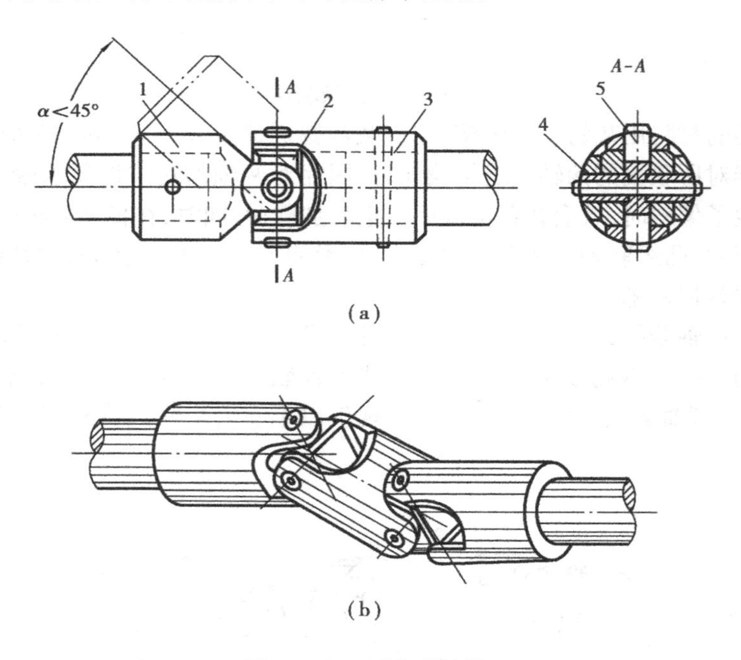

图11.6.3　万向联轴器

3)弹性联轴器

弹性联轴器是利用联轴器中的弹性元件的变形来补偿两轴间的相对位移,并有缓冲吸震的能力。故弹性联轴器广泛用于经常正反转、启动频繁的场合。

①弹性套柱销联轴器　弹性套柱销联轴器的结构与凸缘联轴器相似,只是用套有弹性套的柱销代替了联接螺栓,如图11.6.4所示。弹性套的变形可以补偿两轴的径向位移,并有缓冲和吸震作用。允许轴向位移2~7.5 mm;径向位移为0.2~0.7 mm,角度位移为30′~1°30′。该联轴器主要用于中小功率或较高转速的场合。

②弹性柱销联轴器　弹性柱销联轴器是用尼龙柱销将两个半联轴器联接起来,如图11.6.5所示。与弹性套柱销联轴器相比,弹性柱销联轴器的承载能力较大,但其适应转速较低,允许的误差偏移量也较小(轴向位移为0.5~3 mm,径向位移为0.15~0.25 mm,角度位移为30′)。这种联轴器结构简单,柱销耐磨性好,维修方便。它主要用于有正反转或启动频繁、对缓冲要求不高的场合。

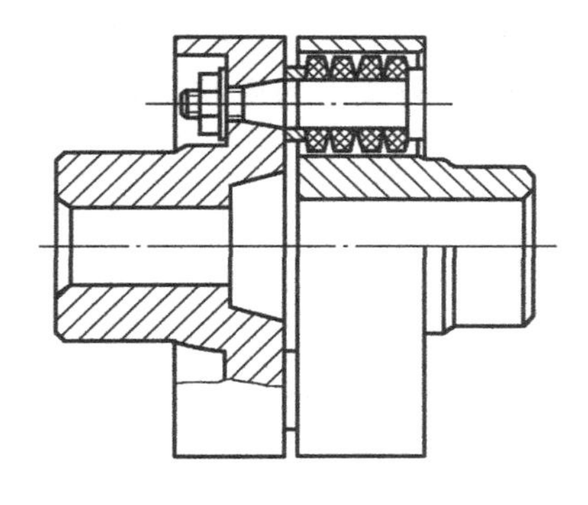

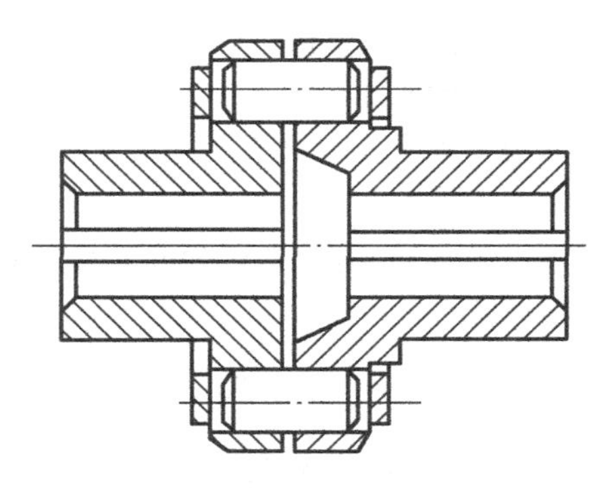

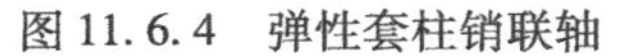

图 11.6.4　弹性套柱销联轴　　　　图 11.6.5　弹性柱销联轴器

(2)联轴器的选择

1)类型选择

联轴器的选择应该与其使用要求及类型特点一致。对于一般能精确对中、低速、刚性较大的短轴,可选用固定式的凸缘联轴器;反之,则应选具有补偿能力的可移式刚性联轴器。对于传递较大转矩的重型机械,可选用齿式联轴器。对于高速且有震动的轴可选用弹性联轴器。对于两轴有一定夹角的轴,可选用万向联轴器。

2)型号和尺寸的选择

类型确定后,再根据联轴器所需传递的计算转据 T_c、转速 n 和被联接件的直径确定其结构尺寸。选择型号时,应同时满足下列两式,即

$$T_c \leqslant T_n;\quad n \leqslant [n]$$

T_n 和[n]分别为联轴器的公称转矩(N · m)和许用转速(r/min),可以从设计手册中查取。计算转据 T_c按下式计算,即

$$T_c = K_A \cdot T \tag{11.6.1}$$

式中,T 为名义转矩,K_A为工作情况因数,是考虑原动机的性质及工作机的工作情况,以防止在启动时出现动载荷和工作中的过载而引入的系数,其值参见表 11.6.1。

表 11.6.1　工作情况系数

原动机	工　作　机	K_A
电动机	带式运输机、鼓风机、连续运动的金属切削机床 链式运输机、括板运输机、螺旋运输机、离心泵、木工机械 往复运动的金属切削机床 往复泵、往复式压缩机、球磨机、破碎机、冲剪机、起重机、 升降机、轧钢机	1.25~1.5 1.5~2.0 1.5~2.5 2.0~3.0 3.0~4.0
涡轮机	发电机、离心泵、鼓风机	1.2~1.5
往复式发动机	发电机 离心泵 往复式工作机,如空压机、泵	1.5~2.0 4~4 4~5

注:①固定式、刚性可移式联轴器选用较大 K_A值;弹性联轴器选用较小 K_A值。

②牙嵌式离合器 K=2~3;摩擦式离合器 K_A=1.2~1.5;安全离合器取 K_A=1.25。

③从动件的转动惯量小,载荷平稳,K_A取较小值。

例 11.3　某车间起重机根据工作要求选用一电动机，总功率为 $P=10$ kW，转速 $n=960$ r/min，电动机轴的直径 $d=42$ mm，试选择所需的联轴器（只要求与电动机轴联接的半联轴器满足直径要求）。

解　①类型选择

为了减少震动与冲击，选用弹性套柱销联轴器。

②载荷计算

名义转据　　$T=9\ 550=\dfrac{P}{n}=9\ 550\times\dfrac{10}{960}\ \text{N}\cdot\text{m}=99.48\ \text{N}\cdot\text{m}$

查表 11.6.1 得 $K_A=3.0$，则计算转矩为

$$T_c = K_A T = 3.0\times 99.23\ \text{N}\cdot\text{m} = 298.44\ \text{N}\cdot\text{m}$$

③型号选择

由机械设计手册 GB4323—84 查得 TL7 弹性套柱销联轴器的许用转矩为 500 N·m，许用最大转速为 3 600 r/min，轴径为 40 ~48 mm 之间。

11.6.2　离合器

离合器一般由主动部分（与主动轴相联接）、从动部分（与从动轴相联接）、接合元件（用以将主动部分和从动部分结合在一起）以及操纵部分等组成。根据接合元件间相互作用力的形式，将离合器分为牙嵌式离合器和摩擦式离合器；根据离合器的操纵方式分为机械式、气压式、液压式、电磁式离合器等。

（1）牙嵌离合器

如图 11.6.6 所示，牙嵌离合器是由两个端面上有牙的半离合器组成。半离合器 1 用键和紧定螺钉固定在主动轴上；另一半离合器 3 用导向键或花键与从动轴联接，由操纵机构拨动滑环 4 使其做轴向移动，以实现离合器的分离与接合。为了使两轴较好地对中，在主动轴的半离合器内装有对中环 2，从动轴端可在对中环内自由转动。牙嵌离合器常用的牙形有矩形、梯形、三角形和锯齿形。矩形牙在工作时没有轴向分力，但不便于接合与分离，磨损后也无法补偿，因此应用较少；梯形牙的强度较高，能传递较大的转矩，并能补偿由于磨损造成的牙侧间隙，从而减少了震动，因而应用较为广泛；三角形牙用于传递小的转矩和低速离合器；锯齿形牙

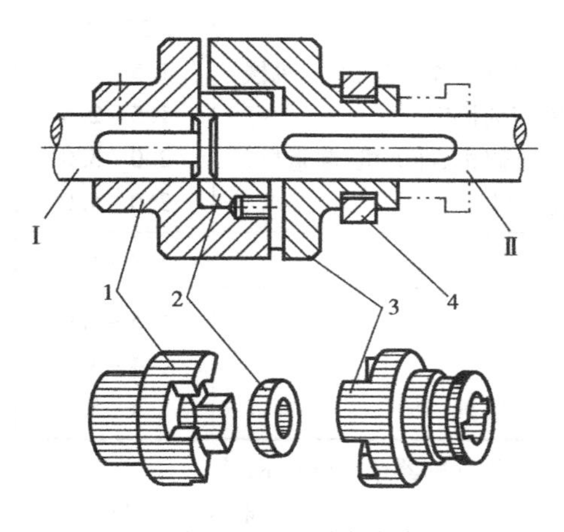

图 11.6.6　牙嵌离合器

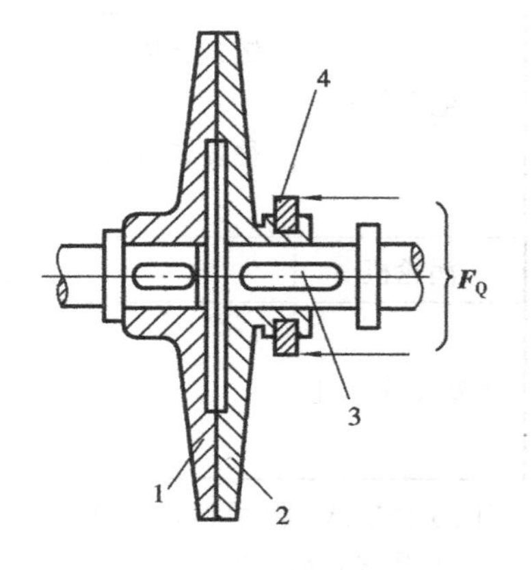

图 11.6.7　单盘式摩擦离合器

强度高,但只能传递单向转矩,用于特定的工作条件下。

牙嵌离合器结构简单,外廓尺寸小,结合后可保证主动轴和从动轴同步运转,但只宜在两轴低速或停机时结合,以免因冲击折断牙齿。

(2)摩擦离合器

摩擦离合器是靠摩擦力传递转矩的,它可以在运动中进行离合,接合平稳,而且过载打滑,比较安全。其缺点是外廓尺寸较大,结构复杂。

1)单盘式摩擦离合器

如图 11.6.7 所示,单盘式摩擦离合器是靠操纵滑块 4 施加轴向压力 $\boldsymbol{F}_Q$,使两个摩擦盘面 1、2 压紧和松开,以实现主动轴和从动轴的接合与分离。其结构简单,但径向尺寸较大,且只能传递不大转矩,故常用在轻型机械上。

2)多盘式摩擦离合器

如图 11.6.8 所示,多盘式摩擦离合器主动轴 1 和外壳 2 相联接,外壳内装有一组外摩擦片 4,形状如图 11.6.9(a)所示,其外缘凸齿插入外壳 2 的凹槽内,与外壳一起转动,其内孔不与任何零件接触。从动轴 10 和套筒 9 相连,套筒内装有另一组内摩擦片 5,形状如图 11.6.9(b)所示,其外缘不与任何零件接触,而内孔凸齿与套筒 9 上的纵向凹槽相联接,因而带动套筒 9 一起回转。滑环 7 由操纵机构控制,当滑环左移时使杠杆 8 绕支点顺时针转动,通过压板 3 将两组摩擦片压紧,离合器处于结合状态;滑环 7 向右移动,实现分离。螺母 6 可调节摩擦盘间的压力。内摩擦片 5 也可做成碟形如图 11.6.9(c)所示,则分离时能自动弹开。多盘式摩擦离合器由于摩擦面增多,传递转矩的能力显著增大,径向尺寸相对减少,但这种离合器结构较为复杂。

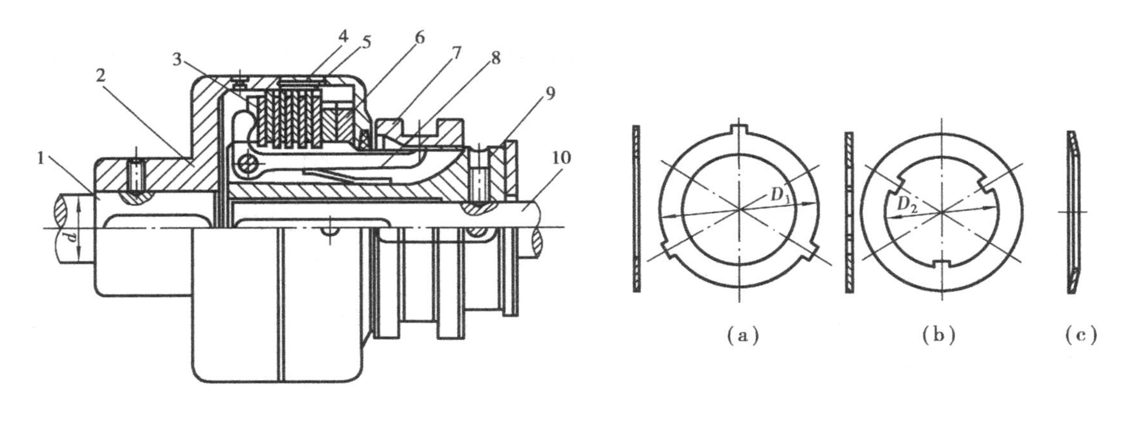

图 11.6.8 多盘式摩擦离合器　　图 11.6.9 内、外摩擦片

思考题与练习题

11.1 螺纹联接有哪几种基本形式?各应用在什么场合?

11.2 螺栓联接预紧的目的和作用是什么?

11.3 什么是剪切?有什么特点?试举几种受剪构件。

11.4　什么是挤压？有什么特点？挤压和压缩有什么区别？挤压面积如何计算？

11.5　键联接的主要类型有哪些？各有何特点？

11.6　常用联轴器有哪些类型？各有什么优缺点？在选用联轴器类型时应考虑哪些因素？

11.7　单盘式摩擦离合器与牙嵌式离合器的工作原理有什么不同？各有什么优缺点？

11.8　平键联接有哪些失效形式？平键的尺寸 $b \times h \times L$ 如何确定？

11.9　在以下4种情况下，分别选用何种类型的联轴器比较合适？

①刚性大，对中性好的轴间传动；

②两轴倾斜一角度的轴间传动；

③工作有轻微震动及启动频繁的轴间传动；

④转速高、载荷重，需要经常正反转的轴间传动。

11.10　如题图11.10所示的铆钉联接，已知 $F=18$ kN，钢板厚 $\delta_1=8$ mm，$\delta=5$ mm，铆钉与钢板的材料相同，许用剪切应力 $[\tau]=60$ MPa，许用挤压应力 $[\sigma_P]=200$ MPa，试设计铆钉的直径 d。

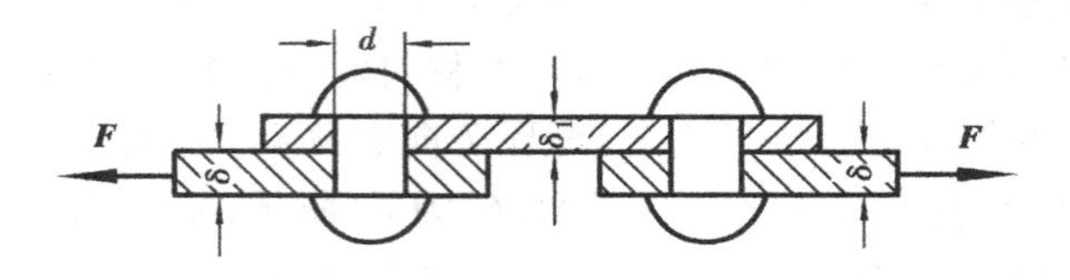

题图11.10

11.11　如题图11.11所示，已知压力容器内径 $D=250$ mm，工作压力 $P=1.5$ MPa，缸体与缸盖用12个M16（小径 $d_1=13.835$ mm）的普通螺栓联接，螺栓材料为45钢，性能等级5.8级，拧紧时控制预紧力；试校核螺栓的强度。

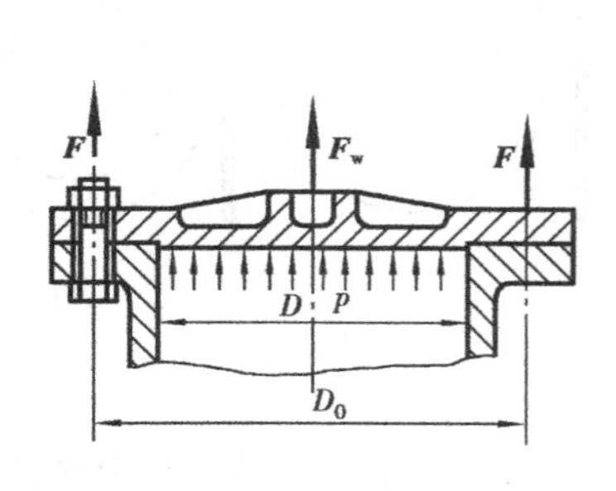

题图11.11

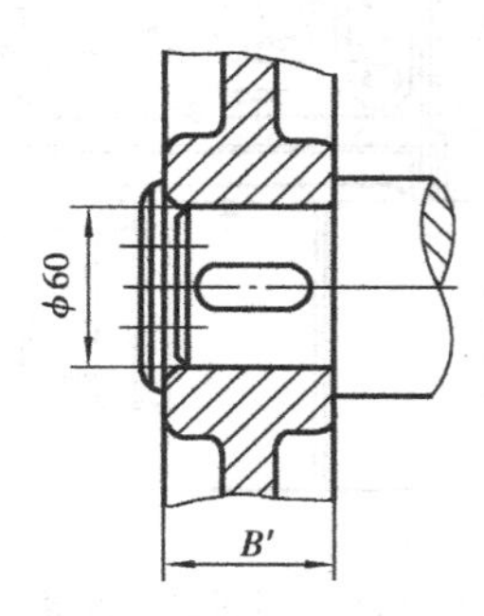

题图11.12

11.12　如题图11.12所示，某轴轴端安装一个钢制齿轮，已知轮毂宽 $B=1.2d$，轴端直径 $d=60$ mm，轴的材料为45钢，工作中载荷有轻微冲击，属于静联接；试确定该普通平键联接的尺寸，并计算能传递的最大扭矩。

11.13　如题图11.13所示的螺栓联接，若采用两个M16（小径 $d_1=13.835$ mm）的普通螺栓联接。设结合面的摩擦因数 $f=0.16$，螺栓联接的许用拉应力 $[\sigma]=120$ MPa，若采用两个M16直径的铰制孔螺栓联接，螺栓材料的许用剪切应力 $[\tau]=80$ MPa，许用挤压应力 $[\sigma_P]=160$ MPa，螺栓杆和孔壁挤压面的最小长度 $h=20$ mm；求该两种情况螺栓联接所能承受的横向载荷。

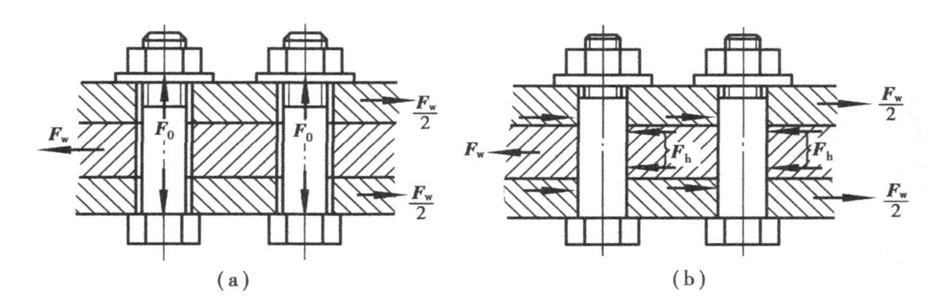

题图 11.13

(a)普通螺栓联接 (b)铰制孔螺栓联接

第12章 轴

轴是机械传动中的重要零件。轴的功用是支承转动零件(如凸轮、带轮、齿轮等)及传递运动和动力,它的结构和尺寸是由被支承的零件和支承它的轴承的结构和尺寸决定的。本章主要研究轴的分类、设计轴的基本要求、轴的结构设计、轴的强度计算与刚度计算等。

12.1 轴的分类、轴设计的基本准则

12.1.1 轴的分类

根据轴在工作中承受载荷的特点,轴可分为传动轴、心轴和转轴。

(1)传动轴

主要传递动力,即只承受转矩而不承受弯矩(或同时承受很小的弯矩)的轴称为传动轴。图12.1.1所示汽车变速器与后桥间的轴即为传动轴。

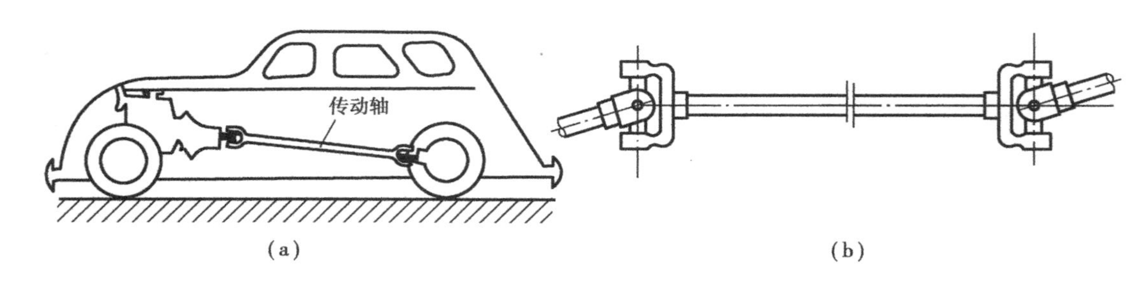

图12.1.1 汽车传动轴

(2)心轴

只起支承旋转件的作用,而不传递动力,即只承受弯矩的轴称为心轴。按其是否与轴上零件一起转动,又可分为转动心轴(如图12.1.2(a)的车轴)和固定心轴(如图12.1.2(b)的滑轮支撑轴)。

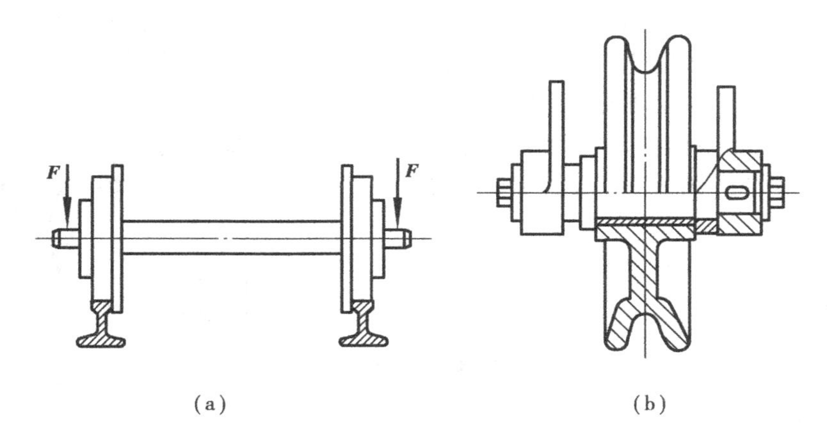

图12.1.2　转动心轴和固定心轴

(3)转轴

既支撑回转零件又传递动力，同时承受弯曲和扭转两种作用的轴称为转轴，机器中的大多数轴都属于这一类。如图12.1.3所示减速器传动装置简图中，联轴器6所连接的左右两根轴，小齿轮3连接的轴都是转轴。

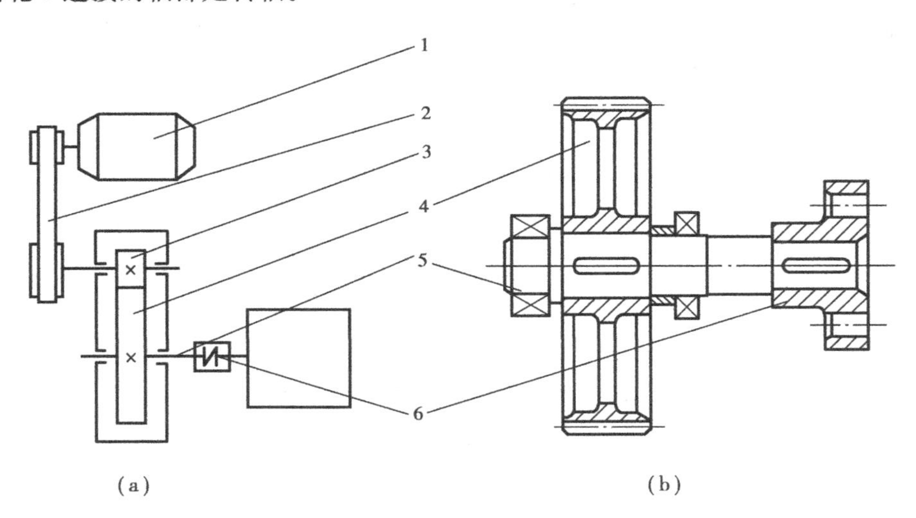

图12.1.3　减速器传动装置中的转轴

1—电动机；2—传动带；3—小齿轮；4—大齿轮；5—输出轴；6—联轴器

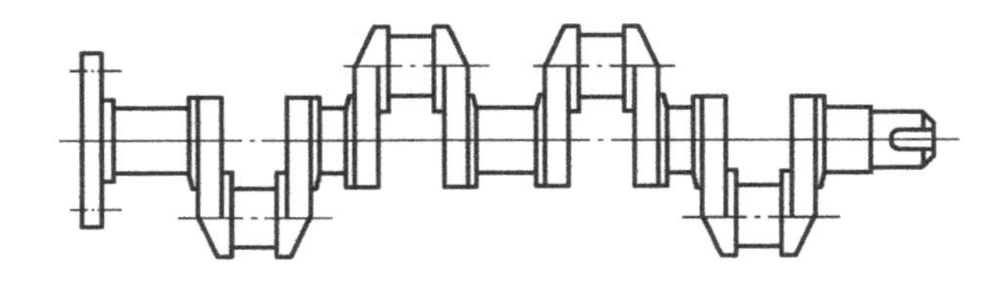

图12.1.4　曲轴

按几何轴线形状，轴可以分为直轴、曲轴（图12.1.4）和挠性轴（图12.1.5）。曲轴常用于往复式机械(如内燃机、空压机等)中,实现运动形式的转换。挠性轴的挠性好,其轴线可按使用要求随意变化,可将运动灵活地传递到指定位置,常用于混凝土振动器、医疗器械等传动中。直轴在一般机械中应用广泛,本章只讨论直轴。

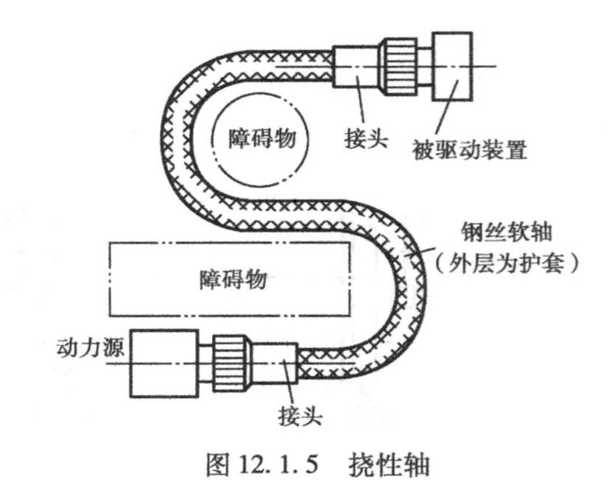

图 12.1.5　挠性轴

按结构形状,直轴可分为光轴、阶梯轴、实心轴和空心轴等。

12.1.2　轴设计的基本准则及设计步骤

(1)设计准则

设计轴时应考虑多方面的因素和要求,不同机械对轴有不同的要求。一般情况,轴设计的基本准则应该满足如下两个要求:

①具有足够的承载能力,即要求轴具有足够的强度、刚度和振动稳定性,以保证正常的工作能力。

②具有合理的结构,使轴加工方便、成本低,轴上的零件定位和固定可靠,便于装拆。

(2)设计步骤

轴的设计步骤如图 12.1.6 所示。

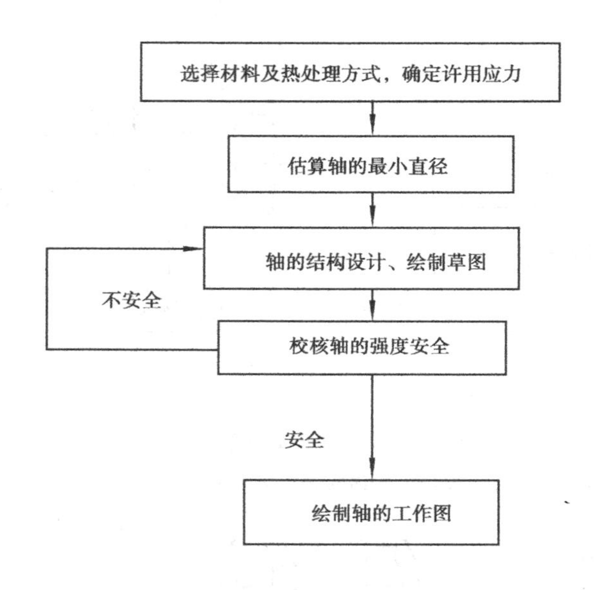

图 12.1.6　设计步骤框图

12.1.3　轴的材料

轴工作时主要承受弯矩和转矩,且多为交变应力作用,其主要失效形式为疲劳破坏。因此,轴的材料应满足强度、刚度、耐磨性、耐腐蚀性等方面的要求。一般用途的轴常用优质碳素结构钢,如 35、40、45 的钢。碳素钢一般应经过调质或正火处理,以改善其力学性能;轻载或不重要的轴可以采用Q235、Q275等普通碳素钢;重载或重要的轴可选用合金结构钢,其力学性能高,但价格比较贵,选用时应综合考虑。形状复杂的轴(如凸轮轴、曲轴等)可用球墨铸铁,其吸震性好,对应力集中不敏感且价格低廉。轴的毛坯一般采用轧制的圆钢或锻件。轴的常用材料及其力学性能见表12.1.1。

表12.1.1　轴的常用材料及其力学性能

材料	牌号	热处理	毛坯直径/mm	硬度HBS	HRC(表面淬火)	抗拉强度 σ_b/MPa	屈服极限 σ_s/MPa	弯曲疲劳强度 σ_{-1}/MPa	备注
普碳钢	Q235					440	240	200	用于受载较小或不重要的轴
	Q275					580	280	230	
优碳钢	45	正火	25	≤241	55~61	600	360	260	应用广泛,用于要求强度较高、韧性中等的轴,通常经调质或正火后使用
		正火回火	≤100	170~217		600	300	275	
			>100~300	162~217		580	290	270	
		调质	≤200	217~255		650	360	300	
合金钢	20Cr	渗碳淬火回火	15		表面56~62	835	540	375	用于要求强度和韧性均较高的轴
			≤60			650	400	280	
	20CrMnTi		15		表面56~62	1 080	835	525	
	35SiMn	调质	25		45~55	885	735	460	性能接近40Cr,用于中小型轴类
			≤100	229~286		800	520	400	
			>100~300	217~269		750	450	350	
	40Cr	调质	25		48~55	980	785	500	用于载荷较大且无很大冲击的重要的轴
			≤100	241~266		750	550	350	
			>100~300	241~266		700	550	340	
球墨铸铁	QT400-18			130~180		400	250	145	用于制造形状复杂的轴
	QT600-3			190~270		600	370	215	

12.2 轴的结构设计

12.2.1 轴的结构设计

(1)轴的结构设计要求

轴的结构设计包括确定轴的合理外形和全部结构尺寸。轴作为机器中重要的支承零件，除了与齿轮、带轮等旋转零件联接外，还要与轴承组合并通过轴承与机座相联接，图 12.2.1 为单级圆柱齿轮减速器中的输出轴的结构图，该轴系由联轴器、轴、轴承盖、轴承、套筒、齿轮等组成；轴与轴承配合处的轴段称为轴颈，轴和传动零件即轮毂(主要为齿轮和联轴器等)相配合的部分称为轴头，连接轴颈与轴头的非配合部分统称为轴身。阶梯轴上截面变化的部位称为轴肩或轴环，它对轴上的零件起轴向定位作用。

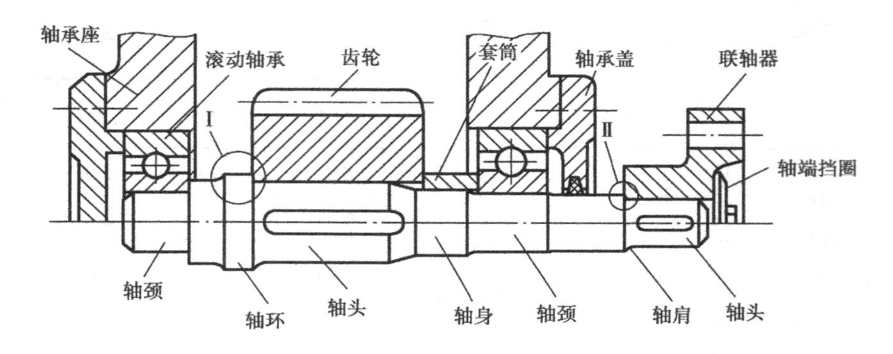

图 12.2.1 单级圆柱齿轮减速器输出轴

为了便于安装和拆卸，在确定轴的结构、尺寸时，必须注意：

①轴及轴上零件应准确定位，固定可靠，不允许零件沿轴向及周向有相对运动。

②应具有良好的加工工艺性及装配工艺性，即轴应便于加工，轴上零件应装拆方便。

③尽量减小应力集中。

值得注意的是，不能脱离整个机器而单纯讨论某轴的结构，故不存在标准结构轴，设计轴时必须根据具体情况具体分析，比较确定最佳方案。

(2)轴上零件的轴向固定

轴上零件轴向固定的目的是，为了防止零件沿轴线方向移动，使零件准确而可靠地处在规定的位置，并承受轴向力。一般采用的轴向固定方法有轴肩、轴环、套筒、圆螺母、紧定螺钉、弹簧挡圈、轴端挡圈、圆锥面等，如图 12.2.2 所示。

利用轴肩或轴环是最常用和最方便而可靠的轴向固定方法。其结构简单，能承受较大的轴向力，常用于齿轮、链轮、带轮、联轴器和轴承等的定位。为了使零件端面与轴肩(轴环)贴合，轴肩(轴环)的圆角半径 R 应小于零件孔端的外圆角半径 R_1 或倒角 C_1，如图 12.2.3(a)所示，否则无法贴紧(图 12.2.3(b))。此外，轴肩高度 h 应大于 R_1 或 C_1，一般取 $h=(0.07\sim0.1)d$，轴环的宽度一般取 $b\approx1.4h$。与滚动轴承相配合时，h 值按轴承标准中的安装尺寸获得，h、R、C 可参阅有关手册。

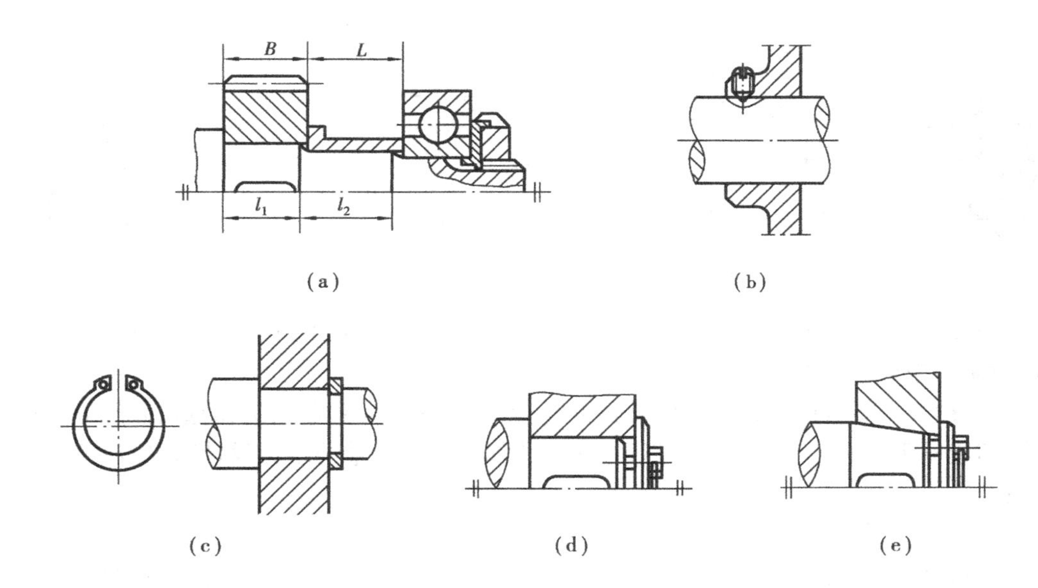

图 12.2.2　零件的轴向固定

(a)轴肩、套筒、圆螺母　(b)紧定螺钉　(c)轴肩、弹性挡圈　(d)轴肩、轴端挡圈　(e)圆锥面、轴端挡圈

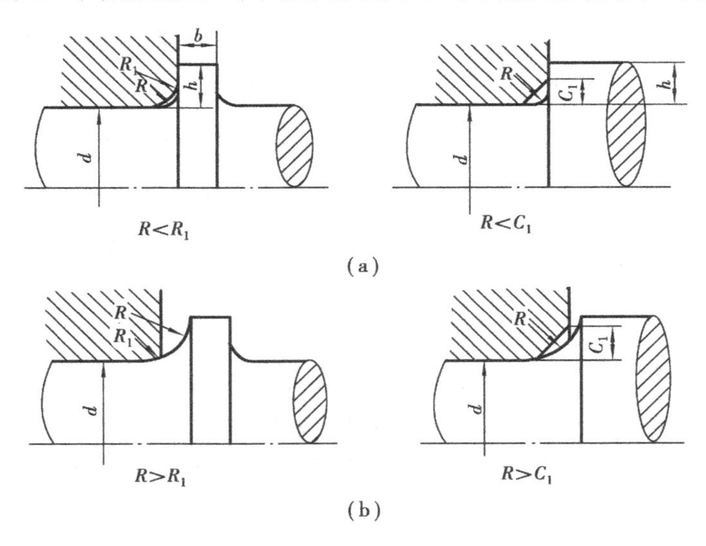

图 12.2.3　轴肩和轴环

用轴肩或轴环固定零件时,常需采用其他方式来防止零件向另一方向移动,如图 12.2.2(a)中的套筒、图 12.2.2(c)中的弹性挡圈及图 12.2.2(d)中的轴端挡圈等。应注意采用套筒、圆螺母、轴端挡圈等做轴向固定时,为了保证轴上零件定位准确和固定可靠,轴头的长度应略短于轴上零件轮毂的长度,使零件的端面与套筒等固定零件能靠到位。

(3)轴上零件的周向固定

轴上零件周向固定的目的是为了传递转矩,防止零件与轴产生相对转动。常用的固定方法有键联接、花键联接和过盈配合等。图 12.2.4 中用花键实现了对齿轮的周向固定。当传递转矩很小时,可采用紧定螺钉或销钉(图 12.2.5)实现轴向和周向固定。

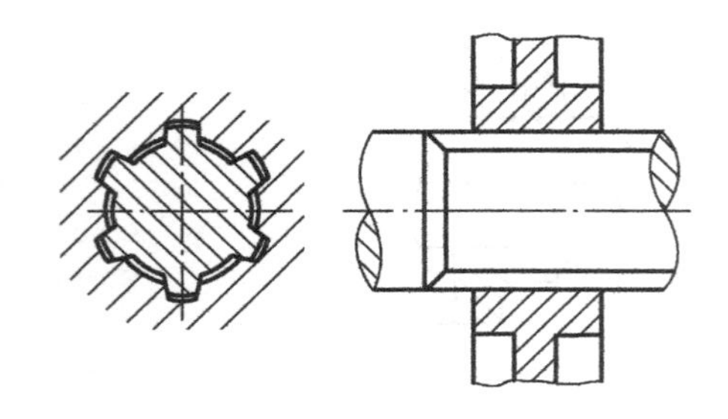
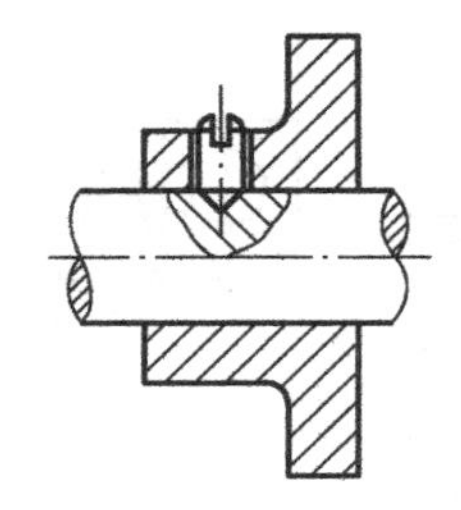

图 12.2.4　花键实现周向固定

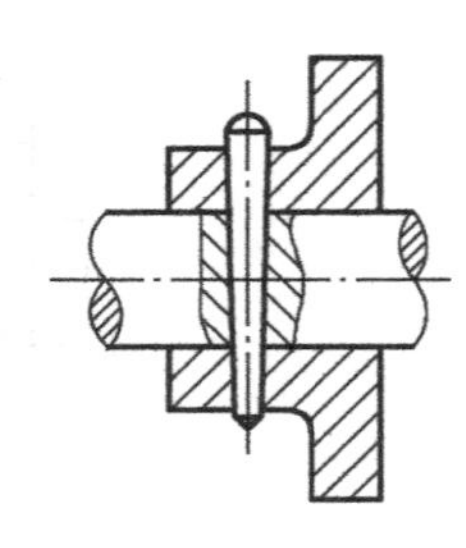

图 12.2.5　紧定螺钉和销实现轴向和周向固定

(4)轴的结构工艺性

轴的结构除了要考虑与其他零件的联接外，还要考虑到自身在加工、测量、装配等方面的工艺性，即应便于轴的加工和轴上零件的装拆。因此，在进行轴的结构设计时，应注意以下一些问题：

1)加工工艺性

①轴直径变化尽可能小，并限制轴的最小直径与各段直径差，这样既可以节约材料，又可减少切削加工量。

②轴上要求磨削的表面，如与滚动轴承配合处，需在轴肩处留砂轮越程槽图(12.2.6(a))，砂轮边缘可磨削到轴肩端部，保证轴肩的垂直度。对于轴上需车削螺纹的部分，应有退刀槽，以保证车削时能退刀(图 12.2.6(b))。

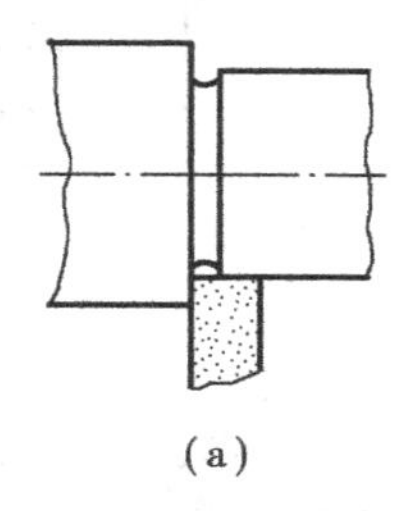

(a)

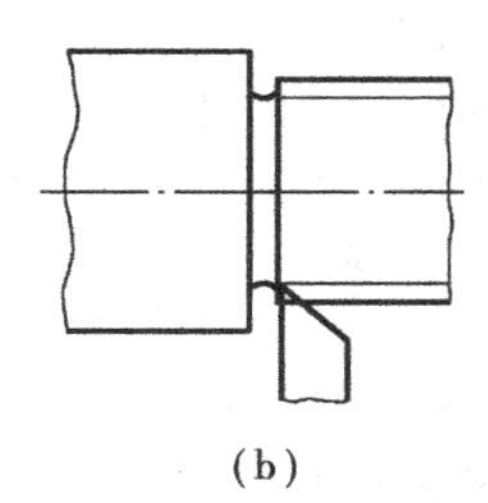

(b)

图 12.2.6　砂轮越程槽与螺纹退刀槽

③应尽量使轴上同类结构要素(如过渡圆角、倒角、键槽、越程槽、退刀槽及中心孔等)的尺寸相同，并符合标准和规定；如不同轴段上有几个键槽时，将各键槽布置在同一母线上，以便于加工。

2)装配工艺性

①一般将轴设计成阶梯形，目的是增加强度和刚度，便于装拆，易于轴上零件的固定，区别不同的精度和表面粗糙度以及配合的要求。如图 12.2.7 所示为阶梯轴上零件的装拆图。图中表明，可依次将齿轮、套筒、左端轴承、轴承盖、带轮和轴端挡圈从轴的左端装入，这样零件依次往轴上装配时，既不擦伤配合表面，又可使装配方便；右端轴承从轴的右端装入。

②轴端应倒角，去毛刺，以便于装配。

③固定滚动轴承的轴肩高度应小于轴承内圈厚度(具体数据可查滚动轴承有关标准)，以便拆卸。

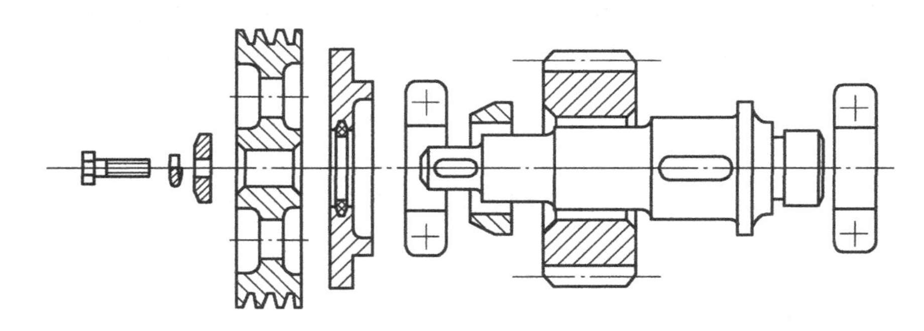

图12.2.7　轴的装配

12.2.2　轴基本直径和长度的确定

(1)轴基本直径的确定

在确定轴的直径时，往往不知道支座反力的作用点，不清楚扭矩和弯矩的大小和分布情况，因而还不能按轴所受的实际载荷来确定轴的直径。这时通常先根据轴所传递的扭矩，按扭转强度来初步估算轴的最小直径。因此，了解轴所传递的转矩和承受的弯矩是非常重要的，这些将在后面的章节中加以讨论。但应该明确，在轴的设计过程中，应根据实际情况来确定轴的直径和长度，且直径和长度必须满足强度条件和刚度条件。

确定轴的直径应遵循以下原则：

①与滚动轴承相配合的轴颈直径必须符合滚动轴承内径的标准系列；

②轴上车制螺纹部分直径必须符合外螺纹大径的标准系列；

③安装联轴器的轴头直径应与联轴器的孔径范围相适应；

④与齿轮、带轮等零件相配合的轴头直径应采用按优先数系制定的标准尺寸确定(参见表12.2.1)；

表12.2.1　按优先数系制定的轴头标准直径(GB2822—81)

10	12	14	16	18	20	22	24	25	26	28	30	32
34	36	38	40	42	45	48	50	53	56	60	63	67
71	75	80	85	90	95	100	106	112	118	125	132	140
150	160	170										

⑤轴身的直径虽然可用自由尺寸，但其直径不得小于估算直径(参见12.3内容)。

应该指出的是，当轴上开有键槽时，应考虑轴径的放大，以补偿对轴的强度削弱。开一个键槽，应将轴径放大5%左右，开两个键槽应放大10%左右。

(2)轴各段长度的确定

确定各轴段长度时，应尽可能使结构紧凑，同时要保证零件所需的滑动距离、装配或调整所需要的空间等。

①轴的各段长度与各轴段上相配合零件宽度相对应，为了使轮毂固定可靠，与轮毂配合的轴头的长度应比轮毂宽度短2~3 mm。

②考虑零件间的适当间距，特别是转动零件与静止零件之间必须有一定的间隙。

③轴身的长度则相对是一个自由尺寸，但在设计中，必须考虑机器的装拆性及使用空间条件等因素。

12.3 传动轴的强度和刚度计算

12.3.1 基本概念

如图12.3.1(a)所示的汽车转向盘轴、图12.3.1(b)所示的传动系统的传动轴等，这些轴在工作时，其两端都受到两个大小相等、方向相反且作用面垂直于轴线的力偶作用，致使轴的任意两截面都绕轴线产生相对转动，这种变形称为扭转变形。传动轴在传递动力时，主要产生扭转变形。

传动轴扭转变形要受到扭转切应力的作用，切应力超过一定极限值时就会导致轴的扭转破坏，要保证轴安全可靠的工作，必须满足强度条件。此外，轴的扭转变形量也必须控制在一定范围内，否则就会影响轴上零件的正常工作，甚至会破坏机器的工作性能。因此，在设计重要轴时，必须校核轴的变形量，使之不超过许用值，这在轴的设计中称为刚度计算。

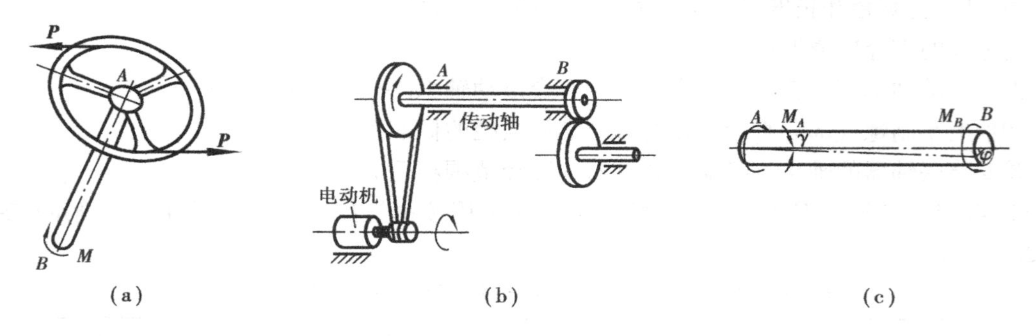

图12.3.1 零件扭转

12.3.2 外力偶矩的计算、扭矩和扭矩图

在轴的结构设计中，往往是先知道工作机的功率，通过效率计算，确定所选电动机的额定功率和转速，并计算出轴传递的功率。这样就可以根据理论力学的公式来计算外力偶矩T，即

$$T = 9\,550\,\frac{P}{n} \tag{12.3.1}$$

式中，T为外力偶矩(N·m)；P为轴传递的功率(kW)；n为轴的转速(r/min)。

传动轴在外力偶矩作用下，横截面上将产生抵抗扭转变形和破坏的内力，称为扭矩。作用在轴上的外力偶矩T求出后，即可用截面法研究横截面上的内力即扭矩M_t。

如图12.3.2所示，如假想地将传动轴沿m-m截面分为两部分，并取截面左段作为研究对象(图12.3.2(b))，则由于整个轴是平衡的，因而截面左段也应处于平衡状态，这就要求截面上的内力系必须归结为一个内力偶矩M_t来与外力偶矩平衡。由左段的平衡条件$\sum M = 0$，求出：

$$T - M_t = 0,\quad M_t = T$$

M_t称为 m-m 截面上的扭矩，它是左右两部分在 m-m 截面上相互作用的内力系的合力偶矩。

如果取截面右段作为研究对象（图12.3.2(c)），同样可以求得$M_t = T$的结果。

为了使无论用哪一部分作为研究对象所求出的同一截面上的扭矩不仅数值相等，而且符号也相同，通常采用右手螺旋法则来规定扭矩的正负号。即用右手四指表示扭矩的转向，则拇指的指向离开截面时的扭矩为正，反之为负。根据这一符号规则，在图12.3.2中，对于 m-m 截面上的扭矩，无论是用左边还是用右边部分，求出的结果都是相同的。

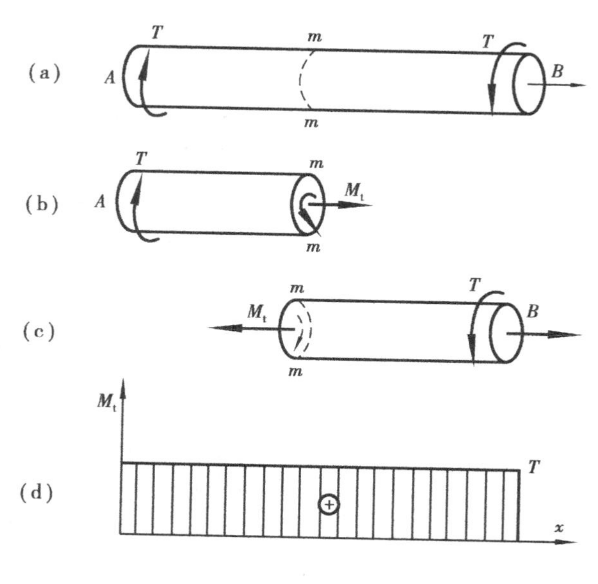

图12.3.2　横截面上的扭矩

为了形象地表示各截面扭矩的大小和正负，常需画出扭矩随截面位置变化的图形，这种图形称为扭矩图。其画法和轴力图相同，取平行于轴线的横坐标 x 表示各截面的位置，垂直于轴线的纵坐标 M_t 表示相应截面上的扭矩，正扭矩画在 x 轴上方，负扭矩画在 x 轴下方，如图12.3.2(d)。下面通过例子来进一步说明扭矩的计算和扭矩图的绘制。

例12.1　图12.3.3所示的传动轴，已知转速 $n = 955$ r/min，功率由主动轮B输入，输入功率 $P_B = 50$ kW，通过从动轮A、C输出，输出功率分别为 $P_A = 20$ kW，$P_C = 30$ kW；求轴的扭矩，并绘制扭矩图。

解　①外力偶计算

作用在A、B、C轮上的外力偶矩分别为

$$T_A = 9\,550\frac{P_A}{n} = 9\,550 \times \frac{20}{955}\ \text{N}\cdot\text{m} = 200\ \text{N}\cdot\text{m}$$

$$T_B = 9\,550\frac{P_B}{n} = 9\,550 \times \frac{50}{955}\ \text{N}\cdot\text{m} = 500\ \text{N}\cdot\text{m}$$

$$T_C = 9\,550\frac{P_C}{n} = 9\,550 \times \frac{30}{955}\ \text{N}\cdot\text{m} = 300\ \text{N}\cdot\text{m}$$

②计算扭矩，画轴的扭矩图

用截面法分别计算 AB、BC 段的扭矩。设 AB 和 BC 段的扭矩均为正，并分别用 M_{t1} 和 M_{t2} 表示，则由图12.3.3(b)、(c)可知

$$M_{t1} = T_A = 200\ \text{N}\cdot\text{m}$$
$$M_{t2} = -T_C = -300\ \text{N}\cdot\text{m}$$

作扭矩图如图12.3.3(d)所示，图中显示轴 AC 的危险截面在 BC 段，即

$$|M_t|_{max} = |M_{t2}| = 300\ \text{N}\cdot\text{m}$$

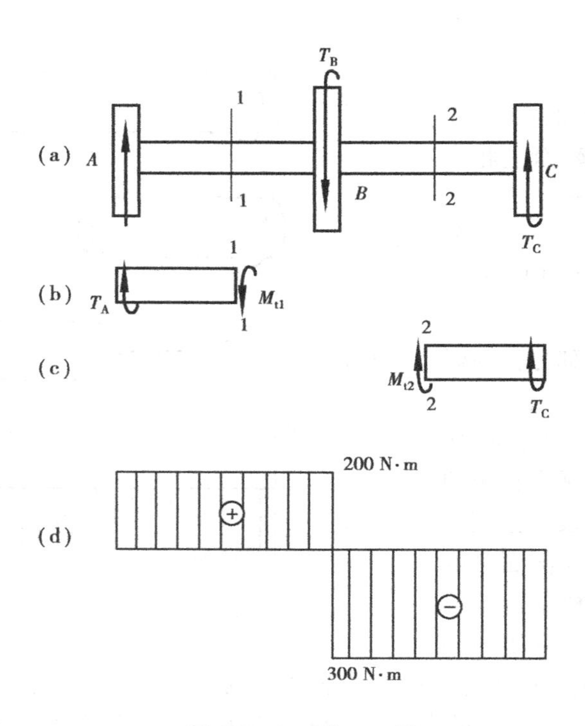

图 12.3.3　例 12.1 图

12.3.3　传动轴扭转时的应力与强度计算

(1)传动轴扭转时的应力

工程中最常见的传动轴是等截面圆轴。本节主要研究等截面圆轴扭转时横截面上的应力分布规律,即确定横截面上各个点的应力。

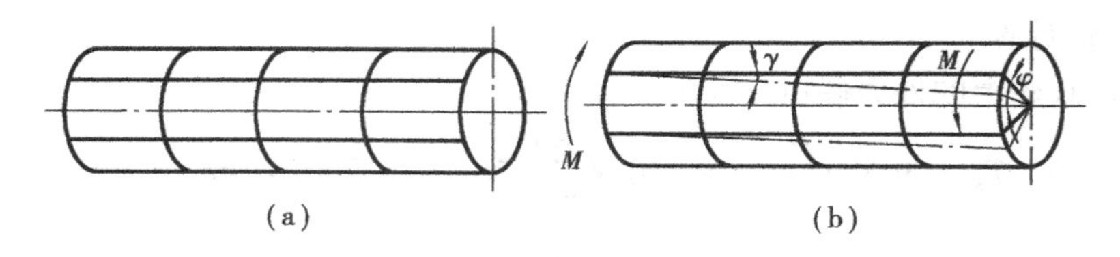

图 12.3.4　圆轴的扭转变形

首先取一圆截面直杆,在其表面画出许多等间距的圆周线和纵向线,形成矩形网格,如图 12.3.4(a)所示;然后施加力偶矩使圆杆产生扭转变形,如图 12.3.4(b)所示。在小变形的情况下,可以观察到下列现象:各圆周线均绕轴线相对地旋转了一个角度,但形状大小和相邻两圆周线之间的距离均未发生变化;同时,所有纵向线都倾斜了一个微小角度 γ ,表面上的矩形网格变成了平行四边形。可假设圆杆内部各圆柱面变形情况与外表面相似,则可推出传动轴在扭转变形时,各横截面变形后仍保持为平面,且形状和大小都不变,半径仍为直线,这一假设被称为平面假设。按照这一假设,轴在扭转变形时,各截面就像刚性平面一样,绕轴线旋转了一个角度,截面之间的距离保持不变。

由此得出以下结论:

①由于横截面间的距离不变,故在横截面上不会产生拉、压正应力。

②由于圆柱面上矩形网格发生相对错动,因而横截面上必有切应力存在。又因半径长度不变,可知截面上的切应力方向必与半径垂直。

根据上述讨论,利用变形几何关系、虎克定律及静力平衡关系可以推出横截面上任意一点处的切应力的计算公式,即

$$\tau_{\rho} = \frac{M_{t}\rho}{I_{p}} \tag{12.3.2}$$

式中,M_t为圆轴横截面上的扭矩(N·m);ρ为横截面上任一点到圆心的距离(m);I_p是横截面对形心的极惯性矩(m^4),是只与截面形状和尺寸有关的几何量。

上式表明,横截面上各点切应力的大小与该点到圆心的距离成正比,圆心处的切应力为零,轴周边的切应力最大,在半径为ρ的同一圆周上各点切应力相等。圆轴横截面上的切应力沿半径的分布规律如图12.3.5和图12.3.6所示。

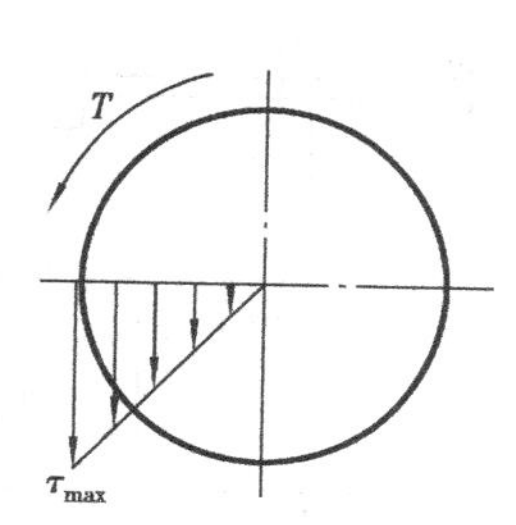

图12.3.5　实心圆轴切应力分布规律

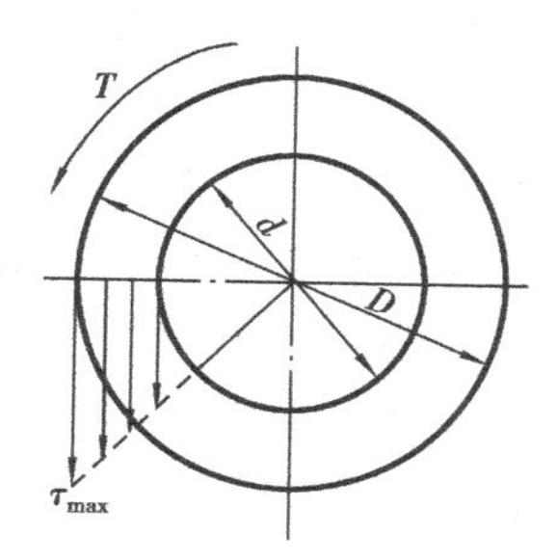

图12.3.6　空心圆轴切应力分布规律

当ρ等于横截面半径$R(\rho_{max})$时,切应力将达最大值,即

$$\tau_{max} = \frac{M_{t}R}{I_{p}} \tag{12.3.3}$$

令$W_t = \frac{I_p}{R}$,则上式可以写成

$$\tau_{max} = \frac{M_{t}}{W_{t}} \tag{12.3.4}$$

式中,W_t是仅与截面尺寸有关的几何量,称为抗扭截面系数(m^3)。当M_t一定时,W_t越大,则τ_{max}越小,说明载荷在横截面上产生的破坏越小。

(2)I_p与W_t的计算

直径为d的圆截面的极惯性矩为

$$I_{p} = \frac{\pi d^{4}}{32} \approx 0.1d^{4}$$

其抗扭截面模量为

$$W_{t} = \frac{I_{p}}{R} = \frac{\pi d^{4}/32}{d/2} = \frac{\pi d^{3}}{16} \approx 0.2d^{3}$$

对于外径为D,内径为d的圆环截面,设比值$\alpha = d/D$,则

$$I_{p} = \frac{\pi D^{4}}{23} - \frac{\pi d^{4}}{32} \approx 0.1D^{4}(1-\alpha^{4})$$

其抗扭截面模量为

$$W_t = \frac{I_p}{R} = \frac{\pi D^3(1-\alpha^4)}{16} \approx 0.2D^3(1-\alpha^4)$$

(3)扭转强度条件

为了保证构件扭转时的强度，必须限制轴上危险截面的最大切应力不超过材料的许用剪切应力[τ]，即传动轴扭转时的强度校核公式为

$$\tau_{max} = \frac{M_{tmax}}{W_t} \leqslant [\tau] \tag{12.3.5}$$

式中，M_{tmax}为危险截面上的扭矩(N·m)；W_t为抗扭截面系数(m^3)，许用切应力[τ]是通过试验得到材料的扭转极限应力后，除以其安全系数后得到的。进一步研究可以找出许用切应力[τ]和许用正力应[σ]之间的关系为

塑性材料　[τ]=(0.5~0.6)[σ]

脆性材料　[τ]=(0.8~0.1)[σ]

例 12.2　直径为 $d=50$ mm 的等截面钢轴由 20 kW 的电动机带动(如图 12.3.7(a)所示)，钢轴转速 $n=180$ r/min，齿轮 A、C、D 的输出功率分别为 $P_A=3$ kW，$P_C=10$ kW，$P_D=7$ kW，轴的许用切应力[τ]=38 MPa；试求：轴的扭矩图及危险截面位置，并校核轴的强度。

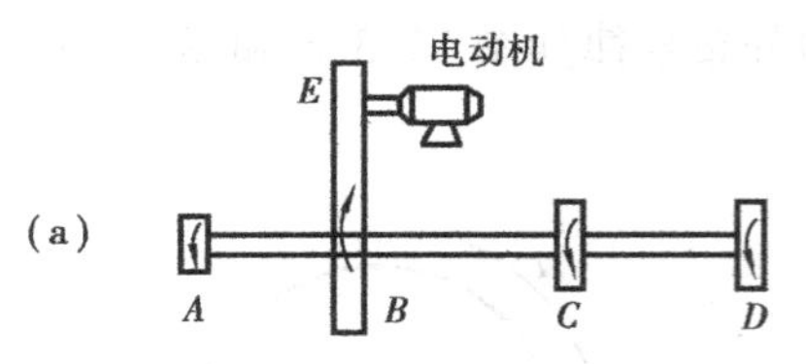

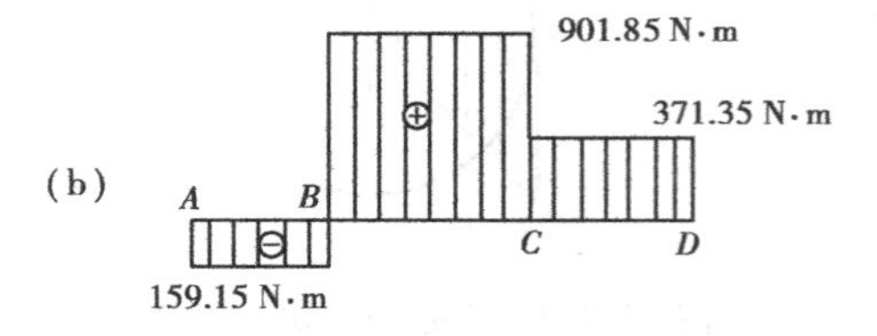

图 12.3.7　例 12.2

解　①扭矩图及危险截面

外力偶矩计算

$$T_A = 9\ 550\frac{P_A}{n} = 9\ 550 \times \frac{3}{180}\ \text{N·m} = 159.15\ \text{N·m}$$

$$T_B = 9\ 550\frac{P_B}{n} = 9\ 550 \times \frac{20}{180}\ \text{N·m} = 1\ 061\ \text{N·m}$$

$$T_C = 9\ 550\frac{P_C}{n} = 9\ 550 \times \frac{10}{180}\ \text{N·m} = 530.3\ \text{N·m}$$

$$T_D = 9\ 550\frac{P_D}{n} = 9\ 550 \times \frac{7}{180}\ \text{N·m} = 371.35\ \text{N·m}$$

由此可得 *AD* 轴扭矩如图 12.3.7(b)所示，由图可知，危险截面在 *BC* 段。

②强度校核

$$\tau_{max} = \frac{M_{tmax}}{W_t} = \frac{901.85 \times 16}{\pi \times 0.05^3} = 36.75 \times 10^6\ \text{Pa} = 36.75\ \text{MPa} < [\tau] = 38\ \text{MPa}$$

所以强度满足要求。

12.3.4　圆杆扭转时的变形与刚度计算

在杆件在扭转时，即使强度足够，但若产生过大变形，仍不能正常工作。例如，机器的传动

轴如发生过大变形，就会影响机器的精密度或使机器产生较大的振动。因此，对于某些要求高的轴，除了进行强度校核外，还要满足刚度要求，即不允许轴有过大的扭转变形。

(1)圆杆的扭转变形

轴的扭转变形用两横截面间绕轴线的相对转角（即扭转角 ϕ）表示，如图 12.3.8 所示。通过圆轴扭转试验发现，当最大切应力 τ_{max}不超过材料的剪切比例极限 τ_b时，等直径圆轴两截面间的扭转角计算公式为

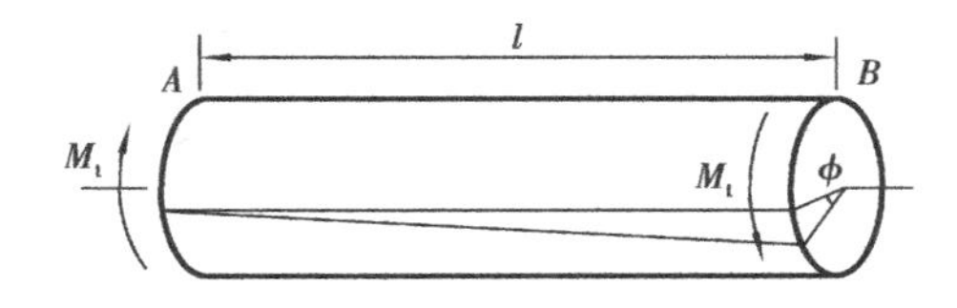

图 12.3.8　圆轴的相对扭转角

$$\phi = \frac{M_t l}{GI_p} \tag{12.3.6}$$

式中，扭转角 ϕ 的单位为弧度(rad)，其转向与扭矩的转向相同。所以，扭转角 ϕ 的正负号随扭矩的正负号而定，而且扭转角 ϕ 总是与扭矩 M_t及轴长 l 成正比，与 GI_p成反比。GI_p反映了圆轴抵抗变形的能力，称为扭转刚度。如果两截面之间的扭矩值不同或轴的直径不同，那么应该分段计算扭转角，然后求其代数和。

(2)圆轴扭转时的刚度条件

为了消除轴长的影响，工程上常常采用单位长度的扭转角 θ 来衡量扭转变形的程度，即

$$\theta = \frac{\phi}{l} = \frac{M_t}{GI_p}$$

式中，$[\theta]$称为单位长度杆的允许扭转角(°/m)，故用 1 rad = 180°/π 代入上式换算成度得

$$\theta = \frac{M_t}{GI_p} \times \frac{180^\circ}{\pi} \tag{12.3.7}$$

工程中通常是限制扭转角沿杆的变化率 θ，要求其最大值 θ_{max}不超过某一规定的允许值 $[\theta]$，即杆件扭转的刚度条件为

$$\theta_{max} = \frac{M_{tmax}}{GI_p} \times \frac{180^\circ}{\pi} \leqslant [\theta] \tag{12.3.8}$$

式中，$[\theta]$的数值可从有关手册中查得。一般情况下，可大致按下列数据取用：

精密机器的轴　$[\theta] = (0.25 \sim 0.5)°/\mathrm{m}$

一般传动轴　$[\theta] = (0.5 \sim 1.0)°/\mathrm{m}$

要求不高的轴　$[\theta] = (1.0 \sim 2.5)°/\mathrm{m}$

例 12.3　如图 12.3.9 所示为机床变速箱的某轴，用 45 号钢制造。已知该轴的转速为 $n = 500$ r/min，主动齿轮 1 输入的功率为 $P_1 = 10$ kW，从动齿轮 2 和 3 的输出功率分别为 $P_2 = 4$ kW和 $P_3 = 6$ kW，轴的许用切应力 $[\tau] = 35$ MPa，许用扭转角 $[\theta] = 1°/\mathrm{m}$，剪切弹性模量为 $G = 80 \times 10^3$ MPa。试分析主动齿轮 1 应如何布置，并按强度条件和刚度条件设计轴的直径；应将该轴设计成光轴还是阶梯轴？

解　①计算轴的外力偶矩

$$M_1 = 9\,550\frac{P_1}{n} = 9\,550 \times \frac{10}{500}\ \mathrm{N \cdot m} = 191\ \mathrm{N \cdot m}$$

$$M_2 = 9\,550\frac{P_2}{n} = 9\,550 \times \frac{4}{500}\ \mathrm{N \cdot m} = 76.4\ \mathrm{N \cdot m}$$

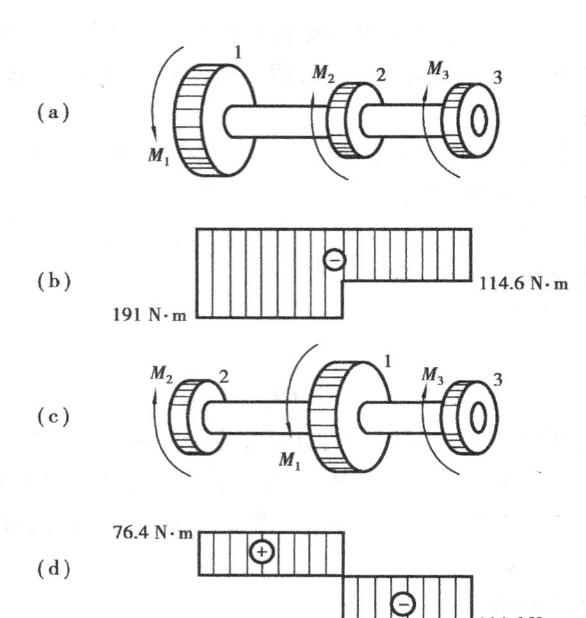

图 12.3.9　例 12.3 图

$$M_3 = 9\ 550 \frac{P_3}{n} = 9\ 550 \times \frac{6}{500}\ \text{N} \cdot \text{m} = 114.6\ \text{N} \cdot \text{m}$$

②画扭矩图

齿轮 1 布置在左边时(图 12.3.9(a)),用扭矩图绘制方法画出扭矩图如图 12.3.9(b),其中 $M_{t1} = -191\ \text{N} \cdot \text{m}$,$M_{t2} = -114.6\ \text{N} \cdot \text{m}$(读者判别转矩的符号),其中最大扭矩的绝对值为 191 N·m。如果将齿轮 1 与齿轮 2 对换,则扭矩如图 12.3.9 (d)所示,其最大扭矩的绝对值为 114.6 N·m,显然齿轮 1 应布置在中间。

③按扭转强度条件设计轴的直径

由强度条件公式得

$$d \geqslant \sqrt[3]{\frac{16M_{\text{tmax}}}{\pi[\tau]}} = \sqrt[3]{\frac{16 \times 114.6}{3.14 \times 35 \times 10^6}} = 0.025\ 5\ \text{m} = 25.5\ \text{mm}$$

④按刚度条件设计轴的直径

由

$$\theta_{\max} = \frac{M_{\text{tmax}}}{GI_{\text{p}}} \times \frac{180^\circ}{\pi} = \frac{M_{\text{tmax}}}{G \times \pi d^4/32} \times \frac{180^\circ}{\pi} \leqslant [\theta]$$

得

$$d \geqslant \sqrt[4]{\frac{32M_{\text{tmax}} \times 180^\circ}{G\pi[\theta]}} = \sqrt[4]{\frac{32 \times 114.6 \times 180}{80 \times 10^9 \times 3.14 \times 1}} = 0.040\ 2\ \text{m} = 40.2\ \text{mm}$$

若要同时满足强度条件和刚度条件,此时轴的直径应取 $d = 42$ mm(查表 12.2.1 圆整为标准值)。由于刚度问题是大多数机床的主要矛盾,所以用刚度作为轴的控制因素也就是很自然的。以上计算的是齿轮 1 和齿轮 3 之间轴段的最小直径,其实齿轮 1 和齿轮 2 之间轴段的最小直径也应该进行计算。两轴段的直径显然不相等,为了轴上零件的轴向定位和固定,同时为了节省材料,该轴应该设计成阶梯轴。

12.4　心轴的强度和刚度计算

许多轴在工作时并非只受扭矩作用而产生变形，大多数情况下，轴既有扭转变形也有弯曲变形，有时甚至弯曲变形起主要作用。

12.4.1　固定心轴平面弯曲的概念和实例

在工程中，常见到弯曲变形的构件。例如，火车轮轴（图12.4.1）、自行车前轮的心轴、刀具轧辊等，这些构件的受力和变形特点是：作用于杆件上的外力或外力偶垂直于杆件的轴线，使杆的轴线变形后成曲线，这种变形称为弯曲变形（简称弯曲）。凡以弯曲变形为主的轴，习惯称为梁。机器中大多数的梁（如图12.4.2（a）、（b）所示），其横截面上一般都有一对称轴（y轴），通过对称轴和梁的轴线（x轴）构成一个纵向对称面，如果外力都作用在梁的纵向对称面内，则梁的轴线就在纵向平面内弯成一条平面曲线，这种弯曲变形称为平面弯曲。

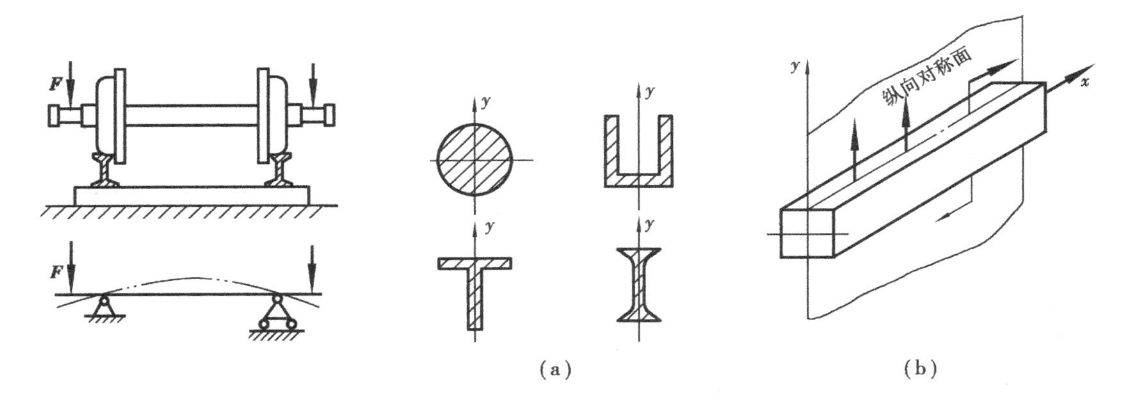

图12.4.1　弯曲实例　　　图12.4.2　梁的纵向对称面

12.4.2　梁的计算简图

梁的支承情况和载荷作用形式往往比较复杂。为了便于分析计算，常进行简化。根据梁所受的约束情况，经过简化，梁有三种典型形式：简支梁、外伸梁和悬臂梁。

（1）简支梁

梁的两端均为铰支座，其中一端为固定铰支座，另一端为可动铰支座，如图12.4.3（a）所示。

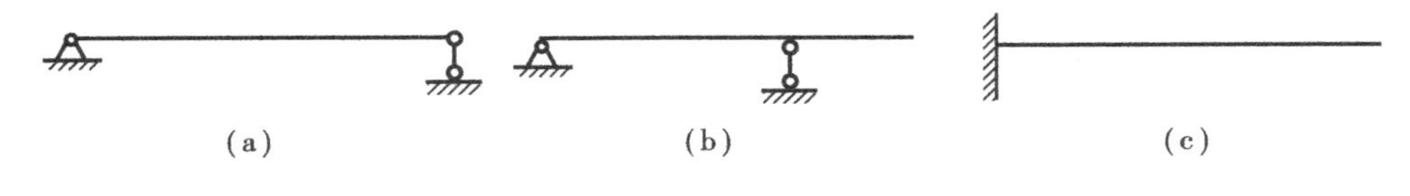

图12.4.3　梁的计算简图

（2）外伸梁

梁用铰支座支承，但梁的一端或两端伸于支座之外，如图12.4.3（b）所示。

(3)悬臂梁

梁的一端为固定端,另一端为自由端,如图12.4.3(c)所示。

以上三种梁的未知约束反力最多只有三个,应用静力平衡条件就可以确定。

12.4.3 梁的弯曲内力(剪力和弯矩)

作出梁的计算简图,确定梁上所有外力(载荷和支反力)后,就可以用截面法进一步研究梁的各横向截面的内力。

(1)横截面上的内力(剪力和弯矩)

用截面法求梁的内力。

例12.4 求图12.4.4所示梁中距离左端点为x的截面的弯曲内力。

解 设支反力R_A、R_B的方向向上

由 $\sum M_A = 0$

$$-P \times a + R_B \times 2a = 0$$

$$R_B = \frac{P}{2}$$

由 $\sum Y = 0$

$$R_A - P + R_B = 0$$

$$R_A = \frac{P}{2}$$

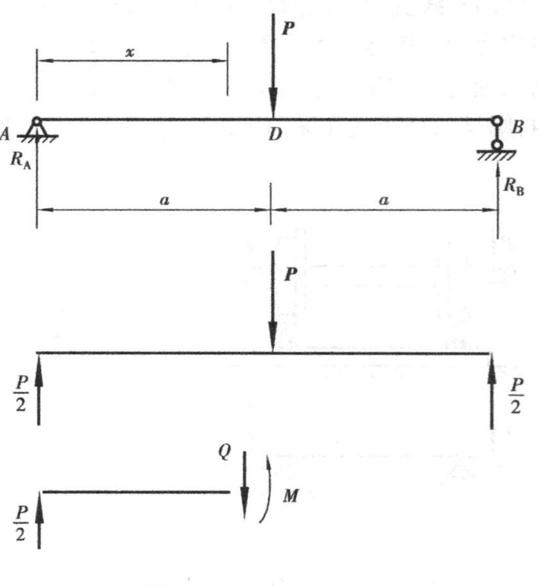

图12.4.4 例12.4图

假想在所求内力截面将梁截开,以左半部分为研究对象。由于整根梁是平衡的,其左半部分必处于平衡状态。截面以左部分受外力作用,根据平衡条件,截面上必存在一个沿竖直方向与截面平行的内力,称为剪力,用Q表示;又因外力和剪力Q组成一个力偶,因此也必存在一个与梁的轴线垂直的力偶M,称为弯矩,以维持左段梁的平衡。剪力Q和弯矩M均为截面上的弯曲内力。由 $\sum Y = 0$ 得

$$\frac{P}{2} - Q = 0$$

$$Q = \frac{P}{2}$$

由所有外力对截面形心的力矩的代数和为零,即由 $\sum M_o = 0$ 得

$$-\frac{P}{2}x + M = 0$$

$$M = \frac{P}{2}x$$

由于所求截面为AD段梁的任一截面,所以上例中所求的剪力和弯矩为AD段梁任意截面的剪力和弯矩。也可以以梁的右段为研究对象来计算,结果是相同的。

(2)剪力和弯矩的符号规定

为了使同一截面两边的剪力和弯矩在正负号上统一起来,根据梁的变形情况作如下规定:梁变形后,若凹面向上,截面上的弯矩为正;反之,若凹面向下,截面上的弯矩为负,如图12.4.5所示。

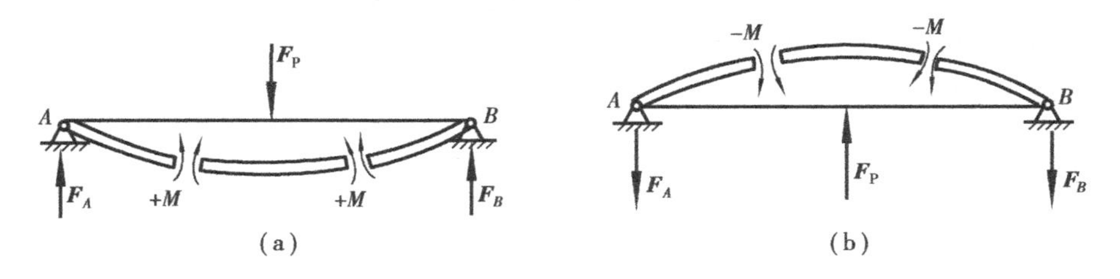

图12.4.5　梁上弯矩的符号

根据上述正负号的规定,在截面法的基础上,进一步综合归纳后,可得出剪力和弯矩的计算有以下规律:

①横截面的剪力,在数值上等于该截面左边(或右边)梁上所有外力在与梁轴线垂直方向(即 y 轴)上投影的代数和。横截面左边梁上向上的外力(或右边梁上向下的外力)产生正剪力;反之,产生负剪力。

②若取梁的左段为研究对象,横截面上的弯矩的大小等于此截面左边梁上所有外力(包括力偶)对截面形心力矩的代数和。外力矩为顺时针时,截面上的弯矩为正,反之为负。若取梁的右段为研究对象,横截面上的弯矩的大小等于此截面右边梁上所有外力(包括力偶)对截面形心力矩的代数和。外力矩为逆时针时,截面上的弯矩为正,反之为负。

有了上述规律后,在实际计算中就不必用假设截面将截面截开,再用平衡方程求弯矩,而可直接利用上述规律求出任意截面上的弯矩值及其转向。

(3)剪力图和弯矩图

为了形象地表示剪力和弯矩沿梁长的变化情况,以便确定梁的危险截面(往往是最大弯矩值所在的位置),常需画出梁各截面剪力及弯矩的变化规律的图形,分别称为剪力图和弯矩图。

在梁的不同截面上,剪力和弯矩一般均不相同,即剪力和弯矩沿梁轴线方向是变化的。如果沿梁轴线方向选取坐标 x 表示横截面的位置,则梁内各横截面的剪力和弯矩可以写成坐标 x 函数,即

$$Q = Q(x)$$
$$M = M(x)$$

上述关系分别为剪力方程和弯矩方程。

剪力图和弯矩图的表达方法是:以与梁轴线平行的坐标 x 表示横截面位置,纵坐标表示各截面上相应的弯矩(或剪力)大小,正弯矩(或剪力)画在 x 轴的上方,负弯矩(或剪力)画在 x 轴的下方。

下面举例说明弯矩图的作法:

例 12.5　如图12.4.6所示的简支梁,在 C 点受集中力 P 作用,试绘制梁的弯矩图。

解　①计算支反力

以梁为研究对象,设支反力 R_A、R_B 均向上,则可列平衡方程,即

$$\sum M_A = 0 \quad R_B l - Pa = 0 \quad R_B = \frac{a}{l}P$$

$$\sum M_B = 0 \quad R_A l - Pb = 0 \quad R_A = \frac{b}{l}P$$

②建立弯矩方程

因为梁在 C 点处受集中力作用，故 AC 和 BC 两段梁的弯矩方程不同，必须分别列出。

在 AC 和 BC 段内，任取距离 A 点为 x_1 和 x_2 的截面，并皆取截面左端为研究对象，则 AC 段的方程为

$$M_1 = R_A x_1 = \frac{b}{l}px_1 \quad (0 \leqslant x_1 \leqslant a)$$

BC 段的方程为

$$M_2 = R_A x_2 - P(x_2 - a) = \frac{Pa}{l}(l - x_2) \quad (a \leqslant x_2 \leqslant l)$$

③画出弯矩图

因为 M_1 和 M_2 都是一次函数，故弯矩图在 AC 段和 BC 段均为一条直线，各段内先定出两点即可连出直线。

当 $x_1 = 0$ 时，$M_A = 0$；当 $x_1 = a$ 时，$M_C = \frac{ab}{l}P$

当 $x_2 = a$ 时，$M_C = \frac{ab}{l}P$；当 $x_2 = l$ 时，$M_B = 0$

由此可画出梁的弯矩图如图 12.4.6 所示。

实际上，弯矩图和载荷之间存在下列几点规律：

①在两集中力之间的梁段上，弯矩图为斜直线如图 12.4.6 所示。

②在均布载荷作用的梁段上，弯矩图为抛物线。

③在集中力作用处，弯矩出现转折角如图 12.4.6 所示。

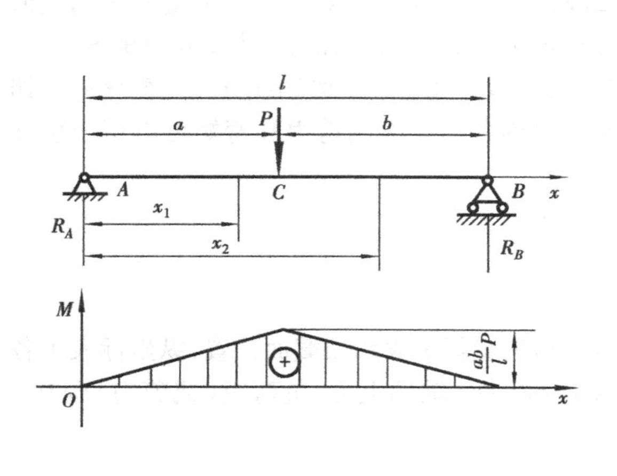

图 12.4.6　例 12.5 图

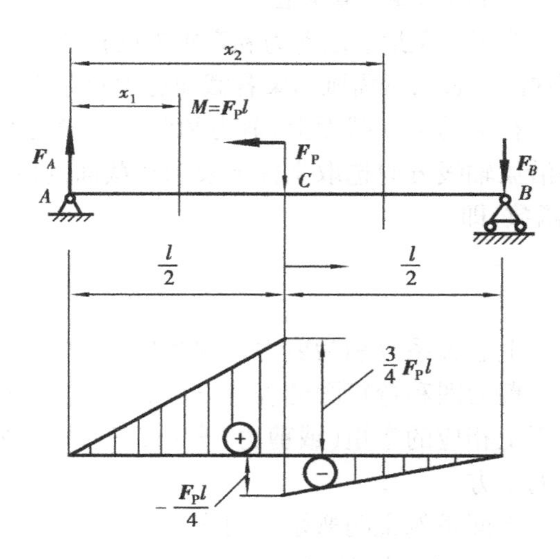

图 12.4.7　例 12.6 图

④在集中力偶作用处，其左右两截面上的弯矩值发生突变，突变值等于集中力偶矩之值，如图 12.4.7 所示。

利用上述规律，不仅可以检查弯矩图形状的正确性，而且无需列出弯矩方程式，只需直接

求出几个点的弯矩值,即可画出弯矩图。

例 12.6　如图 12.4.7 所示的简支梁,受集中力 $\boldsymbol{F}_P$和集中力偶 $M = \boldsymbol{F}_P l$ 作用,求作梁的弯矩图。

解　①求支座反力

$$\sum M_B(F) = 0,\ F_A l - F_P \frac{l}{2} - M = 0,\ F_A = \frac{3}{2}F_P$$

$$\sum F_y = 0,\ F_A - F_B - F_P = 0,\ F_B = \frac{1}{2}F_P$$

②作弯矩图

根据上面总结的作图规律可知,AC 段和 BC 段的弯矩图均为斜直线。因为集中力和集中力偶同时作用在 C 点,C 处的弯矩既有转折又有突变,所以在 C 处左右两侧的弯矩值是不同的。

A 点处的弯矩　　$M_A = 0$

C 点左侧处的弯矩　$M_{C左} = F_A \dfrac{l}{2} = \dfrac{3}{2}F_P\dfrac{l}{2} = \dfrac{3}{4}F_P l$

C 点右侧处的弯矩　$M_{C右} = F_A \dfrac{l}{2} - M = \dfrac{3}{2}F_P\dfrac{l}{2} - F_P l = -\dfrac{1}{4}F_P l$

B 点处的弯矩　　$M_B = 0$

将上面求得的各点的弯矩,用适当比例,描点连成直线,即为该梁的弯矩图,如图 12.4.7(b)所示。由图可知,危险截面在梁的中点 C 处,最大弯矩 $M_{max} = 3F_P l/4$。

12.4.4　固定心轴的强度

在求出了固定心轴的弯矩后,还不能解决强度问题,必须进一步解决横截面上各点应力分布的规律。

(1)梁纯弯曲的概念

如图 12.4.8 所示为一固定心轴发生纯弯曲的情形。从其剪力图和弯矩图可以看出,处于 CD 段中梁的任一横截面上,只有弯矩而没有剪力,并且弯矩为一常量,因而可断定,这些横截面上一定不会有切应力,只有正应力,这种情况称为梁的纯弯曲。

(2)梁纯弯曲时横截面上的正应力

如图 12.4.9 所示,在杆件侧面画上纵线和横线,在弯曲小变形的情况下,可以观察到下列现象:杆件表面上画出的各横向线仍保持直线,但发生了相对转动。纵向线间距不变,但由直线变成了曲线,靠顶面的纵线缩短,靠底面的纵线伸长,如图 12.4.9(b)所示。由此可以推出假设:梁做平面弯曲时,其横截面仍保持为平面,只是产生了相对转动,梁的一部分纵向"纤维"伸长,一部分纵向"纤维"缩短。由缩短区到伸长区,存在一层既不伸长也不缩短的"纤维",称为中性层。距离中性层越远的纵向"纤维"伸长量(或缩短量)越大。中性层和横截面的交线 z 轴称为中性轴,如图 12.4.10 所示。它是横截面上拉应力、压应力的分界线,中性轴以上各点为压应力,中性轴以下各点为拉应力。

由虎克定律 $\sigma = E\varepsilon$ 可知,横截面上的拉、压应力的变化规律应与纵向"纤维"变形的变化规律相同,即横截面上各点的应力大小应与所在点到中性轴 z 的距离 y 成正比,如图 12.4.10 所示。距中性轴越远的点,应力越大;离中性轴距离相同的各点,正应力相同;中性轴上各点

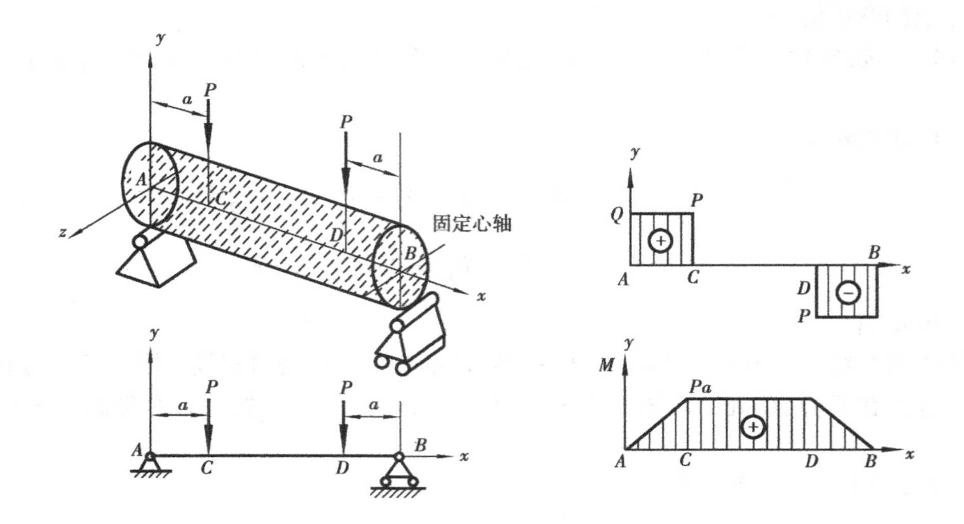

图 12.4.8　固定心轴的纯弯曲

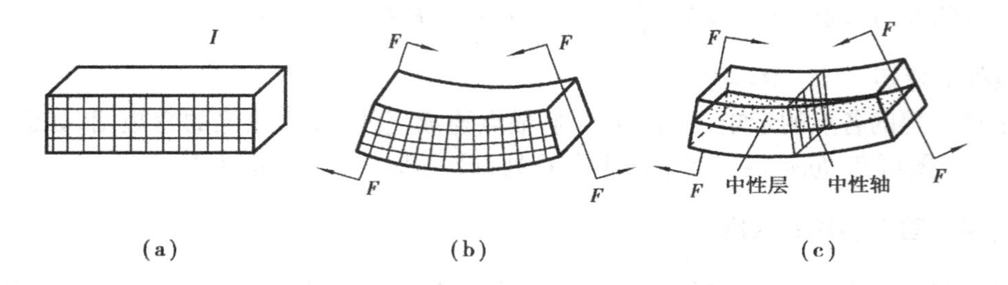

图 12.4.9　梁的弯曲试验

图 12.4.10　梁横截面上弯曲应力分布

($y=0$ 处),正应力为 0。故有

$$\frac{\sigma}{y}=\frac{\sigma_{max}}{y_{max}}$$

(3)弯曲正应力的计算

由上分析可知,横截面上各点的正应力大小是不相同的,研究表明,当梁横截面上的弯矩为 M 时,该截面距中性轴 z 为 y 的任一点处的弯曲正应力公式为

$$\sigma=\frac{My}{I_z} \tag{12.4.1}$$

式中,M 为横截面上的弯矩(N·m);y 为所求应力的点到中性轴 z 的距离(m);I_z 为横截面对中性轴(z 轴)的惯性矩(m^4),其值只与横截面的形状和尺寸有关。在实际计算中,通常弯矩 M 和坐标 y 均取其绝对值,求得正应力的大小,再由弯曲变形判断正应力的正(拉)负(压)。即中性层为界,梁突出的应力为拉应力,凹入边的应力为压应力。

横截面上下边缘处正应力最大,其值为

$$\sigma_{max}=\frac{My_{max}}{I_z}=\frac{M}{W_z} \tag{12.4.2}$$

$W_z=I_z/y_{max}$称为抗弯截面模量(m^3),它也是衡量横截面抗弯强度的一个几何量,其值只与横截面的形状和尺寸有关。常用截面的 I_z 和 W_z 值参见表 12.4.1。

表 12.4.1　常用截面的 I_z 和 W_z 计算公式

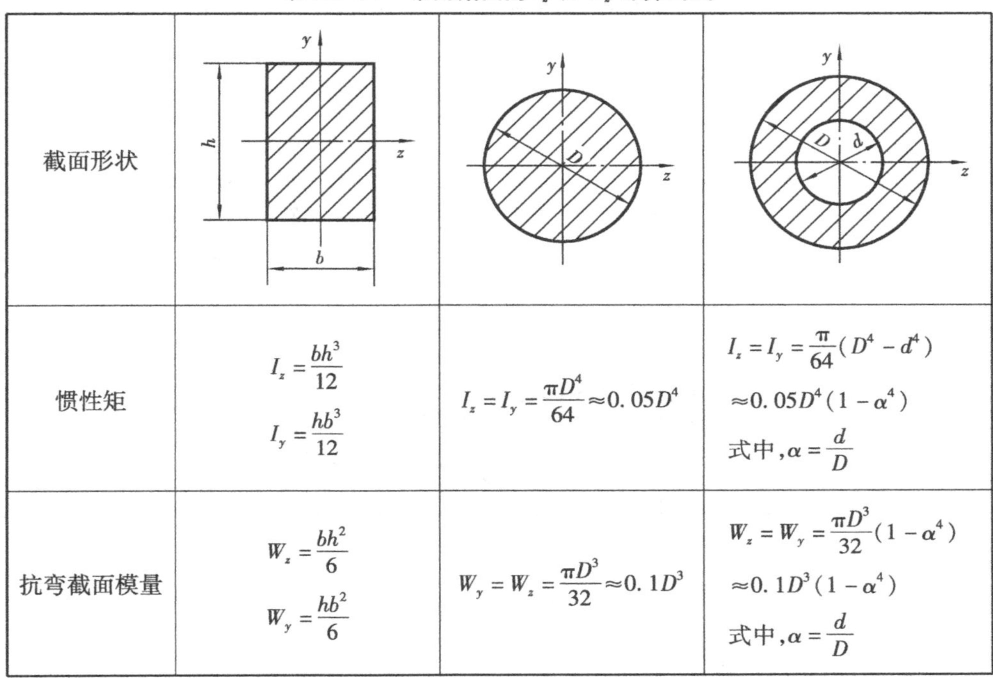

截面形状	矩形 $b \times h$	实心圆 D	空心圆 D、d
惯性矩	$I_z=\frac{bh^3}{12}$ $I_y=\frac{hb^3}{12}$	$I_z=I_y=\frac{\pi D^4}{64}\approx 0.05D^4$	$I_z=I_y=\frac{\pi}{64}(D^4-d^4)$ $\approx 0.05D^4(1-\alpha^4)$ 式中,$\alpha=\frac{d}{D}$
抗弯截面模量	$W_z=\frac{bh^2}{6}$ $W_y=\frac{hb^2}{6}$	$W_y=W_z=\frac{\pi D^3}{32}\approx 0.1D^3$	$W_z=W_y=\frac{\pi D^3}{32}(1-\alpha^4)$ $\approx 0.1D^3(1-\alpha^4)$ 式中,$\alpha=\frac{d}{D}$

(4)固定心轴的弯曲强度计算

梁弯曲的强度条件是:梁内危险截面上的最大弯曲正应力不超过材料的许用弯曲应力。即

$$\sigma_{max}=\frac{M_{max}}{W_z}\leqslant[\sigma] \tag{12.4.3}$$

根据弯矩图,可以确定危险截面。如果所设计的是光轴,则最大弯矩所在截面就是危险截面,且最大应力位于最大弯矩所在截面上距中性轴最远的地方。如果是阶梯轴,则 M_{max} 不单纯是用弯矩图中最大弯矩所决定,而最终应该分段求出各段中的 σ_{max},从中选出最大者,作为后续计算的依据。

例 12.7　卷扬机卷筒心轴的材料为 45 钢,弯曲许用应力$[\sigma]=100$ MPa。心轴的结构和受力情况如图 12.4.11 所示,$P=25.3$ kN;试校核心轴的强度。

解　①求出 A、B 处的支座反力

由图 12.4.11(b)得

$$R_B=\frac{P\times 200+P\times(950+200)}{1\ 265}=\frac{25.3\times 200\times 25.3\times(950+200)}{1\ 265}\ \text{kN}=27\ \text{kN}$$

$$R_A=P+P-R_B=(2\times 25.3-27)\ \text{kN}=23.6\ \text{kN}$$

②求弯矩,画弯矩图

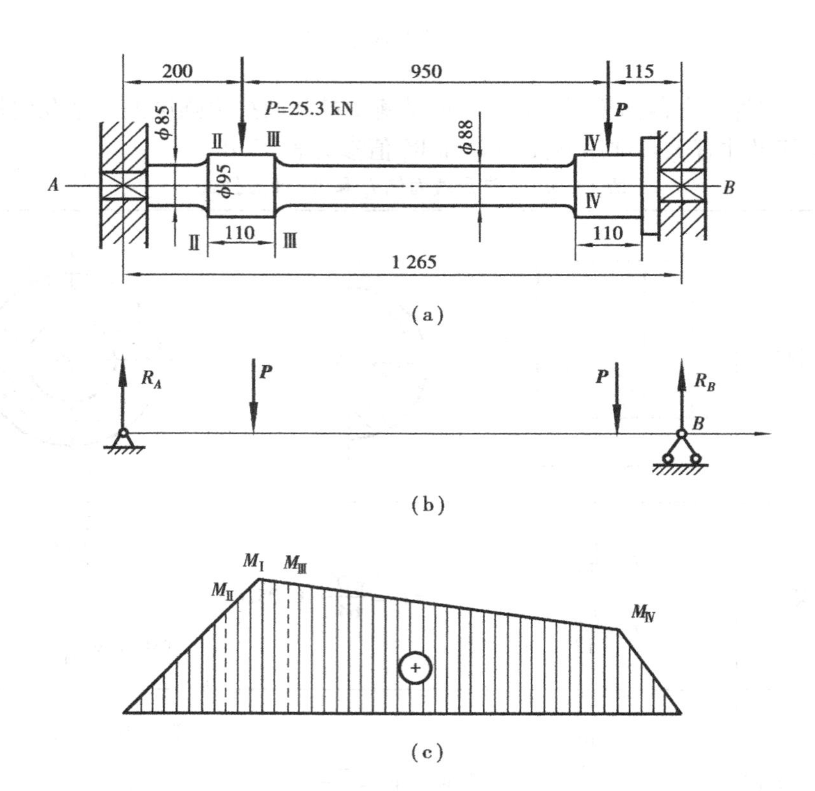

图 12.4.11　例 12.7 图

四个集中力作用截面上的弯矩分别为

$$M_A = 0 \qquad M_B = 0$$

$$M_{Ⅰ} = R_A \times 200 \times 10^{-3} = 23.6 \times 200 \times 10^{-3}\ \text{kN} \cdot \text{m} = 4.72\ \text{kN} \cdot \text{m}$$

$$M_{Ⅳ} = R_B \times 115 \times 10^{-3} = 27 \times 115 \times 10^{-3}\ \text{kN} \cdot \text{m} = 3.11\ \text{kN} \cdot \text{m}$$

连接 M_A、$M_Ⅰ$、$M_Ⅳ$和 M_B 四点,即得心轴四个集中力作用下的弯矩图,如图 12.4.11(c)所示。从图中看出截面 I-I 上的弯矩最大,$M_{max} = M_Ⅰ = 4.72\ \text{kN} \cdot \text{m}$。所以,截面 I-I 可能是危险截面。除此之外,在截面Ⅱ-Ⅱ和Ⅲ-Ⅲ上虽然弯矩较小,但这两个截面的直径也较小,有可能也是危险截面,所以要分别算这两个截面的弯矩。

$$M_{Ⅱ} = R_A\left(200 - \frac{110}{2}\right) \times 10^{-3} = 23.6 \times 145 \times 10^{-3}\ \text{kN} \cdot \text{m} = 3.42\ \text{kN} \cdot \text{m}$$

$$M_{Ⅲ} = R_A\left(200 + \frac{110}{2}\right) \times 10^{-3} - P \times 110 \times 10^{-3}/2\ \text{kN} \cdot \text{m} = 4.64\ \text{kN} \cdot \text{m}$$

现对上述三个截面同时进行强度校核:

截面 I-I

$$\sigma_Ⅰ = \frac{M_Ⅰ}{W_{zⅠ}} = \frac{4.72 \times 10^3}{\pi \times \frac{(95 \times 10^{-3})^3}{32}}\ \text{Pa} = 56 \times 10^6\ \text{Pa} = 56\ \text{MPa} < [\sigma]$$

截面Ⅱ-Ⅱ

$$\sigma_{\mathrm{II}}=\frac{M_{\mathrm{II}}}{W_{z\mathrm{II}}}=\frac{3.42\times10^{3}}{\pi\times\frac{(85\times10^{-3})^{3}}{32}}\ \mathrm{Pa}=56.7\times10^{6}\ \mathrm{Pa}=56.7\ \mathrm{MPa}<[\sigma]$$

截面Ⅲ-Ⅲ

$$\sigma_{\mathrm{III}}=\frac{M_{\mathrm{III}}}{W_{z\mathrm{III}}}=\frac{4.64\times10^{3}}{\pi\times\frac{(88\times10^{-3})^{3}}{32}}\ \mathrm{Pa}=69.4\times10^{6}\ \mathrm{Pa}=69.4\ \mathrm{MPa}<[\sigma]$$

所以,心轴是安全的,且有较大的强度储备。

12.4.5　固定心轴的弯曲刚度简介

对于某些要求高的零件,不但要有足够的弯曲强度,而且要有足够的弯曲刚度,以保证其正常工作。如图12.4.12所示的齿轮轴,在工作时变形过大,要影响齿轮啮合。

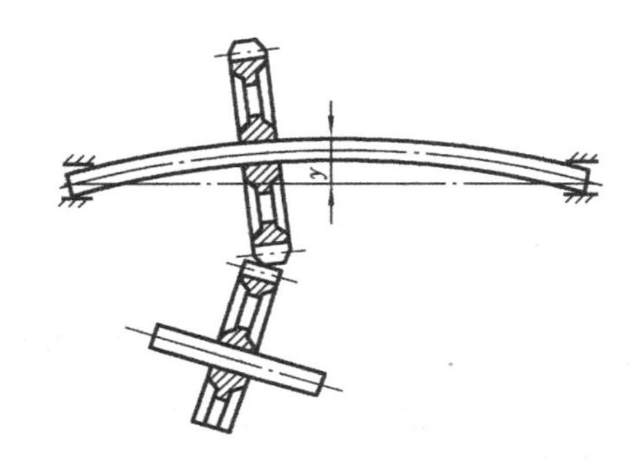

图12.4.12　轴的刚度和齿轮的啮合

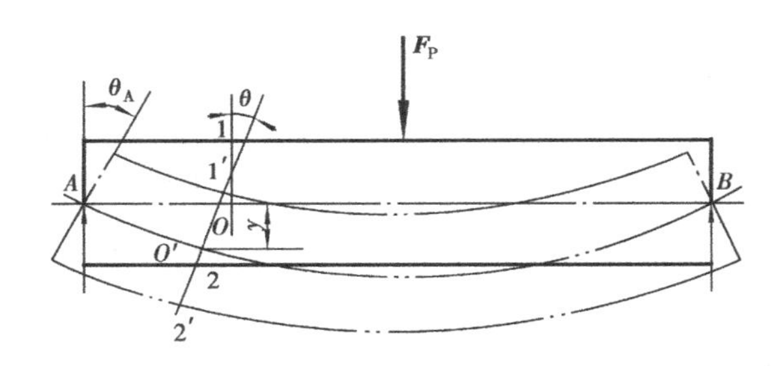

图12.4.13　梁的挠度和转角

弯曲刚度可以从梁的轴线及横截面两方面来表示。如图12.4.13所示的梁受力变形后,截面形心的垂直位移y称为该截面的挠度,截面相对原来的位置的转角θ称为该截面的转角。从图中可以看出,不同截面的挠度和转角均不相同。

工程中对受弯零件的最大挠度和最大转角有一定的限制,这种对弯曲变形大小的限制,称为弯曲刚度条件,即

$$|y_{\max}|\leqslant[y],\quad |\theta_{\max}|\leqslant[\theta]\tag{12.4.4}$$

式中,$[\theta]$和$[y]$分别是梁的许用转角和许用挠度,其值可参阅有关设计手册。

12.5　转轴的组合变形

前面分别讨论了轴在单纯扭转、弯曲作用下,产生基本变形时的强度和刚度问题,但在工程中,许多构件在外力作用时,将同时产生两种或两种以上的变形,称为组合变形。工程中常用的转轴是既受转矩作用又受弯矩作用的杆件,是典型的弯扭组合变形。下面介绍弯扭组合变形时的强度计算。

如图12.5.1(a)所示,根据曲轴所受的载荷,可以画出AB段轴的扭矩图和弯矩图,如图12.5.1(c)所示。固定端A为危险截面,其扭矩和弯矩的绝对值分别为$M_t=M_B=F_Pa$,$M=F_Pl$。截面A上的扭转切应力和弯曲正应力的分布规律如图12.5.1(d)所示。由图可知,a点

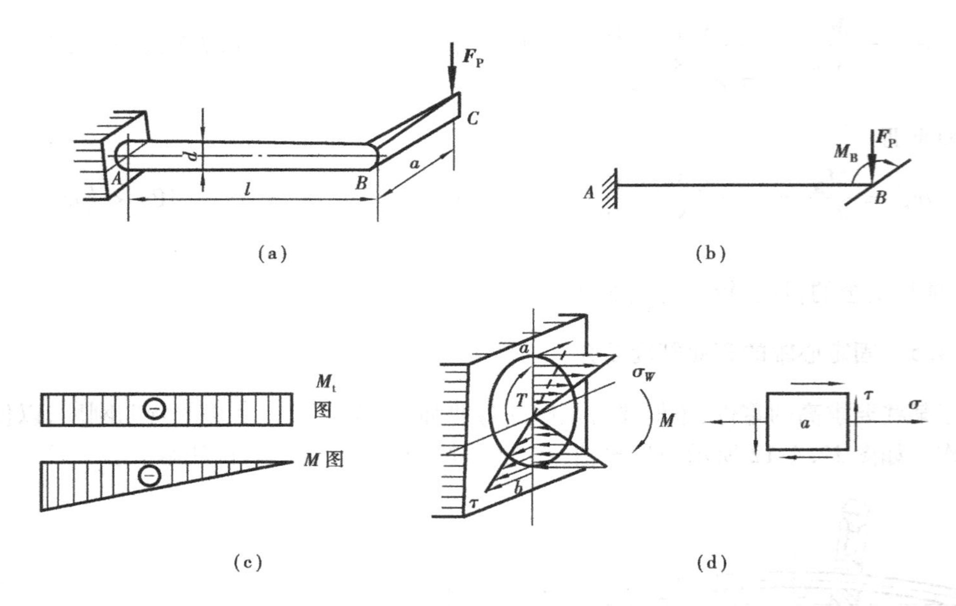

图 12.5.1 弯扭组合变形

和 b 点存在弯曲正应力和最大扭转切应力，分别为

$$\sigma = \frac{M}{W_z}, \quad \tau = \frac{M_t}{W_t} \tag{12.5.1}$$

截面 A 上同时作用有正应力和切应力，处于一种复杂的应力状态。这时不能简单的应用扭转强度条件或弯曲强度条件进行强度计算，而是需要根据不同材料在复杂应力状态下的破坏特点，运用相应的强度理论将截面上的应力折算成当量应力 σ_e，然后运用 $\sigma_e \leqslant [\sigma]$ 进行强度计算。对于圆轴，一般用塑性材料制成，此时可用第三或第四强度理论进行强度计算。

用第三强度理论时，其强度条件为

$$\sigma_{e3} = \frac{\sqrt{M^2 + M_t^2}}{W_z} = \frac{M_{e3}}{W_z} \leqslant [\sigma] \tag{12.5.2}$$

式中，$M_{e3} = \sqrt{M^2 + M_t^2}$，称为第三强度理论的当量弯矩。

用第四强度理论时，其强度条件为

$$\sigma_{e4} = \frac{\sqrt{M^2 + (\alpha M_t)^2}}{W_z} = \frac{M_{e4}}{W_z} \leqslant [\sigma] \tag{12.5.3}$$

式中，$M_{e4} = \sqrt{M^2 + (\alpha M_t)^2}$，称为第四强度理论的当量弯矩，$\alpha$ 为根据转矩性质而定的系数。

12.6 轴的设计计算

通常对于一般轴的设计方法有两种：类比法和设计计算法。类比法是根据轴的工作条件，选择与其相似的轴进行类比及结构设计，画出轴的零件图，这种方法简单、省时，但具有一定的盲目性。设计计算法是以满足强度（刚度）要求为依据进行轴的结构设计，这种设计方法可靠、稳妥。本节主要介绍轴的设计计算法。

用设计计算法设计轴的一般步骤为：

①根据轴的工作条件选择材料，确定许用应力；

②按扭转强度估算出轴的最小直径；

③设计轴的结构，绘制出轴的结构草图；

④按弯扭组合进行轴的强度校核；

⑤按照校核结果修改轴的结构后再进行校核计算，反复交替进行直至设计出较为合理的轴的结构；

⑥绘制轴的零件工作图。

需要指出的是，一般情况下设计轴时，不必进行轴的刚度、振动、稳定性校核，如需进行刚度校核，也只做弯曲刚度校核；对于重要的轴、高速转动的轴，应采用疲劳强度校核计算方法进行轴的强度校核。

12.6.1　估算轴的最小直径

开始设计轴时，通常还不知道轴上零件的位置及支承点位置，无法确定轴的受力情况，只有当轴的结构设计基本完成后，才能对轴进行受力分析及强度校核计算。因此，在轴的结构设计之前，先按纯扭转受力情况对轴径进行估算。

前已述及，对于传动轴（纯扭转变形），其强度条件主要依据是危险截面上的最大扭转切应力不大于许用扭转切应力。对于圆截面的传动轴，其扭转强度条件为

$$\tau_{max} = \frac{M_{tmax}}{W_t} = \frac{9.55 \times 10^6 P}{0.2d^3 n} \leqslant [\tau]$$

式中，τ_{max}为轴的最大扭转切应力（MPa）；$[\tau]$为许用扭转切应力（MPa）；M_{tmax}为轴传递的转矩（N·mm），W_t为抗扭截面模量（mm^3），P为轴传递的功率（kW）；n为轴的转速（r/min）；d为轴的直径（mm）。

当轴的材料选定后，则许用应力$[\tau]$已确定，可按下式估算轴的最小直径，即

$$d \geqslant \sqrt[3]{\frac{9.55 \times 10^6}{0.2[\tau]} \frac{P}{n}} = C\sqrt[3]{\frac{P}{n}} \tag{12.6.1}$$

式中，C为与轴的材料和承载情况有关的系数，可由表12.6.1查取。

按式12.6.1估算轴的最小直径时，考虑到弯矩对轴强度的影响，必须将轴的许用切应力$[\tau]$适当降低。同时，应考虑到当轴截面上开有键槽时，会削弱轴的强度，则计算得到直径应适当加大。一般截面上有一个键槽时，轴径加大5%左右；有两个键槽时，轴径加大10%左右；然后再按表12.2.1圆整为标准直径。

表12.6.1　轴常用材料的$[\tau]$值和C值

轴的材料	Q235、20	35	45	40Cr、35SiMn
$[\tau]$/MPa	12～20	20～30	30～40	40～52
C	160～135	135～118	118～106	106～97

12.6.2　按弯扭组合进行强度校核

在估算出轴的最小直径，并进行轴系结构设计后，即可确定轴上所受载荷大小、方向、作用

点及支承跨距等，再按弯扭组合进行校核。

按弯扭组合进行强度校核的具体步骤为：

①画出轴的空间受力简图，将轴上的作用力分解为水平面（H平面）和垂直面（V平面），并画出受力图，分别求出H平面和V平面的支承反力。

②分别求出H平面和V平面的弯矩M_H和M_V，画出其弯矩图，同时按下式计算合成弯矩，并画出合成弯矩图。

$$M = \sqrt{M_H^2 + M_V^2} \tag{12.6.2}$$

③计算扭矩M_t，并画出扭矩图。

④根据第四强度理论按下式计算当量弯矩，并画出当量弯矩图。

$$M_e = \sqrt{M^2 + (\alpha M_t)^2} \tag{12.6.3}$$

⑤校核强度。针对某些危险截面（即当量弯矩大而直径小的截面），其强度条件为当量弯曲应力不大于许用弯曲应力$[\sigma_{-1b}]$，即强度校核公式为：

$$\sigma_e = \frac{M_e}{W_z} = \frac{\sqrt{M^2 + (\alpha M_t)^2}}{0.1d^3} \leqslant [\sigma_{-1b}] \tag{12.6.4}$$

式中，σ_e为当量应力（MPa）；M_e为当量弯矩（N·mm）；M为合成弯矩（N·mm）；W_z为危险截面上的抗弯截面模量（mm^3）；d为轴上危险截面的直径（mm）；α为根据转矩性质而定的折合因数。

对于不变转矩，取$\alpha = [\sigma_{-1b}]/[\sigma_{+1b}] \approx 0.3$；对于脉动循环转矩，取$\alpha = [\sigma_{-1b}]/[\sigma_{0b}] \approx 0.59$；对于对称循环转矩，取$\alpha = [\sigma_{-1b}]/[\sigma_{+1b}] \approx 1$。

这里$[\sigma_{-1b}]$、$[\sigma_{+1b}]$和$[\sigma_{0b}]$分别称为对称循环应力、静应力和脉动循环应力状态下的许用应力，其值参见表12.6.2。

对正反转频繁的轴，可将转矩看成是对称循环变化。当不能确定载荷的性质时，一般轴的转矩可按脉动循环处理。

表12.6.2　轴材料的许用应力/MPa

材料	σ_b	$[\sigma_{+1b}]$	$[\sigma_{0b}]$	$[\sigma_{-1b}]$	材料	σ_b	$[\sigma_{+1b}]$	$[\sigma_{0b}]$	$[\sigma_{-1b}]$
碳素钢	400	130	70	40	合金钢	800	270	130	75
	500	170	75	45		1 000	330	150	90
	600	200	95	55	铸钢	400	100	50	30
	700	230	110	65		500	120	70	40

12.6.3　轴的设计计算实例

例12.8　如图12.6.1所示为一斜齿圆柱齿轮减速器的运动简图。已知电动机额定功率$P=11$ kW，从动齿轮的转速为$n_2=202$ r/min，齿轮分度圆直径$d_2=356$ mm，啮合角$\alpha_n=20°$，螺旋角$\beta=11°7'$，轮毂长为80 mm，要求减速器能经常正反转，轴承采用轻窄系列深沟球轴承支承。试设计减速器低速轴的结构尺寸。

解　1）选择轴的材料及热处理方法，并确定许用应力选用45号钢，正火处理。查表12.1.1，得抗拉强度$\sigma_b=600$ MPa；查表12.6.2得许用弯曲应力$[\sigma_{-1b}]=55$ MPa。

2）按纯剪切强度估算最小直径

$$d \geqslant \sqrt[3]{\frac{9.55\times10^6}{0.2[\tau]}\frac{P_2}{n_2}}=C\sqrt[3]{\frac{P_2}{n_2}}$$

若取齿轮传动的效率（包括轴承效率在内）$\eta=0.96$；低速轴$P_2=P\eta=10.56$ kW；查表12.6.1取$C=115$按上式计算得

$$d \geqslant C\sqrt[3]{\frac{P_2}{n_2}}=115\times\sqrt[3]{\frac{10.56}{202}}\ \text{mm}=43\ \text{mm}$$

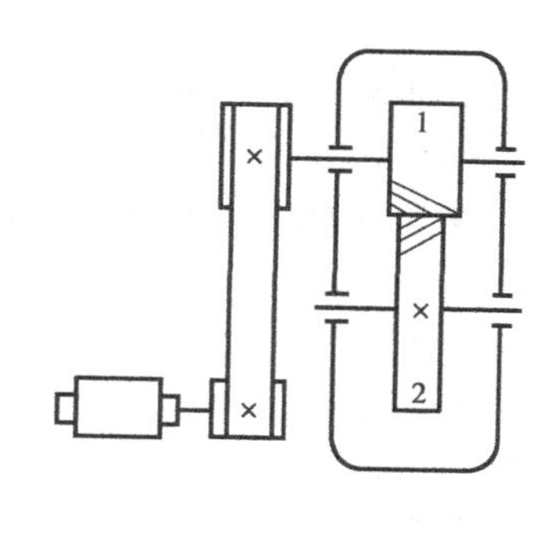

图12.6.1　例12.8图

考虑轴外伸端和联轴器用一个键联接，故将轴径放大5%，即取$d=45$ mm，由于轴头联接处为联轴器，为了使所选的轴的直径与联轴器的孔径相适应，故同时选择联轴器。

3）轴的结构设计

①确定轴上零件的布置和固定方式

为了满足轴上零件的轴向固定，将该轴设计成阶梯轴。按扭矩$M_t=T=9\ 550P_2/n_2=500$ N·m，查设计手册选用TL7型弹性套柱销联轴器，半联轴器的孔径为45 mm，长$L=112$ mm。半联轴器与轴头配合部分的长度为84 mm，要满足半联轴器的轴向固定要求，在外伸轴头左端需制出一轴肩。由于是单级齿轮减速器，因此可将齿轮布置在箱体的中央，轴承对称地布置在两侧。齿轮以轴环和套筒实现轴向固定，以平键联接和优先选用的过盈配合H7/p6实现周向固定，齿轮轴头有装配锥度。两端轴承分别以轴肩和套筒实现轴向固定，以过渡配合k6实现周向固定，整个轴系（包括轴承）以两端轴承盖实现轴向固定。联轴器以轴肩、平键联接实现轴向固定和周向固定。轴的结构草图如图12.6.2所示。

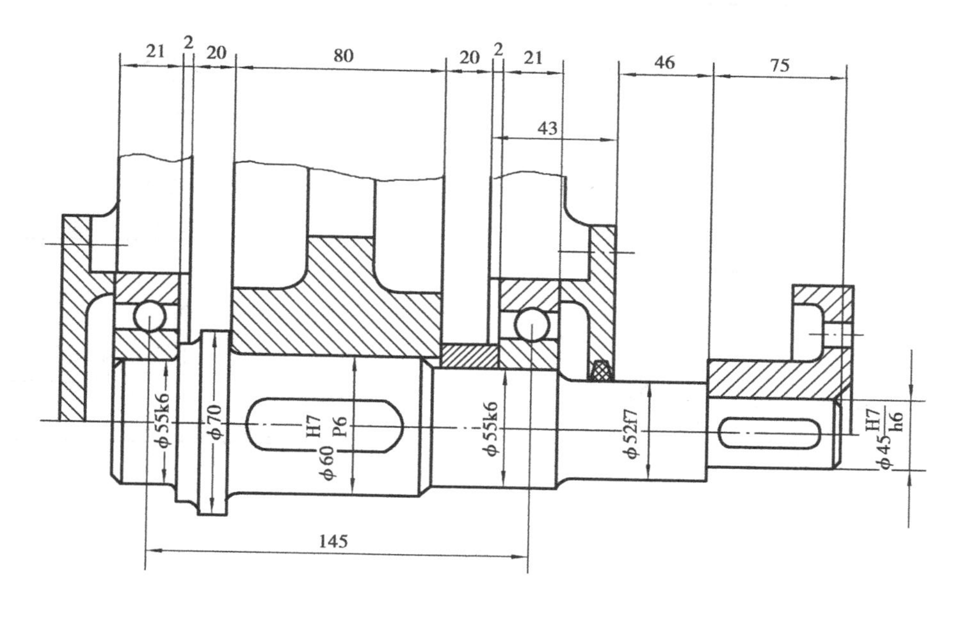

图12.6.2　轴系结构草图

②确定轴的各段直径

外伸端直径 45 mm，联轴器定位轴肩高 $h_{min}=3.5$ mm，通过轴承端盖的轴身直径 $d=52$ mm；按题意，这里选用 6211 型轴承，轴颈直径为 55 mm，查国家标准 GB/T 276，轴肩高 $h_{min}=4.5$ mm；所以，轴肩和套筒外径为 64 mm，圆角 $r=1$ mm；取齿轮轴头直径为 60 mm；定位轴环高度 $h=5$ mm，于是轴环直径为 70 mm；其余圆角均为 $r=1.5$ mm。

③确定各轴段长度

轮毂长为 80 mm，因而取轴头长度为 78 mm，轴承对称地置于齿轮两侧，查手册得轴承宽度为 21 mm，轴颈长度与轴承宽度相等为 21 mm。齿轮两端与箱体内壁间的距离各取 20 mm，以便容纳轴环和套筒，轴承端面距箱体内壁 2 mm，这样就可以定跨距为 145 mm。按箱体结构需要，轴身伸出端的长度为 46 mm 为安装联轴器预留空间位置，半联轴器与轴头配合部分的长度为 84 mm。但为了保证轴端挡圈只压在半联轴器上，而不是压在轴的端面上，轴头长度应比半联器的配合长度略短，取 75 mm 为联轴器的轴头长度。

④轴的强度校核

轴的强度校核计算列于表 12.6.1 中。

⑤绘制轴的工作图（图 12.6.4）。

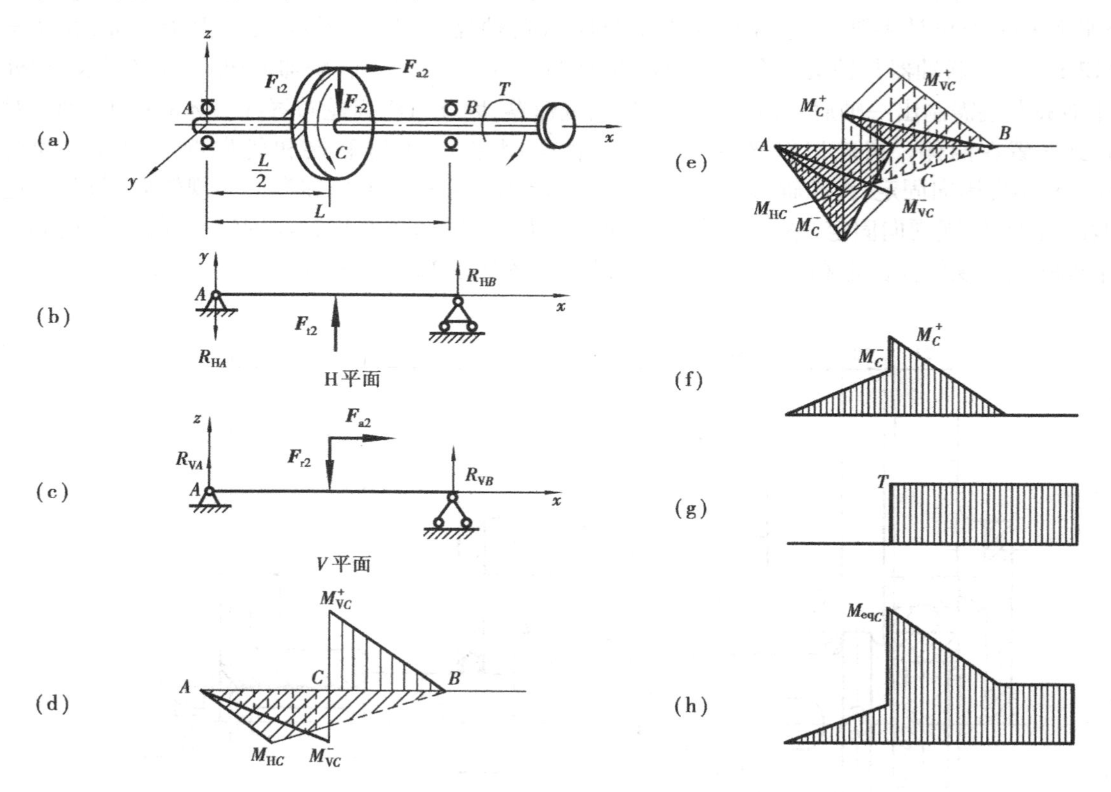

图 12.6.3　轴的空间受力

表 12.6.3　轴的强度计算

步　骤	计算及说明	结　果
绘轴的空间受力图	参见图 12.6.3	参见图 12.6.3
从动齿轮上的外力偶矩	$T_2 = 9.55 \times 10^3 P_2/n_2 = 9.55 \times 10^3 \times 10.56/202\ \text{N}\cdot\text{m} = 500\ \text{N}\cdot\text{m}$ 故作用在轴上的扭矩为 $M_t = T_2 = 500\ \text{N}\cdot\text{m}$	$M_t = 500\ \text{N}\cdot\text{m}$
从动齿轮上周向力	$F_{t2} = 2T_2/d_2 = 2 \times 500/0.356\ \text{N} = 2\ 808\ \text{N}$	
径向力	$F_{r2} = F_{t2} \cdot \tan\alpha_n/\cos\beta = 2\ 808 \times \tan20°/\cos11°7' = 1\ 041\ \text{N}$	$F_{t2} = 2\ 080\ \text{N}$
轴向力	$F_{a2} = F_{t2}\tan\beta = 2\ 808 \times \tan11°7' = 551\ \text{N}$	$F_{r2} = 1\ 041\ \text{N}$
H 平面(Axy 平面)支座反力	$R_{HA} = -R_{HB} = F_{t2}/2 = 2\ 080/2\ \text{N} = 1\ 404\ \text{N}$	$F_{a2} = 551\ \text{N}$
V 平面(A_{xz}平面)支座反力	$R_{VA} = F_{r2}/2 - (F_{a2} \cdot d_2)/2L = -155.9\ \text{N}$ $R_{VB} = F_{r2}/2 + (F_{a2} \cdot d_2)/2L = 1\ 196.9\ \text{N}$ 绘出 H 平面内的弯矩图。由图 12.6.3(d)中看出最大弯矩发生在 C 所在截面上,其值为	$R_{HA} = -R_{HB} = 1\ 404\ \text{N}$ $R_{VA} = -155.9\ \text{N}$ $R_{VB} = 1\ 196.9\ \text{N}$
计算 H 平面内的弯矩	$M_{HC} = R_{HA} \times L/2 = 101.8\ \text{N}\cdot\text{m}$	$M_{HC} = 101.8\ \text{N}\cdot\text{m}$
计算 V 平面内的弯矩	绘出 V 平面内的弯矩图。由图 12.6.3(d)中看出 V 平面的最大弯矩也发生在 C 所在截面上,但弯矩值有突变,其值为 $M_{VC}^{+} = R_{VB} \times L/2 = 86.8\ \text{N}\cdot\text{m}$ $M_{VC}^{-} = R_{VA} \times L/2 = -11.30\ \text{N}\cdot\text{m}$	$M_{VC}^{+} = 86.8\ \text{N}\cdot\text{m}$ $M_{VC}^{-} = -11.3\ \text{N}\cdot\text{m}$
计算合成弯矩	绘制合成弯矩如图 12.6.3(e)所示,由于在 H 平面和 V 平面内的弯矩图均在 C 所在截面上达到最大,所以将 C 截面左右两侧的弯矩进行合成得到 $M_C^{+} = [(M_{VC}^{+})^2 + (M_{HC})^2]^{1/2} = 133.78\ \text{N}\cdot\text{m}$ $M_C^{-} = [(M_{VC}^{-})^2 + (M_{HC})^2]^{1/2} = 12.42\ \text{N}\cdot\text{m}$	$M_C^{+} = 133.78\ \text{N}\cdot\text{m}$ $M_C^{-} = 102.42\ \text{N}\cdot\text{m}$
绘制扭矩图	绘制扭矩图如图 12.6.3(g)所示。	
计算当量弯矩	绘制当量弯矩图如图 12.6.3(h)所示。绘制当量弯矩图的方法与绘制合成弯矩图的方法相似(本题省略)。由绘制的当量弯矩图可知,危险截面处于中点 C,因此,必须对 C 截面进行验算。由于要求减速器能正反转,因而可认为转矩是对称循环变化的转矩,所以 $\alpha = 1$,由此得到 $M_e = \left[(M_C^{+})^2 + (\alpha M_t)^2\right]^{1/2} = 517.58\ \text{N}\cdot\text{m}$	$M_e = 517.58\ \text{N}\cdot\text{m}$
强度校核	由式 $\sigma_e = \dfrac{M_e}{W_z} = \dfrac{M_e}{0.1d^3} = \dfrac{517.58 \times 10^3}{0.1 \times 60^3} = 23.6\ \text{MPa}$ $\leqslant [\sigma_{-1b}] = 23.96\ \text{MPa}$ 可知强度足够	强度足够

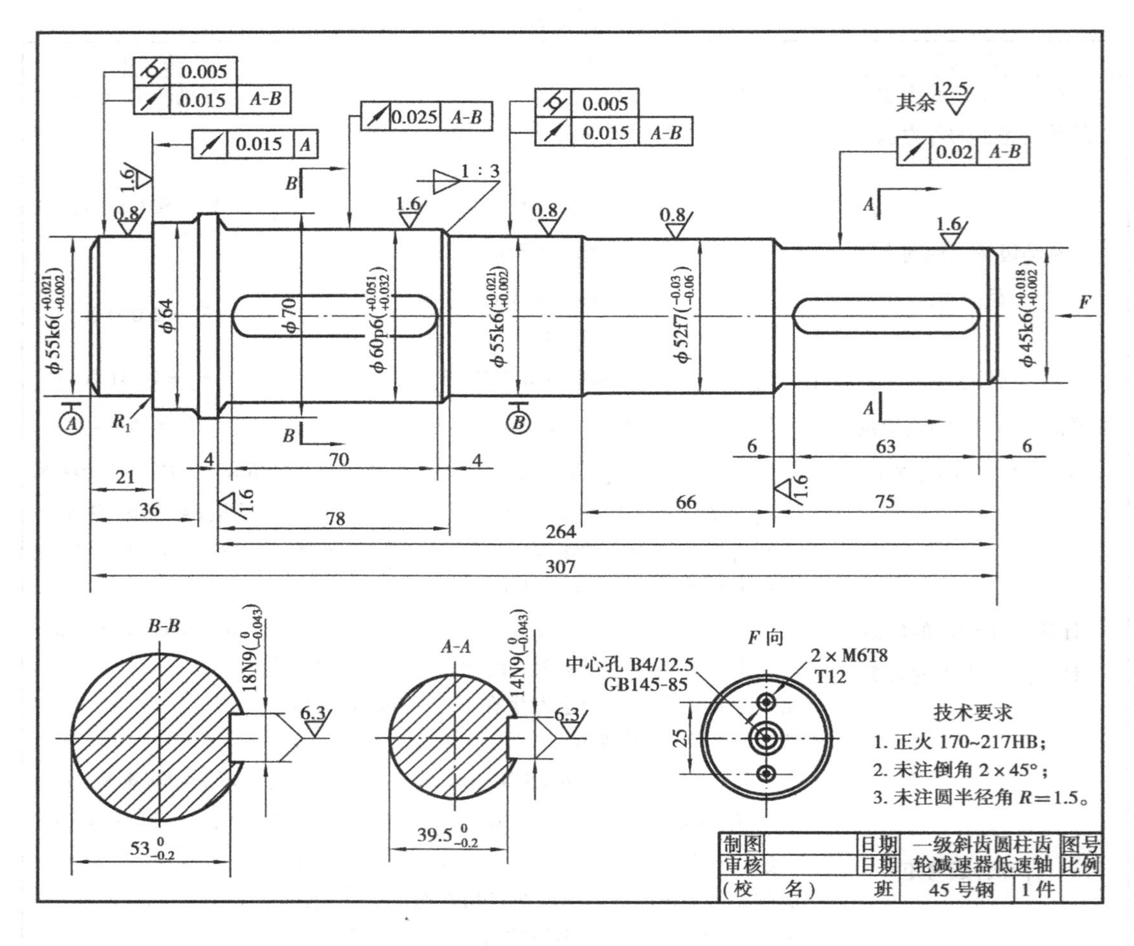

图 12.6.4 轴的工作图

思考题与练习题

12.1 轴在机器中的功用是什么？轴按载荷情况可以分为哪几类？下列各轴分别属于哪种类型？

①自行车前轴；

②自行车中轴；

③定滑轮轴；

④齿轮轴；

⑤汽车变速箱与后桥之间的轴。

12.2 轴上零件的轴向和周向固定常用什么方法？

12.3 转轴制成阶梯形状是考虑了什么要求？

12.4 为什么减速器的低速轴的直径比高速轴的直径要大得多？

12.5 轴受载后如果产生过大的弯曲变形或扭转变形，对轴的正常工作有什么影响？试举例说明。

12.6　轴的强度计算公式中 $M_e=\sqrt{M^2+(\alpha M_t)^2}$ 中的 α 含义是什么？其大小如何确定？

12.7　指出题图12.7中轴的结构错误。

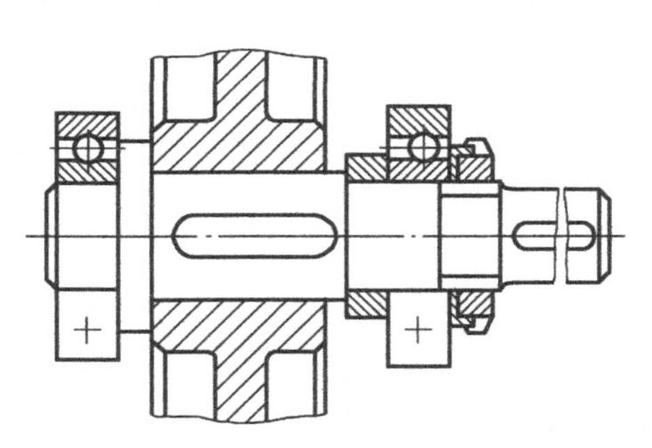

题图12.7

12.8　试分析题图12.8中1、2、3、4、5、6所指各处轴的结构是否合理？为什么？画出改进后的轴的结构图。

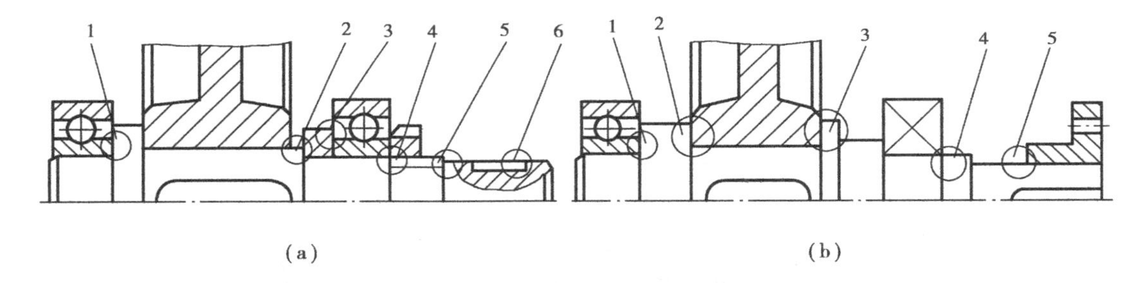

题图12.8

12.9　画出下列圆轴的扭矩图，并求出最大扭矩值。

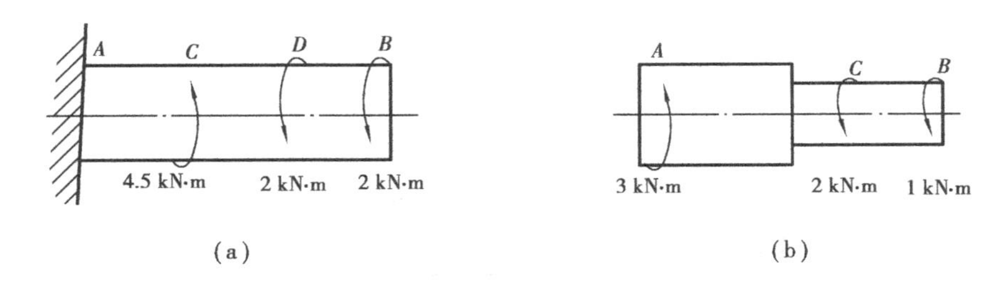

题图12.9

12.10　一汽车传动轴，由无缝钢管制成，外径 $D=90$ mm，内径 $d=85$ mm，许用应力 $[\tau]=60$ MPa 传递的最大力偶矩 $T=1.5$ kN·m，$[\theta]=2°/\text{m}$，$G=80$ GPa；试校核其强度和刚度。

12.11　求如题图12.11所示各梁中指定截面的剪力和弯矩，并画出弯矩图。

12.12　如题图12.12所示，由电动机带动的 AB 轴上，装有一斜齿轮，作用在齿面上的圆周力 $F_t=1.9$ kN，径向力 $F_r=740$ N，轴向力 $F_a=660$ N，轴的直径 $d=25$ mm，许用应力 $[\sigma]=160$ MPa；试校核 AB 轴的强度（轴向力的轴向压缩作用不计）。

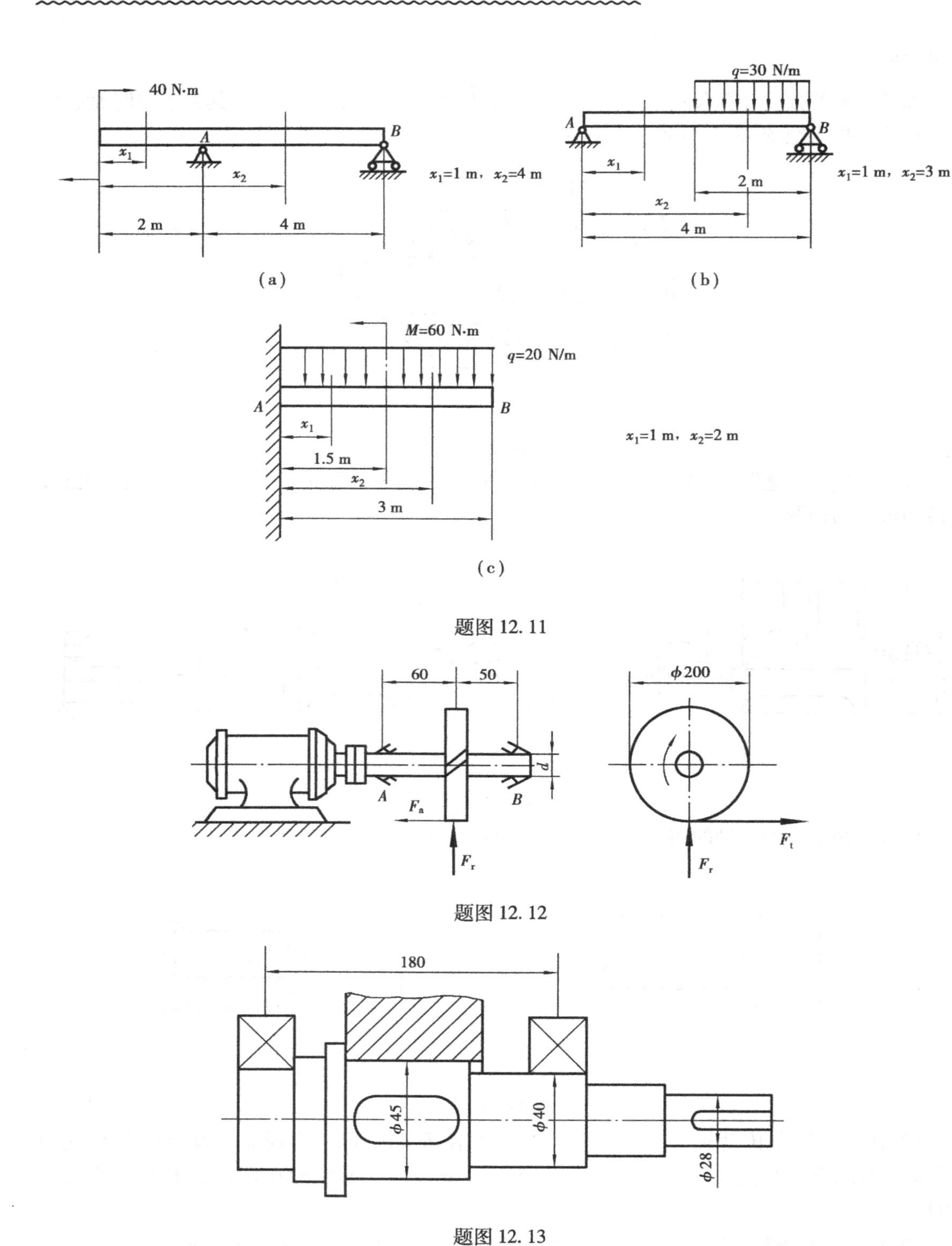

题图 12.11

题图 12.12

题图 12.13

12.13　如题图 12.13 所示，直齿圆柱齿轮轴传递的功率 $P=22$ kW，转速 $n=1\ 470$ r/min，齿轮模数 $m=3$ mm，齿数 $z=26$，若轴的结构及尺寸如图，支承间跨距 $L=180$ mm，轴的材料为 45 钢，调质处理，单向转动；试校核该轴的强度。

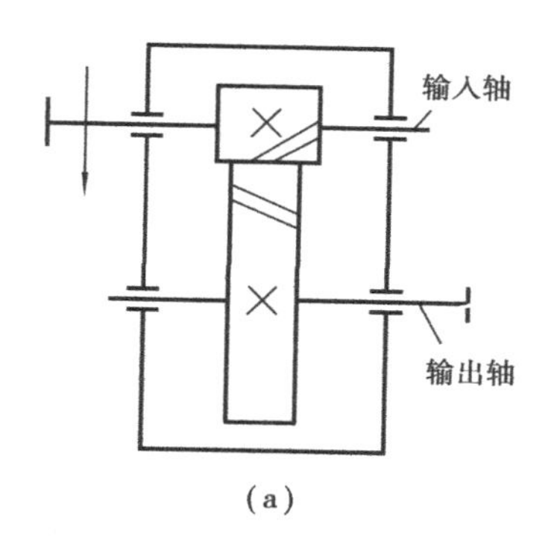

(a)

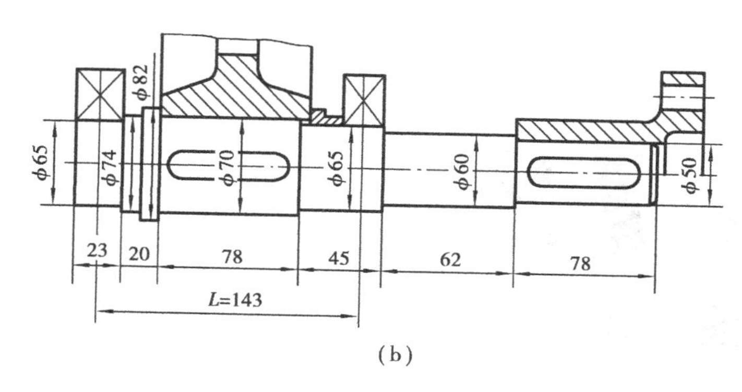

(b)

题图 12.14

12.14 如题图 12.14 所示,图(a)为单级斜齿圆柱齿轮减速器传动简图,已知其传递的功率 $P=44$ kW,输出轴的转速 $n=600$ r/min,从动轮分度圆直径 $d=310$ mm,螺旋角 $\beta=8°10'$(右旋),轴为单向转动,轴端装有联轴器,输出轴选用 45 钢,正火处理,右图为轴的结构形状;试校核该轴的强度,绘出轴的工作图。

第13章 轴 承

轴承的功能是支承轴及轴上的回转件,保证轴的旋转精度,减少轴与支承之间的摩擦,使之转动灵敏。

根据轴承中摩擦性质的不同,轴承可分为两种类型:在运转过程中,轴颈与轴承之间产生相对滑动摩擦的,称为滑动轴承;若轴承的元件在转动中产生相对滚动摩擦的,称之为滚动轴承。

13.1 滚动轴承的构造、材料、类型及其性能特点

滚动轴承是机器中广泛应用的重要零件。它具有摩擦小、启动快、效率高等特点。同时,滚动轴承又已标准化,由专门厂家大批大量生产,品种和系列尺寸很多,选用和更换都十分方便。

13.1.1 滚动轴承的构造及材料

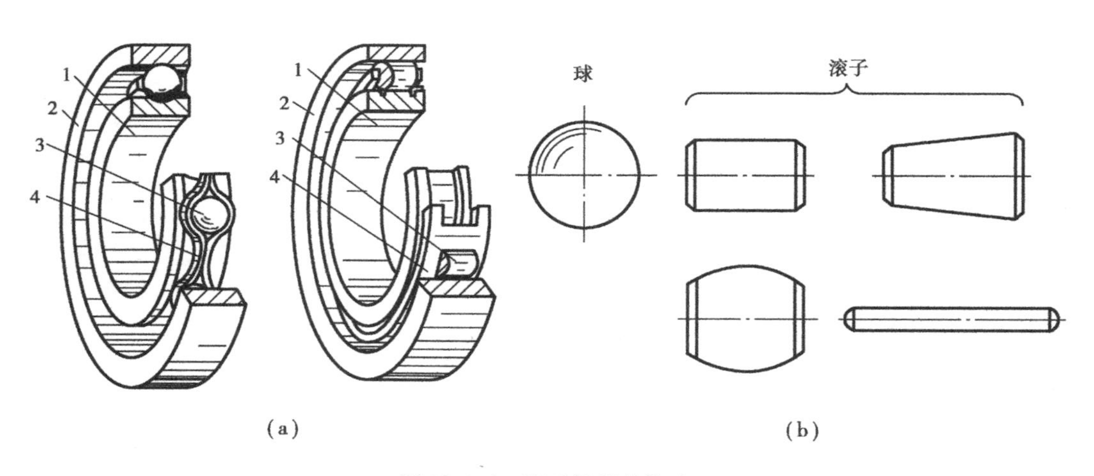

图 13.1.1 滚动轴承的构造

滚动轴承如图13.1.1(a)所示，一般是由内圈1、外圈2、滚动体3及保持架4组成。内圈装在轴颈上，外圈装在机座或零件的轴承孔内。内外圈上均加工有滚道，当内外圈相对旋转时，滚动体将沿着滚道滚动。保持架的作用是将滚动体均匀地隔开。有些滚动轴承没有内圈、外圈或保持架，但滚动体为其必备的主要元件。常用的滚动体如图13.1.1(b)所示。

滚动轴承中的滚动体与内外圈的材料应具有较高的硬度和接触疲劳强度、良好的耐磨性和冲击韧性。一般用GCr15、GCr15SiMn、GCr6、GCr9等含铬合金钢制造，经热处理后硬度可达61～65HRC，工作表面须经磨削和抛光。保持架多用低碳钢板通过冲压成形方法制造，高速轴承多采用有色金属或塑料保持架。

13.1.2 滚动轴承的结构特性

(1)公称接触角

滚动体和外圈接触处的法线 *n*-*n* 与轴承径向平面(垂直于轴承轴心线的平面)的夹角称为公称接触角，用 α 表示(图13.1.2)。公称接触角的大小反映轴承承受轴向负荷的能力。α 越大，轴承承受轴向负荷的能力越大。

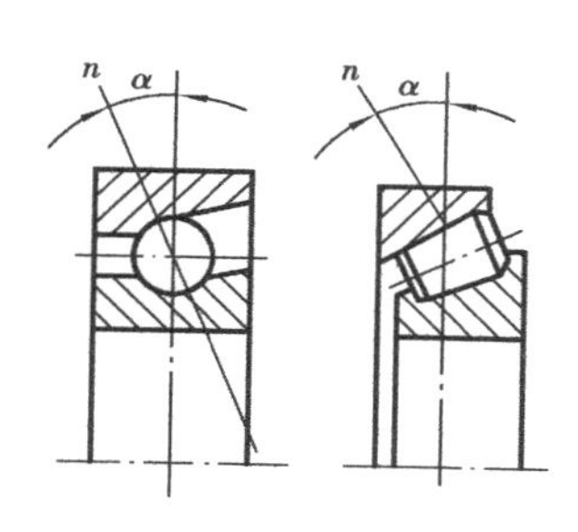

图13.1.2 公称接触角

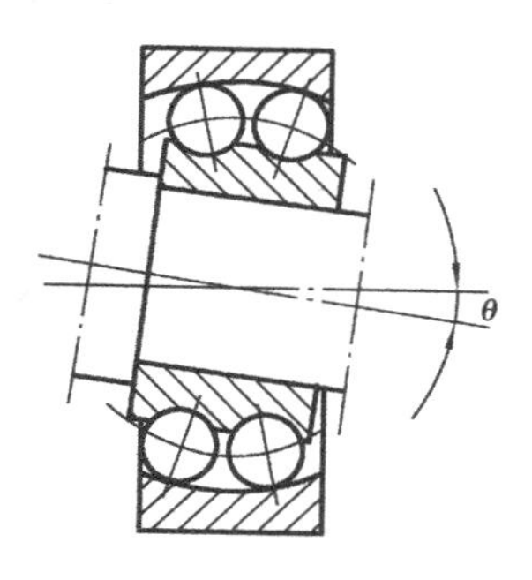

图13.1.3 角偏位

(2)角偏位

轴承内、外圈轴线相对倾斜时所夹的锐角称为角偏位，用 θ 表示(图13.1.3)。角偏位可以补偿因加工、安装误差和轴变形造成的内、外圈轴线的倾斜。能自动适应角偏位并保持正常工作性能的轴承称为自动调心轴承。

(3)游隙

游隙是滚动轴承内、外圈间可径向或轴向移动的间隙，径向游隙用 u_r 表示，轴向游隙用 u_a 表示(图13.1.4)。

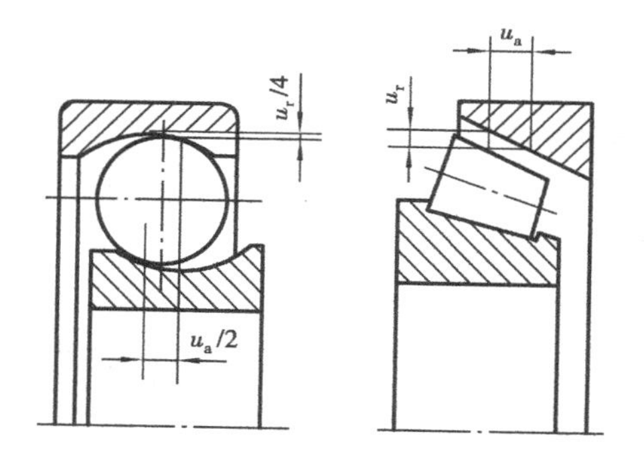

图13.1.4 轴承游隙

(4)极限转速

滚动轴承的极限转速是指在一定负荷及润滑条件下轴承许可的最高转速。选用轴承时，应使其工作转速低于极限转速。

13.1.3 滚动轴承的类型及性能特点

滚动轴承的分类方法很多，通常有如下的几种分类方法：

①按轴承承受载荷的方向或接触角的不同可分为向心轴承（只能或主要承受径向载荷）和推力轴承（只能或主要承受轴向载荷）。

②按滚动体的类型，轴承可分为球轴承和滚子轴承。

③按滚动体的列数，可分为单列、双列和多列轴承。

④按工作时轴承能否起调心作用，可分为调心轴承和非调心轴承。

⑤按安装轴承时其内、外圈可否分别安装，可分为可分离轴承和不可分离轴承。

⑥按公差等级分又可分为0、6x、6、5、4、2级滚动轴承。

常用滚动轴承的主要基本类型、代号、结构简图、性能特点及应用见表13.1.1。

表13.1.1　常用滚动轴承的类型、代号及特性

轴承名称	类型代号	简　　图	主要特性
双列角接触球轴承	0 (6)	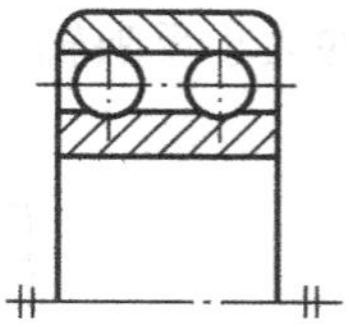	能同时承受径向载荷和双向的轴向载荷，具有相当于一对角接触球轴承背对背安装的特性
调心球轴承	1 (1)	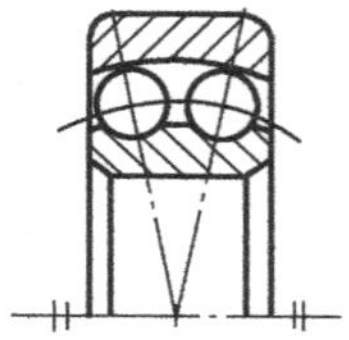	主要承受径向载荷，能承受较小的轴向载荷，允许偏位角小于2°～3°，能自动调心
调心滚子轴承	2 (3)	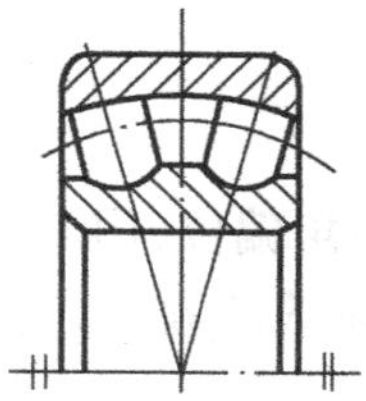	与调心球轴承的特性类似，但承载能力较大，允许偏位角小于1°～2.5°
推力调心滚子轴承	2 (9)	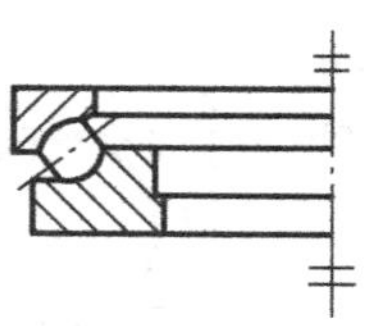	能承受很大的轴向载荷和不大的径向载荷，能自动调心，允许偏位角小于2°～3°
圆锥滚子轴承	3 (7)	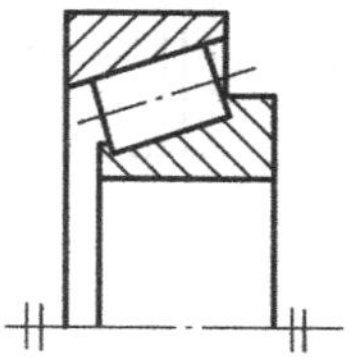	内外圈可以分离，便于调整游隙；除能承受径向载荷外，还能承受较大的单向轴向载荷

续表

轴承名称	类型代号	简 图	主要特性
双列深沟球轴承	4 (0)	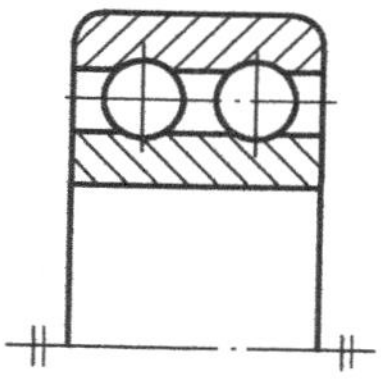	具有深沟球轴承的特性,比深沟球轴承的承载能力大,可用于比深沟球轴承要求更高的场合
推力球轴承	5 (8)	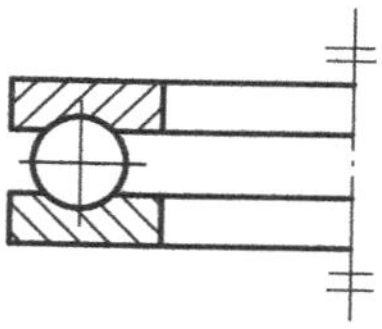 51000	套圈可分离,承受单向轴向载荷;高速时离心应力大,故极限转速低
		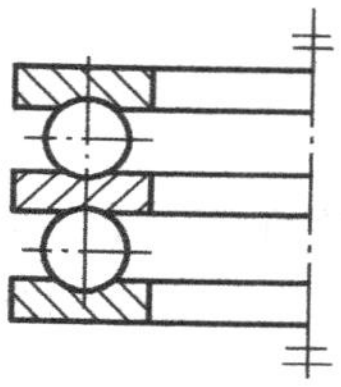 52000	可双向承受轴向载荷
深沟球轴承	6 (0)	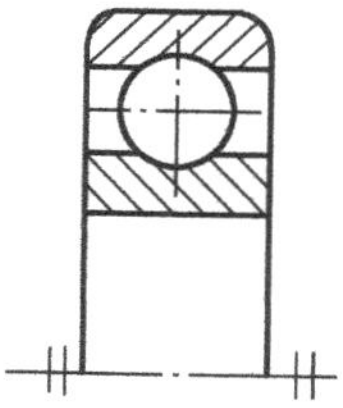	主要承受径向载荷,也能承受一定的双向轴向载荷,可用于较高转速;价格低廉,应用最广
角接触球轴承	7 (6)	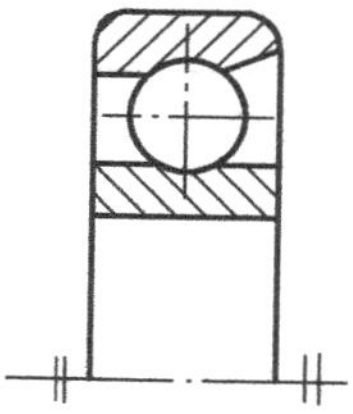	可承受径向载荷和较大单向轴向载荷,接触角越大,则可承受轴向载荷越大
推力圆柱滚子轴承	8 (9)	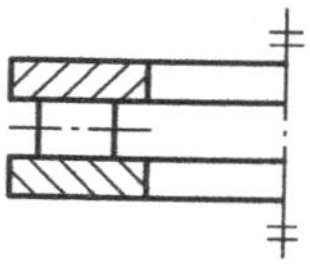	能承受较大的单向轴向载荷,限制单向轴向位移,极限转速低

续表

轴承名称	类型代号	简　图	主要特性
圆柱滚子轴承	N (2)		内外套圈可以分离,不能承受轴向载荷;由于是线接触,故能承受较大的径向载荷

注:括号中为旧标准代号。

13.2　滚动轴承的代号及类型选择

13.2.1　滚动轴承的代号

滚动轴承虽为标准件,但其类型很多,而且各类轴承又有不同的结构、尺寸、公差等级和技术要求,为了便于设计、生产和选用,GB/T272—1993 对滚动轴承代号的表示方法做了统一规定。常用滚动轴承代号由基本代号、前置代号和后置代号组成。代号通常刻在轴承外圈端面上,其具体排列顺序如下:

【前置代号】【基本代号】【后置代号】

(1)基本代号

基本代号表示轴承的基本类型、结构和尺寸,是轴承代号的基础和核心。它由类型代号、尺寸系列代号和内径代号构成。

1)内径代号

基本代号右起第一、二位数字表示轴承内径,常用轴承内径的表示方法见表 13.2.1 所列。

表 13.2.1　滚动轴承内径代号

轴承内径/mm		内径代号	示　例
10 ~ 17	10	00	深沟球轴承 6300, $d = 10$ mm
	12	01	
	15	02	
	17	03	
20 ~ 480(22,28,32 除外)		用公称内径毫米数除以 5 所得的商数表示,当商数为一位数时,需在左边加“0”	调心滚子轴承 23209, $d = 45$ mm
22,28,32 以及 500 以上		用公称内径毫米数直接表示,但在尺寸系列之间用“/”隔开	深沟球轴承 62/22, $d = 22$ mm

2)尺寸系列代号

基本代号右起第三、第四位数字是轴承的尺寸系列代号,由轴承的直径系列代号和宽(高)度系列代号组成,见表13.2.2。

直径系列代号表示具有相同内径而外径不同的轴承系列,用右起第三位数字表示;宽度系列代号表示内、外径相同而宽(高)度不同的轴承系列,用右起第四位数字表示。宽度系列代号用于向心轴承,代号为0时可省略不标;高度系列代号用于推力轴承。

表13.2.2 尺寸系列代号

直径系列代号	向心轴承								推力轴承			
	宽度系列代号								高度系列代号			
	8	0	1	2	3	4	5	6	7	9	1	2
	尺寸系列代号											
7	—	—	17	—	37	—	—	—	—	—	—	—
8	—	08	18	28	38	48	58	68	—	—	—	—
9	—	09	19	29	39	49	59	69	—	—	—	—
0	—	00	10	20	30	40	50	60	70	90	10	—
1	—	01	11	21	31	41	51	61	71	91	11	—
2	82	02	12	22	32	42	52	62	72	92	12	22
3	83	03	13	23	33	—	—	—	73	93	13	23
4	—	04	—	24	—	—	—	—	74	94	14	24
5	—	—	—	—	—	—	—	—	—	95	—	

3)类型代号

基本代号右起第五位表示轴承类型,滚动轴承的类型代号用数字或大写拉丁字母表示,见表13.2.3。

表13.2.3 滚动轴承类型代号(新旧对照表)

轴承类型	代 号	原代号	轴承类型	代 号	原代号
双列角接触球轴承	0	6	深沟球轴承	6	0
调心球轴承	1	1	角接触球轴承	7	6
调心滚子轴承和推力调心滚子轴承	2	3、9	推力圆柱滚子轴承	8	9
圆锥滚子轴承	3	7	圆柱滚子轴承	*N*	2
双列深沟球轴承	4	0	外球面球轴承	*U*	0
推力球轴承	5	8	四点接触球轴承	*QJ*	6

(2)前置、后置代号

当轴承的结构、形状、公差、技术要求等有改变时,分别在轴承基本代号左侧加前置代号、在轴承基本代号的右侧加后置代号来表示。

前置代号表示成套轴承分部件,用字母表示。例如:“L”表示可分离轴承的可分离内圈和外圈;“K”表示滚子和保持架组件等。后置代号用字母(或字母加数字)表示,并与基本代号空半个汉字距离或用符号“—”、“/”分隔,后置代号共分8组,其排列顺序见表13.2.4。

表13.2.4 前置、后置代号排列

轴承代号									
前置代号	基本代号	后置代号(组)							
		1	2	3	4	5	6	7	8
成套轴承分部件		内部结构	密封与防尘及套圈变形	保持架及其材料	轴承材料	公差等级	游隙	配置	其他

常用的后置代号有:

1)内部结构代号

表示同一类型轴承的内部结构不同。例如:角接触轴承的公称接触角为15°、25°和40°,分别用“C”、“AC”和“B”表示;同一类型的加强型用E表示等。

2)公差等级代号

轴承的公差等级按精度由低到高分为六级,分别为0级、6x级、6级、5级、4级和2级,其相应的代号分别用“/P0”、“/P6x”、“/P6”、“/P5”、“/P4”和“/P2”表示。其中,P6x级仅适用于圆锥滚子轴承,P0为普通级,代号可省略。

3)游隙代号

游隙是滚动轴承内、外圈间可径向或轴向移动的间隙,游隙可影响轴承的运动精度、寿命、噪声、承载能力等。轴承游隙分为6个组别,径向游隙依次由小到大。常用游隙组别为“0组”,在轴承代号中不标出,其余游隙组别分别用“/C1”、“/C2”、“/C3”、“/C4”、“C5”表示。

例13.1 说明6206、7312AC/P4、31415E、N308/P5轴承代号的含义。

解 ①6206 类型代号6表示为深沟球轴承,尺寸系列为02(其中0表示正常宽度,省略),内径代号为06,表示内径 $d=6\times5$ mm $=30$ mm,后置代号省略,公差等级代号为P0级,游隙代号为0组。

②7312AC/P4 类型代号为7表示角接触球轴承,尺寸系列为03(其中0表示正常宽度,省略),轴承内径为 $d=12\times5$ mm $=60$ mm,AC表示接触角 $\alpha=25°$,公差等级为P4级。

③31415E 类型代号3表示为圆锥滚子轴承,尺寸系列为14(其中宽度系列代号为1,直径系列代号为4),轴承内径为 $d=15\times5$ mm $=75$ mm,E表示加强型,(公差等级为P0级,游隙代号为0组,省略)。

④N308/P5 类型代号N表示为圆柱滚子轴承,尺寸系列为03,轴承内径为 $d=8\times5$ mm $=40$ mm,公差等级为P5级,(游隙代号为0组,省略)。

13.2.2 滚动轴承的类型选择

在选用轴承时,首先要确定轴承的类型,然后在对各类轴承性能特点充分了解的基础上,综合考虑轴承的工作条件、使用要求等因素进行选用。一般情况,轴承类型的选择可按下述原则进行。

(1)载荷的大小、方向和性质

当轴承承受纯轴向载荷时,宜选用推力轴承。当轴承承受纯径向载荷时,宜选用深沟球轴承、圆柱滚子轴承或滚针轴承。当轴承同时受径向和轴向载荷时:若轴向载荷较小,宜选用深沟球轴承或接触角较小的角接触球轴承、圆锥滚子轴承;若轴向载荷较大,宜选用接触角较大的角接触球轴承、圆锥滚子轴承;若轴向载荷很大而径向载荷较小时,宜选用角接触推力轴承,或选用向心轴承和推力轴承的组合支承结构。

(2)轴承的转速

转速一般对轴承类型的选择没有影响,但应注意其工作转速应低于其极限转速。球轴承(推力轴承除外)较滚子轴承极限转速高。当转速较高时,宜优先选用球轴承;当转速较低时,应选用滚子轴承。在同类型轴承中,直径系列中外径较小的轴承,宜用于高速;外径较大的轴承,宜用于低速。

(3)轴承的调心性能

当弯曲变形较大或跨距大而两轴承孔的同轴度较差时,宜选用调心轴承。

(4)轴承的装调

对于需经常装拆的轴承或支持长轴的轴承,为了便于装拆和紧固,宜选用内外圈可分离的轴承(如N0000、NA0000等)以及带内锥孔和紧固套的轴承。另外,当径向空间受限制时,应选轻系列、特轻系列或滚针轴承;当轴向尺寸受限制时,宜选用窄系列轴承。

(5)经济性

特殊结构的轴承价格比一般轴承的价格高;滚子轴承比球轴承的价格高;调心轴承比非调心轴承价格高;同型号而不同公差等级的轴承,其价格相差很大。因此,在满足使用要求的前提下,尽量选用价位较低的轴承,以降低产品的成本。

13.3　滚动轴承的寿命计算

13.3.1　滚动轴承的失效形式及计算准则

(1)滚动轴承的失效形式

滚动轴承的主要失效形式有三种:疲劳点蚀、塑性变形和磨损。

1)疲劳点蚀

疲劳点蚀使轴承产生振动和噪声,旋转精度下降,影响机器的正常工作,是一般滚动轴承的主要失效形式。

2)塑性变形(过量的永久变形)

当轴承转速很低($n\leqslant 10$ r/min)或间歇摆动时,一般不会发生疲劳点蚀,而此时轴承往往因受过大的静载荷或冲击载荷而产生过大的塑性变形,使轴承失效。

3)磨损

由于设计、装配、润滑不良、密封和维护不当,使杂质和灰尘的侵入导致轴承过度磨损,造成轴承丧失旋转精度而失效。

(2)滚动轴承的计算准则

为了保证轴承正常工作,应对其主要失效形式进行计算。其计算准则为:

①对一般转动的轴承,疲劳点蚀是其主要失效形式,故应进行寿命计算。

②对于摆动或转速极低的轴承,塑性变形是其主要失效形式,故应进行静强度计算。

③对于高速轴承,胶合是其主要失效形式,故除进行寿命计算外,还应校验轴承的极限转速。

13.3.2 滚动轴承的基本额定寿命和基本额定动载荷

(1)滚动轴承寿命的概念

1)寿命

单个轴承中的任一元件出现疲劳点蚀前,两套圈相对转动的总转数或在一定的转速下的工作小时数称为该轴承的寿命。

2)可靠度

一组相同的轴承能够达到或超过规定寿命的百分率,称为轴承寿命的可靠度。

(2)滚动轴承的基本额定寿命

大量实验结果表明,因材质和热处理的不均以及制造误差等因素的影响,即使是同一型号、同一批生产的轴承,在相同条件下工作,其寿命也各不相同。经过试验可得如图13.3.1所示的轴承寿命分布曲线。可以看出,轴承寿命的离散性很大,最高寿命与最低寿命有几十倍差异。对于单个轴承,很难预知其寿命。为此,引入一种在概率条件下的基本额定寿命作为轴承计算的依据。轴承的基本额定寿命是指一组相同的轴承,在相同条件下运转,其中90%的轴承不发生点蚀破坏前的总转数L_{10}(单位为10^6 r)或一定转速下的工作小时数。即可靠度$R=90\%$(或失效概率$R_f=10\%$)时的轴承寿命。所以,按基本额定寿命计算选用的轴承,可能有10%以内的轴承提前失效,也即可能有90%的轴承超过预期寿命。对于单个轴承而言,能达到或超过此预期寿命的可靠度为90%。

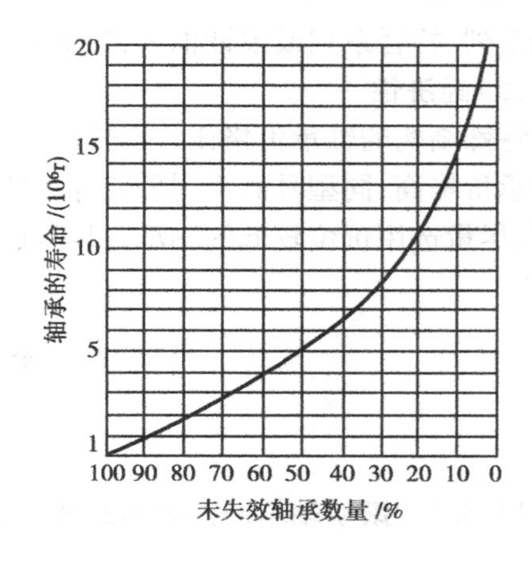

图13.3.1 轴承寿命曲线

(3)滚动轴承的基本额定动载荷

轴承抗疲劳点蚀的能力可用基本额定动载荷表征。基本额定寿命恰好为一百万转(10^6 r)时,轴承所能承受的载荷称为基本额定动载荷,用C表示。对于向心轴承基本额定动载荷是指纯径向载荷,称为径向基本额定动载荷C_r;对于推力轴承的基本额定动载荷是指纯轴向载荷,称为轴向基本额定动载荷C_a。基本额定动载荷C表征了不同型号轴承的抗疲劳点蚀失效能力,它是选择轴承型号的重要依据。各种类型、各种型号轴承的基本额定动载荷值,可从轴承手册中查得。

13.3.3 滚动轴承的当量动载荷

表 13.3.1 径向载荷系数 X 和轴向载荷系数 Y

轴承类型		F_a/C_{0r}①	判断系数 e③	单列轴承				双列轴承(或成对安装的单列轴承)			
名称	代号			$F_a/F_r \le e$		$F_a/F_r > e$		$F_a/F_r \le e$		$F_a/F_r > e$	
				X	Y	X	Y	X	Y	X	Y
调心球轴承	10000	—	$1.5\tan\alpha$②					1	$0.42\cot\alpha$	0.65	$0.65\cot\alpha$
调心滚子轴承	20000	—	$1.5\tan\alpha$					1	$0.45\cot\alpha$	0.67	$0.67\cot\alpha$
圆锥滚子轴承	30000	—	$1.5\tan\alpha$	1	0	0.4	$0.4\cot\alpha$	1	$0.45\cot\alpha$	0.67	$0.67\cot\alpha$
深沟球轴承	60000	0.014 0.028 0.056 0.084 0.11 0.17 0.28 0.42 0.56	0.19 0.22 0.26 0.28 0.30 0.34 0.38 0.42 0.44	1	0	0.56	2.30 1.99 1.71 1.55 1.45 1.31 1.15 1.04 1.00				
角接触球轴承	70000C $\alpha=15°$	0.015 0.029 0.058 0.087 0.120 0.170 0.290 0.44 0.58	0.38 0.40 0.43 0.46 0.47 0.50 0.55 0.56 0.56	1	0	0.44	1.47 1.40 1.30 1.23 1.19 1.12 1.02 1.00 1.00	1	1.65 1.57 1.46 1.38 1.34 1.26 1.14 1.12 1.12	0.72	2.39 2.28 2.11 2.00 1.93 1.82 1.66 1.63 1.63
	70000AC $\alpha=25°$	—	0.68	1	0	0.41	0.87	1	0.92	0.67	1.41

注:①C_{0r}为径向基本额定静载荷,由产品目录查出。

②α 的具体数值按不同型号由产品目录或有关手册查出。

③e 为判别轴向载荷 F_a对当量动载荷 P 的影响程度的参数。

滚动轴承的基本额定动载荷 C 是在一定载荷条件下确定的,即向心轴承只承受径向载荷 F_r,推力轴承只承受轴向载荷 F_a。而轴承实际工作时,可能同时承受径向载荷和轴向载荷的综合作用,因而在进行轴承寿命计算时,必须将实际载荷转换成与确定 C 值的载荷条件相同的假想载荷。在此载荷的作用下,轴承的寿命与实际载荷作用下的寿命相同,该假想载荷称为

当量动载荷,以 P 表示。其计算公式为

$$P = XF_r + YF_a \tag{13.3.1a}$$

式中,X 为径向载荷系数,Y 为轴向载荷系数,其值见表 13.3.1。

对于只承受径向载荷的向心轴承,其当量动载荷为

$$P = F_r \tag{13.3.1b}$$

对于只承受轴向载荷的推力轴承,其当量动载荷为

$$P = F_a \tag{13.3.1c}$$

13.3.4 轴承寿命的计算公式

大量的实验证明滚动轴承所承受的载荷 P 与寿命 L 之间的关系曲线如图 13.3.2 所示,该曲线称为疲劳寿命曲线,其曲线方程为

$$L_{10}P^{\varepsilon} = 常数 \tag{13.3.1}$$

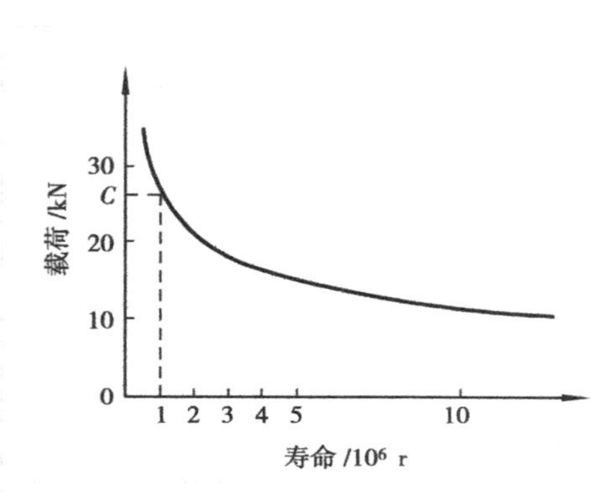

图 13.3.2 滚动轴承的 P-L 曲线

式中,P 为当量动载荷(N);L_{10} 为基本额定寿命(10^6 r);ε 为轴承的寿命指数,对于球轴承 $\varepsilon=3$,对于滚子轴承 $\varepsilon=10/3$。

当基本额定寿命 $L_{10}=1$(10^6 r)时,轴承所能承受的载荷为基本额定动载荷 C。此时式(13.3.1)可写成

$$L_{10}P^{\varepsilon} = 1 \times C^{\varepsilon}$$

即

$$L_{10} = \left(\frac{C}{P}\right)^{\varepsilon} \times 10^6 \tag{13.3.2}$$

式(13.3.2)为轴承基本额定寿命的理论计算公式。

实际计算轴承寿命时,常用小时作为计算单位。此时轴承寿命 L_h 的计算公式应为

$$L_h = \frac{10^6}{60n}\left(\frac{C}{P}\right)^{\varepsilon} = \frac{16\ 667}{n}\left(\frac{C}{P}\right)^{\varepsilon} \geqslant [L_h] \tag{13.3.3}$$

式中,n 为轴承转速(r/min);$[L_h]$ 为轴承的预期寿命,见表 13.3.4。

式(13.3.3)是在温度低于 120 ℃及无冲击和震动条件下给定的,实际上轴承在工作过程中,其工作温度对基本额定动载荷会产生影响,冲击、震动对轴承寿命也会产生影响。综合两方面的因素考虑,引入温度修正系数 f_t 和载荷修正系数 f_p 后,可得实际工作情况下的轴承寿命计算公式为

$$L_h = \frac{10^6}{60n}\left(\frac{f_tC}{f_pP}\right)^{\varepsilon} = \frac{16\ 667}{n}\left(\frac{f_tC}{f_pP}\right)^{\varepsilon} \geqslant [L_h] \tag{13.3.4}$$

式中,f_t 为温度影响系数,见表 13.3.2;f_p 为载荷影响系数,见表 13.3.3。

用式(13.3.4)进行校核计算,若算出的轴承寿命 L_h 小于预期寿命 $[L_h]$ 时,应重选轴承型号,再重新进行计算。

如果轴承的预期寿命 $[L_h]$ 已给定,则轴承应具有的基本额定动载 C 的计算公式为

$$C \geqslant \frac{f_PP}{f_t}\left(\frac{n[L_h]}{16\ 667}\right)^{\frac{1}{\varepsilon}} \tag{13.3.5}$$

在设计选择轴承型号时，先由式(13.3.5)求出轴承所需的基本额定动载荷 C 值，再由该计算值查轴承手册来选择轴承型号。

表 13.3.2 温度系数 f_t

轴承工作温度/℃	≤120	125	150	175	200	225	250	300	350
f_t	1.0	0.95	0.9	0.85	0.8	0.75	0.7	0.6	0.5

表 13.3.3 载荷系数 f_p

载荷性质	f_p	举 例
无冲击或轻微冲击	1.0~1.2	电动机、汽轮机、通风机、水泵
中等冲击和震动	1.2~1.8	车辆、机床、传动装置、起重机、内燃机、冶金设备等
强大冲击和震动	1.8~3.0	破碎机、轧钢机、石油钻机、振动筛

表 13.3.4 轴承预期寿命的荐用值

机械种类		预期寿命/h
不经常使用的仪器设备		500
间断使用的机器	中断使用不致引起严重后果的手动机械、农业机械	1 000~8 000
	中断使用会引起严重后果，如升降机、运输机、吊车等	8 000~12 000
每天工作 8 h 的机器	利用率不高的齿轮传动、电机等	12 000~20 000
	利用率较高的通风设备、机床等	20 000~30 000
连续工作 24 h 的机器	一般可靠性的空气压缩机、电机、水泵等	50 000~60 000
	高可靠性的电站设备、给排水装置等	>100 000

13.3.5 角接触轴承的轴向载荷计算

(1)内部轴向力

由于结构的原因，角接触球轴承承受径向载荷 F_r 时，会产生内部轴向力，如图 13.3.3 所示。又由于接触角 α 的存在，轴承外圈对于某一个滚体的支撑力 F_t 处于法线方向，F_t 可分解为径向分力 $F_t\cos\alpha$ 和轴向分力 $F_t\sin\alpha$，所有滚动体轴向分力的总和称为角接触轴承的内部轴向力，用 S 表示。其方向由外圈的宽边指向窄边，其大小为 $S=\sum F_t\sin\alpha$。在计算角接触轴承轴向载荷时，必须同时考虑外加轴向载

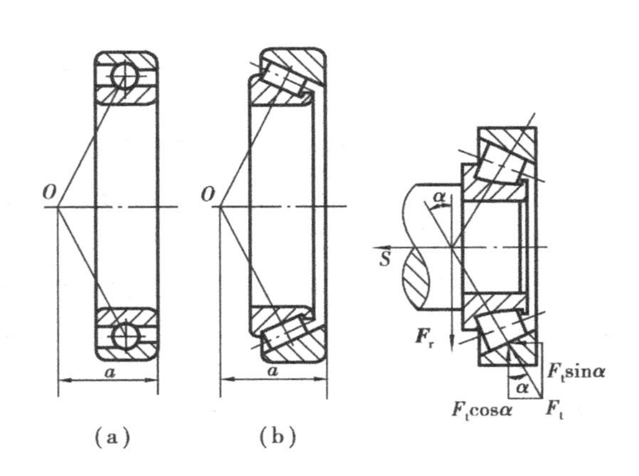

图 13.3.3 角接触轴承的内部轴向力
(a)角接触球轴承 (b)圆锥滚子轴承

荷和轴承径向载荷产生的内部轴向力。

当半圈滚动体受载时，轴承内部轴向力 S 与径向载荷的关系为 $S \approx 1.25F_r\tan\alpha$，此时内部轴向力 S 的近似计算公式见表 13.3.5。

表 13.3.5　内部轴向力 S 的近似计算公式

轴承类型	角接触球轴承			圆锥滚子轴承
	70000C 型 $\alpha=15°$	70000AC 型 $\alpha=25°$	70000B 型 $\alpha=40°$	30000
S	eF_r①	$0.68F_r$	$1.14F_r$	$F_r/(2Y)$②

注：①e 值由表 13.3.1 中查出；

②Y 是对应表 13.3.1 中 $F_a/F_r>e$ 的 Y 值。

(2)角接触轴承的装配形式

为了使轴承的内部轴向力相互抵消，达到力平衡，以避免轴产生轴向窜动，通常采用两个轴承成对使用，对称安装，其安装方式有两种：正装(图 13.3.4(a))和反装(图 13.3.4(b))。采用正装时，两轴承的内部轴向力方向相对；采用反装时，两轴承的内部轴向力方向相背。

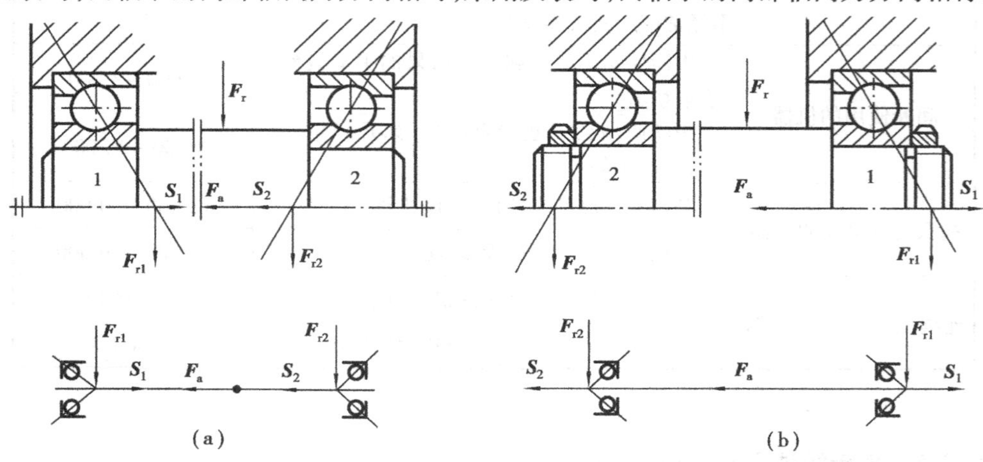

图 13.3.4　成对安装的角接触轴承

(a)正装　(b)反装

(3)成对安装角接触轴承轴向载荷的计算

成对安装角接触轴承的轴向载荷为受径向载荷 F_r产生的内部轴向力 S 和外加轴向载荷 F_a的综合作用。

以图 13.3.4(a)正向安装形式为例，设轴所受的轴向载荷为 $\boldsymbol{F}_a$，轴承 1 和轴承 2 所受径向载荷分别为 $\boldsymbol{F}_{r1}$和 $\boldsymbol{F}_{r2}$，由 $\boldsymbol{F}_{r1}$和 $\boldsymbol{F}_{r2}$产生的内部轴向力分别为 $\boldsymbol{S}_1$和 $\boldsymbol{S}_2$。

当 $F_a+S_2>S_1$ 时，整个轴有向左移动的趋势，则轴承 1 被压紧，而轴承 2 被放松。由力的平衡条件知，轴承 1、轴承 2 所受的轴向载荷分别为

$$F_{a1}=F_a+S_2$$
$$F_{a2}=S_2$$

当 $F_a+S_2<S_1$ 时，轴承有向右移动趋势，则轴承 2 被压紧，而轴承 1 被放松。由力平衡条

件知,轴承 1、轴承 2 的轴向载荷分别为

$$F_{a2} = S_1 - F_a$$

$$F_{a1} = S_1$$

综上所述,得计算两端轴承所受轴向载荷的步骤为:

①由轴承的安装方式确定轴承的内部轴向力 $\boldsymbol{S}_1$ 和 $\boldsymbol{S}_2$ 的大小和方向;

②由轴承的内部轴向力 $\boldsymbol{S}_1$ 和 $\boldsymbol{S}_2$ 及外加轴向载荷 $\boldsymbol{F}_a$ 的合力指向,判断哪个轴承被压紧,哪个轴承被放松。

③压紧端轴承所受的轴向载荷等于除去自身内部轴向力以外的其他轴向力的代数和。

④放松端轴承所受的轴向载荷等于自身内部轴向力。

13.3.6 滚动轴承的静强度计算

滚动轴承的静承载能力是由允许的塑性变形量决定的。进行轴承的静强度计算,是为了限制轴承在静载荷或冲击作用下产生过大的塑性变形。GB/T4662—1993 规定:使受载最大的滚动体与滚道接触中心处的计算接触应力达到一定数值时的静载荷,称为基本额定静载荷,用 C_0表示,C_0值可由机械设计手册查出。

轴承静强度条件为

$$C_0 \geqslant S_0 P_0 \tag{13.3.6}$$

式中,S_0是轴承静强度安全系数,其值可按使用条件参考表 13.3.6 选取。

轴承上作用的径向载荷 $\boldsymbol{F}_r$ 和轴向载荷 $\boldsymbol{F}_a$,应折合成一个假想静载荷,称为当量静载荷,用 P_0表示。

$$P_0 = X_0 F_r + Y_0 F_a \tag{13.3.7}$$

式中,X_0和 Y_0分别为当量静载荷的径向和轴向载荷系数,其值可查轴承手册。

表 13.3.6 静强度安全系数

旋转条件	载荷条件	S_0	使用条件	S_0
连续旋转轴承	普通载荷	1~2	高精度旋转场合	1.5~2.5
	冲击载荷	2~3	震动冲击场合	1.2~1.5
不常旋转及做摆动运动的轴承	普通载荷	0.5	普通旋转精度场合	1.0~1.2
	冲击及不均匀载荷	1~1.5	允许有变形量	0.3~1.0

例 13.2 有一个6314 型轴承,所受径向载荷 $F_r = 5\,000$ N,轴向载荷 $F_a = 2\,500$ N,轴承转速 $n = 1\,500$ r/min,有轻微冲击,常温下工作;试求其寿命。

解 ①确定 C_r

查手册 6314 型轴承的基本额定动载荷 $C_r = 105\,000$ N,基本额定静载荷 $C_{0r} = 68\,000$ N。

②计算 F_a/C_{0r}值,并确定 e 值

$$\frac{F_a}{C_{0r}} = \frac{2\,500}{68\,000} = 0.037$$

由表 13.3.1 查得:当 $F_a/C_{0r} = 0.028$ 时,$e = 0.22$;当 $F_a/C_{0r} = 0.056$ 时,$e = 0.26$。用线性插值法确定所求 e 值得 $e \approx 0.24$。

③计算当量动载荷 P

由式(13.3.1a)得　$P = XF_r + YF_a$

$$\frac{F_a}{F_r} = \frac{2\ 500}{5\ 000} = 0.5 > e$$

由表 13.3.1 查得 $X = 0.56$，$Y = 1.87$(用内插法求得)，则

$$P = (0.56 \times 5\ 000 + 1.87 \times 2\ 500)\text{N} = 7\ 475\ \text{N}$$

④计算轴承寿命

由式(13.3.4)得　$L_h = \frac{16\ 667}{n}\left(\frac{f_t C}{f_p P}\right)^{\varepsilon}$

由表 13.3.3 查得 $f_p = 1.0 \sim 1.2$，取 $f_p = 1.2$；由表 13.3.2 查得 $f_t = 1$(常温下工作)；6314 型轴承为深沟球轴承，寿命指数 $\varepsilon = 3$，则

$$L_h = \frac{16\ 667}{1\ 500}\left(\frac{1 \times 105\ 000}{1.2 \times 7\ 475}\right)^3 \text{h} = 17\ 822\ \text{h}$$

例 13.3　在轴上正装一对 30208 轴承如图 13.3.5 所示，已知轴承所受径向载荷分别为 $F_{r1} = 1\ 080$ N，$F_{r2} = 2\ 800$ N，外加轴向载荷 $F_a = 230$ N；试确定哪个轴承危险。

解　①计算内部轴向力 S　由表 13.3.5 查得

$$S = \frac{F_r}{2Y}$$

由手册查得 30208 轴承的接触角 $\alpha = 14°2'10''$

由表 13.3.1 查得 $Y = 1.6$，$e = 0.37$

$$S_1 = \frac{F_{r1}}{2Y} = \frac{1\ 080}{2 \times 1.6}\ \text{N} = 337.5\ \text{N}$$

$$S_2 = \frac{F_{r2}}{2Y} = \frac{2\ 800}{2 \times 1.6}\ \text{N} = 875\ \text{N}$$

$\boldsymbol{S_1}$、$\boldsymbol{S_2}$的方向如图 13.3.5 所示。

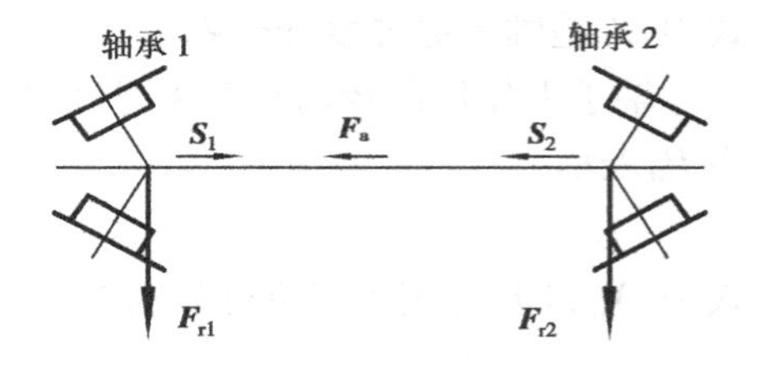

图 13.3.5　例 13.3 图

②计算轴承所受的载荷

$$F_a + S_2 = (230 + 875)\text{N} = 1\ 105\ \text{N} > S_1$$

轴有向左移动趋势，轴承 1 被压紧，轴承 2 被放松。轴承所受的轴向载荷为

轴承 1　　$F_{a1} = F_a + S_2 = (230 + 875)\text{N} = 1\ 105\ \text{N}$

轴承 2　　$F_{a2} = S_2 = 875\ \text{N}$

③计算当量动载荷 P

由式(13.3.1a)得 $P = XF_r + YF_a$

轴承 1　$\frac{F_{a1}}{F_{r1}} = \frac{1\ 105}{1\ 080} = 1.023 > e$

由表 13.3.1 查得 $X_1 = 0.4$，$Y_1 = 0.6$。

$$P_1 = (0.4 \times 1\ 080 + 1.6 \times 1\ 105)\text{N} = 2\ 200\ \text{N}$$

轴承 2　$\frac{F_{a2}}{F_{r2}} = \frac{875}{2\ 800} = 0.313 < e$

由表 13.3.1 查得 $X_2 = 1$，$Y_2 = 0$。

$$P_2 = (1 \times 2\ 800 + 0)\text{N} = 2\ 800\ \text{N}$$

故 $P_2 > P_1$，轴承2危险。

13.4 滚动轴承的组合设计

为了确保轴承能正常工作，除了合理选择轴承的类型和尺寸外，还必须正确地解决轴承的支承结构、固定、配合、调整、润滑和密封等一系列问题，即还要进行轴承的组合设计。

13.4.1 滚动轴承的支承结构

滚动轴承的支承结构有三种基本形式：

(1)两端固定

如图13.4.1所示，使轴的两个支点中每一个支点都限制轴的单向移动，两个支点合起来就限制了轴的双向移动，此固定方式称为两端固定。它适用于工作温度不高，支承跨度 $L \leqslant 350$ mm 的支承结构。为了使轴的受热伸长得以补偿，通常在一端轴承的外圈和轴承端面间留有 $a = 0.2 \sim 0.4$ mm 的轴向间隙。

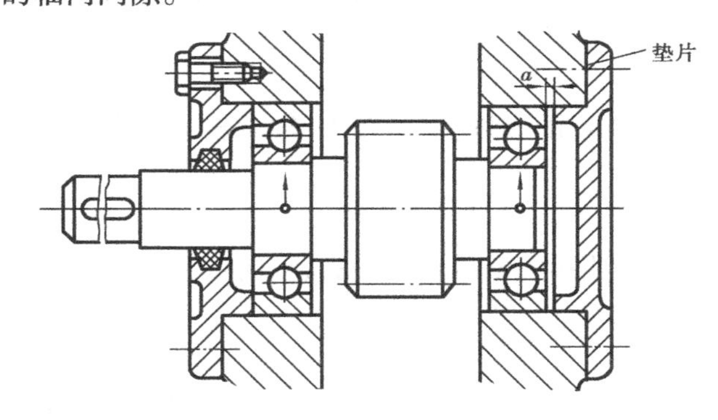

图13.4.1 两端固定的支承

(2)一端固定，一端游动

如图13.4.2所示，此种固定方式是在两个支点中使一个支点双向固定，另一支承点可做轴向移动，以适应轴的热胀冷缩。可做轴向移动的支承点称为游动支点。这种结构适用于温度较高或支承跨度 $L > 350$ mm 的场合，但此种支承方式不能承受轴向载荷。

(3)两端游动

如图13.4.3所示，这种固定方式，其两端均为游动支承。因人字齿轮的啮合作用，当大齿轮的轴向位置固定后，小齿轮轴的轴向位置将随之确定，若再将小齿轮轴的轴向位置也固定，则会发生干涉以至卡死。为了防止卡死，图中小齿轮两端都采用圆柱滚子轴承，滚动体与外圈间可以轴向移动。

13.4.2 滚动轴承的轴向固定

滚动轴承的支承结构需要通过轴承内圈和外圈的轴向固定来实现。

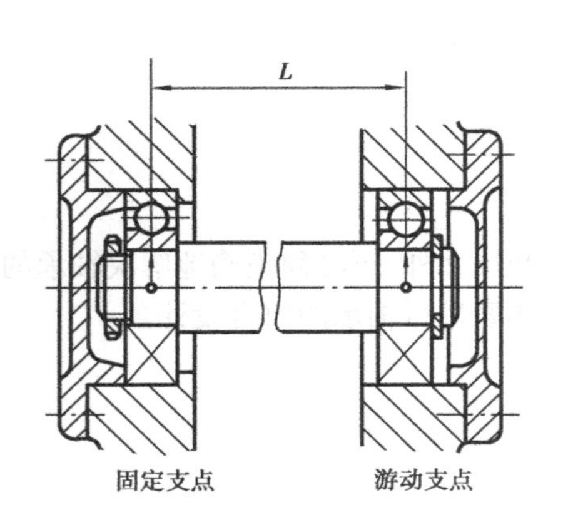

图 13.4.2　一端固定,一端游动支承

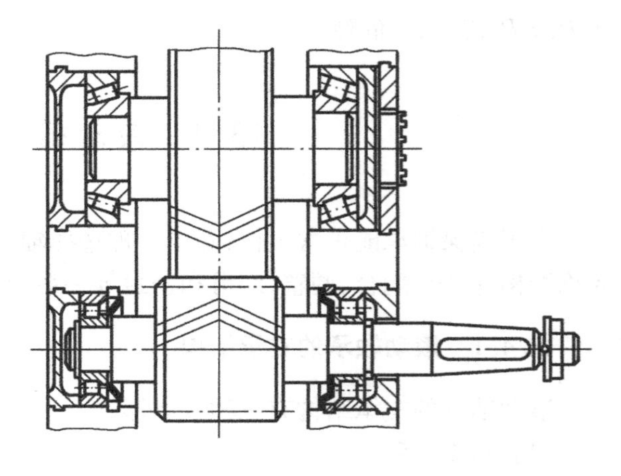

图 13.4.3　两端游动支承

(1)轴承内圈在轴上固定

1)轴用弹性挡圈紧固

如图 13.4.4(a)所示为用弹性挡圈紧固的固定方式。此方式其结构比较简单,装拆也较方便,占用空间小,多用于深沟球轴承的固定。

2)轴端挡圈固定

如图 13.4.4(b)所示,主要用于轴向负荷较大、轴承转速较高、轴端车制螺纹有困难的场合。

3)圆螺母固定

如图 13.4.4(c)所示,主要用于轴承转速较高、轴向负荷较大的场合,这种方法需与止动垫圈配套使用,以防止螺母松动。

4)紧定套固定

如图 13.4.4(d)所示,用于转速不高、承受平稳的径向载荷和较小的轴向载荷的调心轴承,在轴颈上安装有锥形带槽紧定套,紧定套用螺母和止动垫圈定位。

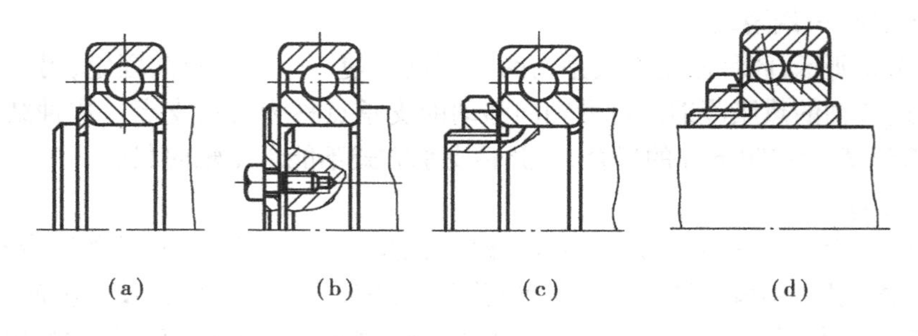

图 13.4.4　内圈的轴向固定方法

(2)轴承外圈在孔座上固定

1)孔用弹性挡圈固定

如图 13.4.5(a)所示为外圈用弹性挡圈紧固的固定方式。此方式其结构简单,装拆方便,占用空间小,多用于圆柱滚子轴承和轴向负荷不大的深沟球轴承。

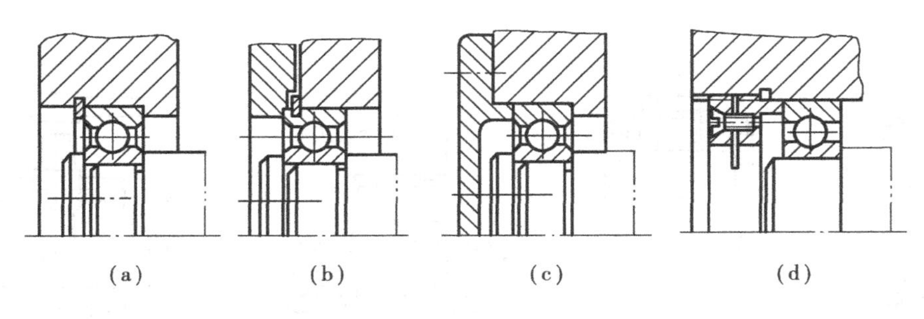

图 13.4.5 外圈的轴向固定方法

2)用止动环固定

如图 13.4.5(b)所示,这种方法仅适用于外圈带止动槽的深沟球轴承,且外壳为剖分式结构。

3)轴承盖固定

如图 13.4.5(c)所示为外圈用轴承盖紧固的一种固定方式。此方式结构简单,紧固可靠,调整方便,适用于转速高、轴向负荷大的各种向心轴承。

4)带槽锁紧螺母固定

如图 13.4.5(d)所示,适用于转速高、轴向负荷大且不便于用轴承盖固定的场合。

13.4.3 滚动轴承的配合

轴承的配合是指内圈与轴、外圈与座孔的配合。

滚动轴承是标准件,因而轴承外圈与轴承座孔的配合采用基轴制,而轴承内圈与轴的配合采用基孔制。

一般来说,选择轴承的配合时应着重考虑如下因素:

(1)载荷

载荷较大时,应选较紧的配合;当载荷方向不变时,转动圈配合宜紧一些,而不动圈配合宜松一些。

(2)装卸

常装卸的轴承应选间隙配合或过渡配合为宜。

(3)转速

转速较高、震动较大时,宜选过盈配合。

对于一般机械,由于轴承内圈与轴一起转动,外圈固定不动,因此,轴常用 r6、n6、m6、k6、js6 公差带;而座孔常用 G7、H7、J7、K7、M7 公差带。

13.4.4 滚动轴承的装拆

对轴承进行组合设计时,必须考虑轴承的装拆。安装和拆卸轴承时,所加的作用力应直接加在套圈的端面上,不能通过滚动体传递。

为了使轴承、轴不至于损坏,对于尺寸较大的轴承,可先将轴承放入温度低于 100 ℃的油中预热,然后热装;对于中、小型轴承,可用软锤直接打入。拆卸轴承应借助压力机或其他专用装拆工具,滚动轴承的装拆过程如图 13.4.6 所示。

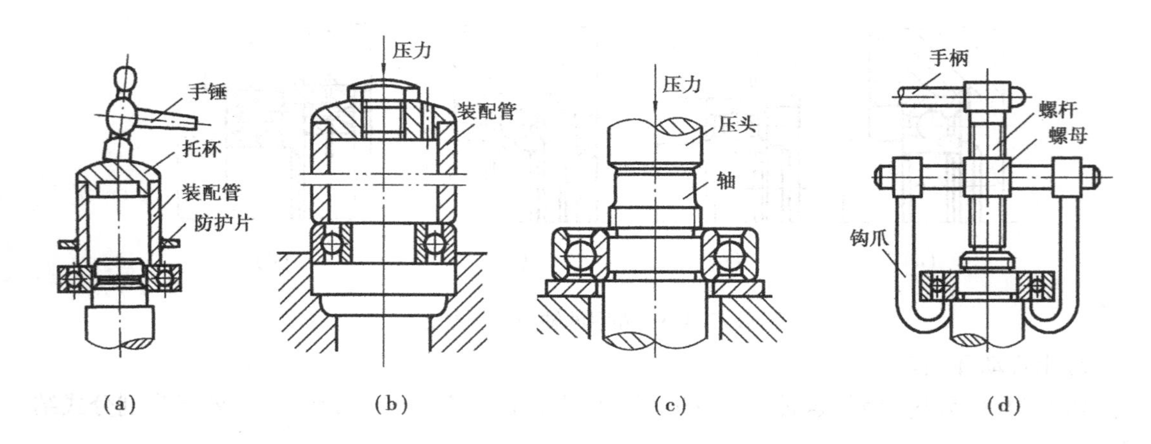

图 13.4.6　滚动轴承的拆装

(a)用手锤将轴承装配到轴上　(b)将轴承压装在壳体孔中

(c)用压力机拆卸轴承　(d)用拆卸器拆卸轴承

13.4.5　滚动轴承的润滑与密封

(1)滚动轴承的润滑

滚动轴承润滑的目的是为了减少摩擦和磨损,同时也有冷却、吸震、防锈和减小噪声的作用。

常用润滑剂有两种润滑油和润滑脂。一般轴承采用润滑脂润滑。

滚动轴承的润滑方式可根据 dn 值来确定。d 为滚动轴承内径(mm),n 为轴承转速(r/min),各种润滑方式下轴承允许的 dn 值见表 13.4.1。

表 13.4.1　各种润滑方式下轴承的 dn 允许值　　[10^4(mm·r)/min]

轴承类型	脂润滑	油浴润滑	滴油润滑	循环油润滑	喷雾润滑
深沟球轴承	16	25	40	60	>100
调心球轴承	16	25	40		
角接触球轴承	16	25	40	60	>60
圆柱滚子轴承	12	25	40	60	>60
圆锥滚子轴承	10	16	23	30	
调心滚子轴承	8	12		25	
推力球轴承	4	6	12	15	

(2)轴承的密封

轴承的密封是为了阻止灰尘、水分等杂物进入轴承,同时也是为了防止润滑剂的流失。密封方式分为两类:接触式和非接触式。

1)接触式密封

①毡圈密封(图 13.4.7)　适用于接触处轴的圆周速度小于 4~5 m/s,温度低于 90 ℃的脂润滑。此密封方式结构简单,但摩擦较大。

②唇式密封(图13.4.8)　密封圈由耐油橡胶或皮革制成。安装时,注意密封唇的朝向。密封唇向里,主要是防止轴承中润滑剂外泄(图13.4.8(a));密封唇向外,主要是防止杂质进入轴承(图13.4.8(b));若兼需防尘和防漏油时,可用两个密封圈(图13.4.8(c))。唇式密封效果比毡圈密封好,使用方便,密封可靠,适用于接触处轴的圆周速度 $v \leqslant 7$ m/s,温度低于100 ℃的脂或油润滑。

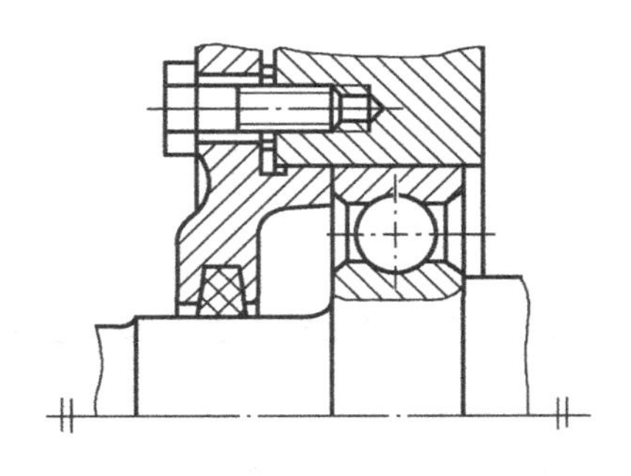

图13.4.7　毡圈密封

接触式密封要求轴颈硬度大于40HRC,表面粗糙度 $R_a < 0.8$ μm。

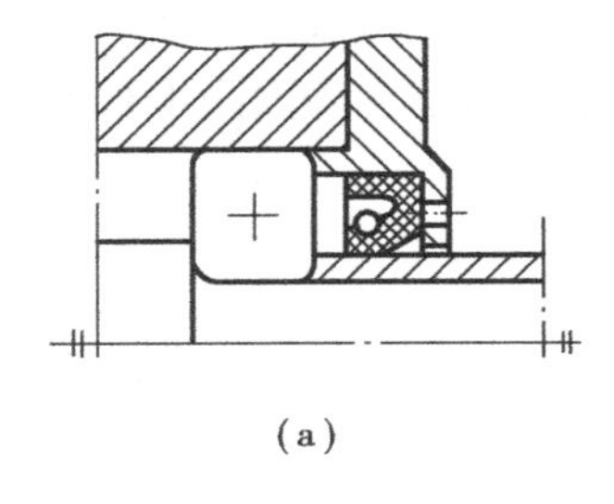

(a)

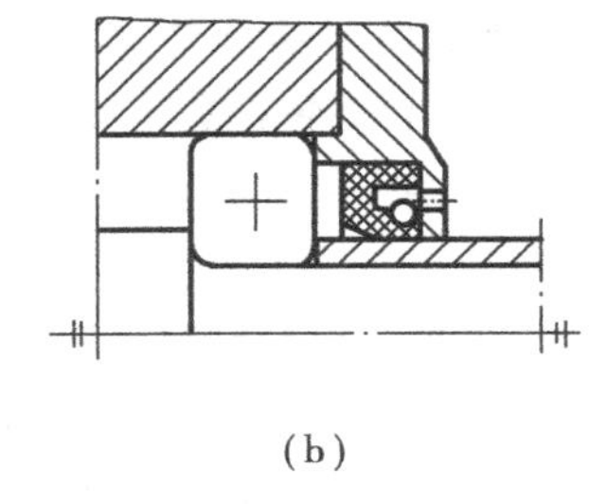

(b)

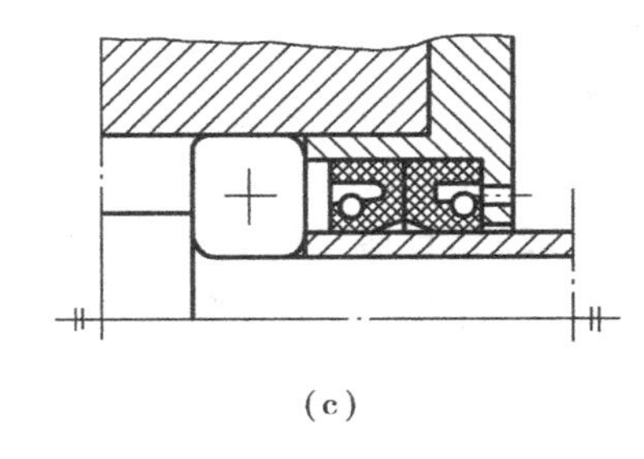

(c)

图13.4.8　唇式密封

(a)密封唇向里　(b)密封唇向外　(c)双密封唇

2)非接触式密封

①缝隙密封(图13.4.9)　在轴和轴承盖间留有约为0.1~0.3 mm的间隙或沟槽,常用于润滑脂。缝隙或油沟内填充的润滑脂既可以防止润滑脂外泄,又可以防尘。此密封方式结构简单,适用于转速 $v \leqslant 5$ m/s的场合。

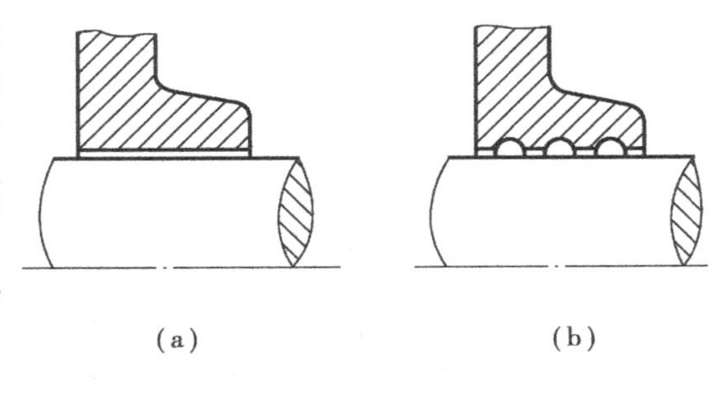

(a)　(b)

图13.4.9　缝隙密封

(a)缝隙式密封　(b)沟槽式密封

②迷宫式密封(图13.4.10)　这种密封为静止件与转动件之间有几道弯曲的缝隙密封,隙缝宽度为0.2~0.5 mm,缝中填满润滑脂。这种密封方式的密封效果较好,但结构复杂,制造、安装不便,适用于高速场合。

使用非接触式密封,可避免接触处产生滑动摩擦,故常用于要求速度较高的场合。

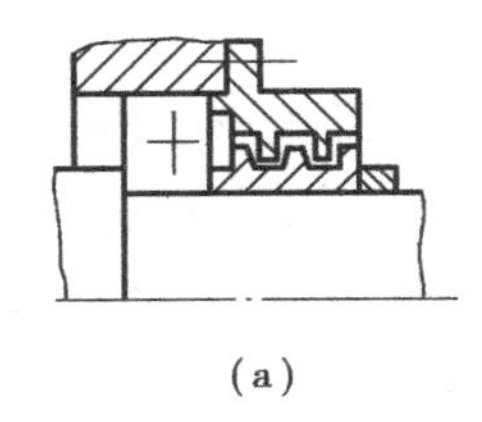

(a)

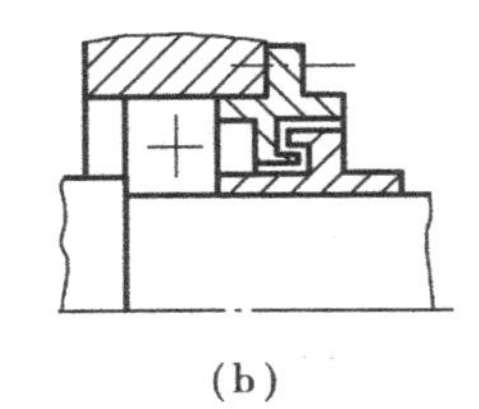

(b)

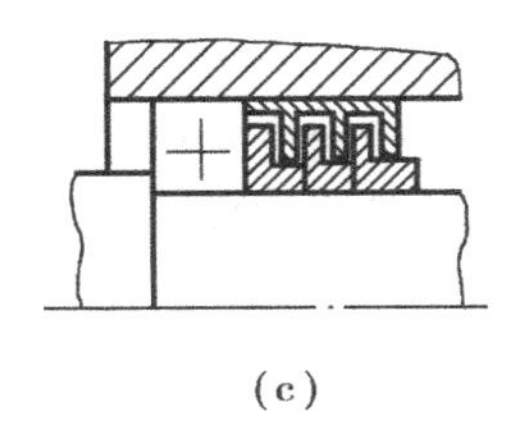

(c)

图13.4.10　迷宫式密封

(a)轴向迷宫　(b)径向迷宫　(c)组合迷宫

13.5 滑动轴承的类型、结构和材料

13.5.1 滑动轴承的类型、结构

(1)滑动轴承的种类

滑动轴承有多种类型,根据滑动轴承所能承受的载荷方向,可分为径向轴承(受径向力)、止推轴承(受轴向力)和径向止推轴承(同时受径向力和轴向力);根据相对运动表面间的摩擦状态,可分为非液体摩擦滑动轴承和液体摩擦滑动轴承,前者两相对运动表面被润滑油部分地隔开,而后者两相对运动表面则被完全隔开;液体摩擦滑动轴承根据相对运动表面间承载流体的不同,又可分为液体动压轴承和液体静压轴承。

(2)滑动轴承的结构

1)径向滑动轴承的结构

径向滑动轴承的结构形式主要有整体式和剖分式,特殊结构的轴承有自动调心式等。

①整体式径向滑动轴承　如图 13.5.1 所示,轴承主要由轴承座 1 和轴套 2 组成,轴套用紧定螺钉 3 固定于轴承座上,以防止其相对转动。轴承座与机座间用地脚螺栓固连,轴承座上部设有装润滑油杯的螺纹孔 4。这种轴承结构简单,制造方便,价格低廉,但轴套磨损后,轴颈与轴套间的间隙无法调整,且轴的装拆必须沿轴向位移,装拆不便,故一般多用在低速、轻载及间歇工作的场合。

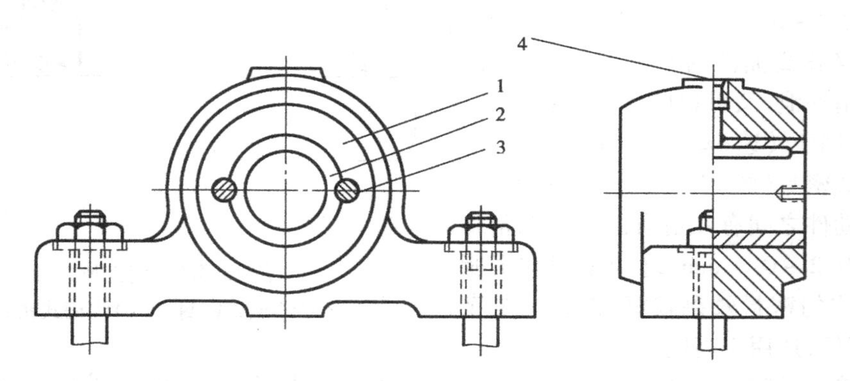

图 13.5.1　整体式径向滑动轴承

1—轴承座;2—轴套;3—紧定螺钉;4—螺纹孔

②剖分式径向滑动轴承　如图 13.5.2 所示为其典型的结构,它由轴承座 1、轴承盖 5、剖分轴瓦 2、3 及联接螺栓 4 等组成。在轴承盖顶部设有注油孔。轴承盖与轴承座的剖分面做成阶梯形,以利于安装时对中和防止工作时错动。当轴瓦磨损后,可利用减薄上、下轴瓦间的调整垫片厚度的方法来调整轴颈和轴瓦间的间隙。这类轴承因其装拆方便,轴瓦磨损后易于调整,故应用广泛。

③调心式滑动轴承　当轴承的宽径比大于 1.5 时,为了改善因轴的挠曲变形而引起轴颈与轴承两端的局部接触(图 13.5.3),避免轴瓦两端过早地磨损,常采用调心轴承,如图 13.5.4 所示。这种轴承的轴瓦与轴承座呈球面接触,当轴颈倾斜时,轴瓦可自动调心。

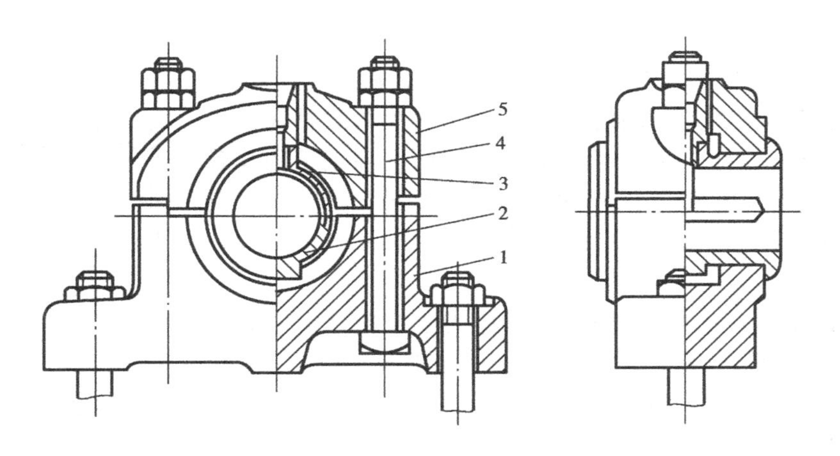

图 13.5.2 对开式径向滑动轴承
1—轴承座;2、3—轴瓦;4—联接螺栓;5—轴承盖

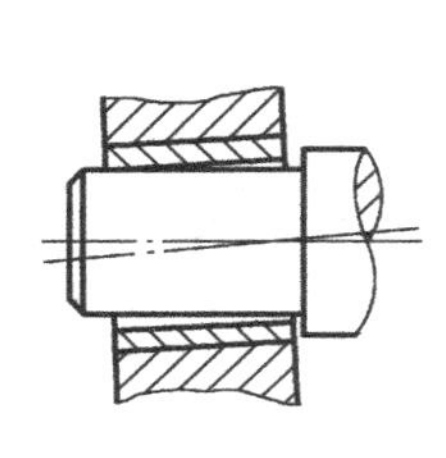

图 13.5.3 轴承端部的局部接触

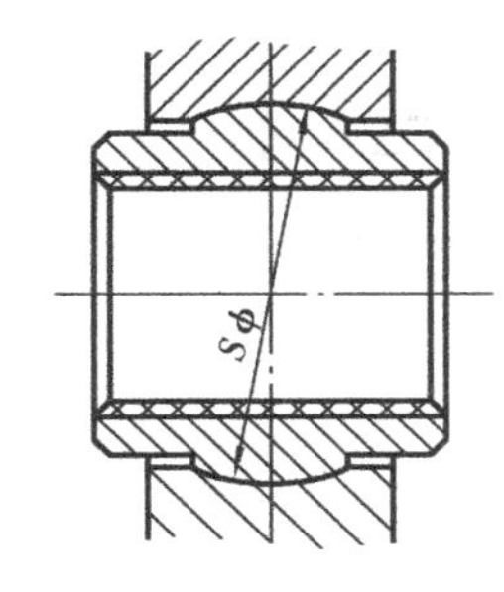

图 13.5.4 自位式滑动轴承

(3)推力滑动轴承的结构

推力滑动轴承主要承受轴向载荷,当与径向轴承联合使用时,可以承受复合载荷。推力轴承由轴承座和推力轴颈组成。图 13.5.5 所示为几种常见推力滑动轴承轴颈的形式。当载荷较小时采用图 13.5.5(a)所示的空心端面推力轴颈和图 13.5.5(b)所示的环形轴颈,载荷较大时,采用图 13.5.5(c)所示的多环止推轴颈。

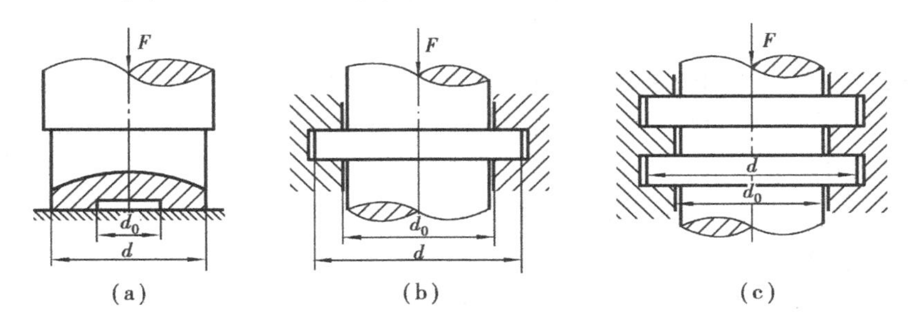

图 13.5.5 止推滑动轴承轴颈

(4)轴瓦

轴瓦是轴承中直接与轴颈接触的部分。合理地选择轴瓦的结构和材料,在很大程度上决定了非液体摩擦滑动轴承的工作能力与使用寿命。

1)轴瓦的结构

轴瓦可以制成整体式和剖分式两种。整体式轴瓦又称轴套，它有光滑轴套和带纵向油槽轴套之分。典型的整体式轴瓦结构如图 13.5.6 所示。为了改善轴承的摩擦特性，提高轴承的承载能力，有效防止轴瓦的轴向窜动，可在轴瓦两端做出凸肩。其典型结构如图 13.5.7 所示。

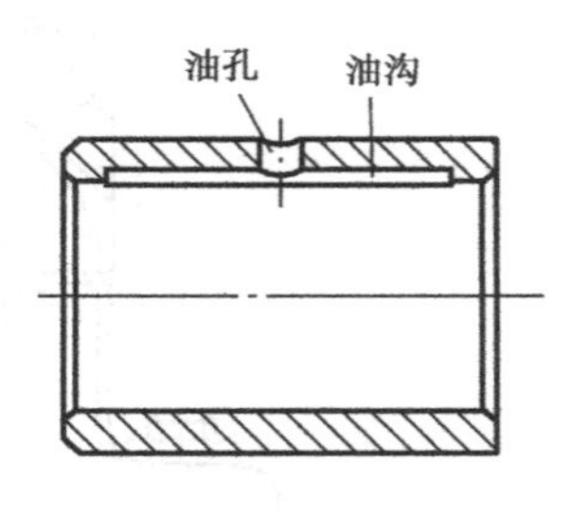

图 13.5.6　整体式轴瓦

2)轴瓦的材料

轴瓦可以用单一的减摩材料制造，但为了节约贵重金属材料，常在轴瓦内表面再浇铸或轧制一层或两层很薄的轴承合金作为轴承衬，这样的轴瓦分别称为双金属轴瓦或三金属轴瓦。为了使润滑油能适当地分布在轴瓦的整个工作表面，常在轴瓦的非承载区上开出油沟和油孔。常见的油沟形式如图 13.5.7 所示。

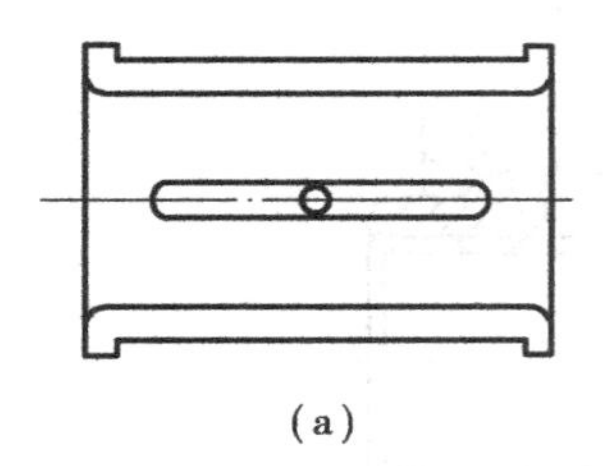

(a)

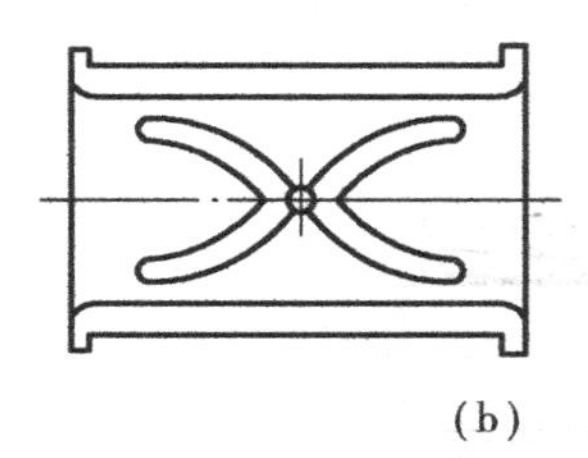
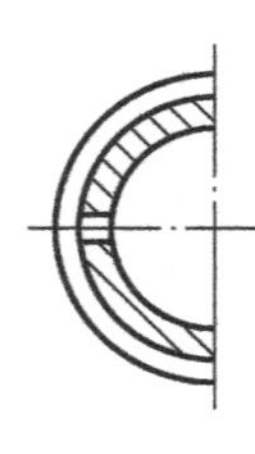

(b)

图 13.5.7　常见的油沟形式

13.5.2　滑动轴承的材料

(1)对轴承材料性能的基本要求

由于滑动轴承的失效形式为磨损、胶合、刮伤、疲劳剥伤、腐蚀等，因此作为滑动轴承材料应具的基本性能要求是：

①具有足够的抗疲劳、抗冲击和抗压强度。

②具有良好的减摩性、耐磨性和跑合性。所谓跑合性，是指轴瓦与轴颈表面间只要经过短期轻载运转，应能形成相互吻合的表面粗糙度的性能。

③具有良好的顺应性和嵌藏性。所谓顺应性，是指轴承适应轴的弯曲和其他几何形状误差的能力；所谓嵌藏性，是指轴承材料容纳金属碎屑和灰尘嵌入，以减轻轴承滑动表面间发生刮伤或磨损的能力。

④具有良好的工艺性、导热性及抗腐性等。

(2)常用轴承材料

常用轴承材料有金属材料、多孔质金属材料和非金属材料。

1)金属材料

①轴承合金　轴承合金又称巴氏合金或白合金，是锡、铅、锑、铜的合金，具有良好的减摩性和抗胶合能力，顺应性、嵌入性和跑合性也很好，但强度低、硬度低、价格高，不能单独制成轴瓦，只能作为轴承衬材料使用，主要用于中、高速重载下工作的重要轴承。

②铜合金　铜合金是铜与锡、铅、锌、铝的合金，是传统的广泛使用的轴承材料，具有较高

的强度和较好的减摩性和耐磨性，但顺应性、嵌入性和跑合性不如轴承合金。铜合金分青铜和黄铜两种。青铜有锡青铜、铅青铜和铝青铜等几种。其中锡青铜适用于中速重载及受变载荷的轴承；铅青铜能承受变载和冲击，适用于高速重载轴承；铝青铜最宜用于润滑充分的低速重载轴承；一般的黄铜主要用于低速重载场合；而新的锰黄铜轴承材料常用于高速中载的轴承。

③铸铁　普通铸铁、耐磨铸铁和球墨铸铁具有一定的减摩性和耐磨性，价格低且易于加工；但其塑性、顺应性以及嵌入性较差，适用于低速、轻载的不重要轴承。

2)多孔质金属材料

多孔质金属材料制成的轴承又称含油轴承，它具有自润滑作用。这种材料是用金属粉末经压制和烧结而成，材料呈多孔结构，轴承工作前经热油浸泡，使孔隙内充满润滑油。工作时由于热膨胀以及轴颈转动的抽吸作用，使油自动进入润滑表面；不工作时因毛细管作用，油被吸回轴承内部。此材料的特点是耐磨性好，价格比青铜低，但强度较差。主要用于加油不便的中低速、平稳无冲击载荷的轴承。

3)非金属材料

非金属材料主要有塑料、橡胶、硬木及陶瓷等。塑料轴承的塑性、跑合性、耐腐蚀性、耐磨性均好，具有一定的自润滑作用，但其导热性较差，主要用于不便用润滑油的场合。橡胶轴承是用硬化橡胶制成的，因其弹性好，故常用于有震动的机器，也用于水润滑且有灰尘或泥砂的场合。

常用轴承材料及其基本性能见表13.5.1。

表13.5.1　常用轴承材料及其基本性能

轴承材料		最大许用值			最高工作温度/℃	硬度/HBS	性能比较			
		$[p]$/MPa	$[v]$/$(m\cdot s^{-1})$	$[pv]$/$(MPa\cdot m\cdot s^{-1})$			摩擦相容性	嵌入性顺应性	耐蚀性	抗疲劳性
锡基轴承合金	SnSb12Pb10Cu4	25	80	20	150	29	优	优	优	劣
铅基轴承合金	SnSb16Sn16Cu2	15	12	10	150	30	优	优	中	劣
锡青铜	CuSn10P1	15	10	15	280	90	中	劣	良	优
	CuSn5Pb5Zn5	8	3	15						
铅青铜	CuPb30	25	12	30	280	25	良	良	劣	中
铝青铜	CuAl10Fe3	20	5	15	280	110	劣	劣	良	良
耐磨铸铁	锑铜铸铁	—	—	—	—	220	劣	劣	优	优
	铬铜铸铁	9	—	—	—					
灰铸铁	HT150～HT250	1～4	2～0.5	—	—	—	劣	劣	优	优

13.6 滑动轴承与滚动轴承的性能比较

滑动轴承和滚动轴承都是机械制造中广泛应用的轴承，它们的类型很多，且各具特色。进行机械设计时，应视具体的工作状况结合各类轴承的基本性能进行对比分析，从中选出最恰当的轴承。

表13.6.1列出了滑动轴承和滚动轴承的性能和特点，设计时可参考选用。

表13.6.1 滑动轴承与滚动轴承的性能对比

<table>
<tr><th colspan="2">性　能</th><th colspan="2">滑动轴承</th><th>滚动轴承</th></tr>
<tr><td colspan="2">摩擦特性</td><td>非液体摩擦</td><td>液体摩擦</td><td>滚动摩擦</td></tr>
<tr><td colspan="2">一对轴承的效率</td><td>0.97</td><td>0.995</td><td>0.99</td></tr>
<tr><td colspan="2">承载能力与转速的关系</td><td>随转速增高而降低</td><td>一定转速下，随转速增高而增大</td><td>无关，但转速极高时降低</td></tr>
<tr><td colspan="2">适应转速</td><td>低速</td><td>中、速高</td><td>中、低速</td></tr>
<tr><td colspan="2">承受冲击载荷能力</td><td>较高</td><td>高</td><td>不高</td></tr>
<tr><td colspan="2">功率损失</td><td>较大</td><td>较小</td><td>较小</td></tr>
<tr><td colspan="2">启动阻力</td><td>大</td><td>大</td><td>小</td></tr>
<tr><td colspan="2">噪声</td><td>较小</td><td>极小</td><td>高速时较大</td></tr>
<tr><td colspan="2">旋转精度</td><td>一般</td><td>较高</td><td>较高、预紧后更高</td></tr>
<tr><td colspan="2" rowspan="2">安装精度要求</td><td colspan="2">剖分结构，容易拆装</td><td rowspan="2">安装精度要求高</td></tr>
<tr><td>安装精度要求不高</td><td>安装精度要求高</td></tr>
<tr><td rowspan="2">外廓尺寸</td><td>径向</td><td>小</td><td>小</td><td>大</td></tr>
<tr><td>轴向</td><td>较大</td><td>较大</td><td>中等</td></tr>
<tr><td colspan="2">润滑剂</td><td>油、脂或固体</td><td>润滑油</td><td>润滑油或润滑脂</td></tr>
<tr><td colspan="2">润滑剂用量</td><td>较少</td><td>较多</td><td>中等</td></tr>
<tr><td colspan="2">维护</td><td>较简单</td><td>较复杂、油质要洁净</td><td>维护方便，润滑简单</td></tr>
<tr><td colspan="2">经济性</td><td>批量生产，价格低</td><td>造价高</td><td>较高</td></tr>
</table>

思考题与练习题

13.1 轴承的作用是什么？

13.2 滑动轴承有哪些类型？各有何特性？

13.3 轴瓦、轴承衬材料应具备哪些基本性能？

13.4　什么是滚动轴承的基本额定寿命？什么是当量动载荷？如何计算？

13.5　滚动轴承的主要失效形式有哪些？

13.6　什么是滚动轴承的基本寿命、基本额定动载荷和当量动载荷？

13.7　滚动轴承的支承结构有哪几种形式？它们各自适用于什么场合？

13.8　某减速器中的轴承型号为6310型，设其承受的轴向力 $F_a = 6\ 000$ N，径向力 $F_r = 7\ 500$ N，轴的转速 $n = 260$ r/min，正常温度下工作，有轻微冲击，试确定该轴承的寿命。

13.9　已知2207轴承的工作转速 $n = 200$ r/min，工作温度 $t < 100$ ℃，设其工作平稳，预期寿命为 $L_h = 10\ 000$ h，试求该轴承允许的最大径向载荷。

13.10　某输送机上齿轮减速器从动轴用两个型号为6307深沟球轴承支承，如题图13.10所示。已知其承受的径向载荷 $F_{r1} = 3\ 000$ N、$F_{r2} = 2\ 200$ N，轴向外载荷 $F_A = 800$ N，轴承转速 $n = 500$ r/min，工作中有中等冲击，求该轴承的寿命。

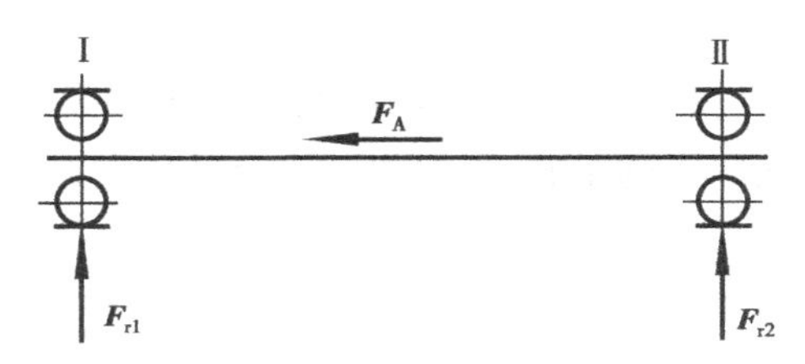

题图13.10

第 14 章 机械设计综述

前述各章已分别介绍了机械组成原理，常用机构及通用零部件的类型、特点、应用和设计理论及方法，本章在总结前面所学的基础上，对机械设计的一般过程、方法加以综合简述，并简要介绍课程设计的基本内容、方法及步骤。

14.1 机械设计的基本要求

机械设计的目的是创造性地实现具有预期功能的新机械或改进现有机械的功能，设计质量的高低直接关系到机械产品的质量、性能、价格及经济效益。而机械零件是组成机器的基本单元，在讨论机械设计的基本要求之前，有必要先了解机械零件设计的一些基本要求。

14.1.1 机械零件设计的基本要求

进行机械零件的设计必须满足工作的可靠性和经济性这两个基本要求。

工作可靠性是指零件应有足够的强度、刚度、耐磨性、稳定性等，在规定的环境条件下和规定的使用期限内，不出现断裂、过大的变形、过度磨损、失稳等现象，完成规定的功能。只有每个零件都能可靠地工作，才能保证机器的正常运行。

经济性是指所设计的机械零件在满足预期功能要求的前提下，应当尽可能降低成本。为此应当注意以下几点：

①合理选材，降低费用；

②零件的结构合理，工艺性好，制造与装配费用少；

③尽量采用“三化”（标准化、系列化、通用化）设计，通过简化设计过程来降低成本。

14.1.2 机械设计的基本要求

机械产品设计应满足以下几方面的要求：

(1) 实现预定功能

所设计的机械能实现预定的功能，这是机械成为工具的前提条件。如果设计出来的机械不能满足使用要求，这样的机械就没有实际意义。

(2)满足可靠性要求

机器由许多零部件组成,其可靠度取决于零部件的可靠度。机械系统的零部件越多,其可靠度也就越低。因此,在设计机器时,应尽量减少零部件数目。

(3)满足寿命要求

寿命要求是指机械及其零部件都应保证一定的预期寿命。机械寿命与组成机械的零部件寿命有关,因此,保证机械零部件具有足够的寿命是保证机械寿命的一个重要方面。

(4)满足经济性要求

经济性指标是一项综合性指标,除要求设计制造成本低外,还要考虑能源和材料消耗、维护及管理费用、机械创造的价值等。简而言之,经济性要求就是使所设计的机械设备在使用寿命期限内经济效益要高。

(5)操作方便,工作安全

在设计机械时,要考虑操作方便,减轻操作人员的劳动强度,减少人的操作失误。此外,设计机械时还必须考虑安全性要求,要有各种保险装置以消除由于误操作而引起的危险,避免人身及设备事故的发生。

(6)工艺性要求

设计机械时,要考虑零件制造方便,易于装配及拆卸,即工艺性好。

(7)其他方面要求

不同的机械设备会提出不同的具体要求,比如造型美观大方、绿色环保(噪声小、污染少)等,对于大型设备,还要考虑搬运方便等。

14.1.3　机械设计的一般步骤

机械设计是一项复杂、细致的工作。随着科学技术的不断发展,对设计的理解不断深化,设计方法也在不断发展,如"优化设计"、"可靠性设计"、"有限元设计"、"计算机辅助设计"等现代设计方法已在机械设计中得到广泛应用。即便如此,常规设计方法仍然是工程技术人员进行机械设计的重要基础,必须很好地掌握。

机械设计通常按如下几个步骤进行:

(1)产品规划

产品规划阶段的主要工作是提出设计任务和明确设计要求。设计任务可以由用户提出,也可以由生产部门根据市场需求提出。无论是谁提出设计任务,都要经过可行性分析和论证后,才能确定出设计任务书。

(2)方案设计

根据设计任务书的要求,设计者通过调查研究,必要时还要进行试验分析,然后提出若干个可行的方案,通过分析比较,从中选出一个较好的方案。方案设计是下一步技术设计的基础,方案设计的好坏,对设计成功与否起着至关重要的作用。

(3)技术设计

方案确定好之后,为了实现设计方案,要进行技术设计,其中包括运动设计、动力设计、结构设计、主要零部件工作能力设计等。在这一阶段要完成机械产品的总装配图、零件工作图及编写设计说明书等技术文件。技术设计阶段是一个重要的阶段,是设计者将方案变成技术文件的过程,要充分发挥和体现设计者的创造性。

(4)试制及试验

用技术设计所提供的图纸制造出样机,对样机进行试运行或在生产现场试用,检验样机是否达到设计要求。

(5)改进设计

针对样机所暴露出的问题进行修改,使设计更加完善。

(6)投入生产

用修改后的技术文件组织力量进行生产。对于单件生产的机械设备,试制本身就是投产,制成后直接投入使用,在使用中不断总结经验,为将来改进设计提供依据。

14.2 机械传动方案的选择

传动是传动系统和传动装置的总称,是将原动机的机械能传给工作机的中间环节。传动系统的作用有两个方面:一是传递运动,如减速、增速、变速、改变运动形式等;二是传递功率和转矩。在确定传动方案时,如已知传递的功率 P、传动比 i 及工作条件,可以选择几种不同的传动方案,一般从传动效率、机构尺寸、质量、传动系统维护、价格等方面进行综合比较,从中选择出最佳方案。

14.2.1 传动类型比较

传动设计中首先要解决的问题是选择传动机构的类型,为此,必须先了解各种传动机构的性能和特点,这样才能根据设计要求及工作条件合理选择传动件。

各种类型传动机构的主要性能、特点见表 14.2.1。

表 14.2.1 各种传动机构的性能及适用范围

选用指标		传动类型						
		平带传动	V 带传动	圆柱摩擦轮传动	链传动	齿轮传动		蜗杆传动
功率/kW(常用值)		小(≤20)	中(≤100)	小(≤20)	中(≤100)	大(最大达 50 000)		小(≤50)
单级传动比	常用值	2~4	2~4	2~4	2~5	圆柱 3~5	圆锥 2~3	10~40
	最大值	5	7	5	7	10	6	80
传动效率		0.9~0.98	0.96	0.85~0.95	0.93~0.97	0.9~0.99	0.88~0.98	0.4~0.95
许用线速度 $v/(\mathrm{m\cdot s^{-1}})$		≤25	≤25~30	≤15~25	≤40	6 级精度直齿≤18 非直齿≤36 5 级精度达 100		≤15~35
外廓尺寸		大	大	大	大	小		小
传动精度		低	低	低	中等	高		高
工作平稳性		好	好	好	较差	一般		好

续表

选用指标	传动类型					
	平带传动	V带传动	圆柱摩擦轮传动	链传动	齿轮传动	蜗杆传动
自锁能力	无	无	无	无	无	可有
过载保护作用	有	有	有	无	无	无
使用寿命	短	短	短	中等	长	中等
缓冲吸震能力	好	好	好	中等	差	差
制造及安装精度要求	低	低	中等	中等	高	高
润滑条件要求	不需	不需	一般不需	中等	高	高
环境适应性	不能接触酸、碱、油		好	一般	一般	一般

14.2.2　选择传动类型的基本原则

选择传动类型时,主要考虑以下因素:

(1)功率和效率

对于中小功率传动,宜选用结构简单,价格便宜,标准化程度高,以及性能符合要求的传动类型。对于大功率传动,其传动效率对能源的消耗和运转费用的影响举足轻重,因此,应优先选用效率高的传动类型。

(2)传动比

传动比大时,有多种方案可供选择。如以传递运动为主,可采用大传动比的行星传动或蜗杆传动;如以传递动力为主,可以采用行星传动或多级传动。但应注意,带传动适宜布置在高速级;而链传动冲击震动大,一般应布置在低速级;蜗杆传动和锥齿轮传动应布置在高速级。

设计多级传动时,应尽量减少传动级数,以减少零件数目和传动的外廓尺寸。各种机械传动单级传动比的合理范围差别很大,要根据各传动结构的特点,合理地分配传动比。

(3)生产批量要求

生产批量较大的传动,在初选方案后应对尺寸、重量、工艺性、经济性、可靠性、维护和制造周期等方面做综合分析比较,以选取最佳方案。对于单件生产的中小功率传动,为了减少设计量和缩短制造周期,应尽量采用标准减速器。

(4)载荷性质

对于变载、频繁换向的传动,宜在系统中设置一级能缓冲、吸震的传动。工作中可能出现过载的,应在传动中设置过载保护装置。

(5)工作环境

工作环境恶劣、灰尘较多时,应尽量采用闭式传动,以延长传动件寿命;工作温度过高或易燃、易爆场合,不宜用带传动。

14.3 机械设计中的标准化、系列化和通用化

标准对于机械设计和制造而言,一般是指技术标准,即为产品和工程上的规格、技术要求及检测方法等方面所做的技术规定。而标准化则是指以制定标准、贯彻执行标准以及修改标准为主要内容的全部活动过程。

"三化"就是产品质量标准化、品种规格系列化和零部件通用化。在机械制造中,标准化是实现互换性的前提。为了实现互换性生产,在产品设计开始时,就必须注意贯彻"三化"的原则。质量标准化,就是根据使用要求和生产的可能,对产品质量规定出一定的技术标准,制造时产品质量在达到规定技术要求后才算合格。品种规格系列化,就是将同类产品按大小合理分档,成系列发展,做到以尽可能少的品种规格满足较广泛的需求。零部件通用化,就是使同类机型的机器主要零部件,特别是易损件统一起来,无论任何正规厂家生产的产品,都能通用互换。

(1)标准分类

从内容上看,标准化的范围十分广泛,涉及人类生活的各个方面。大致可归纳为以下几类:

①产品标准以产品及其构成部分为对象的标准。如机电设备、仪器仪表、工艺装备、零部件、毛坯、半成品及原材料等基本产品或辅助产品标准。

②方法标准以生产技术活动中的重要程序、规划、方法为对象的标准。如设计计算方法、工艺规程、测试方法、验收规则以及包装运输方法等标准。

③安全与环境保护标准专门以安全与环境保护为目的而制订的标准。

④基础标准以标准化共性要求和前提条件为对象的标准。如计量单位、术语、符号、优先系数、机械制图、公差与配合、零件结构要素等标准。

(2)贯彻标准化的优越性

在机械设计中,贯彻标准化具有广泛的优越性。其优越性主要表现在:

①广泛采用标准结构及零部件,简化了设计工作,缩短制造周期,可以加速新产品的研究和开发。

②能以先进的方法在专门化工厂中对那些用途广泛的零件进行大量的、集中的制造,以提高质量,降低成本。

③统一零件的指标,提高了产品的可靠性。

④零部件的标准化,增强了互换性,便于维修,减少了维修更换的工作量和时间。

(3)标准化的积极作用和影响

标准化是组织现代化大生产的重要手段,是实现专业化协作生产的必要前提,是科学管理的重要组成部分。标准化同时也是联系科研、设计、生产、流通和使用等方面的技术纽带,是使整个社会经济活动合理化的技术基础。标准化也是发展贸易,提高产品在国际市场上竞争能力的技术保证。

标准化是一项重要的设计指标,也是一项必须贯彻执行的技术经济法规。一个国家的标准化程度反映了这个国家的技术发展水平。我国现行的技术标准有国家标准(GB)、行业标准

（如机械行业标准JB）、专业标准或企业标准三级。此外，从世界范围看，还有国际标准（ISO）与区域性标准。

我国已加入国际标准化组织，近年来发布的国家标准大多采用了相应的国际标准，以增强我国产品在国际市场上的竞争力。因此，作为机械设计人员必须熟悉相关标准，并认真贯彻执行和加以推广。

14.4 机械设计课程设计的内容及一般步骤

14.4.1 课程设计的目的和内容

（1）课程设计的目的

通过课程设计对学生进行较全面的机械设计基本训练，综合运用本课程和其他先修课程的理论与实践知识，使所学知识得到进一步巩固、深化和发展。培养学生正确的设计思想，并掌握机械设计的一般方法和步骤。培养学生具备机械设计的基本技能，如计算、制图、查阅设计资料、熟悉标准和规范、调研实践等。

（2）课程设计的内容

课程设计一般选择机械传动装置作为设计题目，典型设计题目是各种类型的减速器，通常以单级齿轮减速器为主，设计的主要内容一般包括以下几方面：

①分析、拟定传动装置的设计方案；

②计算传动装置的运动和动力参数；

③进行传动件的设计计算，校核轴、轴承、联轴器、键等；

④绘制装配图；

⑤绘制零件工作图；

⑥编写设计计算说明书。

14.4.2 传动装置的总体设计

传动装置的总体设计主要包括：确定传动方案，选择电动机型号，计算传动比与合理分配各级传动比，以及计算传动装置的运动和动力参数，为各级传动件和装配图的设计提供依据。

（1）确定传动方案

合理的传动方案首先应满足机器的工作要求，如所需传递的功率及要求达到的转速；还应保证机器的工作质量和可靠性。机器的工作性能、运转费用、结构尺寸与传动方案的确定有密切关系，在设计过程中，往往需要拟定多种方案，通过对其进行技术经济指标的综合分析和比较来最后确定。

（2）选择电动机

要根据工作载荷的大小及性质、转速高低、启动特性和过载情况、工作环境、安装空间等方面的条件限制来选择电动机的类型、结构形式、容量和转速，并确定具体型号。各型号电动机的技术参数，可通过查阅有关机械设计手册或电动机产品目录获得。

1)类型和结构形式

Y 系列的笼型三相异步电动机,适用于无特殊要求的机械,经常启动、制动、反转的场合。要求电动机的转动惯矩小、过载能力大,应选用 YZ 或 YZR 系列及起重用的三相异步电动机;可根据机器的防护要求选择开启式、防护式、封闭式、防爆式等结构;根据安装要求可选择机座固定、端盖凸缘固定等安装形式。

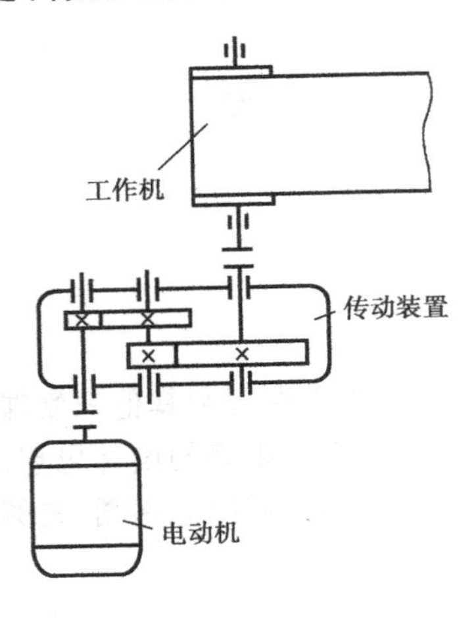

图 14.4.1 皮带运输机传动装置

2)电动机容量

主要根据电动机运行时的发热条件决定。对于一般在不变(或变化很小)载荷下长期连续运行的机械,所选电动机的额定功率稍大于或等于所需功率即可。如图 14.4.1 所示的皮带运输机,其工作机所需的电动机功率为

$$P_d = \frac{P_w}{\eta} \tag{14.4.1}$$

式中,P_d 为所需电动机输出功率(kW);

P_w 为工作机所需的功率(kW);

η 为由电动机至工作机的总效率。

对于工作机所需工作功率 P_w,应由机器工作阻力和运行速度计算求得。在课程设计中,可按下式计算,即

$$P_w = \frac{F \cdot v}{1\ 000} \text{ 或 } P_w = \frac{T_w n_w}{9\ 550} \tag{14.4.2}$$

式中,F 为工作机的阻力(N);

v 为工作机的线速度(m/s);

T_w 为工作机的阻力矩(N·m);

n_w 为工作机的转速(r/min)。

总效率 η 按下式计算,即

$$\eta = \eta_1 \times \eta_2 \times \cdots \eta_n \tag{14.4.3}$$

式中,$\eta_1, \eta_2, \cdots, \eta_n$ 分别为传动装置中每一级传动副(齿轮、蜗杆、带或链等),每一对轴承及每个联轴器的效率,可从相关手册的表格中查出概略值。

3)电动机的转速

容量相同的同类型电动机中,低转速的电机因其极数多,故外廓尺寸及重量大、价格高;低速电机可使传动装置的传动比及结构尺寸都比较小,从而降低传动装置成本;高转速的电机则相反。

通常多选用转速为 1 000 r/min 及 1 500 r/min 两种电动机,如无特殊要求,一般不选用 750 r/min 的电动机。

(3)计算总传动比及分配各级传动比

由选定电动机的满载转速 n_m 及工作机转速 n_w,可得传动装置总传动比,即

$$i = \frac{n_m}{n_w} \tag{14.4.4}$$

总传动比 i 与各级传动比 $i_1, i_2 \cdots, i_n$ 的关系为

$$i = i_1 \times i_2 \times \cdots \times i_n \tag{14.4.5}$$

合理分配各级传动比，可以减小传动装置的结构尺寸、减轻重量等，以达到降低成本和结构紧凑的效果。在实际中，由于受齿轮齿数、标准带轮直径等各种因素的影响，实际传动比与要求常有一定的误差，但应控制在 ±5% 以内。

(4)计算传动装置的运动和动力参数

传动装置的运动和动力参数，主要是指各轴的转速、功率和转矩，它们是设计计算传动件的依据。一般按电动机至工作机之间的运动传递路线将各轴由高速至低速依次编号，再按顺序推算各轴的运动和动力参数。

1)各轴的转速

$$n_1 = n_m \qquad n_2 = \frac{n_1}{i_1} = \frac{n_m}{i_1} \qquad n_3 = \frac{n_2}{i_2} = \frac{n_m}{i_1 \cdot i_2} \tag{14.4.6}$$

式中，n_m 为电动机满载转速(r/min)；

n_1、n_2，n_3 分别为Ⅰ、Ⅱ、Ⅲ轴的转速(r/min)；

i_1，i_2 依次为相邻两轴间的传动比。

2)各轴的输入功率

$$P_1 = P_d \qquad P_2 = P_1 \cdot \eta_{12} = P_d \cdot \eta_{12} \qquad P_m = P_d \cdot \eta_{23} = P_d \cdot \eta_{12} \cdot \eta_{23} \tag{14.4.7}$$

式中，P_d 为电动机输出功率(kW)；

P_1，P_2，P_3 分别为Ⅰ、Ⅱ、Ⅲ轴的输入功率(kW)；

η_{12}为Ⅰ轴与Ⅱ轴之间的传动效率；

η_{23}为Ⅱ轴与Ⅲ轴之间的传动效率。

注意：传动装置的设计功率通常按实际需要的电动机输出功率 P_d 计算；对于通用机器，可以电动机额定功率 P_{ed}计算；转速则均按电动机的满载转速 n_m 计算。

3)各轴的转矩

$$T_1 = 9\,550\frac{P_1}{n_1} = 9\,550\frac{P_d}{n_1}$$

$$T_2 = 9\,550\frac{P_2}{n_2}$$

$$T_3 = 9\,550\frac{P_3}{n_3} \tag{14.4.8}$$

式中，T_1，T_2，T_3 分别为Ⅰ、Ⅱ、Ⅲ轴的输入转矩(N·m)。

(5)整理数据、绘制简图

对运动和动力参数应进行整理并列表备查。按国家标准规定的机构运动简图符号绘制出传动装置方案简图，并注明各传动副的主要参数。

14.4.3 各级传动零件的设计计算

为了进行传动装置装配工作图的设计，必须先行确定各级传动件的参数和尺寸；选定联轴器的类型和规格。一般先对箱外传动件设计计算，以使传动装置设计的原始条件较准确。箱内传动件的详细结构，可在设计装配图的过程中逐步完善。

(1)箱外传动件的设计及联轴器的选择

①设计 V 带传动应确定带的型号、根数、带轮直径和宽度、带的长度、传动中心距及作用

在轴上的力。

②设计开式齿轮传动应确定材料及热处理方式、模数、齿数、齿宽、齿轮孔径、轮毂长度及作用在轴上的力。

③设计链传动应确定链的节距、齿数、直径和轮毂宽度、传动中心距及作用在轴上的力。

④联轴器主要按传递转矩的大小和转速选择型号,但要注意轴孔尺寸与轴径匹配。

(2)箱内传动件的设计要点

①传动的中心距一般应圆整成尾数为0或5的整数。

②同级齿轮的材料最好一致,以降低制造工艺的要求。齿轮的结构尺寸一般应取圆整值。

③齿轮的啮合几何尺寸应精确到小数点后2~3位,角度精确到秒。相啮合的圆柱齿轮中,小齿轮的齿宽一般比大齿轮宽5~10 mm,以避免因安装误差而影响轮齿接触宽度;对于圆锥齿轮,大小两齿轮的齿宽应相等。

④蜗杆的螺旋线方向应尽量选用右旋,以便于加工。当蜗杆的圆周速度 $v<4\sim5$ m/s 时,一般采用蜗杆下置式;当蜗杆的圆周速度 $v>4\sim5$ m/s 时,一般采用蜗杆上置式。

14.4.4 装配工作图的结构设计与绘制

装配工作图体现了传动装置的总体设计构思,表达了部件的工作原理和装配关系,也表达出各零件间的相互位置、零件的尺寸及结构形状,是绘制零件图、部件装配、调试及维护的技术依据。

由于装配工作图涉及的内容较多,设计过程比较复杂,一般需要边绘图、边计算、边修改。因此,应该先绘制底图,再经过设计过程中的不断修改从而完善。装配工作图可采用手工方式绘制,也可视条件采用计算机绘图方式完成计算机绘图的优点很多,特别是修改和插入方便,对于初次从事设计的学生可以减少许多绘图工作量,但指导教师必须对图形输出、图层、颜色、线型、线宽等参数做出统一约定。

(1)准备工作

①确定联轴器的型号、孔径范围、孔宽及装拆尺寸,对已确定的各传动件的参数及尺寸列表备用。

②通过查阅有关资料、拆装或参观实际机构等方式,弄懂各零件的功用、类型和结构。

③选择图幅、视图、图样比例及布置图面,并应符合机械制图的国家标准。

(2)装配图设计的第一阶段

①通过绘图来拟定传动机构的大致轮廓,进行轴的结构设计,确定轴承的型号和位置,找出轴承支点和轴上力的作用点,以便对轴、轴承及键进行校核。

②因为传动零件、轴、轴承是传动机构的主要零件,其他零件的结构和尺寸随着这些零件而定。绘图时,应先画主要零件,后画次要零件;由箱内零件画起,内外兼顾,逐步向外画;先画中心线和轮廓线,待最后再画细部结构。

③轴的结构设计包括轴的形状、轴的径向尺寸和轴向尺寸;轴上零件相配合的轴段直径应尽量取标准直径系列值;同一轴上应尽量选用同一型号的轴承。

④校核应按指导教师规定的验算内容进行,一般包括:危险截面上,按弯扭合成的受力状态对轴进行强度校核;对轴承进行寿命计算;对键进行剪切强度计算等。

(3)装配图设计的第二阶段

主要包括箱内传动件的结构设计、滚动轴承的组合结构设计。传动件的结构形状与所选材料、毛坯尺寸、制造方法有关。当传动件的尺寸较大时，一般将传动件与轴分开制造；当传动件的尺寸较小时，可将传动件与轴制成一体，如齿轮轴、蜗杆轴等。轴承的组合设计要从结构上保证轴系的固定、游动与间隙的调整、轴承的润滑及密封。

(4)装配图设计的第三阶段

主要内容是设计和绘制箱体及其附件的结构。绘图顺序应为先箱体，后附件；先主体，后局部；先轮廓，后细节。绘图应在几个视图上同时进行，以能清楚表达箱体结构的视图为主，同时兼顾其他视图。

1)传动装置箱体的结构设计

箱体有剖分式和整体式结构两种，广泛应用的是剖分式。具体设计箱体时应考虑如下几方面的问题：

①应具有足够的刚度；

②应有牢靠的密封及便于传动零件的润滑；

③箱体结构应有良好的工艺性，包括铸造工艺性和切削加工工艺性两个方面。

2)箱体附件的结构设计

为了检查工作时传动件啮合情况，以及注油、排油、指示油面、通气、加工及装配时的定位、拆装和吊运的需要，传动装置一般具有以下几种零件或装置(统称为附件)：

①窥视孔及窥视孔盖；

②放油螺塞；

③油标；

④通气器；

⑤起吊装置；

⑥定位销；

⑦起盖螺钉。

箱体与附件设计完成后，装配底图就已初步画好。

(5)检查装配底图

检查的顺序可由主到次，先内后外。检查的主要内容有：与传动方案简图是否一致；重要零件的计算结果是否正确，计算出的尺寸与底图绘制是否一致；视图表达是否符合制图标准的规定，图形投影是否正确；总体布局、轴系结构、箱体和附件结构是否合理；传动装置工作的可靠性等。

(6)完成装配工作图

装配工作图的内容包括：装置各部分的结构形状、必要的尺寸及配合关系、技术要求及技术特性表、零件编号、标题栏和明细表等。这些是在已设计好的装配底图基础上进一步完成的。

完成装配工作图后，图线先不要加深，因为在设计零件工作图时，还有可能会发现某些零件设计不够合理而需要对装配工作图进行局部修改。

14.4.5　设计和绘制零件工作图

零件工作图是零件制造、检验和制订工艺规程的基本技术文件。它不仅要表达设计意图，而且要考虑到制造的可能性和合理性。零件工作图中的内容要符合机械制图标准的相关规定。

零件工作图的主要内容和要求如下：

(1)视图选择

视图的选择要能清楚地表达零件内、外部的结构形状。零件的结构形状应与装配工作图一致，如需改动，装配工作图也要做相应的修改。

(2)尺寸及其偏差的标注

要正确选择尺寸基准，有配合要求的尺寸应注出尺寸的极限偏差，尺寸的数量要足够而不多余；同时，应考虑设计要求，并便于零件的加工和检验。

(3)表面粗糙度的标注

零件的所有表面(包括非加工表面)都应注明表面粗糙度参数值，在常用参数值范围内，推荐优先选用 R_a 参数。如较多表面具有相同的粗糙度参数值，则可在图右上角集中标注，并加“其余”字样。

(4)形位公差的标注

在零件工作图上，应标注出必要的形位公差，以保证传动装置的装配质量和工作性能，它是评定零件加工质量的重要指标之一。

(5)齿轮类零件的啮合参数表

在齿轮类零件工作图的右上角处，应列出啮合参数表，以便于选择刀具和检验误差。

(6)技术要求

凡在零件工作图上不便用图形或符号表示，而在制造时又必须遵循的要求和条件，可在“技术要求”中注出，其内容根据不同的零件、不同的加工方法而异。

(7)零件工作图的标题栏

在图纸的右下角处，应画出标题栏，注明图号、零件名称、材料及件数、绘图比例等内容。

零件工作图设计完成后，若对装配工作图有修改要求，应在对装配工作图修改后进行图线加深，并最后完成传动装置的装配工作图。

14.4.6 编写设计计算说明书

设计计算说明书是图纸设计的理论根据，又是设计计算的整理和总结，而且也是审核设计是否合理的技术文件之一。编写设计计算说明书是设计工作的一个重要组成部分。

说明书要求计算正确，论述清楚，文字简洁，书写工整。计算内容中只需写出计算公式，再将相应的参数值代入(运算和简化过程不必写出)，最后写出计算结果，并标明单位，写出简单的结论(如“满足强度要求”、“合格”、“安全”等)。

说明书中还应包括与文字叙述和计算有关的必要简图(如传动方案简图、轴的受力分析图、弯扭图、箱外传动件的结构草图等)。说明书中所引用的重要公式或数据应注明来源。

1)说明书的内容

①封面；

②目录(标题、页次)；

③设计任务书；

④传动方案的分析与拟定(包括传动方案简图)；

⑤电动机的选择；
⑥传动装置运动和动力参数计算；
⑦传动零件的设计计算；
⑧轴的校核计算；
⑨滚动轴承的选择和计算；
⑩键联接的选择和计算；
⑪联轴器的选择；
⑫润滑方式、润滑油牌号及密封装置的选择；
⑬其他：必要的技术说明等内容；
⑭参考资料（资料编号、主要作者、书名、出版单位及年月）。

在实际进行设计时，也可根据时间安排的具体要求，在指导教师的允许下省略部分计算内容。

2）说明书的格式

说明书格式示例如下：

表14.4.1　设计计算说明书格式及书写示例

步　骤	计　算　及　说　明	结　果
五、齿轮传动计算	1.高速级齿轮传动的校核 1）齿轮的主要参数和几何尺寸 模数 $m=2$ mm，齿数 $=29$，$z_2=101$； ⋮ 中心距 $a=\dfrac{m(29+101)}{2}=103$ mm 齿宽：$b_1=40$ mm，$b_2=35$ mm 齿数比 $u=3.48$ ⋮	计算公式及数据引自[×]××～××页 主要参数： $m=2$ mm $z_1=29$ $z_2=101$ ⋮ $a=130$ mm $b_1=40$ mm $b_2=35$ mm $u=3.48$

思考题与练习题

14.1　机械设计的基本要求有哪些？其一般的设计步骤如何？

14.2　选择机械传动类型时应考虑哪些因素？

14.3　机械设计中“三化”的内容是什么？为什么在设计机器时要尽量采用标准零件？

14.4　如题图14.4所示为带式运输机的传动装置，根据所附设计任务书给出的参数，设计齿轮减速器。

14.5　设计带式运输机上的单级圆柱齿轮减速器（设计任务书见附录Ⅰ）。

14.6　设计带式运输机上的单级圆锥齿轮减速器（设计任务书见附录Ⅱ）。

14.7 设计运输机上的两级圆柱齿轮减速器(设计任务书见附录Ⅲ)。

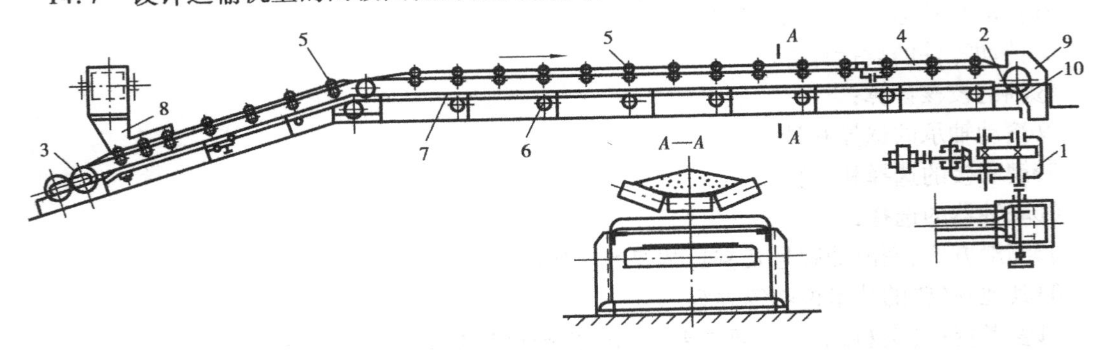

题图 14.4

1—减速器;2—驱动滚筒;3—张紧滚筒;4—运输带;

5、6—轴承;7—机架;8—装载斗;9—卸载斗;10—清理装置

第 15 章 计算机辅助设计

15.1 概 述

传统的设计过程是由设计者借助计算器和绘图工具在图板上完成的,不仅繁琐、复杂,而且对于精确计算往往无能为力。随着电子计算机技术的发展,机械设计与计算机技术有机结合使机械设计逐渐实现了现代化,出现了有限元分析、动态分析、优化设计、可靠性设计等现代设计方法。应用这些方法都要进行大量的数值计算工作,没有计算机的参与是不可想象的。

计算机辅助设计(Computer Aided Design),简称为 CAD,是由计算机完成产品设计中的计算、分析、模拟、制图、编制技术文件等工作,将设计者的知识、经验、创造性、判断、逻辑思维能力与计算机的存储、高速运算结合起来,由计算机辅助设计人员完成产品的全部设计过程,最后输出满意的设计结果和产品图纸的机械设计方法。CAD 技术最早出现于美国,我国从 20 世纪 70 年代末开始引进并着手研究和开发自己的 CAD 技术和系统。时至今日,CAD 技术已经在机械、航空、电子、造船、汽车、建筑、地质等行业得到应用和推广。应用计算机辅助设计,不仅可以减轻人的劳动强度,缩短产品设计周期,提高工作效率,而且还可以提高产品设计的精确度和可靠性。此外,应用 CAD 还可以通过数控系统实现计算机辅助制造(CAM)。

15.2 CAD 硬件和软件系统

15.2.1 CAD 的硬件系统

CAD 系统中的硬件是指计算机及其所属外围设备。根据硬件系统的不同配置和构成方式不同,可以分为大型主机系统、小型主机系统、工作站系统和微型主机系统等。

大型主机系统以大型通用机为主机,几十个终端直接与主机联接或通过远程分时终端与主机联接,还配备有磁带机、磁盘机等大容量存储设备。这种系统主要用于大型的、复杂的

CAD 作业,适用于于大中型企业。但由于是多用户分享主机,所以系统响应不够稳定。

小型主机系统以小型机为主机,与 4 ~6 个终端联接,独立承担任务。系统具有较高的效率和高度的响应性。这种系统适用于中等企业从事中等复杂程度机械产品的设计。

工作站系统由超级微机、图形显示器、数字化仪等构成独立的 CAD 工作站。有高质量的硬件和软件支撑,系统能执行 3D 实体造型和有限元计算分析等软件,能同步执行两个或两个以上的程序(指令),同时,还可以通过局域网传输图形信息。由于工作站系统在系统设计时充分考虑了数值计算与图形处理能力,而且初期投资少,并具有良好的可扩充性,故最适宜在中小企业的设计部门应用。

微型机系统通常是一类单用户的 CAD 系统,配有高分辨率的彩色显示器和大容量硬盘,并配有数字化仪和绘图机等。现在的高档微机系统,其计算能力已接近低档工程工作站,能够担负初级的工程设计任务。典型微机硬件系统的设备如图 15.2.1 所示。它由主机 1、绘图仪 6、打印机 5 以及交互装置(键盘 2、显示器 3、鼠标 7、数字化仪 4)等部分组成。微型机系统响应快,价格低,配置方便,而且性能不断提高,这种系统适用于小型产品的设计。

图 15.2.1　微机 CAD 系统的硬件配置

15.2.2　CAD 的软件系统

CAD 的软件系统可分为两大部分系统管理软件和应用软件。

(1)系统管理软件

系统管理软件(操作系统)是整个 CAD 系统运行过程中指挥与管理的核心,是应用程序软件的运行平台。常见的操作系统有 Dos、Windows、Mvs 和 Unix。Dos、Windows 系统主要用于微型计算机,Mvs 是 IBM 公司大、中型计算机用的操作系统,Uuix 广泛用于小型机、工作站。

(2)应用软件

应用软件是 CAD 系统的功能核心软件,它代表了系统功能的强弱。按照应用软件对系统运行环境要求不同,CAD 软件可以分为微机版应用软件、工作站版应用软件和小型机及其以上版应用软件。按照应用软件产生图形效果的不同,应用软件可以分为二维图形软件、三维图形软件;此外,还可以按照应用领域不同分为机械类、电子类、建筑类、美术类、服装类等 CAD 应用软件。

以下介绍一些常用的机械设计 CAD 软件。

1）AutoCAD

该软件是Autodesk公司开发的二维和三维设计绘图软件，应用于微机平台。AutoCAD通用性强，易学易用，在国内和国外的工程设计中得到广泛应用。AutoCAD具有完善的绘图功能、良好的用户界面和良好的二次开发功能。目前，国内不少公司在其上进行二次开发，形成各种专业的CAD软件，如德国的GENIUS软件、北京的XMCAD软件等。

2）Solid Edge

该软件是当前在造型、钣金设计、制图和大型装配管理能力等方面性能最佳的终端三维机械CAD系统，其制图模块具有很好的制图标注、智能制图辅助和关联视图功能，是机械设计专用制图工具，可自动应用所需要的机械制图标准ISO、ANSI、BSI、UNI、DIN或JIS等。装配设计管理功能真正实现了自上而下的CAD设计理念；装配爆炸可指导装配、并行设计。该软件还包括渲染、浏览、虚拟工作室、智能浏览器等功能，尤其适合复杂塑料件和铸件的工程设计。

3）PRO/E

美国PTC公司推出的PRO/E，此系统主要特点在参数实体造型方面。使用该软件可以进行造型设计、机械设计、模具设计、机构分析、有限元分析等。PRO/E是一个软件包，共包含了几十个模块，PRO/ENGINEER模块是其基本部分，其中功能包括参数化定义、实体零件及组装造型、三维上色等。其他的模块如PRO/ASSEMBLY、PRO/CABLING、PRO/DEVELOP等分别具有不同的功能，用户可根据需要选择安装。PRO/E可以在工作站或微机平台上运行。

4）UG5.0

是Unigraphics Solutions公司开发的三维设计软件，是工作站级的CAD软件系统。此系统在模具设计行业、加工领域使用较广。CAD方面有实体建模、特征建模、自由曲面建模、用户自定义特征、工程制图、装配建模、高级装配、虚拟现实、漫游、逼真着色、标准件库系统、WAVE技术、几何公差等功能。除了用于CAD以外，该软件在CAM（计算机辅助制造）方面和CAE（计算机辅助工程分析）方面也有强大的功能。

15.3　机械设计手册（软件版）使用简介

15.3.1　**概述**

《机械设计手册（软件版）》是由我国研制开发的。它主要面向对象是广大的机械工程设计人员，力争使设计人员能够从传统的翻阅手册、手工计算等复杂的工程设计过程中“挣脱”出来，使设计更加轻松而富有活力。

软件安装完毕，即可从“开始”菜单的“程序”项下看到“机械设计手册（软件版）”，点击即可进入“智能导航”界面，如图15.3.1所示。通过智能导航可以方便快捷地找到所需内容并进入各个具体的功能模块。

在“目录”项下，软件提供的各个功能模块作成树状目录的形式，从图15.3.1可以看到有“基本资料查询”、“公差配合与表面粗糙度”、“材料选用模块”、“联接与紧固”、“轴的联接”、“轴承”、“弹簧”、“润滑与密封”、“操作件与管件”、“机械零件结构工艺性”、“典型机械传动设计、计算”以及“常用电动机”等。在每一个目录左侧都带有一个“+”号，表示其还有下一级子目录未展开。例如，单击“典型机械传动设计、计算”左侧的“ + ”号，目录展开可以看到有“轴设计”、“带传动设计”、“链传动设计”等模块，如图 15.3.2 所示。此时，“典型机械传动设计、计算”左侧的“ + ”号变成了“ - ”号，表示该目录已展开。选中某个模块单击，即可进入具体的查询(设计)步骤。

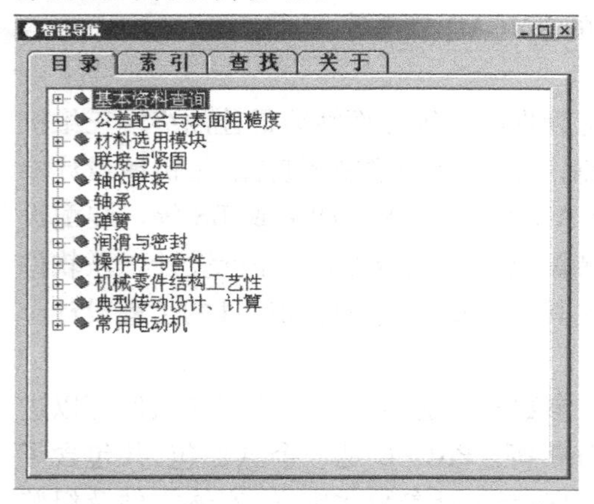

图 15.3.1　智能导航“目录”界面

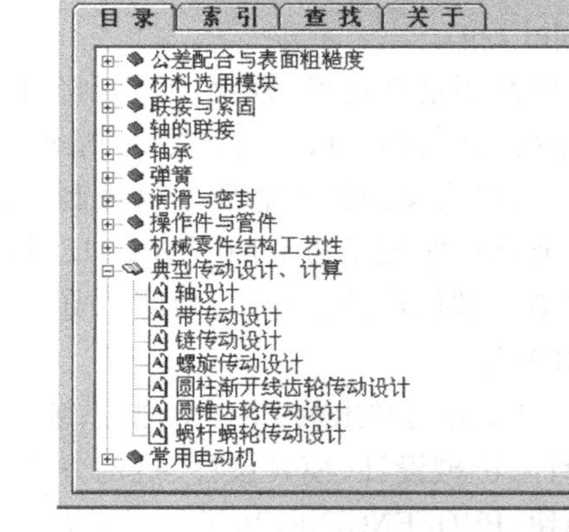

图 15.3.2　典型传动设计、计算目录展开

此外，在“索引”和“查找”项下，可以通过输入关键词快速查找所需的相关资料。“索引”界面如图 15.3.3 所示。

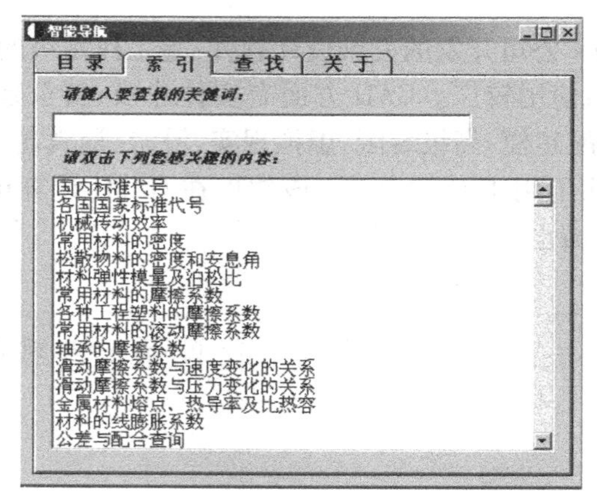

图 15.3.3　智能导航“索引“界面

15.3.2　典型传动设计、计算应用举例

本节以“圆柱渐开线齿轮传动设计”为例说明软件的使用方法。该设计程序基于一般设计手册推荐的计算方法，用于渐开线圆柱外啮合、直齿或斜齿及变位齿轮传动设计。进入模块后显示设计的主界面，如图 15.3.4 所示。下面以实例说明该程序的使用。

例如：设计一单级圆柱齿轮减速器的斜齿轮传动。已知小齿轮传递的额定功率 $P=75$ kW，小齿轮转速 $n_1=750$ r/min，传动比 $i=3.0$。单向运转，载荷有中等冲击，满载工作时间30 000 h。

设计步骤如下：

(1)输入设计参数

点击"设计参数"按钮,出现"输入设计参数"对话框,如图 15.3.5 所示,共需输入四部分内容。

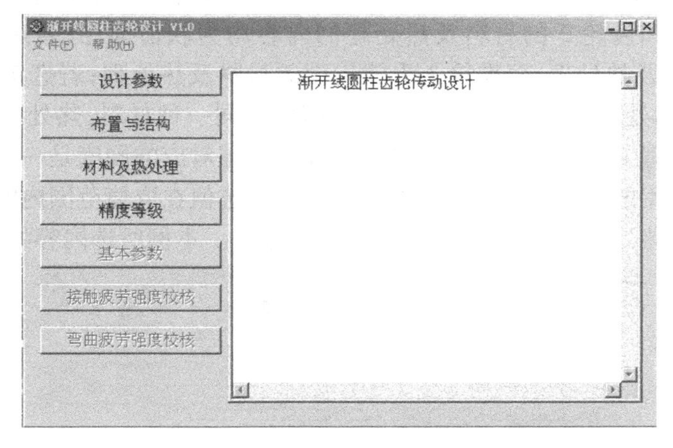

图 15.3.4　渐开线圆柱齿轮传动设计主界面

①输入传递功率或传递转矩,可以从中选一,另一个参数程序将自动根据小齿轮当前数值进行计算。本例输入传递功率。

②输入转速和传动比。齿轮 1 的转速、齿轮 2 的转速和传动比三个参数只要输入其中两个,另一个参数由程序自动计算。本例输入齿轮 1 的转速及传动比,齿轮 2 的转速程序自动确定。

③选定载荷特性,载荷特性分原动机和工作机,可根据设计要求从列出的选项中选定。

④输入预定寿命,本例为 30 000 h。

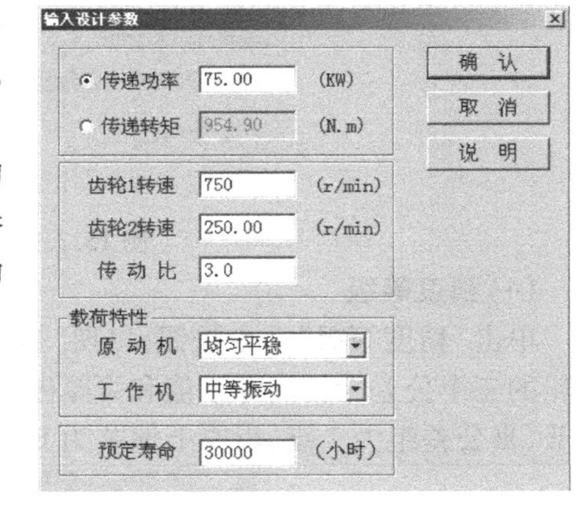

图 15.3.5　"输入设计参数"对话框

(2)布置与结构

单击"布置与结构"命令按钮,进入"布置与结构"对话框,如图 15.3.6 所示,共需选定两部分内容。

①布置形式　根据设计要求分别选定齿轮 1 和齿轮 2 的布置形式。本例选择对称布置。

②结构形式　从开式或闭式中选一。本例选择闭式传动。

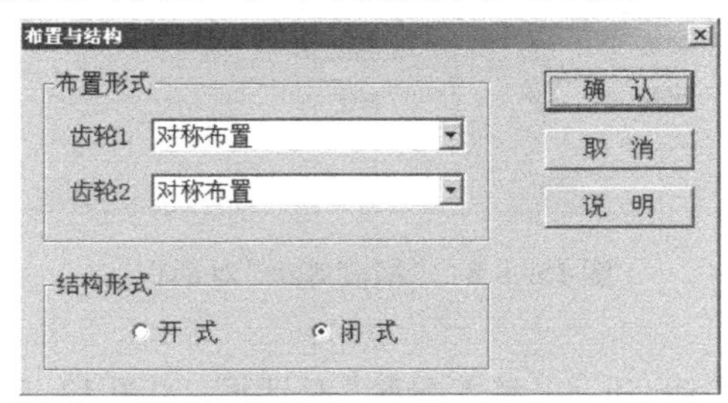

图 15.3.6　"布置与结构"对话框

(3)材料及热处理

单击“材料及热处理”命令按钮,出现“材料及热处理”对话框,如图15.3.7所示。该对话框用于选定齿轮材料及热处理。工作齿面硬度的选择将影响到材料及热处理可选的内容。若选定软齿面,齿轮1和齿轮2的材料及热处理的内容均为软齿面用;若选定软硬齿面,则齿轮1为硬齿面的材料及热处理,而齿轮2为软齿面的材料及热处理;若选定硬齿面,则两齿轮均为硬齿面材料及热处理。材料及热处理选择,即使是同一种材料,热处理不同,则硬度也不同,所以材料及热处理要同时选定。每一种材料及热处理对应的硬度是一个范围,为以后计算方便,用户应确定采用的硬度值,通过拖动滚动条,可以选值在取值范围内的某一硬度值。

另外,还要确定热处理质量要求,从低、中、高中选一。本例所选内容如图15.3.7所示。

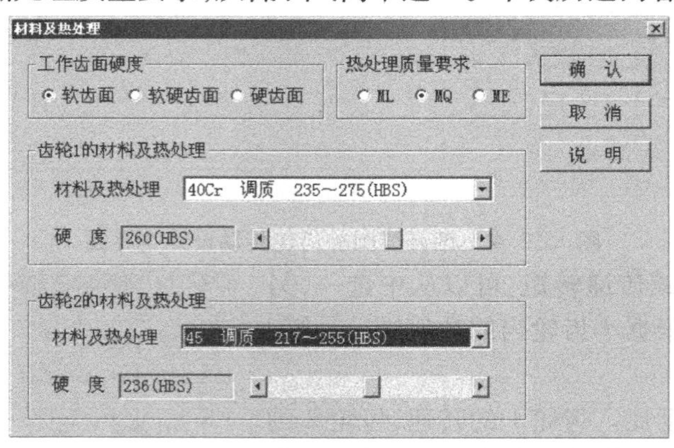

图15.3.7 “材料及热处理”对话框

(4)精度等级

单击“精度等级”命令按钮,出现“精度等级”对话框,如图15.3.8所示。此处要求选定两齿轮的三个公差组精度等级值和齿厚极限偏差代码。本例两轮选择精度为第Ⅰ公差组8级,第Ⅱ、Ⅲ公差组为7级,齿厚上偏差为F,下偏差为H。

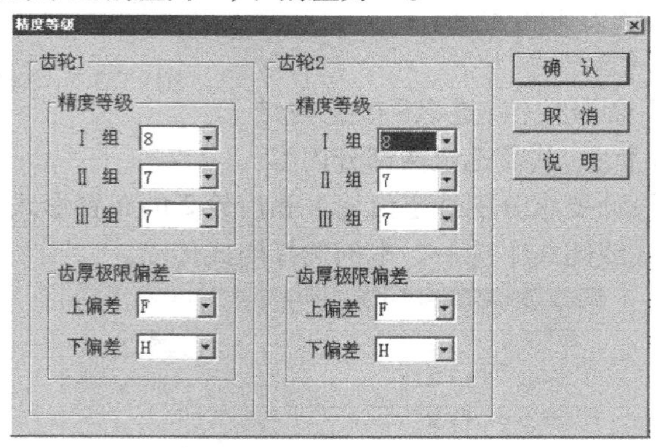

图15.3.8 “精度等级”对话框

(5)基本参数

单击“基本参数”命令按钮,进入“基本参数”对话框,如图13.5.9所示。此处要求输入或选定齿轮的基本参数。输入齿轮1的齿数,齿轮2的齿数程序根据传动比自动计算。输入两齿轮的齿宽。

模数列表中列出模数的标准值，用户应从中选择，螺旋角可直接输入。对于初次计算，可借助“初算模数”较合理地定出初始的模数。

设定中心距是用于调整中心距与螺旋角数值的，圆整中心距将改变齿轮的螺旋角。

对于变位齿轮设计，可由“变位”对话框进行变位系数的输入。

(6)齿轮接触强度计算

在进行齿轮接触强度计算前，应对影响齿轮接触强度计算系数的要求和工况进行确定，“计算接触强度用系数”对话框如图 15.3.10 所示，它共分四部分内容，每一部分内容的修改将影响到该系数，需要根据要求或工况进行选择。

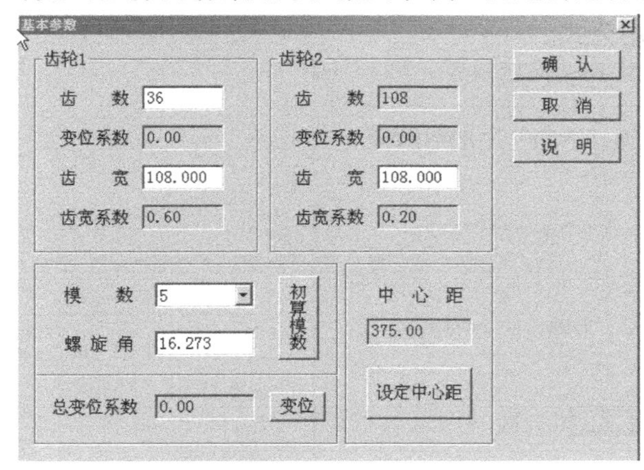

图 15.3.9　“基本参数”对话框

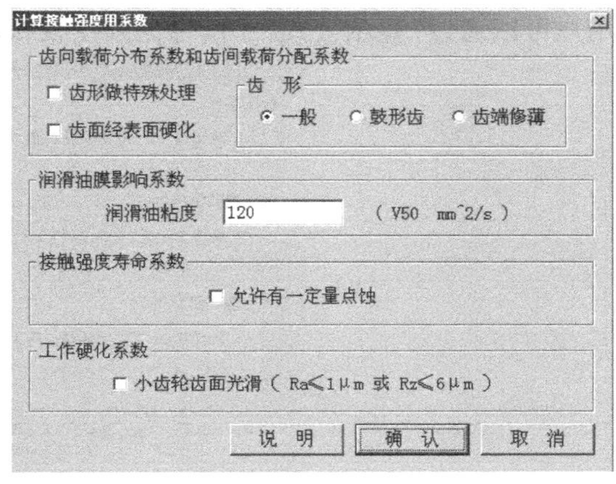

图 15.3.10　“计算接触强度用系数”对话框

“接触强度校核”对话框显示齿轮的接触强度校核结果，如图 15.3.11 所示。系数列表中列出校核计算所用到的全部系数值，用户可以对某个系数取值进行修改，由于系数计算是自动进行的，所以修改系数只对当次校核有效。对话框中显示齿轮的极限应力、许用应力、计算应力以及安全系数。用户可以通过“显示公式”了解接触强度校核用公式。

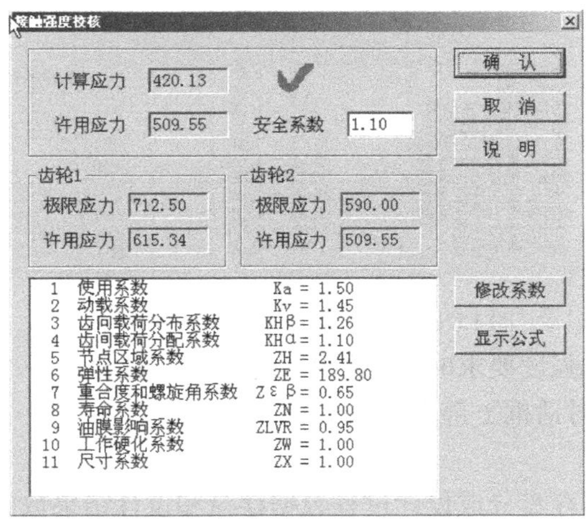

图 15.3.11　“接触强度校核”对话框

若计算结果满足接触强度要求时，在对话框的顶部显示一个“√”，若计算结果不满足接触强度要求时,则在对话框顶部显示一个“×”。

(7)弯曲强度校核

在进行弯曲强度校核前,首先应对影响强度校核系数的设计条件进行确定。“弯曲强度用系数”对话框如图15.3.12所示,主要有三部分内容:载荷类型、齿根表面粗糙度和刀具基本轮廓尺寸。确认后进入弯曲强度校核。

“弯曲强度校核”对话框显示齿轮的弯曲强度校核结果。系数列表中列出校核计算所用到的全部系数值,用户可以对某个系数取值进行修改,由于系数计算是自动进行的,所以修改系数只对当次校核有效。对话框中显示齿轮的极限应力、许用应力、计算应力以及安全系数。用户可以通过“显示公式”了解弯曲强度校核用公式。

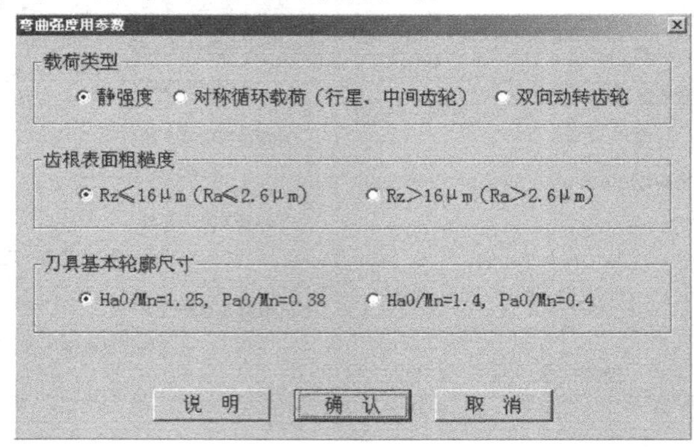

图15.3.12 “弯曲强度用参数”对话框

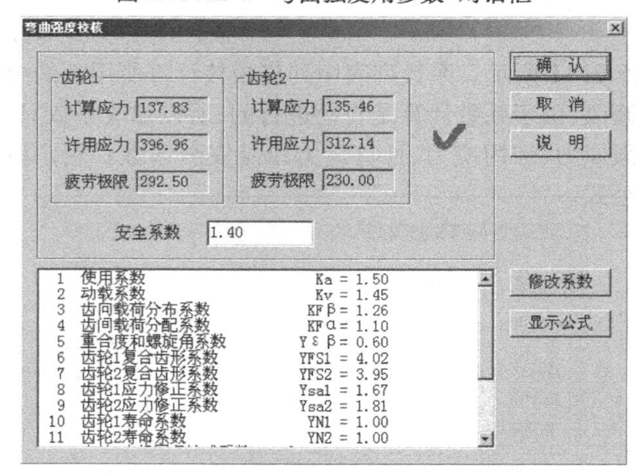

图15.3.13 “弯曲强度校核”对话框

若计算结果满足弯曲强度要求时,在对话框的上部右侧显示一个“√”,若计算结果不满足接触强度要求时,则在对话框上部右侧显示一个“×”。

(8)设计数据存盘

程序提供的设计数据存盘分成设计过程数据存盘和设计结果数据存盘。在本程序执行过程中,可将设计过程数据存盘,下一次设计可读入设计过程数据后,继续进行设计。设计过程数据文件为特定的数据结构,缺省以“.Gea”为后缀,用户不要对其进行编辑。设计的结果文件为纯文本文件,用户可对其进行编辑。

程序的菜单中提供的“打开”、“存盘”是对设计过程数据进行操作的,“结果存盘”是将当前的设计结果存入指定的文件。在设计过程中,虽然可以进行结果存盘,但由于有一些设计项目没有执行完成,所以结果文件中的一些数据可能不可使用,用户在设计时应加以注意。建议最好是全部设计项目执行完成后,再将结果数据存盘。设计结果出来后,即可用绘图软件进行绘图。

本例计算结果报告如下:

齿轮设计结果报告

一、齿轮设计输入参数

1. 传递功率 P	75.00 kW
2. 传递转矩 T	954.90 N · m
3. 齿轮 1 转速 n_1	750.00 r/min
4. 齿轮 2 转速 n_2	250.00 r/min
5. 传动比 i	3.00
6. 预定寿命 H	30 000 h
7. 原动机载荷特性	均匀平稳
8. 工作机载荷特性	中等振动

二、齿轮传动结构形式和布置形式

1. 结构形式	闭式
2. 齿轮 1 布置形式	对称布置
3. 齿轮 2 布置形式	对称布置

三、材料及热处理

1. 齿面类型	软齿面
2. 热处理质量要求级别	MQ
3. 齿轮 1 的材料及热处理	
材料名称	40Cr
热处理	调质
硬度范围	235 ~ 275 HBS
硬度取值	260 HBS
接触强度极限应力 $\sigma_{b(H_1)}$	713 N/mm^2
接触强度安全系数 $S(H_1)$	1.10
弯曲强度极限应力 $\sigma_b(F_1)$	293 N/mm^2
弯曲强度安全系数 $S(F_1)$	1.40
4. 齿轮 2 的材料及热处理	
材料名称	45
热处理	调质
硬度范围	217 ~ 255 HBS
硬度取值	240 HBS
接触强度安全系数 $S(H_2)$	1.10
弯曲强度极限应力 $\sigma_b(F_2)$	231 N/mm^2

弯曲强度安全系数$S(F_2)$　1.40

弯曲强度许用应力$[\sigma](F_2)$　313 N/mm^2

四、齿轮基本参数(mm)

项目名称	齿轮1	齿轮2
1. 模数 m	5.00	
2. 齿数 z	36	108
3. 变位系数 x	0.00	0.00
4. 总变位系数 $\sum x$	0.00	
5. 齿宽 B	108.00	108.00
6. 齿宽系数 ϕ_d	0.58	0.19
7. 螺旋角 β	16.27(度)	
8. 基圆柱螺旋角 β_b	15.27(度)	
9. 端面模数 m_t	5.21	
10. 当量齿数 z_v	40.70	122.09
11. 端面变位系数 x_t	0.00	0.00
12. 端面总变位系数 $\sum x_t$	0.00	
13. 分度圆直径 d	187.51	562.54
14. 齿顶圆直径 d_a	197.46	572.49
15. 齿根圆直径 d_f	175.01	550.04
16. 基圆直径 d_b	175.33	526.00
17. 节圆直径 d'	187.50	562.50
18. 齿顶高 h_a	4.98	4.98
19. 齿根高 h_f	6.25	6.25
20. 全齿高 h	11.23	
21. 齿数比 u	3.00	
22. 标准中心距 A	375.02	
23. 实际中心距 A'	375.00	
24. 中心距变动系数 y	-0.005	
25. (端面)啮合角 α'	20.76(度)	
26. 齿高变动系数 Δy	0.005	
27. 齿顶压力角 α_a	27.39	23.25(度)
28. 端面重合度 ε_a	1.67	
29. 纵向重合度 ε_b	1.93	
30. 总重合度 ε	3.59	
31. 分度圆弦齿厚 s	7.85	7.85
32. 分度圆弦齿高 h	5.05	5.00
33. 固定弦齿厚 s_c	6.94	6.94
34. 固定弦齿高 h_c	3.71	3.71
35. 公法线跨齿数 K	4	13
36. 公法线长度 W_k	54.50	193.01

五、接触强度、弯曲强度校核结果和参数

1. 齿轮 1 接触强度许用应力$[\sigma_H]_1$	615.34 N/mm^2
2. 齿轮 2 接触强度许用应力$[\sigma_H]_2$	509.55 N/mm^2
3. 接触强度计算应力 σ_H	420.13 N/mm^2 满足
4. 齿轮 1 弯曲强度许用应力$[\sigma_F]_1$	396.96 N/mm^2
5. 齿轮 1 弯曲强度计算应力 σ_F	137.83 N/mm^2 满足
6. 齿轮 2 弯曲强度许用应力$[\sigma_F]_2$	312.14 N/mm^2
7. 齿轮 2 接触强度计算应力 σ_F	135.46 N/mm^2 满足

1. 圆周力 F_t	10 185.59 N	
2. 齿轮线速度 v	7.36 m/s	
3. 使用系数 K_a	1.50	
4. 动载系数 K_v	1.45	
5. 齿向载荷分布系数 $K_{H\beta}$	1.26	
6. 综合变形对载荷公布的影响 K_{bs}	1.11	
7. 安装精度对载荷分布的影响 K_{bm}	0.15	
8. 齿间载荷分布系数 $K_{H\alpha}$	1.10	
9. 安装处理方法	一般	
10. 是否修形齿轮	0	
11. 节点区域系数 Z_h	2.41	
12. 材料的弹性系数 Z_E	189.80	
13. 接触强度重合度系数 Z_e	0.66	
14. 接触强度螺旋角系数 Z_b	0.98	
15. 重合、螺旋角系数 $Z_{\varepsilon\beta}$	0.65	
16. 接触疲劳寿命系数 Z_n	1.00	
17. 是否允许有一定量的点蚀	0	
18. 润滑油膜影响系数 Z_{lvr}	0.95	
19. 润滑油粘度(50 度)	120.00	
20. 工作硬化系数 Z_w	1.00	
21. 接触强度尺寸系数 Z_x	1.00	
22. 齿向载荷分布系数 $K_{F\beta}$	1.26	
23. 齿间载荷分布系数 $K_{F\alpha}$	1.10	
24. 抗弯强度重合度系数 Y_e	0.70	
25. 抗弯强度螺旋角系数 Y_b	0.86	
26. 抗弯强度重合、螺旋角系数 $Y_{\varepsilon\beta}$	0.60	
27. 复合齿形系数 Y_{fs}	4.02	3.95
28. 应力校正系数 Y_{sa}	1.67	1.81
29. 寿命系数 Y_n	1.00	1.00

30. 齿根圆角敏感系数 Y_{dr}　0.95　0.95
31. 齿根表面状况系数 Y_{rr}　1.00　1.00
32. 尺寸系数 Y_x　1.00　1.00
33. 载荷类型　静载荷
34. 齿根表面粗糙度　$R_z \leqslant 16\ \mu m$

六、齿轮精度

项目名称	齿轮 1	齿轮 2
1. 第一组精度	8	8
2. 第二组精度	7	7
3. 第三组精度	7	7
4. 上偏差	F	F
5. 下偏差	H	H

七、检验项目

项目名称	齿轮 1	齿轮 2
1. 齿距累积公差 F_p	0.098 31	0.161 13
2. 齿圈径向跳动公差 F_r	0.063 30	0.087 86
3. 公法线长度变动公差 F_w	0.050 28	0.067 32
4. 齿距极限偏差 f_{pt}(±)	0.018 78	0.021 04
5. 齿形公差 f_f	0.015 34	0.020 03
6. 一齿切向综合公差 f_i'	0.020 47	0.024 64
7. 一齿径向综合公差 f_i''	0.026 53	0.029 66
8. 齿向公差 F_β	0.019 29	0.019 29
9. 切向综合公差 F_i'	0.113 66	0.181 16
10. 径向综合公差 F_i''	0.088 62	0.123 00
11. 基节极限偏差 f_{pb}(±)	0.017 65	0.019 77
12. 螺旋线波度公差 $f_{f\beta}$	0.019 65	0.023 65
13. 轴向齿距极限偏差 F_{px}(±)	0.019 29	0.019 29
14. 齿向公差 F_b	0.019 29	0.019 29
15. x 方向轴向平行度公差 f_x	0.019 29	0.019 29
16. y 方向轴向平行度公差 f_y	0.009 65	0.009 65
17. 齿厚上偏差 E_{up}	−0.075 12	−0.084 15
18. 齿厚下偏差 E_{dn}	−0.150 25	−0.168 29
19. 中心距极限偏差 f_a(±)	0.044 50	

思考题与练习题

15.1　何谓计算机辅助设计？它有何特点？

15.2　计算机辅助设计系统由哪些硬件和软件组成？各有什么作用？

附录　机械设计课程设计任务书

附录Ⅰ　带式运输机上的单级圆柱齿轮减速器设计任务书

学生所在班级:__________　　姓名:__________　　指导教师:__________

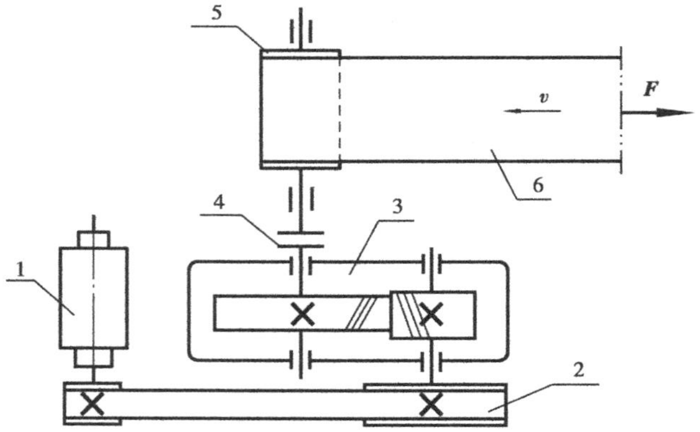

1—电动机;2—V 带传动;3—单级圆柱齿轮减速器;
4—联轴器;5—卷筒;6—运输带

设计数据:(数据编号__________)

数据编号	A1	A2	A3	A4	A5	A6	A7	A8	A9
运输带工作拉力 F/N	1 200	1 500	1 800	2 000	2 200	2 500	3 000	3 500	4 000
运输带工作速度 $v/(\mathrm{m \cdot s^{-1}})$	1.2	1.2	1.2	1.5	1.5	1.5	1.1	1.1	1.1
卷筒直径 D/mm	200	220	240	250	280	300	240	280	300

工作条件:

①连续单向运转,载荷有轻微震动,室外工作,有粉尘;

②运输带速度允许误差 ±5 %;

③两班制工作,3 年大修,使用期 10 年。

注:卷筒支承及卷筒与运输带之间的摩擦影响在运输带工作拉力 **F** 中已经考虑。

批量及加工条件:

生产 15 台,中等规模机械厂,可加工 7 ~8 级精度齿轮。

设计工作量:

①减速器装配图 1 张;

②零件工作图 1 ~3 张(齿轮、轴、箱体等,由指导教师规定);

③设计计算说明书 1 份。

附录Ⅱ　带式运输机上的单级圆锥齿轮减速器设计任务书

学生所在班级:__________　　姓名:__________　　指导教师:__________

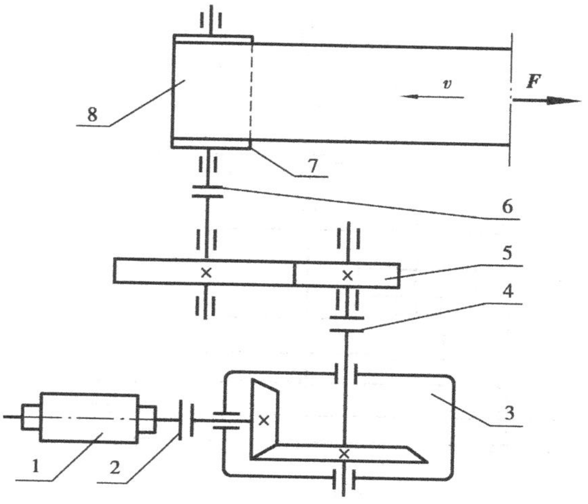

1—电动机;2—联轴器;3—单级圆锥齿轮减速器;4—联轴器;
5—开式直齿圆柱齿轮;6—联轴器;7—卷筒;8—运输带

设计数据:(数据编号__________)

数据编号	B1	B2	B3	B4	B5	B6	B7	B8	B9
运输带工作拉力 F/N	1 500	1 800	2 000	2 200	2 400	2 600	2 800	2 300	2 700
运输带工作速度 $v/(\mathrm{m \cdot s^{-1}})$	1.5	1.5	1.6	1.6	1.7	1.7	1.8	1.8	1.5
卷筒直径 D/mm	250	260	270	280	300	300	320	320	250

工作条件:

①连续单向运转,载荷有轻微震动,室内工作;

②运输带速度允许误差 ±5 %;

③一班制工作,4 年大修,使用期 15 年。

注:卷筒支承及卷筒与运输带之间的摩擦影响在运输带工作拉力 **F** 中已经考虑。

批量及加工条件:

生产 20 台,中等规模机械厂,可加工 7 ~ 8 级精度齿轮。

设计工作量:

①减速器装配图 1 张;

②零件工作图 1 ~ 3 张(齿轮、轴、箱体等,由指导教师规定);

③设计计算说明书 1 份。

附录Ⅲ 带式运输机上的两级圆柱齿轮减速器设计任务书

学生所在班级:__________ 姓名:__________ 指导教师:__________

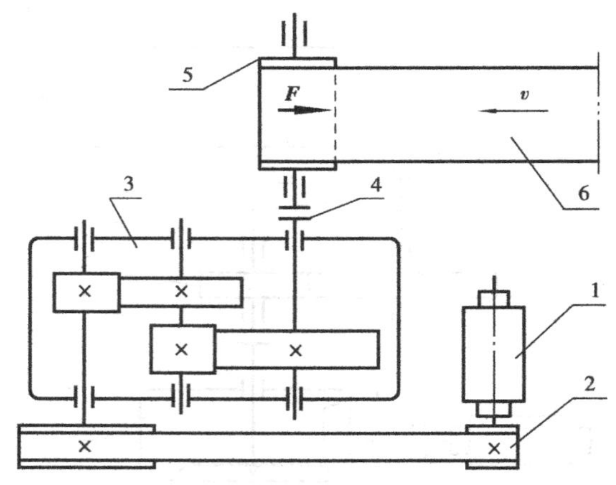

1—电动机;2—V 带传动;3—两级圆柱齿减速器;
4—联轴器;5—卷筒;6—运输带

设计数据:(数据编号__________)

数据编号	C1	C2	C3	C4	C5	C6	C7	C8	C9
运输带工作拉力 F/N	1 500	1 600	1 800	2 000	2 200	2 400	2 600	2 800	3 000
运输带工作速度 $v/(\mathrm{m \cdot s^{-1}})$	1.3	1.3	1.4	1.4	1.5	1.3	1.4	1.5	1.6
卷筒直径 D/mm	300	320	320	340	350	300	320	340	350

工作条件:

①连续单向运转,工作时有轻微震动,室内工作;

②运输带速度允许误差 ±5 %;

③两班制工作,3 年大修,使用期 15 年。

批量及加工条件:

生产 30 台,中等规模机械厂,可加工 7 ~ 8 级精度齿轮。

注:卷筒支承及卷筒与运输带之间的摩擦影响在运输带工作拉力 **F** 中已经考虑。

设计工作量:

①减速器装配图 1 张;

②零件工作图 1 ~ 3 张(齿轮、轴、箱体等,由指导教师规定);

③设计计算说明书 1 份。

参考文献

[1] 陈立德. 机械设计基础. 北京:高等教育出版社,2000
[2] 陈长生,霍振生. 机械基础. 北京:机械工业出版社, 2003
[3] 黄淑容. 机械工程设计基础. 北京: 机械工业出版社, 2003
[4] 杨可桢,程光蕴. 机械设计基础. 北京:高等教育出版社,1999
[5] 孙宝宏. 机械基础. 北京:化学工业出版社,2002
[6] 徐灏. 机械设计手册. 第2版. 北京: 机械工业出版社,2003
[7] 王大康. 机械设计基础. 北京:机械工业出版社,2003
[8] 阮宝湘. 工业设计机械基础. 北京:机械工业出版社,2002
[9] 朱东华,樊智敏. 机械设计基础. 北京:机械工业出版社,2003
[10] 葛中民. 机械设计基础. 北京:中央广播电视大学出版社,1991
[11] 王旭,王积森. 机械设计课程设计. 北京:机械工业出版社,2003
[12] 王大康. 机械设计基础. 北京:机械工业出版社,2003
[13] 程靳. 工程力学Ⅰ(基本部分). 北京:机械工业出版社,2002
[14] 牛玉林. 工程力学. 武汉:华中理工大学出版社,1989
[15] 沈养中. 工程力学. 北京:高等教育出版社,1999
[16] 朱熙然. 工程力学. 上海:上海交通大学出版社,1999
[17] 卢颂峰. 机械设计课程设计手册. 北京:中央广播电视大学出版社,1998
[18] 机械工业部设计研究院等. 机械设计手册(软件版 R1.0). 西安:西安交通大学出版社,1998